中国工程院咨询研究报告

“我国核能发展的再研究”分课题组

内陆核电厂及核能发展中的几个重要安全、环境问题研究

中国原子能出版社

图书在版编目(CIP)数据

内陆核电厂及核能发展中的几个重要安全、环境问题研究/潘自强主编.
—北京:中国原子能出版社,2015.4
ISBN 978-7-5022-6592-2

Ⅰ.①内… Ⅱ.①潘… Ⅲ.①核电工业—工业发展—
研究—中国 Ⅳ.①TL

中国版本图书馆 CIP 数据核字(2015)第 076475 号

内容简介

本文讨论了当前核电发展中公众和科技界关心的几个值得重视的核与辐射安全问题,包括福岛核电厂事故的教训和对策;内陆核电厂的安全和环境问题,特别是水安全问题;放射性废物中等深度处置;利用快堆嬗变次锕系核素的战略研究以及核安保研究。

本书可供从事核能和其他能源开发的科技人员、新闻界和有关政府工作人员参考。

内陆核电厂及核能发展中的几个重要安全、环境问题研究

出版发行 中国原子能出版社(北京市海淀区阜成路 43 号 100048)
责任编辑 孙凤春
责任校对 冯莲凤
责任印制 潘玉玲
印 刷 保定市中画美凯印刷有限公司
经 销 全国新华书店
开 本 787 mm×1092 mm 1/16
印 张 19.75
字 数 490 千字
版 次 2015 年 4 月第 1 版 2015 年 4 月第 1 次印刷
书 号 ISBN 978-7-5022-6592-2 **定 价** **90.00 元**

网址:http://www.aep.com.cn **E-mail:atomep123@126.com**
发行电话:010-68452845

“我国核能发展的再研究”项目组
主要成员名单

项 目 顾 问：

钱正英　全国政协原副主席，中国工程院院士

徐匡迪　全国政协原副主席，中国工程院主席团名誉主席、院士

周　济　中国工程院院长、院士

项 目 组 长：

杜祥琬　中国工程院原副院长、院士

项目副组长：

潘自强　中国工程院院士，中国核工业集团公司

叶奇蓁　中国工程院院士，中国核工业集团公司

陈念念　中国工程院院士，核工业理化工程研究院

王大中　中国科学院院士，清华大学

主 要 成 员：

万元熙　中国工程院院士，中科院合肥物质科学研究院

方守贤　中国科学院院士，中科院高能物理研究所

王乃彦　中国科学院院士，中国原子能科学研究院

阮可强　中国工程院院士，中国核工业集团公司

严陆光　中国科学院院士，中国科学院电工研究所

宋家树　中国科学院院士，中国工程物理研究院

陆佑楣　中国工程院院士，中国长江三峡工程开发总公司

郑健超　中国工程院院士，中国广东核电集团公司

胡思得　中国工程院院士，中国工程物理研究院

柴之芳　中国科学院院士，中科院高能物理研究所
钱绍钧　中国工程院院士，总装备部科技委
徐大懋　中国工程院院士，中国广东核电集团公司
徐　銤　中国工程院院士，中国原子能科学研究院
彭先觉　中国工程院院士，中国工程物理研究院
魏宝文　中国科学院院士，中科院近代物理研究所
何建坤　清华大学教授
祁恩兰　电力规划设计总院研究员
刘森林　中国原子能科学研究院研究员
吴宗鑫　清华大学教授
薛大知　清华大学教授
沈文权　国家核电技术公司研究员
辛殿华　核工业第四研究设计院研究员
周大地　国家发改委能源研究所研究员
郁祖盛　国家核电技术公司研究员
郑玉辉　中国核能行业协会研究员
赵成昆　中国核能行业协会副秘书长、研究员
俞　军　环保部核安全司副司长
扈黎光　环保部核安全司副处长、研究员
彭　旭　中国广东核电集团公司研究员
殷德健　环保部核安全司研究员
王振海　中国工程院一局副局长
苏　罡　中国核工业集团公司研究员
陈　荣　中国核能行业协会研究员
薛　妍　核工业理化工程研究院研究员
童节娟　清华大学副研究员

“内陆核电厂及核能发展中的几个重要安全、环境问题研究”分课题组成员名单

课题组组长：

潘自强	院士	中国核工业集团公司

课题组成员：

阮可强	院士	中国核工业集团公司
胡思得	院士	中国工程物理研究院
钱绍钧	院士	总装备部
孙玉发	院士	中国核动力研究设计院
于俊崇	院士	中国核动力研究设计院
徐　銤	院士	中国原子能科学研究院
纽新强	院士	长江水利委员会长江设计院
刘　华	核安全总工程师	环境保护部
周大地	研究员	国家发改委能源研究所
俞　军	副司长	环境保护部
邓　戈	研究员	国家核安保技术中心
王　俊	研究员	国家核电技术公司
刘森林	研究员	中国原子能科学研究院
叶国安	研究员	中国原子能科学研究院
杨华庭	研究员	中国辐射防护研究院
吴宜灿	研究员	中国科学院核能安全技术研究所
柴国旱	研究员	核与辐射安全中心
王　驹	研究员	核工业北京地质研究院

扈黎光　处长　环境保护部
陈晓秋　研究员　核与辐射安全中心
赵　博　研究员级高工　中国核电工程有限公司
刘卫东　研究员　核工业第五研究设计院
孙庆红　研究员　中国辐射防护研究院
周培德　研究员　中国原子能科学研究院
殷德健　处长　环境保护部
常向东　研究员　核与辐射安全中心
刘新华　研究员　核与辆射安全中心
张爱玲　高工　核与辐射安全中心
徐志侠　研究员级高工　中国水利水电科学研究院
宋　刚　研究员级高工　中国科学院核能安全技术研究所
诸旭辉　研究员级高工　中国核工业集团公司
任丽霞　副研究员　中国原子能科学研究院
王长东　研究员级高工　中国核电工程有限公司
王旭宏　研究员级高工　中国核电工程有限公司
毛亚蔚　研究员级高工　中国核电工程有限公司
马如冰　工程师　中国核电工程有限公司
伍浩松　高工　中同核科技信息与经济研究院
郁祖盛　研究员　国家核电技术公司
周如明　研究员级高工　苏州热工研究院
上官志洪　研究员级高工　苏州热工研究院
张雅丽　处长　中国核工业集团公司

总目录

摘　　要

中国工程院“我国核能发展的再研究”中“内陆核电厂及核能发展中的几个重要安全、环境问题研究”分课题的研究是在“我国核能发展研究”课题基础上开展的，其研究内容不求涵盖核与辐射安全的所有方面，而是力求关注当前核电发展中面临的重要问题。有些重要问题以前已有专门研究，例如：高放废物地质处置，在本研究中就没有包括在内。本研究的内容主要是：（1）福岛核电厂事故的教训与对策；（2）内陆核电厂的安全；（3）放射性废物中等深度处置问题；（4）利用快堆嬗变长寿命核素的研究；（5）核安保的研究。

1　福岛核电厂事故的教训与对策

2011 年 3 月 11 日日本东部大地震引发海啸，导致福岛核电厂 6 个反应堆中多台发生了严重的堆芯损坏，根据联合国原子辐射影响科学委员会 2013 年报告书的评估，100～500 PBq 碘-131 和 6～20 PBq 铯-137 释放到大气中，约为切尔诺贝利核事故的 1/10 和 1/5。先后约撤离居民 88 000 人。产生了大量放射性固体废物和液体废物。估计成人在撤离前及撤离中所受有效剂量平均不到 10 mSv（世界居民平均所受天然本底辐射约为每年 2.4 mSv），1 岁婴儿所受有效剂量约为成人的 1 倍。到 2012 年 10 月底，大约有 25 000 名工作人员参加了福岛第一核电厂现场减灾等活动，事故后 19 个月期间平均所受有效剂量约为 12 mSv，0.7%的工作人员所受剂量超过了 100 mSv。受到超过 100 mSv 的 160 人的人群未来癌症风险将增加，但预计难以察觉发病率的增加。对海洋和陆地非人类物种产生的照射通常都太小，很难观察到急性效应。对海洋生物的影响限于高放射性水释放点附近。在放射性物质沉降很高的有限区域内，不能排除某些生物的生物学指标发生连续变化。总体而言，福岛核事故产生的经济损失是巨大的，但对人和环境的辐射影响是有限的，然而，其影响仍是社会和公众难以接受的。

福岛核事故对国际核能界产生了巨大的震撼。各涉核电国家均组织了专门的队伍，研究和吸取福岛核事故的教训，开展核电厂安全的大检查，制定相应的对策和措施。检查结果表明，现在运行的核电机组安全是有保障的，与福岛核事故类似的核事故不太可能在本国发生。根据福岛核事故经验教训，有必要进一步开展核与辐射安全的研究，特别是抵御外部事件、预防和缓解严重事故及应急准备和响应等方面。我国沿海海域属于大陆架型海域，与日本的大地构造背景差异很大，不具备发生类似日本“3·11”地震海啸的条件。在日本“3·11”地震后，对我国沿海地区历史海啸沉积物调查结果表明，我国沿海地震海啸风险主要来自马尼拉海沟发生的大地震产生的影响，但其影响远小于可能最大风暴潮增水，我国滨海核电厂均选用最大风暴潮作为设计基准洪水位的主要组合因素。类似福岛的事故不可能在我国发生。

我国在福岛核事故发生后，立即对全国核设施进行了安全检查，国家核安全局对全国民用核设施进行的检查表明，我国核设施具备完备的应对设计基准事故的能力，也具备一定的严重事故预防和缓解能力，安全风险处于受控状态，运行核电厂的安全是有保障的，类似福岛核电厂的事故不可能在我国发生。针对检查中发现的问题，提出了改进措施，目前，所有短中期项目已经完成，长期项目正在稳步推进。

2012 年，国务院审核通过了《核安全与放射性污染防治“十二五”规划及 2020 年远景目标》（简称《核安全规划》）和《核电安全规划》，并将《核安全规划》向全社会发布。

2　尽快启动内陆核电厂的建设

20 世纪 80 年代初，我国沿海地区经济高速发展，迫切需要能源，核电从浙江秦山起步，随后广东、江苏、福建、山东和辽宁逐渐发展起来。现在，中部经济发展加快，常规电力发展受到资源和环境的严重约束，发展核电是解决这一问题的现实途径。但却遇到了在国际核电发展史上从没有遇到的问题——“内陆是否可以建设核电厂?”实际上，核电厂厂址的选址完全取决于能源的需求和是否满足核安全的要求。世界主要核电国家的大部分机组都建在内陆。美国内陆核电机组占总机组的 61.5%，其中密西西比河流域建有 21 座核电厂，总装机容量达到 3 093 万 kW，约占总装机容量的 30%，而且该流域还拟新建 5 个核电项目（约 1 000 万 kW）。

内陆核电厂厂址均采用可防止极端洪水的“干厂址”，洪水对内陆核电厂厂址不构成威胁。核电厂厂址设计基准洪水位考虑了洪水和溃坝的叠加，其方法既考虑了基于确定论的最大基准洪水位，也考虑了基于概率论的万年一遇洪水位，并取其最大值，与水利部门对水利设施提出的“万年重现期”的计算方法基本相当。现在规划的三座内陆核电厂（湖南桃花江、湖北大畈、江西彭泽）的厂址场坪标高均远高于设计基准洪水位。“干旱”属于缓发的自然现象，有足够的应对时间来确保核电的安全。如果有必要还可以通过在厂址附近设置储水槽等工程储备足够用水，解决运行经济性问题。

现代核电厂发生堆芯融化的严重事故概率是极低的。现在的设计根据严重事故后可能产生的废液，提出了“可存贮、可封堵、可处理和可隔离”的要求，确保环境风险可控。“可存贮”是指核电厂万一在发生严重事故后，可将事故产生的废液贮存在厂内安全可靠的设施内。“可封堵”是指在发生超设计基准洪水情况下，通过地下、地上防水淹措施，可避免核岛重要区域存在泄露等薄弱环节，防止外部水淹进入安全重要厂房。“可处理”是指对于严重事故产生的放射性废液，具有能够净化至内陆放射性废液排放的能力。“可隔离”是指综合上述措施实现放射性严重事故产生的废液与周边地表水体及地下水之间的有效隔离。

核电厂产生的气态和液态流出物中放射性已控制在很低的水平，对周围公众产生的照射低于天然辐射照射所致公众剂量的百分之一，也远低于燃煤电厂等排放的天然放射性物质所产生的剂量。我国核电厂液态流出物排放浓度控制值比国家标准规定的触控水平还严格。放射废水处理采用最佳可行技术，尽可能减低液态流出物中的放射性核素的活度浓度。排放的液态流出物中放射性的含量极低，是近零排放，其累积影响极小。拟选内陆核电厂周围人口密度并不比沿海高，不存在实施应急计划的不可克服的困难。

总之，内陆经济的发展和环保的要求迫切需要发展核电，内陆许多拟选厂址也完全满足核安全的要求，尽快启动内陆核电厂的建设是必要的，也是完全可行的。

3 及时启动中等深度处置场的建设

我国已经存在大量不适宜在现有近地表处置场处置的废物，而且还将迅速增长。这些废物主要包括：长寿命放射源，现在已有^{241}Am和^{226}Ra等长寿命或较长寿命的废源3万多枚；生产堆和研究堆退役产生的石墨；军工核设施生产和退役产生的长寿命中水平放射性废水和废物；堆芯构件和压力容器等以及其他长寿命中水平放射性废物等。这些废物中有些废物已构成较大的风险源。放射性废物管理的基本原则之一是，不应把废物留给后代。妥善处理放射性废物也是公众关心的焦点之一。对于已构成较大风险源的军工核设施产生的放射性废水等问题更应加快处理和处置的进度。

我国现有和拟建处置设施均为近地表处置设施，不适宜处置长寿命中放废物。为了及时处置已经存在的和将要产生的中水平长寿命放射性废物，立即启动中等深度放射性废物处置工作是必要的。中等深度处置是一项较为成熟的技术，国际上有许多经验可以借鉴。建议将中等深度处置研究开发和工程实施列入“十三五”国家有关计划，力争在2020年左右建成中等深度处置设施。

4 加强利用快堆嬗变长寿命高放废物研究工作

高放废物处理与处置是公众关心的焦点。地质处置和高放废物嬗变（最小化）是解决高放废物处理与处置的基本途径。高放废物嬗变的主要途径有二：快堆嬗变和加速器驱动（ADS）嬗变。两种方法比较，快堆嬗变更为现实可行，当然ADS的研究也是必要的。当前，ADS嬗变系统作为中科院战略性先导科技专项已立项实施。2013年2月23日，国务院发布《国家重大科技基础设施建设中长期规划（2012—2030年）》，提出了建立液态金属冷却的ADS实验室。但快堆嬗变至今只有零星少量经费支持，有必要加大对快堆嬗变技术的研发投入，尽快支持基于中国实验快堆、后处理中试厂等的嬗变实验研究。建议基于已建成的实验快堆和后处理中试厂，以及在建MOX燃料实验线等研究平台；适当进行技术改造和功能拓展，开展高放废物分离嬗变的全流程的实验研究，争取在2020年前完成实验规模的钚、MA（^{237}NP、^{241}Am等）和超铀循环技术及工艺实验，掌握分离-嬗变的关键技术，获取工程应用数据和经验。

5 核安保的发展及对策

我国对核材料一直实施严格的掌控，建立了比较完善的法规标准体系和核材料管制数据库，设置了核设施实物保护系统，成立了国家核安保技术中心。核安保能够满足我国核能发展的基本需要。为了适应核威胁的形势及技术的发展，有必要进一步提高我国核安保水平，进一步完善核安保法规标准，尽量采用国际先进标准。积极推广和提高核安保文化，加强核安保技术研究，尽快建成国家核安保技术中心，推进核安保技术的持续发展，加强核安保监管。

（**执笔人：**潘自强）

第一篇

福岛核事故后核电厂的改进及经验总结

目　录

1　福岛核事故的发生与发展

2011 年 3 月 11 日 2 点 46 分，日本东部海域发生 9 级大地震。引发一系列巨大海啸，袭击了日本东北部地区，导致 561 km^2 的大面积灾难泛滥。

福岛第一核电厂[1]共有 6 台机组，距震中 150 km，地震所产生的地面加速度超过了 2、3 和 5 号机组的设计基准。地震导致正在运行中的 1、2 和 3 号机组自动停堆（4、5、6 号机正在大修或停堆检修）。反应堆自动停堆后发电机跳闸，电厂供电电源切换至厂外电源。地震发生前，共有 6 路外电源连接到福岛第一核电厂。由于配电盘等遭到破坏以及输电塔因地震而倒塌，地震后六路外电源全部丧失。各机组的应急柴油发电机自动启动以维持冷却反应堆和乏燃料水池。

地震后 46 分钟，第一波海啸淹没了福岛第一核电厂，后续袭来的海啸在随后的几小时内进一步加重了电厂的被淹和受损程度。福岛第一核电厂原设计为“干厂址”，其是以假设最大设计基准海啸浪高 3.1 m 为基础建造的，1～4 号机组核岛厂房和汽轮机厂房地坪标高 10 m，5～6 号机组核岛厂房和汽轮机厂房地坪标高 13 m，所有机组的海水冷却系统厂房地坪标高 4 m。2002 年，根据日本土木工程师协会（JSCE）推荐的日本核电厂海啸评估方法，福岛第一核电厂最大的水位高度为 5.7 m。根据这个评估结果，东京电力公司（TEPCO）在福岛第一核电厂取水渠外侧建造了防 5.7 m 海啸的防波堤。但是，这次海啸浪高达到了 14～15 m，厂区水淹深度达到 4～5 m，海啸浪高超出了福岛第一核电厂所有机组的设计基准。

海啸发生之后，福岛第一核电厂的所有反应堆厂房被海水完全包围。海水冷却系统的海水水泵和电动机完全被摧毁，导致最终热阱丧失。所有机组用于冷却辅助系统的海水泵设备均因水淹而失效。另外，海啸使 10 台安装在汽轮机厂房地下室并使用海水冷却的应急柴油发电机全部失灵，并且使 3 台安装在厂坪标高厂房内并使用风冷的应急柴油发电机中的 2 台丧失功能（配电盘因水淹失效）。6 号机组的 1 台风冷应急柴油发电机成为福岛第一核电厂 6 个机组中仅存的交流供电电源。1、2 号机组的 125 V 直流蓄电池供电系统受损，主控室的仪表和控制系统都不可用。

由于交流电源以及海水冷却系统功能丧失，无法实现堆芯和乏燃料水池的冷却，堆芯的实际状态也无法获知。为了尝试恢复冷却功能，东京电力公司采用了多种方法向堆芯以及乏燃料水池补水，如通过使用自卫队直升机、高压水车喷洒等，收效甚微。

最终，福岛第一核电厂的多个机组发生了堆芯熔化，氢气爆炸进一步加剧了放射性物质向环境的大量释放，产生了严重的后果，也给核能发展带来了深远的影响[2-4]。

2　各国的响应与改进行动

福岛核事故引起了国际社会的广泛关注，特别是一些促进和平利用核能与推动核安全发展的国际组织，如，国际原子能机构（IAEA），世界核电厂营运者联合会（WANO），以及西欧核监管协会（WENRA）等[5-7]，他们组织开展了一系列事故调查、经验反馈、制定新的安全要求等方面的活动。这些活动的成果为各核电国家制定改进行动提供了重要的参考，各主要核电国家根据本国核电的特点，提出并实施了一系列改进行动。这些国家包括美国、法国、韩国、日本、俄罗斯、乌克兰、德国等[8-10]。

2.1 主要核电国家的响应及改进行动

2.1.1 美国

福岛核事故发生以后，美国核管会（NRC）针对美国104座运行核电厂在极端外部事件引起电源丧失或系统设备遭到大范围破坏情况下的应对能力进行了检查。针对检查中发现的问题，NRC及美国核工业界从多个方面采取了响应和改进行动，包括：提升外部事件应对能力；改进反应堆、乏燃料池和安全壳设计；提高严重事故管理和恢复能力；明晰相关组织机构职责分工；改善应急准备与响应及事故后管理；加强国际合作等。

美国核管会还考虑了短期和长期行动确保美国核电厂安全。为此NRC还专门成立了工作组（NTTF），并于2011年12月15日确定了借鉴福岛事故经验教训所采取建议行动的优先次序。NRC工作组提出的推荐行动按照优先级划分为三个层次来实施。

第一层次：为事故缓解需要，可以立即实施的，2016年前完成，行动包括：

（1）地震和洪水灾害的再评估；

（2）地震和洪水防护情况的现场巡查；

（3）全厂断电事故的管理行动；

（4）对联邦法规10 CFR 50.54（hh）（2）中涉及的设备提供适当的保护，以使其避免受到超过设计基准外部事件的影响；

（5）加强Mark Ⅰ型和Mark Ⅱ型安全壳可靠的卸压排放功能；

（6）增加乏燃料水池的测量仪表；

（7）加强和整合应急运行规程（EOPs）、严重事故管理指南（SAMG）和大范围损坏缓解导则（EDMG）；

（8）应急准备的管理行动（主要是人员配备和通信设施配置）。

第二层次：近期不能实施，主要因为需要进一步技术评估和调整、取决于第一层次问题完成情况或者不具备关键技术能力等因素的限制。这些行动不需要长期研究，在掌握充足的技术信息和具备适当的资源时即可实施。

第二层次的行动包括：

（1）增强乏燃料水池的补水能力；

（2）应急准备的管理活动。

第三层次的建议行动需要开展进一步的研究，这些建议行动与相对短期的工作有关，完成这些短期工作之后才能明确长期需要开展的工作，计划5年内完成。行动包括：

（1）每10年一次确认地震和洪水的灾害；

（2）加强预防和缓解地震引起的火灾和洪水的能力；

（3）加强其他类型安全壳可靠的卸压排放功能；

（4）安全壳内或其他厂房内的氢气控制和缓解；

（5）加强针对长时间全厂断电和多机组事故的应急准备；

（6）提升应急响应数据系统（ERDS）能力；

（7）长时间全厂断电和多机组事故应急准备（EP）的研究；

（8）决策、辐射监测和公众教育方面的应急准备；

（9）修订反应堆监管大纲（ROP）以体现所建议的纵深防御体系结构；

（10）开展在严重事故方面的培训，对驻厂监督员增加严重事故管理指南方面内容的培训。

2.1.2 法国

法国 900 MW 核电厂的平均运行寿命已经超过 30 年，福岛核事故后，法国核电厂进行了许多改造，增加了一些设备。已经开展的行动包括：

（1）设立首席委员会（COPIL）评估福岛事故经验并反馈。

（2）对民用核设施进行压力测试（法国称为补充性安全评估 CSA），压力测试结果由负责核反应堆、实验室和核电厂的咨询委员会进行审核。之后，法国核安全局发布了 32 个指导决议。

（3）对于所有的核设施，要求“强化堆芯安全”，以便能在极端情况下管理基本安全功能，防止发生严重事故，在无法控制事故时限制大规模放射性物质释放，并使执照持有者即使在极端情况下也能履行其应急管理职责。

（4）创建核快速响应部队（FARN），包括增设移动设备。

（5）建立人因首席委员会（CoFSOH）。

未来的改进包括：

（1）在 2018 年前，每座反应堆增加 1 台固定柴油发电机；

（2）在 2020 年前，每座反应堆增加 1 个最终热阱；

（3）在 2020 年前，每座核电厂增加 1 个附加的应急响应中心。

2.1.3 韩国

韩国在福岛核事故后，主要开展了三个阶段的工作。

第一阶段，对所有核电厂进行了安全检查，以证实核电厂的设计足以应对地震、海啸等意外自然灾害所造成的重大事故。安全检查的结果证实，各个运行核电厂、Hanaro 研究堆和核燃料循环设施能够安全防范设计基准地震和海啸。为了确保防范超出设计基准的自然灾害（如福岛核事故）的安全性，韩国确定了在地震、海啸和重大事故领域的短期和长期安全改进行动项。

第二阶段是所有短期和长期行动项的实施阶段，这些行动项主要基于福岛核事故的经验教训制定，如：

（1）加强应对地震和海啸等自然灾害所造成的始发事件的能力。

为了保证对超出设计基准的自然灾害的适当应对，运营商确定并实施的安全改进行动项包括：调查与评价核电厂址最大潜在地震、调查和研究核电厂设计基准海水水位、提高安全停堆系统抗震能力、提高主控室地震报警系统的抗震能力、提高月城核电厂入口桥梁的抗震能力、评价自来水管道的抗震性能（从净化厂到污水处理厂）、为古里核电厂建设沿海屏障、安装地震自动停堆系统、安装防水门和排水泵、加强冷却水的进水能力和改善设施以防备海啸、防止户外储水箱箱体受到损害。

（2）改进安全性能和事故管理能力。

为确保应急电源安全，从而为反应堆堆芯和乏燃料池提供一种冷却途径，同时为安全壳厂房的完整性提供应对由极端自然灾害引起的全厂断电（SBO）的途径，确定和实施的安全改进事项包括：

1）加强电力系统的可靠性：确保移动发电机和电池的安全、提高附加柴油发电机的设计基准、用地脚螺栓固定备用变压器，并改善月城核电厂应急电源系统的燃料喷嘴、改善变电设施的管理、提高厂内供电系统的可靠性、确保月城核电厂1号机组空气冷却器（LAC）应急电源的安全；

2）改善反应堆堆芯冷却功能：为注入来自外部的应急冷却水安装反应堆注入管道、编制计划防止主蒸汽安全阀隔间和应急给水泵房被洪水淹没、编制计划防止最终热阱（UHS）被洪水淹没和从洪灾中恢复、在蔚珍1号机组安装额外的辅助给水储罐；

3）改善乏燃料池冷却功能：制定针对乏燃料池丧失冷却的对策，安装安全级仪表以监控水位、温度和辐射水平，修改相关技术规范，以确保乏燃料池应急电源的安全；

4）确保冷却消防水源的安全：在水净化厂的在役供水管道上安装支管、确保可移动柴油驱动泵的安全以及确保用于应急注水的长软管的安全；

5）确保安全壳厂房的完整性并减轻放射性物质向环境的释放：安装非能动消氢设备、在安全壳厂房安装过滤排气系统或降压设施；

6）加强消防能力：改善消防计划及与公共消防部门的协调、提高现场消防队的消防能力、引进基于性能的消防设计；

7）加强应对重大事故和大范围破坏的能力：加强关于重大事故的教育和培训、修订重大事故管理指南、制定低功率工况 SAMG、制定大范围破坏缓解指南（EDMG）、制定一个一体化的 EOP-SAMG 程序。

（3）改善应急准备和紧急医疗体系

这些措施包括：确保有额外的辐射防护用品用于保护核电厂附近的居民；修订放射性应急计划，以应对多个机组同时发生突发事件；准备额外设备，以应对长时间的突发事件；增加紧急医疗机构的设备；加强辐射应急演习；在长时间断电的情况下保护重要信息；改善应急响应设施；落实保护应急工作人员的对策并加强应急准备培训；修改紧急辐射情况下的信息发布程序；评价针对居住在应急计划区域范围（EPZ）之外的居民的防护措施；加强紧急通知系统的性能；改善与相关应急组织的合作；评价公众保护行动；加强环境监测；落实居民防护措施等。

第三阶段主要是长期行动，包括跟踪国际社会对福岛核事故的经验教训，修订国内核安全政策目标、规章及导则，对国内核电厂进行概率安全评价（PSA）及压力测试分析等。

2.1.4 日本

福岛核事故后，日本原子力保安院（NISA）第一时间要求所有核电厂实施了紧急安全对策，之后在总结福岛核事故经验的基础上进行了改进：

（1）监管体系进行了根本性的调整，新建立了监管机构 NRA，核安全监管是 NRA 的唯一责任，NRA 与核能发展机构完全独立。

（2）根据法规和规章对应急响应领域进行结构调整以加强预防和响应的权威。

（3）48 台核电机组全部停运。

（4）基于新监管要求对核电厂进行安全评价。

（5）完成全国范围内的厂址断裂带评价。

（6）建立核行业性组织——日本核安全学院（JANSI），以提升电厂的安全性。

（7）继续处理福岛第一核电厂事故：NRA 将福岛第一核电厂作为“特殊核设施”进行管理并建立监督和评价委员会；针对 NRA 提出的行动清单，东京电力公司执行相应的行动计划来减少放射性物质和确保安全退役；确保福岛核电厂处于稳定状态。

（8）所有机组必须在 NRA 根据新的监督要求发布许可后才能重新启动。

2013 年 7 月 8 日，日本 NRA 正式颁布实施了新的核电安全基准。新基准以福岛第一核电站事故为依据，大幅增加了对严重事故、地震海啸、飞机撞击等突发情况的应对措施。

2.1.5 俄罗斯

俄罗斯在吸取福岛核事故经验教训后针对不同的反应堆堆型采取了一系列措施。

针对 RBMK（高功率通道型反应堆）、BN（钠冷快中子堆）和 EGP（石墨慢化压力管型动力堆）核电厂：

（1）配备了可移动的应急响应设备，包括不同类型的可移动式泵组（MPS）、不同类型的电动泵、可移动式 0.2 MW 柴油发电机组（MDGU）、可移动式 2 MW 柴油发电机组（MDGP）。

（2）根据俄罗斯核电厂对极端外部灾害的防护程度以及俄罗斯核与辐射安全科研中心对压力管和快中子反应堆专家审查结果的补充分析，进一步评价和分析由外部灾害造成核电厂极端内部影响时核电厂的安全性。

（3）为所有在影响整个电厂的超设计基准事件中同时使用可移动式应急响应设备（柴油发电机、柴油驱动泵、电动泵）的机组，补充应急演练方案。

（4）为 RBMK-100 反应堆核电厂制定包括严重事故在内的超设计基准事故管理手册的方法指南。

（5）编制包含超设计基准事故和严重事故管理手册制定要求和建议的最终文件。

（6）为压力管反应堆的核电厂引入地震停堆保护系统（SSP）。

（7）组织针对 RBMK-1000 反应堆的评估活动，以确定其是否需要在有潜在氢爆炸风险的房间安装防氢爆安全系统。

（8）为了给机组配置在 BDBA 条件下运行的应急测量和控制手段（EI&C），目前正在鉴定外部灾害影响因子的有效值及影响时间，并且要求明确 EI&C 规格。

针对 WWER（水冷和水慢化型反应堆）-440 和 WWER-1000 核电厂：

（1）配备了可移动应急响应设备，包括：可移动式 2.0 MW 柴油发电机（6 kV、0.4 kV、220 V DC）；0.2 MW 可移动式柴油发电机（0.4 kV）；相同容量和马力的可移动式高压泵组，以及不同容量和马力的电动泵。

（2）为附加的设计编制设计和预算文件，以提高核电厂厂外电源供应的可靠性；从

MDGU 给直流和交流用电部分供电；使用电动泵向用水部分供水；排出热量至最终热阱；确保安全壳内的防氢爆安全措施（巴拉科沃核电厂 1、3 和 4 号机组；罗斯托夫核电厂 1 号机组；加里林核电厂 2 号机组；克拉核电厂 1 和 2 号机组；新沃罗涅日核电厂 3 和 4 号机组）；主回路应急排气系统（新沃罗涅日核电厂 3 和 4 号机组）；提高局部系统的可靠性（新沃罗涅日核电厂 5 号机组）；增大对主控室（MCR）和 备用控制室（BCR）的保护程度；使用电动泵从反应堆厂房、汽轮机厂房、备用柴油发电机站及陆地泵站的底部抽水；根据通用和专业规范提出其他附加设计概念。

（3）根据附加设计概念的预算和设计文件要求规范，已开始采购设备，其中一部分已经交付给核电厂。

（4）在核电厂内建立单一的无线电通信系统 TETRA 标准。

（5）从以下方面对核电厂应对极端外部灾害的能力进行了再次评估和分析：

1）在超设计基准事故反应堆冷却丧失的情况下，WWER-1000 和 WWER-440 外部冷却反应堆堆坑的应对方案（已确认了 WWER-1000 需要外部冷却，正在确认 WWER-440）；

2）水电厂水坝垮塌的事故后果；

3）评估超设计基准事故及其放射性影响的进展情况，以确定设计 WWER 核电厂安全壳卸压排放系统的初始设计输入；

4）评估超设计基准事件中 WWER 核电厂反应堆设施不同状态的方案，包括根据附加设计概念为符合规范而进行的计划升级。

（6）已为应急取样系统和设备制定了初始规范。

（7）制定了在 1.4 倍 SSE 强度的地震中评估核电厂设备和部件抗震稳定性的统一规范草案。

（8）为所有在影响整个电厂的超设计基准事件中同时使用配有可移动式应急响应设备的机组，补充应急演练方案。

（9）实施计划活动和附加设计概念后，更新事故管理指令和指南。

（10）已制定了严重事故管理指南（SAMG），并且已在采用 WWER-1000 型反应堆的巴拉科沃核电厂 4 号机组得到实施。

2.2 其他国家响应和改进行动

2.2.1 乌克兰

切尔诺贝利事故发生之后，为了持续改善核安全、确保核工业有效、可靠运行，以及将乌克兰核电厂安全性提升至符合核安全和环保领域认可的国际标准，NAEK Energoatom（国家核能发电公司）为乌克兰核电厂制定了全面（综合）安全改进方案（C（I）SIP）并实施。

福岛第一核电厂事故后，乌克兰采取了必要措施，针对运行机组安排和开展了安全再评估（压力测试），并将根据压力测试结果确定的更新和安全改进包含在更新后的 C（I）SIP 中。

对于运行核电厂，2011—2017 年的 C（I）SIP 计划中包含了福岛后的改进行动，并得到了乌克兰政府的批准。

重要的安全改进包括：

（1）确保堆芯和乏燃料水池在全厂断电和丧失热阱情况下的长期排热。

（2）增强应急电源的供应。

（3）确保在飓风情况下厂用水系统的可运行性，一些改进项的概念设计已经完成，并已获批准。这些改进已经作为南乌克兰核电厂（SUNPP）运行许可证更新的许可证条件，将在2012—2017年执行。

（4）提高严重事故的缓解能力，包括：①开发SAMG；②增设安全壳过滤排放系统；③安装安全壳内氢气复合器；④堆内和堆外的熔融物滞留；⑤增设事故后监测系统。

针对反应堆功率运行工况和乏燃料水池的SAMG已经在3个试点电厂完成，SUNPP在2013年开始实施。正在制定过滤排放的设计和技术要求，讨论熔融物的滞留措施，安装事故后监测系统和非能动氢气复合器。关于安全壳过滤排放系统，计划分两步走，首先加强目前的通风系统，之后再增加专门的过滤排放系统，目标是避免发生达到需要人员避迁的剂量限值。

2.2.2 印度

在福岛事故后，印度核电公司（NPCIL）和印度国家原子能管理局（AERB）对印度所有核电厂实施了安全重新评估。评估结果表明需要进一步增强安全要求，尤其是应对严重外部事件的能力。印度采取的措施包括：

（1）重新评估、确认各核电厂外部事件的设计基准，必要时，还查看了早期定期安全审查（PSR）的结果，并重新进行了审核以确定可以进一步增强安全的领域。

（2）对超过设计基准或审查基准的外部事件进行裕量评估。该评估的目的是核实是否存在接近设计基准或审查基准的陡边效应，并提出在这种情况下针对安全功能的改造建议。

（3）提高核电厂应对长时间全厂断电以及丧失热阱的能力。印度核电公司（NPCIL）为此进行了长时间全厂断电事故下执行安全功能的能力评估，并将电厂的持续排热能力增加到7天。基于这些评估，提出的改进措施有：①冷却堆芯和反应堆部件的替代手段，包括识别和提供替代水源，并设置注入接口，用于向堆芯提供长期的冷却；②提供移动式、便携式柴油发电机和电源组；③使用电池供电装置，监控电厂状态；④设置额外的注入接口，向乏燃料水池补水。

（4）审核并强化严重事故管理方面的规定，特别是：①氢气风险的控制和管理；②安全壳卸压排放。

（5）在各核电厂厂址建造现场应急支持中心，该中心应在极端事件（例如：辐射）时仍能运行，拥有足够的通信设备，监控电厂状态，且有能力为主要人员提供至少一周的食宿。

正在实施的为增强核电厂抵御已经识别出的外部灾害的能力的措施如下：

2013年年底前完成的升级改造措施：

（1）安装用于向蒸汽发生器、主热量传输系统（PHT）、ECCS、端罩、排管、排管容器室和乏燃料贮存池注水的外部接口；

（2）已经在某些电厂增设了通过太阳能电池辅助的额外应急照明，一些电厂还在实施过程中；

（3）审核并修订所有核电厂的应急运行规程；

（4）完成操作人员的培训和模拟演练。

2014 年年底前完成的中期改造措施：

（1）增设核电厂地震停堆系统（如果没有）；

（2）提供附加的备用发电机组，采用空气冷却并安装在较高位置；

（3）长时间丧失电源情况下的电厂关键参数监控；

（4）增设柴油机泵，用于将除氧水箱中的水传输至蒸汽发生器；

（5）增设附加的移动泵和消防船；

（6）增加现场的水储存量。

2015 年完成以下长期措施：

（1）完善严重事故管理程序；

（2）加强氢气风险控制和管理；

（3）提供安全壳过滤排放；

（4）建设能够承受严重洪水、飓风和地震等外部灾害的厂址应急支持中心。

2.2.3 德国

德国在福岛核事故后，开展了多种形式的安全检查，包括营运单位和各州监管机构的检查、RSK（反应堆安全委员会）的检查、国家安全检查（压力测试）等；开展国际安全评估，包括欧洲压力测试等。

2011 年，BMU（自然、环境保护与核安全部）和联邦安全评审委员会得出的结论是：没有要求监管机构迅速采取行动的安全相关的调查结果。

此外，德国联邦政府在福岛核事故后成立了一个道德委员会，考虑道德委员会的决定后，德国修改原子能法，决定逐步退出核电。2011 年，德国 8 个老核电机组失去了运行许可证。针对在运核电厂，德国通过国家行动计划（NACP）来实施福岛后的改进：

（1）电力供应：直流电源保障提升到 10 小时；增加移动应急发电机和相应接口。

（2）冷却水供应：增加核电厂的冷却水水源；增加移动泵。

（3）安全壳排气和燃料池：审查全厂断电工况的安全壳排气系统；乏燃料池应急补水的改进。

2.2.4 加拿大

加拿大核安全委员会（CNSC）是加拿大依据《核安全与控制法》而成立的核监管机构。CNSC 在对福岛核事故的响应过程中采取了一种系统化方法。CNSC 向核电厂执照持有单位发出正式要求，要求其提供证实每个核电厂安全情况以及处理从福岛事件中获得经验的资料和评估报告。CNSC 设立了特别工作组并制定了标准，用于评估获得经验、持照单位的提交文件及其自身的监管框架。此外，CNSC 还成立了由独立专家组成的外部顾问委员会（EAC），评估根据福岛核事故获得经验采取的流程和响应。

在完成上述行动后，CNSC 编制了《CNSC 综合行动计划：关于福岛核事故的获得经验》（简称 CNSC 行动计划），明确规定了核电厂持照单位和 CNSC 短期、中期以及长期三个阶段的目标，内容涉及所有关键领域——涵盖纵深防御、应急准备、监管框架和流程以及国际合作。持照单位及时对 CNSC 的要求给出了回应，并完成或正在进行多个评估、分析和设计改进。

持照单位对其设施的设计和运行以及严重事故情况下的应急响应进行评估和升级，包括：

（1）确定论和概率安全评估；

（2）修订监管文件；

（3）完善建模和分析工具；

（4）安装新设备提高纵深防御能力；

（5）升级应急计划；

（6）提议修订规章；

（7）采购事故缓解设备和备用电源；

（8）开展大规模应急演练；

（9）改进辐射监测措施。

2.2.5 罗马尼亚

罗马尼亚在福岛第一核电厂事故发生后采取的行动有五个方面：

（1）实施机组的防水淹措施；

（2）配置移动柴油发电机组；

（3）安装安全壳通风过滤系统；

（4）第二个非现场应急控制中心（ECC）正在落实之中；

（5）针对 CANDU 堆的改进有：增设非能动氢气复合器以及增设乏燃料水池监测装置。

2.3 中国的响应和改进行动

福岛核事故发生后，中国政府高度重视，迅速采取了应急响应行动，国家核安全局会同相关部门，对中国大陆运行和在建核电厂进行了综合安全检查[11]。国家核安全局针对核电厂综合安全检查中发现的问题，结合福岛核事故的经验反馈以及可以进一步提高核电厂安全水平的改进工作，综合考虑安全改进的重要性、可行性，对核电厂提出了福岛后改进行动管理要求[12]，包括总体要求和具体要求。

总体要求适用于所有核电厂，主要是管理方面的需长期开展的持续改进，包括：高度重视核电厂运行和核安全的持续改进、不断提高核电厂安全水平；跟踪国内外对福岛核事故的研究进展、做好经验反馈和评估改进；加强与气象、海洋、地震等部门的信息交流、提高外部灾害发生时的预警和应对能力；完善和提高核电厂的监测应急能力、配合全国或区域范围内的应急资源和能力共享；完善核电厂信息公开，加强核知识的普及等。

具体要求是针对特定的核电厂提出的技术改进措施，主要涵盖三个方面：一是提高抵御外部事件的能力；二是提高严重事故预防和缓解能力；三是提高核事故应急和监测能力。

各核电厂根据管理要求相继开展了地震、海啸研究与抗震裕量分析、应急能力的完善与应急准备、防水淹、应急供电、应急补水、氢气控制、环境监测、严重事故管理指南的开发与完善、公众信息的发布等一系列的研究、改进和改造活动，这些改进措施覆盖面广，针对性强，有效地提高了国内核电厂的安全水平。

此外，为整合各集团应急支援力量，提高跨核电厂支援的时效性和有效性，环境保护部于2014年5月5日牵头组织中国核工业集团公司、中国广核集团公司、中国电力投资集团公司、国家核电技术公司和中国华能集团公司共同签署了《核电集团间核电厂核事故应急相互支援框架合作协议》。

2014年5月5日，中广核集团依托大亚湾核电基地，率先组建了集团层面核事故应急支援队。

5月19日，中核集团委托秦山核电基地正式成立中核集团核事故场内快速支援队。

快速支援队的建立，进一步提升了我国核电厂应对严重事故的能力。

2.4 各国响应行动总结与趋势分析

尽管各国际组织与核电国家在福岛核事故后的响应和采取的核安全改进行动在内容和实施进展上存在一定的差异，但是这些响应和改进行动也呈现出许多共同的特点，包括：

(1) 开展核安全检查以全面了解国内核电厂的安全现状，发现薄弱环节并提出改进要求；

(2) 针对外部事件开展设计基准的再评估，以确认核电厂在应对外部事件特别是地震、海啸以及洪水等的应对能力；

(3) 根据安全检查结果，通过改进全面提升核电厂预防和缓解严重事故的能力；

(4) 针对乏燃料储存水池提出增加可靠液位和温度监测仪表的改进，以期在发生类似福岛核事故时提供可靠的信息指示以指导乏燃料水池补水以及排热措施的实施，提高核电厂乏燃料水池安全水平；

(5) 检讨核安全要求在法规方面存在的不足，制定新建核电厂安全要求，进一步提高新建核电厂的安全水平，并同时为运行核电厂改进提供指导建议。

2.4.1 核安全检查

福岛核事故发生后，国际原子能机构立即启用事故应急中心，与日本政府联络，密切关注事态发展。在第一时间组织了福岛第一核电厂事故国际调查团。活动的主要目的在于收集福岛核事故信息，调查事故发生的原因、发展过程以及电厂受损状态，开展初步的分析和评价，以及形成经验反馈和工作报告。

美国核管会于福岛核事故发生一周后即发布了一份信息通告IN 2011-05《日本东北部太平洋大地震对日本核电站的影响》[13]，向国内核电厂执照持有者通报日本大地震对核电厂的影响，并要求其考虑采取措施以避免发生类似问题。之后，NRC发布临时检查手册指导监督员独立评价执照持有者是否采取了充分的响应行动以应对类似福岛第一核电厂发生燃料损坏的事件。通过检查，NRC发现了若干问题，包括用于应对核电厂大范围损伤的一些设备（主要是泵）缺失或疏于试验维护；缺少规程及相关培训；设备存储不具有抗震和防水淹能力等。

韩国在福岛核事故后，核安全监管当局组织国内专家甚至包括部分公众开展了特别安全检查（Special Safety Inspection），主要针对外部自然灾害预防，严重事故预防和缓解以及应急响应等几个方面。检查结果对运行电厂提出了46项改进，对在建机组提出了33项改进。各项改进活动预计在2015年完成。

安全检查是发现问题的有效手段，也是制定各项改进措施的基础。福岛核事故后开展核安全检查是主要核电国家采取的通常措施。

我国国家核安全局会同相关部门，于2011年3月至12月期间对中国大陆运行和在建核电厂进行了综合安全检查。主要通过方案评估、文件审查、电厂自查、现场勘查、查阅记录和技术评估等方式开展。确定了11个重点检查领域，包括：①厂址选择过程中所评估的外部事件的适当性；②核设施防洪预案和防洪能力评估；③核设施抗震预案和抗震能力评估；④核设施质量保证体系的有效性；⑤核设施消防系统的检查；⑥多种极端自然事件叠加事故的预防和缓解措施；⑦全厂断电事故的分析评估以及失去应急电源后附加电源的可用情况及应急预案；⑧严重事故预防和缓解措施及其可靠性评估；⑨应对群体性事件预案；⑩环境监测体系和应急体系有效性；⑪其他可能存在的薄弱环节。

通过检查基本实现了以福岛核事故为借鉴，寻找差距、排查隐患、发现问题、整改提高核安全水平；增进社会公众对核安全、核电的了解，保持社会公众对核安全、核电的信心的目的。

2.4.2 外部事件设计基准再评估

福岛核事故是由超强地震引发的巨大海啸直接造成的，海啸的高度大大超过了福岛第一核电厂的设计基准洪水位，使得核电厂根本无法应对。地震、洪水等外部事件的设计基准的适当性成为各国在福岛事故后的主要关注点。

美国NRC福岛核事故工作组（NTTF）发布短期报告《二十一世纪提高反应堆安全的建议》，建议执照持有者实施现场查勘以确认用于地震和洪水防护的设施处于适当状态；同时，执照持有者根据现有的要求和导则再次评估其厂址地震和洪水设计基准的适当性，并识别和确定电厂的薄弱环节。

福岛核事故后，欧洲开展了核电厂风险和安全评估即“压力测试”，主要是评估核设施是否能够抵御各种极端外部事件的影响。在欧洲的压力测试中各国均基于最新的认识论证核电厂对于设计基准的符合性。

日本核安全监管部门重新启动了开始于2006年的核电厂地震追溯性审查，考虑2011年3月造成福岛核事故的地震信息。

韩国核电厂在实施检查后，针对外部事件提出了增设地震自动停堆系统；安装防水门；古里核电厂的防水堤坝高度由7.5 m提升至10 m等多项具体的改进措施，这些改进措施预期在2018年完成。

我国在核安全综合安全检查中，开展了核电厂防洪、抗震能力以及海啸影响复核评估。各核电厂还根据复核结果并结合可能的水淹情况，筛查并完成了有关管沟、廊道、门窗和贯穿件等封堵或防水措施，提高重要厂房和设备的水密性和抗水淹能力。通过加高海堤、增设挡浪墙和防水淹、排水设施，提升防洪能力。加强对地震监测仪表的维护和管理，改进相应的操纵员震后行动规程。

2.4.3 提升严重事故预防和缓解能力

地震及其引发的海啸造成福岛第一核电厂多机组、长时间全厂断电和丧失最终热阱，核电厂失去了排出余热的所有手段。之后，福岛第一核电厂多机组发生了堆芯熔化事故，造成了大量的放射性物质释放。针对福岛核事故的这一显著特征，各国在改进中通常采取的措施包括，增设附加柴油发电机组、移动式柴油发电机以及增设一、二回路临时补水措施，增加补水水源等。

福岛核事故之前，各国对于指导核电厂在发生严重事故后缓解事故后果的严重事故管理指南缺乏明确的法规要求，各核电厂基于自愿原则开发严重事故管理指南，福岛核事故充分暴露了这一问题，由于其严重事故管理指南不完善，培训演练不足，使用人员不熟练加上现场的恶劣环境，使福岛第一核电厂事故最终发展到如此严重的后果。福岛核事故后各国在总结经验的基础上纷纷提出了开发及完善严重事故管理指南的要求。

2011 年 3 月，美国核管会在《二十一世纪提高反应堆安全的建议》中，分析了当时美国在事故管理方面的现状，并提出了增强和整合厂内应急响应能力的建议，也就是全面整合应急操作规程（EOP）、严重事故管理指南（SAMG），以及大范围损伤管理指南（EDMG）。2012 年，NRC 发布命令 EA-12-049，要求美国核电厂提供一个增加缓解策略的综合计划，用以增强核电厂应对厂址内全部机组同时发生长时间全厂断电以及最终热阱时的纵深防御能力。

福岛核事故后，我国国家核安全局在发布的管理要求中明确了各核电厂“应完善或编制严重事故管理导则，考虑各类事故工况、多堆厂址共因失效等工况，分析评估严重事故下重要设备、监测仪表的可用性和可达性”的改进要求。目前，我国所有运行核电厂均已经编制完成了功率运行工况的 SAMG，并加强在人力资源和人员培训、演练等方面的投入。对于新建核电厂则要求其在首次装料前完成 SAMG 相关工作，并将严重事故预防和缓解方面的设计考虑和管理措施等内容作为核电厂首次装料许可申请的执照基准纳入到最终安全分析报告的范围中进行审查。

2.4.4 加强乏燃料水池安全水平

福岛核事故时，由于缺乏燃料水池的状态信息，导致不能准确判断乏燃料水池内燃料组件的状态和行为，应急人员采取了一些不是十分恰当的措施，消耗了大量资源，产生了大量的放射性废水。

基于这一情况，世界核电厂营运者联合会（WANO）发布了经验反馈报告 SOER2011-3《福岛第一核电厂乏燃料池丧失冷却和补水》[14]。报告认为，核电厂应采取行动增强核电厂对乏燃料贮存池发生事件作出响应的灵敏性，以及保持良好的应急准备能力，以确保在发生威胁乏燃料池冷却或冷却剂装量的事件时能够作出适当响应。

同样，美国核管会于 2012 年 3 月发布命令，要求执照持有者对乏燃料水池仪表进行改进。NRC 要求采取有效的方法监测乏燃料水池液位，以便在超设计基准外部事件发生时，能够确定事故缓解和恢复行动的优先次序。截至 2013 年年底，执照持有者均按期提交了相关综合改造计划。

我国国家核安全局提出了“增强乏池的补水和监测能力”改进要求，并制定了相应的技术要求。2013 年年底前，国内所有运行核电厂均已完成了相关的分析论证和改造工作，对于新建核电厂要求首次装料前完成。

2.4.5　制定新的核电厂安全要求

福岛核事故后，2012 年 10 月西欧核监管协会发布了《新建电厂设计安全》（初稿 9），并于 2013 年 3 月发布了最终版，其中包含了基于福岛核事故的一些主要的经验教训反馈，全面阐述了其对新建核电厂中几个关键安全问题的技术见解。这些关键问题包括：新的核电厂纵深防御层次分级；使用多样性、实体隔离或功能隔离的方法保证构筑物、系统和设备（SSC）之间的独立性，保证纵深防御体系各层次的独立性；在核电厂设计中考虑超设计基准事故（如多重失效事故）；对于可能发生堆芯熔化的事故，在设计中采取措施降低潜在的向环境的放射性物质释放；实际消除所有可能导致早期或大规模放射性物质释放的事故序列；在发生设计基准外部灾害时不应该导致堆芯熔化事故；由外部灾害引起的可能导致早期或者大量放射性释放的堆芯熔化事故序列应该从实际上消除；考虑商用大飞机的恶意撞击等。

福岛核事故后，中国积极参与国际核安全标准的制定工作。根据对福岛核事故的深入分析，总结出中国核电法规修订过程中需考虑的 26 个方面的内容，主要涉及核安全管理体制、厂址安全性、设计安全、运行管理和事故应急五个方面，制定了《福岛事故后我国核动力厂安全法规制修订行动计划》。另外，国家核安全局组织编制了《新建核电厂安全要求》（报批稿，尚未正式发布）（以下简称《安全要求》），用于指导和规范新建核电厂的选址、设计和建造工作，在运行、退役和监督管理中参照使用。

《安全要求》制定的依据是我国现行的核安全相关法律法规，结合国际上最先进的标准，汲取福岛核事故已有的认识和经验教训，并吸纳我国核设施综合安全检查的成果，以及 IAEA 和核能发达国家为提高核电厂安全水平所提出的改进要求，充分考虑国内外运行和在建核电厂的设计、建造和运行技术及经验，以及美国用户要求（URD）[15]、欧洲用户要求（EUR）[16]的有关要求，进一步强化了多样化设计理念以及利用最新技术和研究成果持续提高核电安全的理念，是在执行现行核安全法规的基础上，对一些安全重要事项的补充和延伸。

可以看出，这些针对新建核电厂的设计安全要求，其实质上是对现有核安全要求的进一步补充和完善，以进一步提高核电厂的安全性。

3　福岛核事故主要特征和经验反馈

福岛核事故是继 1979 年美国三哩岛事故和 1986 年苏联切尔诺贝利事故之后，又一起发生严重堆芯熔化的核电厂事故，与前者相比，福岛核事故具有一些鲜明约特征：

（1）极端外部自然灾害是导致福岛第一核电厂核事故的直接原因。三哩岛核电厂事故和切尔诺贝利核电厂事故都是由核电厂内部原因（包括人因）引起的，以往核电厂有关安全设计和安全分析以及严重事故预防和缓解措施也主要考虑内部始发事件和设计基准的外部事件。事故调查表明，福岛第一核电厂 2、3、5 号机组反应堆厂房水平向最大观测地震加速度值超过了设计基准，而随后到来的海啸高度更是大大超过了其防波堤的设计基准高度，最终导致了福岛核事故的发生。福岛核事故警示我们，超过设计基准的极端外部事件是有可能发生的，在核电厂设计和运行中需要加强对超设计基准外部事件的考虑，以避免在发生超过设计基准事故时核电厂存在“陡边效应”。

（2）地震及其引发的海啸造成福岛第一核电厂多台机组、长时间全厂断电、丧失最终热阱和蓄电池直流供电系统失效，超出了核电厂设计考虑的范围。以往核电厂设计中，即使一个厂址有多台核电机组，也不考虑多台机组同时发生事故这种情况，而考虑的全厂断电事故也仅考虑失去厂外电源和应急柴油发电机，不考虑失去直流供电系统，并认为核电厂能在1到3天内恢复供电。这次福岛第一核电厂不仅丧失了几乎所有交流电源供应（除6号机组6B柴油发电机外），同时最终也失去了电厂控制系统赖以工作的直流供电系统、压缩空气系统以及照明系统，使得核电厂操纵员丧失了对核电厂的操控手段。福岛第一核电厂在事故后2个星期仍没能恢复供电。由于核电厂需要排出衰变热，长时间的全厂断电和丧失热阱导致了福岛核电厂的严重事故后果。对此，提高外电网可靠性，增设移动电源并使之处于安全位置是可行的解决方案。核电厂设计中应进一步提高应对全厂断电事故（SBO）的能力，增强超设计基准工况下实现堆芯冷却的应急补水能力，增设移动泵、移动电源、注水管线及相匹配的接口，并完善厂区内各种水源在事故工况下的使用程序。同时，考虑到核电厂严重事故的复杂性和不确定性，进一步开展严重事故机理和现象的试验研究以及开展严重事故预防和缓解措施研究是十分必要的。

（3）主控室没有操控手段、没有电厂状态指示、局部位置不可到达，核电厂系统损伤状态超出了严重事故管理导则覆盖的范围。由于丧失交流、直流电源，照明系统失效、控制系统失灵、主控室没有任何操控手段，一些缓解事故的干预措施只能就地操作，但由于受地震、海啸、氢气爆炸以及局部位置高温和高辐射水平的影响，使得工程抢险救灾活动严重受阻。尽管福岛第一核电厂在事故发生前就已经开发完成了严重事故管理导则并增设了相关的管线和接口，然而核电厂面临的复杂情况以及系统损伤状态远远超出了严重事故管理导则的覆盖范围。福岛核事故向我们揭示了进一步完善严重事故管理导则，考虑各类事故工况、大量设备共因失效等工况，分析评估严重事故下重要设备、监测仪表的可用性和可达性的重要意义。

（4）地震、海啸对核电厂及其周围基础设施造成了严重破坏，通信系统几乎全部丧失，外部救援不能及时抵达，工程抢险救灾活动不能有效展开，导致事故不断升级，多机组相继发生严重的堆芯损坏。地震以及海啸破坏力强，核电厂在运营过程中应加强与气象、海洋部门的实时联系，并加强与地震部门间的信息交流，进一步完善防灾预案和相关管理程序，提高外部灾害发生时的预警和应对能力。此外，对于拥有两台及以上机组的同一核电厂址，需要研究核电基地多机组同时进入应急状态后电厂的应急响应方案，并评估应急指挥能力及应急抢险人员和物资的配备协调方案。

（5）在未预计的位置发生氢气爆炸。福岛第一核电厂核事故期间接连不断的氢气爆炸景象给公众造成了极大的心理冲击。实际上，在以往核电厂设计中就已经非常关注安全壳内的氢气控制问题，主要是为了避免在安全壳内发生氢气爆炸而导致最后一道放射性屏障安全壳的失效。但这次福岛第一核电厂事故所发生的氢气爆炸却发生在安全壳外，说明以往对核电厂严重事故工况下氢气行为的认识存在不足。核电厂需要进一步完善严重事故下安全壳或其他厂房内消氢系统的分析评估。

（6）实际应急撤离的区域超过应急计划区范围。作为纵深防御体系的最后一道屏障，每个核电厂都设置了核事故应急撤离区。但这次福岛核事故的应急撤离范围达到厂址周围20 km，超出了应急计划中考虑的区域范围。

（7）事故发生和处理过程中产生大量放射性废水。在福岛核事故初期，为缓解事故后果，分别向1～4号机组的反应堆、安全壳和乏燃料水池内注入了大量海水和淡水，在福岛第一核电厂的堆芯和乏燃料池冷却状况逐渐得到控制之后，福岛第一核电厂大量放射性废液的泄漏，以及处理问题逐渐显现。四年过去了，目前福岛第一核电厂现场最棘手的仍是大量放射性废液的处理问题。核电厂应进一步改进放射性废物处理系统；提升废液收集能力；开展严重事故下废物处理系统的有效性研究。

（8）核安全监管机构和营运单位在核安全文化水平不高，丧失了避免福岛事故严重后果的最佳时机。事故调查表明，在2002年日本核安全监管机构（NISA）就收到了日本东京电力公司提交的基于“日本核电厂海啸评估方法”的安全评估报告，但是NISA没有给出任何特别的评价和指示。随后2009年和2011年，NISA又收到了关于海啸波高的试验计算结果报告，NISA对此同样也没有积极响应，也没有要求东京电力公司采取进一步的措施。对于东京电力公司，尽管其在2008年的一次关于海啸风险的评估中，得出了海啸波高将超过15 m的结论，但是东京电力公司却认为这一结果基于推断并不可靠，而没有采取任何具体措施来应对海啸。核安全文化是安全超越一切之上的核心价值观和行为准则的统一体，要求全员坚持安全第一的根本方针，以保护工作人员、公众和环境。福岛核事故告诉我们，在满足现有的核安全要求的基础上，还应通过认真理解、强化和维持卓越核安全文化原则和特征的内涵，才能够提升核安全监管部门与核电企业的核安全文化水平。

（9）灾害处置能力与核安全监管的透明度不足，引起了公众对核能安全的质疑，使得核电的可接受性面临巨大挑战。随着电视转播技术的发展，福岛核事故发生后日本NHK电视台进行了大量的现场转播，反应堆厂房的巨大爆炸景象，直升飞机、消防车，全副武装的抢险人员这一幕幕极大地震撼着公众的心理，也为公众对核电的可接受性蒙上了阴影。这对日本政府在灾害救援和信息公开方面提出了更高的挑战。事故发生后，日本首相宣布了核应急状态，成立了核应急响应指挥部。然而灾害处置过程中，尤其是事故响应的初始阶段，政府缺乏及时向公众公开监测数据的态度，公开的数据也仅是部分内容；政府的撤离指示不明确也不详细，甚至没能及时传达到所有相关地方政府；政府提供的信息方式一度还引发了公众更多的怀疑；在事先没向邻国进行解释的情况下悍然决定并实施了向海洋排放放射性废水，这引起了国际社会对日本核应急响应充分性的进一步质疑。由此可见，建立健全信息公开和公众参与制度，制定信息公开和公众参与管理程序，明确信息公开的内容、时机和要求，以及公众参与的时机、方式和渠道是十分必要的。监管机构也应该努力构建公开、透明的核安全监管体系，树立客观、公正、权威的核安全监管形象。

4 进一步提高我国核安全水平的考虑

福岛核事故已经发生四年多了，有关的事故处理还在进行当中，福岛核事故产生的严重后果仍在持续当中，也直接影响了世界范围内的核电发展。有关福岛核事故的调查、评价以及经验总结仍是相当长时间内核能界的热点议题。毋庸置疑，在目前情况下核电仍是我国调整能源结构，发展高效、稳定清洁能源的不二选择，进一步提高核电厂安全运行水平已经成为我国发展核电的重要前提。福岛核事故后我国提出在确保安全的前提下，高效发展核电的战略。为确保核电安全，进一步提高核安全水平，可以从以下几个方面进行考虑。

4.1 建立新的核安全目标

核安全目标一般包括定性和定量安全目标，1986 年美国核管会（NRC）提出两个“千分之一”的安全目标[17]，即对紧邻核电厂的正常个体成员来说，由于反应堆事故所导致立即死亡的风险不应该超过其所面对的其他事故所导致的立即死亡风险总和的千分之一；对核电厂邻近区域的人口来说，由于核电厂运行所导致的癌症死亡风险不应该超过其他原因所导致癌症死亡风险总和的千分之一。

福岛第一核电厂在遭受强烈地震及巨大海啸双重打击后，虽然发生了严重的核事故，导致大量放射性物质释放到环境，但至今为止福岛核事故没有导致人员的直接死亡，预计也不会明显增加人员患癌症的风险，相比于地震、海啸直接导致近两万人死亡或失踪，充分说明福岛第一核电厂安全水平仍能满足两个“千分之一”的安全目标。从这个角度来说福岛核事故证明了核电厂的安全性。然而，福岛核事故造成了严重的环境污染和巨大的经济损失，事故后果是严重的，从这个角度来说福岛核事故是不能接受的。因此，核电厂除满足两个“千分之一”安全目标之外，还必须考虑核事故造成的环境破坏、公众恐慌和社会稳定等因素，应以“实际消除大量放射性物质释放”为新的核安全目标。

中国政府在 2012 年发布的《核安全与放射性污染防治“十二五”规划及 2020 年远景目标》[18]中已经明确要求：“十三五”期间及以后国内新建核电机组力争实现从设计上实际消除大量放射性物质释放的可能性。类似地，欧盟理事会于 2014 年 7 月通过了《核安全指令》的修订案，要求核电厂避免以下两类放射性释放：①需要场外应急措施但没足够时间实施的早期放射性释放；②需要采取防护措施且无法将防护措施限制在某一区域或时间内的大规模放射性释放。此外，从 2014 年以来，国际原子能机构也正在审议瑞士等国提出的《核安全公约》的修正案，该修正案也提出了类似的安全目标要求。

“实际消除”概念最早由欧洲专家学者提出，其目的是要实现厂外应急计划最小化。2013 年 3 月西欧核监管协会（WENRA）出版的《Safety of new NPP designs》中提出：必须实际消除导致早期或大量放射性释放的堆芯熔化事故；应有设计措施只需在有限的区域和时间上对公众采取有限的防护措施（无需永久搬迁，在厂区外无需应急撤离，有限隐蔽，对食品消费无长期限制），并有足够时间来执行这些防护措施。在欧洲压水堆（EPR）设计中已采取了一些措施实际消除那些可能导致安全壳失效的严重事故现象。但在后福岛时代，这些措施可能还不够，还需要进一步扩展，需要考虑缓解或减轻在一旦发生超过目前认知的极端事故工况（即所谓的剩余风险）的后果。

以“实际消除大量放射性物质释放”为新的核安全目标，既有福岛核事故后恢复公众对核电厂安全的信心等政治方面的考虑，也从技术和工程角度对核电厂安全设计提出了更高的安全目标，即：在设计基准事故或设计扩展工况范围内，核电厂事故不会导致放射性物质显著外泄；在极端工况下，避免发生大规模的放射性物质释放，以保护人员、社会和环境免受危害，特别是避免出现类似福岛核事故情景造成对周围环境长期的严重污染。提出“实际消除大量放射性物质释放”，并不是要取消厂外应急计划，因为福岛核事故已经证明了厂外应急响应的重要性。这里“大量释放”，指的是类似于福岛核事故放射性释放情景。

实际消除大量放射性物质释放，既考虑堆芯放射性物质的释放，也考虑厂址内其他放射性物质贮存设施特别是乏燃料池放射性物质的释放；既考虑内部事件导致的严重事故，也考虑极端外部事件导致的严重事故；既包括事故早期释放，也包含事故晚期释放；既考虑通过大气途径的排放，也考虑放射性废液排放。

对于威胁安全壳完整性的严重事故现象，在采取附加安全措施降低其发生概率的基础上，可通过确定论、概率论或工程判断等方法和手段，分析论证即使发生这种严重事故现象也不会对安全壳完整性造成严重影响。这种分析论证可使用最佳估算的方法，采用现实的分析模型。

建立新的“实际消除大量放射性物质释放”的核安全目标，并以此引领核能安全的技术进步，必将进一步提高核能的安全水平。

4.2 发展新的核安全理念

福岛核事故发生后，国际核能界和各国核安全监管当局开展核电厂安全检查，对运行核电厂进行压力测试或评估其应对极端外部灾害能力，并根据研究检查情况和分析评估的结果，提出了一系列旨在提高核电厂安全裕度、改善核电厂应对超设计外部事件能力的改进措施；对于新建核电厂，还提出了许多新的核安全理念和更高的核安全要求。

4.2.1 合理可达到的尽量高的核安全理念

世界核电发展史上的三次严重事故，充分体现了核安全的特性，即核能行业相比其他行业特别突出的技术的复杂性、事故的突发性、处理的艰难性、后果的严重性、社会的敏感性。

福岛核事故的经验教训表明：由于人类认知的局限性，使核电厂安全在一定程度上存在潜在的不确定性，也就是剩余风险。考虑到核电厂安全的极端重要性，核电厂安全设计中应倡导合理可达到的尽量高（AHARA）的核安全理念，即：核电厂安全在达到法规要求水平的基础上，应采取一切合理可达到的现实有效的措施，使核电厂达到更高的安全水平。

“合理可达到的尽量高”借鉴了辐射防护合理可行尽量低（As Low As Reasonable Achievable，ALARA）和英国核安全风险合理可行尽量低（As Low As Reasonably Practicable，ALARP）的核安全理念。

"合理可达到的尽量高"原则是未来核安全持续改进的动力和基础，提倡合理可达到的尽量高的核安全理念，将有利于促进采用最新技术和研究成果持续提高核安全，有助于核安全监管部门及其技术支持机构更主动地促进核安全水平的提高，并通过总结核安全改进实践和经验，进一步完善核安全要求。

4.2.2 三项并重

内部和外部事件设防、严重事故预防和缓解以及确定论和概率论安全分析是关系核电厂设计安全的重要内容，吸取福岛核事故经验教训，新的核电厂设计中需要三个方面并重考虑：

（1）内部事件与外部事件设防并重。相比于内部事件，以往对外部事件方面考虑有所不足，对于核电厂在遭遇超过设计基准外部事件的情况下如何保证安全方面考虑不足。在今后核电厂设计和运行中，要重视小概率事件，充分考虑和应对极端自然灾害，加强对地震、水淹、火灾和飞机撞击等事件的设防。对于选定的一定范围内超过设计基准的外部事件，应作为设计扩展工况来应对。同时，通过提高设计安全裕量、采取补充安全措施和加强纵深防御措施等，提升抗御超设计基准自然灾害能力。此外，对于专用于缓解严重事故的附加安全系统设备，应满足安全停堆地震（SSE）后可用等要求，提高附加安全系统设备在由外部事件（如地震、台风导致失去厂外电）叠加其他失效导致的严重事故下的存活概率。

（2）严重事故预防和缓解并重。以往核电厂应对严重事故的理念是预防为主，主要是预防发生严重事故。缓解严重事故的重要目标是预防安全壳的失效，而对出现安全壳失效征兆时（如压力超过设计压力甚至达到极限承载压力）的应对措施考虑不足。在新的核电厂设计和运行中，要加强严重事故的管理，确保预防措施和缓解措施的相互独立。对于选定的严重事故，应作为设计扩展工况，采取不同于专设安全设施的附加安全设施，控制严重事故的后果。对于核电厂的剩余风险，采取合理可达到的措施，进一步降低其发生概率或后果，以此实现实际消除大量放射性物质释放的目标。要采取极端情况下防止安全壳超压失效的缓解措施。

（3）确定论和概率论并重。以往核电厂设计和安全分析要求以确定论方法为主，概率论方法为辅。今后应在加强风险指引型决策作用的同时，加强纵深防御理念和多样化设计的应用，维持足够的安全裕量。开展全范围的确定论和概率论安全分析，必要时也可采取压力测试和裕量分析等方法。事故分析应考虑以各种正常运行工况作为初始工况，一直分析达到安全停堆状态，以尽可能发现设计中存在的安全薄弱环节，采取合理可达到的安全措施，进一步提高核电的安全水平。

4.2.3 调整工况分类

为满足新的安全目标要求，在内部和外部事件设防、严重事故预防和缓解以及确定论和概率论安全分析并重考虑的同时，还应该对目前核电厂的工况分类进行调整，建议的核电厂工况分类见表1。

表 1　建议的核电厂工况分类

<table>
<tr><td></td><td colspan="5">电厂设计包络范围</td><td></td></tr>
<tr><td></td><td colspan="2">运行状态</td><td colspan="4">事故工况</td></tr>
<tr><td rowspan="3">电厂状态</td><td rowspan="3">正常运行</td><td rowspan="3">预计运行事件</td><td rowspan="3">设计基准事故</td><td colspan="3">超设计基准事故</td></tr>
<tr><td colspan="2">设计扩展工况</td><td>剩余风险</td></tr>
<tr><td></td><td colspan="2">严重事故</td></tr>
</table>

与传统的核电厂工况划分结果相比，调整后的工况分类明确了对设计扩展工况（包括选定的严重事故）预防和缓解的要求，并对剩余风险也提出了相应措施。

（1）设计扩展工况

欧洲核能界在 EPR 设计中引入了设计扩展工况（DEC）概念，对一些选定的超设计基准事故工况（包括多重失效和严重事故），设计上进行重点考虑，采取附加安全设施来应对 DEC 工况，并对 DEC 工况分析结果提出相应的接受准则，以保证附加安全措施的有效性。

我国 2004 版核安全法规 HAF 102 中明确要求考虑选定的超设计基准事故和选定的严重事故，这相当于 DEC，但对用于应对这些选定的超设计基准事故和选定的严重事故的系统和设备没有提出特别明确的要求（可以采用已有的用于应对设计基准事故的系统设备，即使对于专门设计用于严重事故的系统设备也没有诸如抗震以及可用性等方面的附加安全要求），也没有明确的接受准则。福岛事故后，需要对严重事故的预防和缓解提出明确要求，对核电厂设计工况进行扩展，引入设计扩展工况，并对其缓解系统和设备提出特别要求。

DEC 工况应包括：①选定的核电厂系统设备多重故障状态，如 SBO、丧失最终热阱；②选定的严重事故，包括相应的严重事故现象；③选定的极端外部事件。

在核电厂设计中应采取附加安全设施来应对 DEC 工况，如附加交流电源或水源、冷却剂系统快速卸压、氢气控制、堆芯熔融物滞留和冷却的措施等。这些附加安全设施应不同于专设安全设施，但承担专设安全设施的纵深防御功能。附加安全设施的设置和设计以没有负面效应为主要原则，以避免对正常运行以及预计运行瞬态和设计基准事故的应对造成不利影响。可以采用现实或最佳估算分析方法来论证这些附加安全设施的有效性。同时，DEC 工况分析结果应满足相应的接受准则，如安全壳的完整性等。

（2）剩余风险

剩余风险是在核电厂设计中不能清晰识别或认为发生概率很低且目前没有有效措施设防的超设计基准工况。剩余风险包括两类情景：超出人类目前认知水平，或发生概率极低的事件且目前没有合理可行的应对措施。

以往核电厂设计中，通常认为核电厂剩余风险很小，不考虑应对措施。福岛事故表明，剩余风险仍然是不能忽略的重要风险。对于剩余风险，只能通过提高安全裕量、采取补充安全措施和加强纵深防御措施等减轻其后果，使后果最小化。补充安全措施的设计和设置以核安全合理可达到的尽量高以及没有负面效应为主要原则，可以综合考虑发生概率和产生后果的各种因素，并避免对正常运行以及预计运行事件、设计基准事故和设计扩展工况（DEC）的应对功能造成不利影响。

4.2.4　安全功能和安全分级

在以往的认识中，安全功能的范围往往局限于设计基准事故工况，即用于预防与缓解设计基准事故的系统、设备和构筑物（SSC）执行核安全功能。福岛核事故的经验教训表明：不仅用于缓解设计基准事故（即预防严重事故）的系统和设备需要执行三项基本安全功能，用于缓解严重事故工况的系统和设备，同样也需要执行三项基本安全功能。因此，需要对安全功能和安全分级进行重新定义。

核电厂在各种运行状态下、在发生设计基准事故期间和之后，以及在所选定的超设计基准事故的工况（设计扩展工况）下，都必须能够执行下列基本安全功能：①控制反应性；②排出堆芯热量和乏燃料热量；③包容放射性物质和控制运行排放，以及限制事故释放。此外，核电厂设计还必须提供对电厂状况进行监测的手段，以保证实现所要求的安全功能。

对于安全功能和安全分级的具体应用是，用于缓解 DBA 的专设安全设施即在设计基准事故（DBA）范围内执行安全功能的系统设备，应为安全级；用于缓解超设计基准事故（DEC）的附加安全设施，可为非安全级，但应有特定要求，如抗震（SSE 后可用）、可用性（设备鉴定）、质保以及定期试验等。此外，对于一些执行关键安全功能的设备，如严重事故专用卸压阀、氢气复合器以及点火器等，应考虑适当的多重性和多样性。用于应对超设计基准事故（剩余风险）的补充安全措施可以是商品级的，在合理可达到的范围内满足抗震、可用性的要求，如移动电源、移动泵等。

4.2.5　纵深防御理念的扩展与提升

纵深防御理念作为一项最基本的核安全原则，在人类开发、利用核能过程中逐渐形成，并不断得到发展。它在保证核安全方面起到了重要作用，已被大量实践所证实。福岛核事故后，核能界对核电厂纵深防御体系进行了梳理与反思，确认了纵深防御对于核电安全的重要性，提出了发展与完善纵深防御理念的一些考虑。

（1）纵深防御体系的调整

调整后的纵深防御体系，在保持原来五个层次的基本框架不变的情况下，把原来第四个层次细分成两部分，用于应对设计扩展工况，同时把第五个层次加强，用于针对剩余风险。新的纵深防御体系见表 2。

表 2　调整后的纵深防御体系

纵深防御层次	目标	基本措施	对应核动力厂工况
第一层次	对异常运行和失效的预防	保守设计与高质量建造与运行	正常运行
第二层次	控制异常运行并检测失效	控制、限制和保护系统及监测设施	预期运行瞬态
第三层次	将事故控制在设计基准以内	专设安全设施和事故规程	设计基准事故（假设单一始发事件）
第四层次	控制严重工况，包括严重事故预防（4a）和后果缓解（4b）	附加安全设施和事故管理	设计扩展工况，包括多重失效（4a）、严重事故（4b）

续表

纵深防御层次	目标	基本措施	对应核动力厂工况
第5层次	极端工况下的工程抢险；放射性物质释放后果的缓解	安全裕量、补充安全措施、纵深防御措施、大范围损伤管理指南、厂外应急响应	剩余风险

调整后的纵深防御体系采用了专设安全设施、附加安全设施和补充安全措施。专设安全设施用于应对设计基准事故，如应急堆芯冷却系统（ECCS）是安全级系统，抗震Ⅰ类，需用保守分析证明其满足安全要求；附加安全设施是用于应对设计扩展工况，是另一种专设安全设施，如严重事故快速卸压阀，可以是非安全级系统设备，但需满足安全停堆地震后可用的要求，以及在某些设计扩展工况下可用的要求，需用现实分析表明其满足安全要求；补充安全措施用于极端工况下的工程抢险和减轻剩余风险的后果，如电厂专门配置的用于核电厂大范围损伤状态后果缓解的移动电源、移动泵、贮水池等，以及核电集团和国家层面设置的用于支持核电厂工程抢险的移动设备，也包括核电厂的安全壳过滤排放措施和放射性废液贮存、处理设施，以及安全存放移动电源移动泵等设备的设施。

专设安全设施和附加安全设施可执行类似的安全功能，起到纵深防御的作用。在DBA分析中，仅考虑专设安全设施的作用，而不考虑附加安全设施的缓解作用。在DEC分析中，考虑附加安全设施的缓解作用，可适当考虑补充安全措施的作用。

新的纵深防御体系框架下，核电厂的安全设计将加强应对选定的多重失效工况和严重事故工况的设计措施，考虑其充分性和可靠性，在事故预防和事故缓解的设计措施之间达成更合理的平衡。同时，在核安全合理可达到的尽量高原则下，通过提高安全裕量、采取补充安全措施和纵深防御措施、编制大范围损伤管理指南以及采取厂外应急响应等，以减轻剩余风险的后果，达到实际消除大量放射性释放的目标。

（2）纵深防御各层次间独立性的加强

在以往的核电厂设计中，纵深防御各层次间独立性方面存在一些不足，特别是第三层次和第四层次之间，如用于应对设计基准事故的安全系统和设备，在严重事故下采取能用就用的原则，若该系统或设备失效，将使事故直接突破多道纵深防御层次。

福岛核事故后，西欧核监管协会（WENRA）在2013年发布的“Safety of new NPP designs”报告中明确提出了纵深防御层次间独立性的技术观点，世界核能界和各国核安全监管部门也纷纷提出了进一步加强核电厂纵深防御各层次之间独立性的考虑，尽可能消除各层次间功能的相互影响，以提高各纵深防御层次的有效性，从而提高核电厂的安全性。

因此，在核电厂设计中，纵深防御各层次之间应保持独立，每个层次内部各子层之间也应尽可能独立。应特别关注预防措施和缓解措施的独立。

纵深防御层次之间的独立性要求不适用于非能动的屏障（如安全壳）。主要针对的是确保屏障完整性的安全系统设备，以提高安全壳包容功能的可靠性。

（3）纵深防御理念应用范围的扩展

以往在核电厂设计中对于极端外部事件的考虑不够充分。对于极端外部事件确定了保守的设计基准，并采取了相应的措施以保证设计基准外部事件不会对核电厂安全造成影响，但对于遭遇超过设计基准的外部事件后核电厂是否安全以及是否能采取措施缓解其后果没有更多考虑。福岛核事故警示我们，由于人类认知的局限性和分析结果的不确定性，在核电厂设计中需要适当考虑超设计基准外部事件包括地震、水淹、火灾以及飞机撞击等外部事件对核电厂安全的影响。对于核电厂的剩余风险，需通过增加安全裕量、采取补充安全措施和纵深防御措施来缓解或减轻事故后果。国家核安全局发布的《福岛核事故后核电厂改进行动通用技术要求（试行）》中，就体现了纵深防御理念。又如，对于外部水淹，也可以采取纵深防御策略来应对：核电厂场坪地上的防水封堵应能保证一定范围超过设计基准水位（选定的超设计基准事故，也就是设计扩展工况）不会导致反应堆厂房进水；一旦水进入厂房，核电厂地下的防水封堵有助于减少其影响范围；核电厂设置的移动电源、移动泵等事故管理措施有助于缓解或减轻由于水淹导致的核电厂大量系统设备失效情况下的后果。这种纵深防御的缓解策略，一方面可以进一步提升核电厂的安全性，同时也能控制核电建造和运行成本。

核电厂设计中应考虑适当的纵深防御措施应对极端外部事件，以及核电厂的剩余风险，以进一步提高核电厂的安全性。

4.3 提高核电厂设计安全要求

福岛核事故后不同的国家和核工业界的专家对如何提高电厂的安全性以及如何实现实际消除大量放射性释放还存在不同的认识。但是不论是福岛改进行动的实施还是制定发布新的核电厂设计安全要求，都是对现有核电厂设计安全要求的完善和提高。福岛核事故后制定新的核电厂安全要求已经是一些核电发达国家和国际组织的重要行动。实现提高核电厂安全水平的目标，最关键的是如何将福岛核事故的经验教训落实到核安全要求和核电厂设计中。

福岛核事故后，我国国家核安全局及其技术支持机构已经组织编制完成了《新建核电厂安全要求》(报批稿)，后续还应进一步完善并补充有关实际消除大量放射性释放等的要求。

4.3.1 新建核电厂安全要求（报批稿）

《新建核电厂安全要求》（报批稿）是在执行现行核安全法规的基础上，对一些核安全重要事项的补充和延伸；其中强化了多样化设计理念以及利用最新技术和研究成果持续提高核电安全的理念。新建核电厂安全要求明确了以下几个方面的内容：

（1）安全功能方面明确了在选定的严重事故下，也要执行三项基本安全功能和事故后监测功能。

（2）针对安全分析必须考虑确定论安全分析和概率论安全分析的结果，必须完成核电厂功率运行、停堆状态下的内部事件和外部事件一、二级概率安全分析，分析对象包括堆芯、乏燃料储存池以及其他包含大量放射性物质的设施。

（3）强调纵深防御的有效性和各层次之间的独立性，在外部事件的设防方面也要求采取纵深防御措施，尤其是通过多层次防御，预防和缓解极端外部事件导致的严重事故。

（4）对于外部事件的设防，厂址应避开高地震活动区和伴随地震活动可能出现地表破裂的危险区。预计极限安全地震动超过 $0.3g$ 的地区不宜选址，并尽可能选在地震活动水平低的地区，以降低地震危险性。对于新设计的核电厂，其设计基准地震动水平（SSE）

不低于 0.3g；核电厂的地震报警系统应能自动启动停堆操作。对核电厂的防洪设计必须考虑极端洪水事件以及洪水事件组合的影响。核电厂场坪标高应高于设计基准洪水位。对于存在大型商用飞机撞击风险的核电厂，应在设计中考虑大型商用飞机撞击的效应。

（5）对于全厂断电事故，在原厂址固定式附加电源的基础上，每个多堆厂址应至少配置两套移动电源（1 大 1 小）和移动泵设备，还应增强厂外电源的可靠性，否则应考虑适当的补偿措施。

（6）对于严重事故的考虑，提出应充分注重预防和缓解措施的并重。同时明确了应制订完善的严重事故管理指南，覆盖功率运行工况，低功率、停堆工况以及应对乏燃料水池、核电厂大范围损伤等事故。在设计上应采取应对全厂断电（应急电源供应）、高压熔堆、大体积氢气爆炸、熔融堆芯与混凝土底板反应、安全壳旁路等的具体措施。

（7）在所有电厂状态下都以极高的可靠性将余热从核电厂的安全重要物项传输到最终热阱，还应考虑多样化的热阱。

4.3.2 《新建核电厂安全要求》的进一步完善

国家核安全局发布的《核安全与放射性污染防治“十二五”规划及 2020 年远景目标》，明确提出了 2020 年远景目标为“运行和在建核设施安全水平持续提高，‘十三五’及以后新建核电机组力争实现从设计上实际消除大量放射性物质释放的可能性”，后续完善《新建核电厂安全要求》时，可以针对以下内容进行重点考虑：

（1）明确实际消除大量放射性释放的要求。

（2）提倡合理可达到的尽量高的核安全理念。

（3）进一步降低发生大量放射性释放事件频率 LRF，使之达到小于 10^{-7} 的水平。

（4）调整核电厂工况分类和纵深防御五个层次的内容。第四层次对应于 DEC 工况，应采取附加安全设施来缓解。第五层次对应于剩余风险，应通过提高安全裕量、采取补充安全措施和纵深防御的手段，以及厂外应急响应来减轻后果。同时明确缓解 DEC 工况系统设备的安全分级。

（5）从设计角度而言，新建核电厂安全分析的结果应表明不需要设置安全壳过滤排放系统。但是考虑到分析的不确定性，以及人类认知的局限性，从纵深防御角度出发，作为补充安全措施，应该考虑设置安全壳过滤排放的相关技术措施，从而具备兜底手段控制向环境的释放量，保证核电厂事故不会导致周围环境严重长期污染。同时，核电厂应按相关法规标准要求做好厂外应急计划工作，但安全壳过滤排放不应作为应急源项分析考虑的情景。

要求设置安全壳过滤排放系统或措施，并不放松对设计的要求，而是纵深防御措施的增强，是一项补充安全措施。在严重事故下，尽管分析表明发生概率不高，还是存在一些事故序列可能造成安全壳压力超过安全壳设计压力。若安全壳长期超压，通过安全壳泄漏低架排放放射性物质的后果可能比较严重，会导致周围环境的严重污染。在必要时采用安全壳过滤排放，可适当控制释放量，也是排出安全壳内热量的后备途径。

设置安全壳过滤排放系统或措施，也是为了与应急要求相协调。既体现了核电厂设计的安全性，同时也体现了核电厂纵深防御的理念，确保实际采取应急防护行动的范围不超过应急计划区范围。

（6）从设计角度，安全分析应表明新建核电厂不需要设置事故放射性废液贮存设施。

考虑分析中可能存在的不确定性，以及认知的局限性，从纵深防御角度出发，作为补充安全措施，应考虑设置事故放射性废液滞留和贮存设施，并具有纵深防御的避免放射性废液向环境排放的措施。对于放射性液体，作为兜底措施，要做到“可存贮、可封堵、可处理、可隔离”，降低剩余风险的后果。放射性废液贮存设施在平时可作为蓄水池。

5 结论和建议

福岛核事故后，各核电国家开展了广泛的行动并实施了大量的改进，我国核安全监管机构也开展了核安全检查并提出了改进要求。核安全检查表明，目前我国核电安全是有保障的，提出的改进要求也已经分阶段得到落实，进一步提高了我国核电厂的安全水平。然而，对于福岛核事故的经验和教训还需要进一步总结，还需要开展更多的调查和研究工作。本报告总结了福岛核事故相关的经验教训，提出以下几方面建议：

（1）地震引发的海啸是导致福岛第一核电厂核事故的直接原因。福岛核事故警示我们，超过设计基准的极端外部事件是有可能发生的，在核电厂设计和运行中需要加强对超设计基准外部事件的考虑，以避免在发生超过设计基准事故时核电厂存在“陡边效应”。

（2）福岛第一核电厂多台机组、长时间全厂断电并丧失最终热阱和蓄电池直流供电，超出了核电厂设计考虑的范围。考虑到核电厂严重事故的复杂性和不确定性，需要进一步开展严重事故机理和现象的试验研究以及严重事故预防和缓解措施的研究。

（3）核电厂设计考虑范围应从设计基准事故延伸至设计扩展工况，同时还应考虑核电厂剩余风险。建议完善核电厂设计的纵深防御体系，在保持原来五个层次的基本框架不变的情况下，把原来第四个层次细分成两部分，用于应对超过设计基准的设计扩展工况，同时把第五个层次加强，用于应对剩余风险。建议核电厂设计中配置适当的专设安全设施（用于应对设计基准事故）、附加安全设施（用以应对设计扩展工况）和补充安全措施（用以减轻剩余风险后果）。

（4）世界核电发展史上的三次严重事故，充分体现了核能行业相比其他行业凸显的技术复杂性、事故突发性、处理艰难性、后果严重性、社会敏感性。核安全也已经成为我国国家安全的重要组成部分，考虑到核电厂安全的极端重要性以及认知的局限性，核电厂安全设计中应倡导合理可达到的尽量高（AHARA）的核安全理念。

（5）福岛核事故告诉我们，对安全的认识在一定程度上决定了能否保证核电厂安全，需要通过不断查找核电厂可能存在的薄弱环节，并实施合理可行的安全改进，以提高核电厂安全水平。为此，应通过认真理解、强化和维持卓越核安全文化原则和特征的内涵，进一步提升核安全监管部门与核电企业的核安全文化。

（6）福岛核事故引起了社会对核能安全的质疑，使得核电的可接受性面临巨大挑战。因此，建立健全信息公开和公众参与制度，制定信息公开和公众参与管理程序，明确信息公开的内容、时机和要求以及确定公众参与的时机、方式和渠道是十分必要的。建议构建决策者、科技界以及公众广泛参与的公开、透明的沟通体系。

福岛核事故后我国提出在确保安全的前提下，高效发展核电的战略。本报告提出的核电厂需要在设计中加强应对外部事件的考虑、进一步开展严重事故相关研究工作、重视核电厂剩余风险、提倡合理可达到的尽量高的安全理念、加强核安全文化建设、提升核安全公众参与水平等以进一步提高核电厂设计安全的建议，目的是引领核能安全发展的方向，对这些核安全理念以及新的核安全要求的广泛讨论和研究，必将对进一步提高我国核能安全水平起到积极的作用。

参考文献

[1] Tokyo Electric Power Company. Overview of facility of Fukushima Daiichi Nuclear Power Station [J/OL]，http：//www. tepco. co. jp/en/nu/fukushima-np/index-e. html.

[2] Nuclear and Industry Safety Agency. INES Rating on the Events in Fukushima Daiichi Nuclear Power Station by the Tohoku District-off the Pacific Ocean Earthquake [S]，April 12，2011.

[3] IRSN. Fukushima，one year later - initial analyses of the accident and its consequences [S]，Report IRSN/DG/2012-003，March，2012.

[4] 环境保护部核与辐射安全监管二司，环境保护部核与辐射安全中心．日本福岛核事故 [M]．北京：中国原子能出版社，2014.

[5] IAEA，IAEA International Fact Finding Expert Mission of Fukushima Daiichi NPP Accident Following Great East Japan Earthquake and Tsunami（24 May-2 June 2011），Mission Report [S]．Jun. 2011.

[6] INPO. Lessons Learned from the Nuclear Accident at the Fukushima Daiichi Nuclear Power Station [S]． INPO 11-005 Addendum，August 2012.

[7] WENRA RHWG. Report Safety of new NPP designs [S]．March 2013.

[8] U. S. Nuclear Regulatory Commission. Recommendation on Enhancing Reactors Safety in the 21st Century [S]．Jul. 2011.

[9] European Union. Communication on the comprehensive risk and safety assessments（"stress tests"）of nuclear power plants in the European Union and related activities [S]．Oct. 2012.

[10] European Union. Technical summary on the implementation of comprehensive risk and safety assessments of nuclear power plants in the European Union [S]．Oct. 2012.

[11] 国家核安全局．关于全国民用核设施综合安全检查情况的报告 [R]．2012.

[12] 国家核安全局．福岛核事故后核电厂改进行动通用技术要求（试行）（国核安发 [2012] 98 号）[S]．2012.

[13] NRC. Tohoku-Taiheiyou-Oki Earthquake Effects On Japanese Nuclear Power Plants [S]． March 2011.

[14] WANO. SOER 2011-3，Fukushima Daiichi Nuclear Station Spent Fuel Pool/Pond Loss of Cooling and Makeup [S]．2011.

[15] EPRI. Advanced Light Water Reactor Utility Requirement Document（URD）[S]．1996.

[16] Electricity de France. European Utility Requirements（EUR）Document. Rev. C [S]．2003.

[17] USNRC. Safety Goals for the Operation of Nuclear Power Plants. Federal Register，1986，51（149）：28044.

[18] 国家核安全局，国家发展改革委，财政部，等．核安全与放射性污染防治"十二五"规划及 2020 年远景目标 [R]．2012.

（**执笔人：**柴国旱、李春、种毅敏、张佳佳、杨志义；
审稿人：刘华）

第二篇

内陆核电厂的安全及环境问题

目　　录

1 总论

1.1 核电是我国能源战略的必然选择

能源始终是一个重大战略问题。能源是支撑人类文明进步的物质基础，是现代社会发展不可或缺的基本条件。各国能源战略的调整与其各自的能源结构、能源分布、供给安全、供需关系、生态文明、可持续发展等密切相关。

目前我国能源结构处在以化石能源为主（占90%以上）的阶段。如果以非化石能源所占比例超过10%作为进入多元结构的标志，则我国可能在2015年前后进入能源多元结构阶段。在这个阶段初期的几十年中，化石能源仍将占有较大比重，但煤炭和石油年消耗的总和占比将逐步下降。这个变化趋势的必然性由三个原因所决定：一是煤炭、石油带来的环境问题必须得到控制；二是更根本的原因在于煤炭、石油的不易再生性；三是洁净能源（包括可再生能源、核能及天然气）的替代能力将逐步提高[1]。

截至2012年年底，我国发电装机容量达到114 491万kW，同比增长7.8%。其中，常规水电22 859万kW，占总容量的20.0%；抽水蓄能2 031万kW，占总容量的1.8%；煤电75 811万kW，占总容量的66.2%；气电3 827万kW，占总容量的3.3%；核电1 257万kW，占总容量的1.1%；风电6 083万kW，占总容量的5.3%；太阳能328万kW，占总容量的0.3%[2]。

我国丰富的煤炭资源禀赋决定了我国将在较长时期内保持以煤电为主的能源结构。化石能源特别是煤炭的大规模开发利用，对生态环境造成严重影响。大量耕地被占用和破坏，水资源污染严重，二氧化碳、二氧化硫、氮氧化物和有害重金属排放量大，臭氧及细颗粒物（PM2.5）等污染加剧。未来我国煤电发展必须走绿色环保的可持续发展道路。煤电的发展能力受到气候变化、环境保护、煤炭产能这三个因素的严重制约。

水电在我国能源资源格局中占有重要地位。积极开发水电是保障我国能源供应、促进低碳减排的重要手段。水电资源是制约我国水电发展的最主要因素。据测算，我国水力资源经济可开发装机容量约为40 179万kW。目前，东部水电已开发完毕，中部水电开发程度也已将近八成，后续发展潜力非常有限。

利用天然气发电是优化和调整我国电源结构、促进节能减排的重要发展方向。我国常规天然气资源贫乏，而页岩气等非常规天然气储量丰富，但目前页岩气商业化运营的开发条件尚不成熟。

风力、太阳能发电，受电网消纳能力的限制，目前难以规模化发展。

在我国发展到中等发达国家的时候，预计全国需要的发电量将超过20亿kW。目前，我国火力发电量约占总电量的80%以上。煤电比例过高，总量过大，已经成为我国大气污染、温室气体排放和多种环境生态问题的主要原因，多数地区已经难以承受煤电的进一步增加。对于煤炭占一次能源67%的中国来说，没有温室气体排放的核电发展是一个现实的选择。

我国能源消费总量大、增速仍然过快和煤炭占比过高、消费结构不合理的同时，油气对外依存度大，非化石能源近中期占比仍十分有限，我国的能源消费不可持续，严重影响能源安全。而我国目前能源是以煤炭为主，煤炭的一半又用来发电，造成严重污染。保障能源安全和污染治理的根本出路在于转方式、调结构，关键是优化电力能源结构和布局。

《中国能源政策（2012）》白皮书[3]表明了中国政府的立场。中国能源政策的基本内容是：坚持“节约优先、立足国内、多元发展、保护环境、科技创新、深化改革、国际合作、改善民生”的能源发展方针，推进能源生产和利用方式变革，构建安全、稳定、经济、清洁的现代能源产业体系，努力以能源的可持续发展支撑经济社会的可持续发展。

中国坚定不移地大力发展新能源和可再生能源，到“十二五”末，非化石能源消费占一次能源消费比重将达到 11.4%，非化石能源发电装机比重达到 30%。中国政府承诺，到 2020 年非化石能源占一次能源消费比重将达到 15%左右，单位国内生产总值二氧化碳排放比 2005 年下降 40%～45%。作为负责任的大国，中国将为实现此目标不懈努力。

核电在保证能源供应安全、优化和调整能源结构、改善环境质量、应对气候变化等方面发挥着不可替代的战略作用。

2012 年，我国煤炭实际消费量约为 39 亿 t，总量达全球消费量的一半。过于依赖煤炭导致能源结构失衡，不仅能源安全得不到保障，环境保护压力也逐渐加大。核电是安全、清洁、优质的现代能源，世界电力供应的约 16%来自核电。据国际原子能机构（IAEA）统计，2012 年，法国核电占总发电量的 74.8%，韩国占 30.4%，美国占近 19.0%，而我国仅占 2.0%，远低于世界平均水平[4]。我国是发展中大国，未来的工业化、城镇化进程仍需要大量能源支撑，以煤为主的能源结构难以为继。风能、太阳能发电等可再生能源在短期内还难以成为主要能源，水电可继续开发的潜力也有明确资源限制。核能成为唯一可大规模利用的替代能源。

在污染减排方面，一座百万千瓦电功率的核电厂和火电厂相比，每年可节约发电用煤超过 300 万 t，可减排二氧化碳超过 600 万 t，还能大量削减二氧化硫、氮氧化物、细颗粒物（PM2.5）及包括汞在内的重金属污染物排放；在燃料运输方面，前者年耗用核燃料约 25 t，仅为后者的十万分之一，可大大缓解煤炭运输压力。如果我国核电规模达 7 000 万 kW 时，年约可减排二氧化碳 4.2 亿 t。

发展核电是推进能源多元清洁发展、培育战略性新兴产业的重要举措，也是保护生态环境、应对气候变化、实现可持续发展的迫切需要。为保障我国能源稳定供应，实现我国在世界气候大会上所做的庄严承诺，到 2020 年非化石能源占一次能源消费比重达到 15%的目标，核电应该而且完全可以发挥更大的作用。发展内陆核电也是我国华北、长江流域以及中南地区改善大气环境质量和治理 PM2.5 等大气雾霾的必要措施。

1.2 我国核电发展的厂址资源

核电的选址既要考虑到电力需求和电源布局要求，更要考虑核电厂址的适宜性要求。目前，在评价核设施厂址的适宜性时，厂址安全、环境保护和应急准备已成为评价核电厂厂址适宜性主要关注的三个方面：

（1）厂址所在区域发生外部事件的影响（这些事件可能是自然起因或人为诱发）；

（2）可能影响释放的放射性物质向人和环境迁移的厂址及其环境的特征；

（3）可能影响实施应急措施可行性相关的厂址因素。

如果从上述这三个方面进行的厂址评价表明该厂址是不可接受的，并且其缺陷不能通过设计、厂址保护措施或行政管理程序予以弥补，则必须认为该厂址是不适宜的[5-7]。这是国际上对核设施选址基本要求的共识。

在厂址安全评价方面通常需要考虑的 8 个评价要素为[8]：①地质和地震；②大气弥散；③禁区和低人口区；④人口分布；⑤应急计划；⑥安保大纲；⑦水文；⑧工业、军事和交通设施。

在环境保护和应急准备方面通常需要考虑的 17 个评价要素为：①重要栖息地的保护；②重要物种的迁徙路线；③水生生物的卷吸和撞击；④水生生物的俘获；⑤水质；⑥水资源的消耗和利用；⑦已开发的公共资源区；⑧预期的资源区；⑨环境和发展规划的兼容性；⑩景观资源；⑪散热系统所致局地起雾和结冰；⑫冷却塔飘滴；⑬冷却塔烟羽长度；⑭冷却塔烟羽和周围化石燃料设施排放烟羽之间的相互作用；⑮噪声；⑯土地利用的经济影响；⑰环境公平。

可以看出，为了避免外部事件对安全造成影响，核电厂址选择要深入考虑地质因素，避开地震断裂带、滑坡、火山等地质不稳定地区；也要深入考察气候、水文等因素，避免台风、海啸、海潮、洪水等对核电厂带来威胁，也要确保核电厂有足够的冷却水流量。

此外，为了避免核电厂核事故对社会造成不可接受的影响，核电厂厂址选择还要考虑周围的社会人口分布、地理区划功能、交通运输条件等因素。

正是基于国际上的共识，结合中国的实际情况，我国采用了国际原子能机构推荐的最新安全标准，制定了《核电厂厂址选择安全规定》，并在核电选址和评价中得到严格遵循。

截至 2012 年年底，我国 45 台核电机组（运行机组 16 台，在建机组 29 台）均分布在沿海地区（如图 1 所示），除河北省外，其余沿海各省均建有核电厂。目前具备核电厂址条件的沿海厂址已经得到充分的开发，而沿海向内陆的输电线路走廊也越来越紧张，仅靠沿海厂址，无法支撑核电进一步发展。

国家发展改革委员会发布的《核电中长期发展规划》中拟定的 18 座新的核电厂址，仅有 3 个属于沿海厂址（辽宁徐大堡、山东荣成和广东陆丰），其余均属内陆厂址。拟开展重点论证的厂址目录中，也绝大部分为内陆厂址。目前，沿海厂址的开发已经较为充分，潜力有限，要进一步发展核电，除了内陆，别无他途。我国多个内陆省份的可持续发展亟待清洁能源的支撑，开展内陆核电厂建设，是我国核电进一步发展的必然选择。

福岛核事故发生后，公众对核电安全问题日益关注，内陆核电厂的安全问题是当前核电的热点问题，需要加以专门的研究。

1.3 世界内陆核电发展概况

无论是沿海厂址还是内陆厂址，在核动力厂的选址、设计建造和运行的过程中，均需要确定厂址与设施相互之间的适宜性。

早期开发的核反应堆由于功率较低（小于 50 MW），涉及的燃料量相对较少，因而堆内放射性物质的积存量就少。但是，早期开发的反应堆的安全性能存在着较大的不确定性，因此，在早期开发活动期间，贯彻的安全策略是，将反应堆设置在一个政府辖制的专

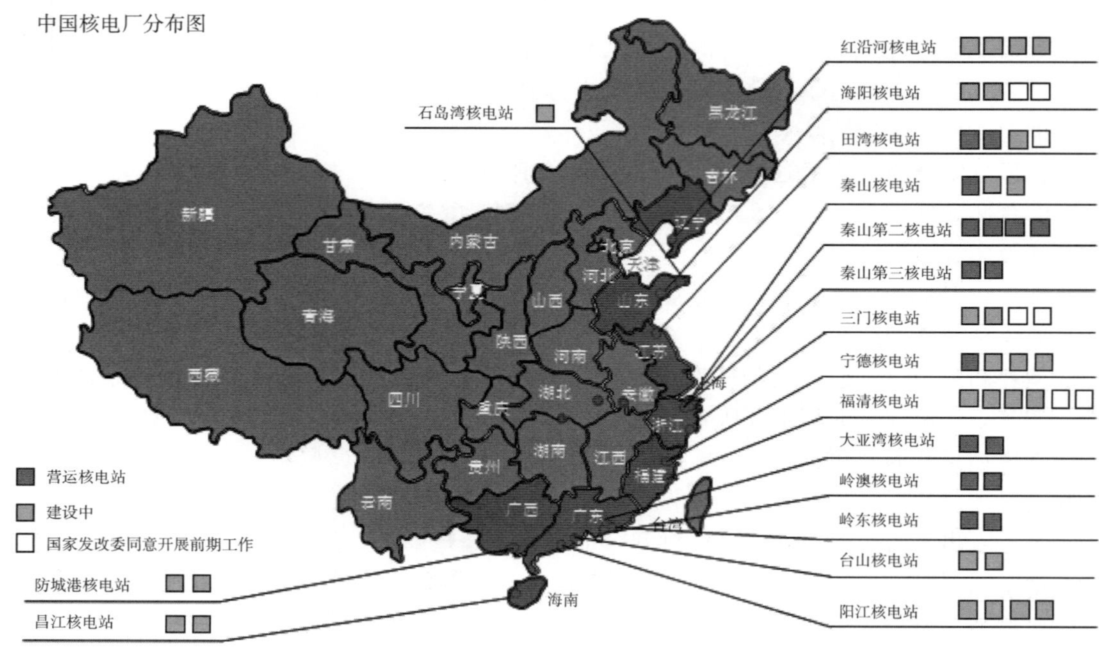

图 1　2012 年我国核电分布图

（资料来源：环境保护部核与辐射安全中心）

用地区，与公众保持了较好的隔离。即使在事故放射性释放情况下，放射性物质随着大气稀释和弥散，到达场址边界也不会构成重大的威胁。20 世纪 40 年代到 50 年代初，对公众的防护主要采用禁区的概念[8]。

1954 年，美国总统签署了原子能法，以促进核能的和平利用。由于核电厂需要设置在靠近人口中心的电力负荷中心，WASH-3 提出的简单的厂址准则是不切合实际的，仅仅依靠禁区的概念已经不够，此时考虑到了放射性屏障（安全壳）的作用，同时所考虑的事故由“最坏的可想象事故”改变为“最大可信事故”。

20 世纪 60 年代到 70 年代，认识到仅仅依靠安全壳并不能保证限制放射性的释放，同时禁区半径仍然太大，此时考虑必须采用停堆、排出堆芯余热和保证放射性包容等综合措施，纵深防御的概念逐步建立起来。“单一故障准则”确立之后，“可信事故”演变为考虑了发生频率的“设计基准事故”，核动力厂的安全评价演变为基于起作用的工程安全系统缓解的事故源项的评价。

尽管以纵深防御的概念，反应性控制、余热排出和放射性包容三项基本安全功能，设计基准工况，保守假设和分析方法等为基础的确定论安全要求被建立起来，但 20 世纪 70—80 年代的核电厂运行实践表明它仍然需要概率安全分析技术作为补充。

考察核动力厂一般厂址适宜性准则的建立过程表明，厂址适宜性准则的建立和完善，与核安全技术及环境保护需求的不断进步密不可分，是解决实践中遇到的问题而不断发展和完善的过程。

厂址评价的目的是确保充分保护现场工作人员、公众和环境免受由核设施所致电离辐射影响的危害。人们认识到，在技术和科学知识、核安全和充分保护方面已在不断取得进步，安全要求将随着这些进步而改变。

考察核电厂址的适宜性，本无沿海和内陆之分。从最终用户的需求来看，核电厂的选址，需要考虑电源的分布要求，以及厂址的地质、水文等条件。

从全世界范围看（如图 2 所示），约有一半以上的核电厂选在内陆[9]。在这方面，美国（核电机组最多的国家）和法国（核电装机容量比例最高的国家）等核电发达国家更是将大部分核电厂置于内陆：如法国 19 座核电厂（58 台运行机组）中，有 14 座核电厂位于内陆地区，共 40 台核电机组，占法国核电机组的 69.0%，已经有超过 1 000 堆年的运行经验，其中罗纳河（Rhône）沿岸建有 4 座核电厂，共 14 台机组，总装机容量达 1 340 万 kW；美国 65 座核电厂（104 台运行机组）中，有 39 座核电厂位于内陆地区，共 64 台机组，占美国所有核电机组的 61.5%，已经有超过 2 000 堆年的运行经验，其中密西西比河流域建有 21 座核电厂，共 32 个机组，总装机容量达到 3 093 万 kW，该流域拟新建核电项目有 5 个，这些项目的装机总容量在 1 000 万 kW 左右。中欧、东欧及俄罗斯等国的核电厂也多数分布于内陆。

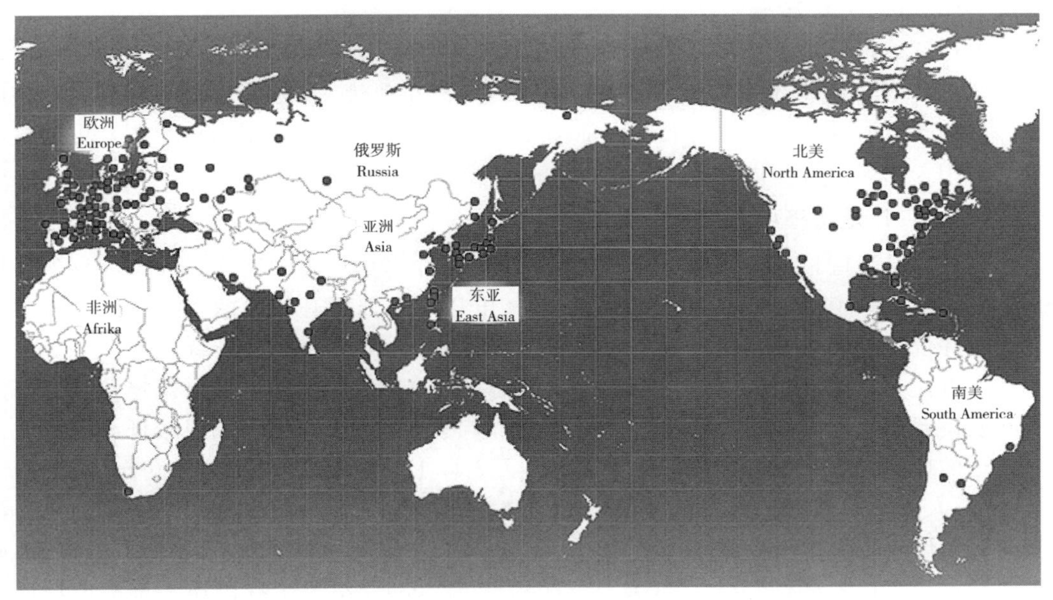

图 2　世界核电分布图

（资料来源：国际在线）

1.4　核电厂周围的人口分布

在西欧、北美和东亚等人口稠密，经济发达的地区均分布有较多的核电厂址。核电厂周围如果人口密度过高，一旦发生紧急状况，如何疏散人员无疑是严峻挑战。日本福岛核事故后，人们无时无刻不在思考：这种灾难是否会发生在我们身边？距离核电厂多远可以免除撤离？福岛核事故应急响应过程中，日本核安全委员会（NSC）建立了三个撤离区域，限制进入区（restricted area）：半径 20 km 内的区域；应急撤离准备区（evacuation-prepared area）：半径 20～30 km 的区域；计划撤离区（deliberate evacuation area）：一年内可能受到超过 20 mSv 辐射照射的区域（距离可能在 20～30 km，甚至超过 30 km）[10]。

2011 年，英国《自然》杂志集团和美国哥伦比亚大学联合调查表明，在厂址半径 30 km 范围内，全球 211 座核电厂（包括运行和已颁发建造许可证）中约 2/3 的核电厂已超过了福岛核电厂人口（约 17.2 万人）。因此，对很多人来说，与核电厂的距离已使他们感到不安。福岛事故后，世界核营运者协会（WANO）主席劳伦特·斯特里克（Laurent Stricker）在一次核安全论坛会议上也曾指出：我们审视反应堆安全时，需要考虑它位于何处。位于较高人口密度区域的核电厂，更应考虑其较高的安全裕度[11]。

福岛核事故后，国际上已开始重新评估运行核电厂的风险因素，其中厂址周围的人口分布是重要的评价指标之一。2011 年，美国核能研究所（NEI）基于周围人口分布、自然灾害和电厂安全性能三个评价指标，对美国 102 座运行核电厂开展了风险等级的评估，印第安角（Indian Point）、圣奥诺弗雷（San Onofre）和利墨瑞克（Limerick）核电厂位于综合风险最高的前三位，其中，在厂址半径 80 km 范围内也是人口最多的，分别约为 1 740 万、940 万和 790 万[12]。

核电厂邻近地区的人口密度和分布特征是制定应急计划要考虑的重要因素之一。综合分析全球核电厂半径 30 km 和 80 km 范围内的人口分布现状，以及沿海核电厂和内陆核电厂在人口分布方面的差异，并对我国大陆拟建核电厂周围人口进行了对比分析，可为核电厂址选择中关于人口分布因素的考虑，以及制定应急计划提供参考。

1.4.1 核电厂厂址选择中人口分布的要求

人口分布是我国核电厂厂址选择相关法规和标准中考虑的重要因素。我国《核电厂厂址选择安全规定》（HAF101）中明确指出，核电厂厂址选择必须考虑实施应急措施的可能性以及评价个人和群体风险所涉及的厂址外围地带的人口密度和分布特征[5]。

在这方面，我国《核动力厂环境辐射防护规定》（GB6249—2011）也规定，在核电厂周围必须设置非居住区和规划限制区。核动力厂应尽量建在人口密度相对较低、离大城市相对较远的地点。规划限制区范围内不应有 1 万人以上的乡镇，厂址半径 10 km 范围内不应有 10 万人以上的城镇。另外，针对选址假想事故，在厂址半径 80 km 范围内的公众群体接受的集体有效剂量应小于 2×10^4 人·Sv 的要求。此外，《核电厂应急计划与准备准则 第 1 部分：应急计划区的划分》（GB/T 17680.1—2008），给出了我国压水堆核电厂应急计划区的推荐值，其烟羽应急计划区的区域范围，一般应考虑反应堆热功率的大小，在以反应堆为中心、半径 7～10 km 范围内确定；烟羽应急计划区内内区的区域范围，一般应考虑反应堆热功率的大小，在以反应堆为中心、半径 3～5 km 的范围内确定。一般情况下，应急计划区实际边界的确定需考虑人口分布的因素，以便于进行应急准备与响应工作。

对核电厂周边人口的可接受性，美国管理导则 RG 4.7 明确规定，在电厂批准当年及以后的 5 年内，厂址半径 20 英里（即 32 km）内的人口密度（包括流动人口）一般不应超过每平方英里 500 人（即 195 人/km^2），当超过这个人口密度时，必须在综合考虑安全、环境、经济等因素后，论证该厂址的可接受性[7]。

目前，关于厂址筛选中的人口密度，我国法规标准暂没有明确定量的可接受性要求，但提出了厂址人口密度优先性的定性要求。

1.4.2 全球运行和在建核电厂周围的人口分布特征

据 2011 年英国《自然》杂志集团和美国哥伦比亚大学联合调查的结果，在厂址半径 80 km 范围内，全球 211 座核电厂（包括运行和已颁发建造许可证）中，人口总数超过 100 万的有 152 座核电厂（内陆有 79 座，沿海有 73 座），其中，中国大陆核电厂 13 座（文献统计中大亚湾和岭澳核电厂计为两个核电厂，实际位于同一厂址），且均位于沿海厂址[10]。为了得到内陆和沿海厂址周围人口分布特征，采用累积频率方法进行人口统计，即将核电厂按照内陆和沿海厂址归类分别统计，周围人口总数由小到大排序，则 n 个数据中第 i 个值的累积频率分布的分位值为 $i/(n+1)$。图 3 分别为厂址半径 30 km 和 80 km 范围内人口的累积频率分布图。

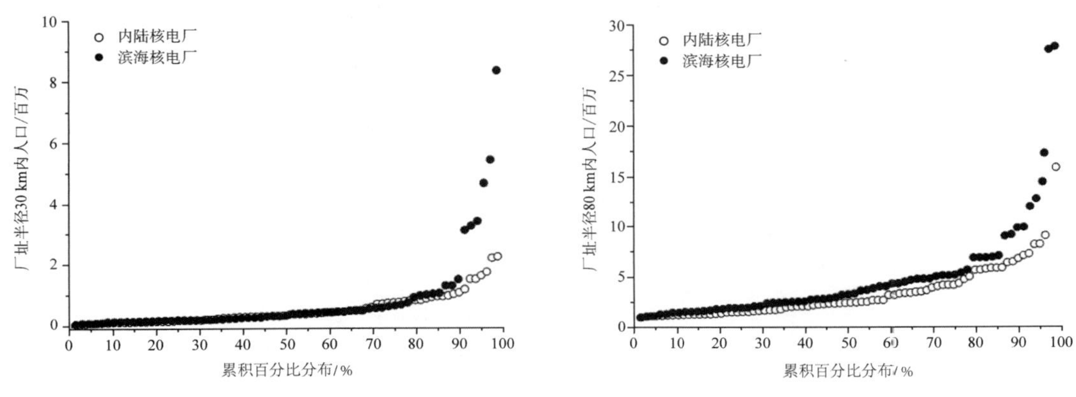

图 3　全球核电厂周围人口累积频率分布

由图 3 可以看出，厂址半径 30 km 和 80 km 范围内，分布于人口数较低区间的核电厂（约占 90%）中，沿海与内陆核电厂周围的人口相当；分布于人口数较高区间的核电厂（约占 10%）中，沿海核电厂周围人口显著高于内陆核电厂。考虑到沿海核电厂周围海域因素，整体上，沿海核电厂周围的陆域人口密度显著高于内陆核电厂的陆域人口密度。

在厂址半径 30 km 范围内，人口超过 100 万的有 21 座核电厂，其中内陆厂址 9 座，沿海厂址 12 座；人口超过 300 万的有 6 座核电厂，均为沿海厂址；巴基斯坦卡拉奇核电厂（KANUPP）人口最多，约 820 万，但其输出电功率相对较低（125 MW）；在输出电功率较高的核电厂中，我国台湾地区国圣核电厂（1 933 MW）和金山核电厂（1 208 MW）人口分别达到约 550 万和 470 万（均包括了台北市）。

在厂址半径 80 km 范围内，人口超过 500 万的有 36 座核电厂，其中内陆厂址 16 座，沿海厂址 20 座；人口超过 1 000 万的有 7 座核电厂，其中内陆厂址 1 座，沿海厂址 6 座；我国大亚湾核电厂人口最多，达到约 2 800 万（均包括了香港），其次为美国印第安角核电厂（沿海厂址），和印度北方邦纳罗拉（Narora）核电厂（内陆厂址），人口约分别为 1 730 万（包括纽约市）和 1 590 万。

1.4.3 我国大陆拟建核电厂周围人口分布特征

图 4 为中国人口密度分布。目前，我国核电厂主要分布于东部和南部沿海地区，距离能源消费中心比较近，同时也与人口稠密区重合。

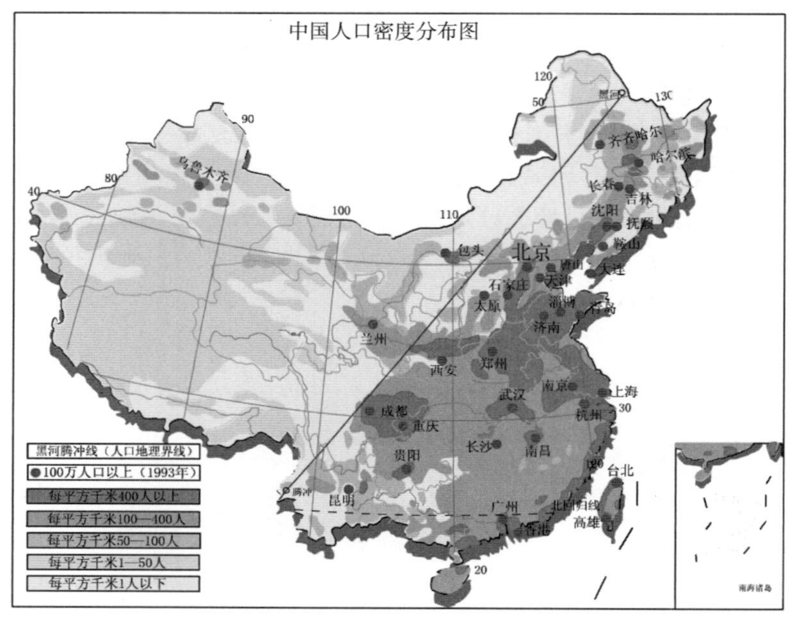

图 4　我国人口密度分布图

（资料来源：蓝动网）

结合全球核电厂的人口分布现状，比较分析了我国拟建核电厂周围的人口分布特征（如图 5 所示）[13]。厂址半径 30 km 范围内，咸宁、徐大堡和彭泽厂址周围总人口相对较低（约为全球 60%～80%分位点的人口值），人口不超过 100 万，其他两个厂址周围人口数相对较高（约为全球 90%分位点的人口值）。厂址半径 80 km 范围内，咸宁和徐大堡厂址周围人口低于全球 50%分位点的人口值，人口不足 300 万，其他三个厂址周围人口数则相对较高（约为全球 90%分位点人口值），人口超过了 500 万。

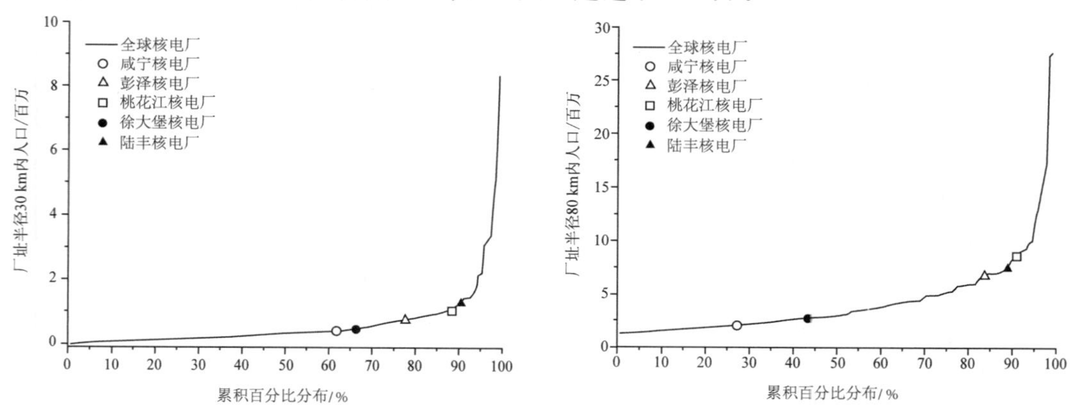

图 5　我国大陆拟建核电厂周围的人口分布特征

与全球核电厂址周围平均人口相比，目前我国拟建核电厂址周围人口略显偏高，然而，《世纪之交的中国人口》预测，中国大陆多数核电省份在2010—2020年人口增长率下降，甚至进入负增长，这有利于控制核电厂寿期内厂址周围人口的进一步增长速度。

从陆域人口密度来分析，整体上我国拟建内陆核电厂也显著优于沿海核电厂。

1.4.4 核电厂运行后厂址周围人口的变化

关于运行核电厂周围人口密度随时间的变化，2011年美国NEI的调查结果表明，在2000—2010年的10年间，美国核电厂周围的人口密度整体呈上升趋势。厂址半径32 km和80 km范围内10年间平均增长率分别约为12%和7%，与同期美国人口整体增长水平（略低于10%）相当。对于人口数较高的核电厂，人口增长幅度相对较低。部分核电厂人口增长幅度较高，主要由于其人口基数相对较低。在厂址半径32 km范围内，部分核电厂的人口密度在2010年已超过195人/km^2 [14]。图6给出了这10年间美国核电厂半径32 km和80 km范围内的人口增长水平（美国核电厂总数65个，图中仅列出了半径80 km范围内人口数超过100万的39个核电厂）。

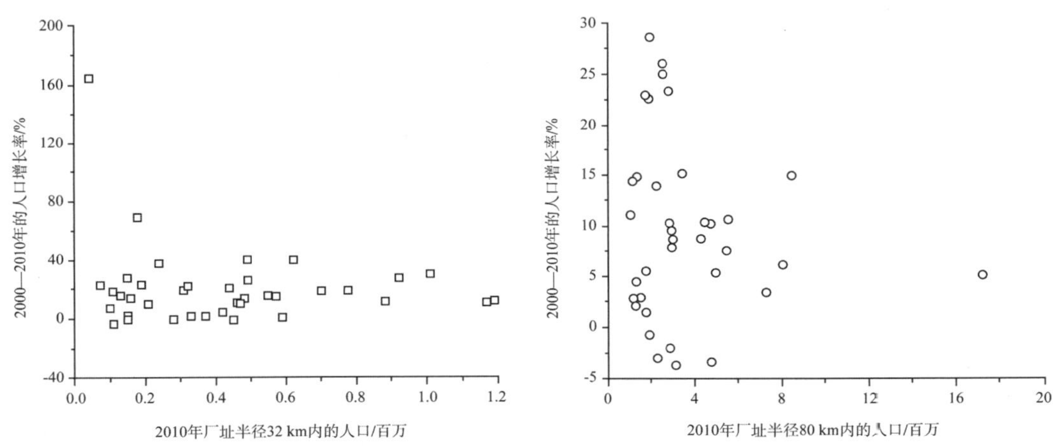

图6 美国核电厂2000—2010年半径32 km和80 km内的人口变化

我国核电厂中运行时间较早的为秦山核电厂和大亚湾核电厂，调查结果表明，厂址30 km和80 km范围内的人口密度整体也呈上升趋势。以秦山核电厂为例，2006—2010年的5年间，30 km范围内人口由120万增加到130万左右（平均增长率约为8.3%），80 km范围内人口由1 320增长为1 530万左右（平均增长率约为15.2%），人口增长趋势略高于美国，除了人口自然增长因素外，还可能与我国行政区划变化、城镇化程度提高以及人口迁移等因素有关[14]。

1.4.5 内陆核电厂周围人口密度并不比沿海核电厂的高

由核电厂的布局来看，核电厂既可以布置在诸如日本关西地区，法国、德国边境，我国长三角、珠三角等人口最稠密的地区，也可以布置在如俄罗斯远东地区等人口稀少的地区。人口分布不单独构成核电布局的限制条件。通过全球核电厂周围人口分布特征的分析，可得出如下结论和建议[14]：

（1）分布于人口数较低区间的核电厂（约占90%）中，沿海与内陆核电厂周围的人口相当；分布于人口数较高区间的核电厂（约占10%）中，沿海核电厂周围人口显著高于内陆核电厂。整体上，沿海核电厂周围的陆域人口密度显著高于内陆核电厂。

（2）核电厂运行后，厂址周围人口整体呈上升趋势，主要来源于人口的自然增长，在我国有部分核电厂址周围人口自然增长相对较快，可能与行政区划变化、城镇化程度提高以及人口迁移等因素有关。

（3）我国核电厂周围人口数略显偏高，应进一步控制核电厂寿期内厂址周围人口的机械增长。在关注核电厂邻近地区的同时，也应关注厂址周围更大范围内的人口分布特征。

（4）核电厂厂址评价需重视个人和群体风险所涉及的厂址外围地带的人口密度和分布特征，厂址应优先选择在人口分布相对较低的区域。

2 我国内陆核电厂所考虑的主要安全要素

2.1 核电厂抵御自然灾害的能力分析

为确保核电安全，我国政府一直秉持科学的安全理念、谨慎行事之职责和勤勉管理之义务。按照我国核安全法律、法规要求，核电厂的选址要充分考虑外部极端自然灾害所带来的影响，使其具备抵御极端外部事件的能力。

我国内陆核电厂址，均位于地质构造运动稳定的低地震活动区，基本可以排除大规模地震发生的可能性（如图7和图8所示）[15]。

我国拟建和在建的主要核电反应堆的抗震设计，对于M310堆型（翻版改进CPR），极限安全地震动SL-2值为0.20g；对于AP1000堆型（引进美国堆型），SL-2值为0.30g；对于EPR堆型（引进法国堆型），SL-2值为0.25g；对于HTR堆型（自主研发示范堆），SL-2值为0.20g。这表明我国核电反应堆的抗震能力有较大裕量[15]。

此外，从日本核电厂在多次大地震中的表现来看，核电厂的抗震能力是有保障的。福岛第一核电厂不远处的女川核电厂（有3台机组）、福岛第二核电厂（有4台机组）等能够在大灾难中保持安全状态，也表明核电厂的抗震能力存在较大裕量。福岛核事故主要是由地震引发的海啸造成的，而具有破坏性的海啸主要发生在环太平洋和印度洋的地震带内。福岛核事故反映出日本核电厂对于地震引发海啸的影响估计不足。

法国、美国、日本等国先后有4座核电厂发生过严重的水淹事件，表明核电厂是存在水淹风险的。1999年12月27日，在法国巴莱耶（Blayais）核电厂，狂风使河水漫过核电厂的防洪堤，淹没了部分重要设施和厂房，导致余热排除系统、安全壳喷淋系统、安全注入系统失灵。2011年6月，美国密苏里河发生大水，洪水迫使卡尔洪堡（Fort Calhoun）和库珀（Cooper）核电厂进入洪水警戒状态。其中卡尔洪堡核电厂的充水护堤因意外原因破漏坍塌，洪水围困了安全壳厂房和变压器厂房，但水位尚未突破厂平标高。此外，还有应急砂袋垒砌的屏障保护了开关站和其他厂房，没有对核安全造成威胁[16]。

这些事件的发生，提示我们要进一步重视核电厂防水淹的问题。

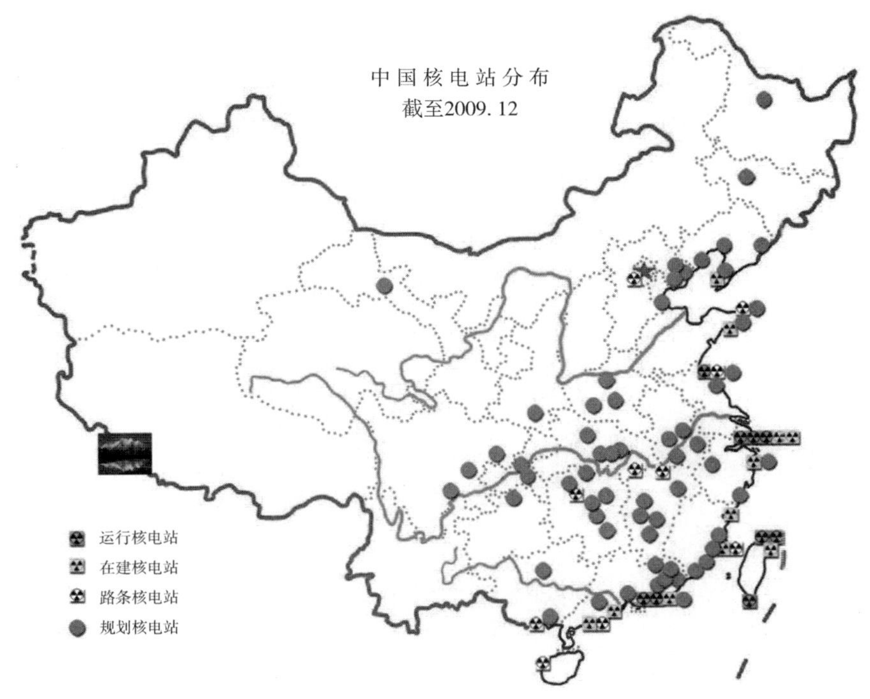

图 7　已开展前期选址调查的核电厂分布

（资料来源：小春网）

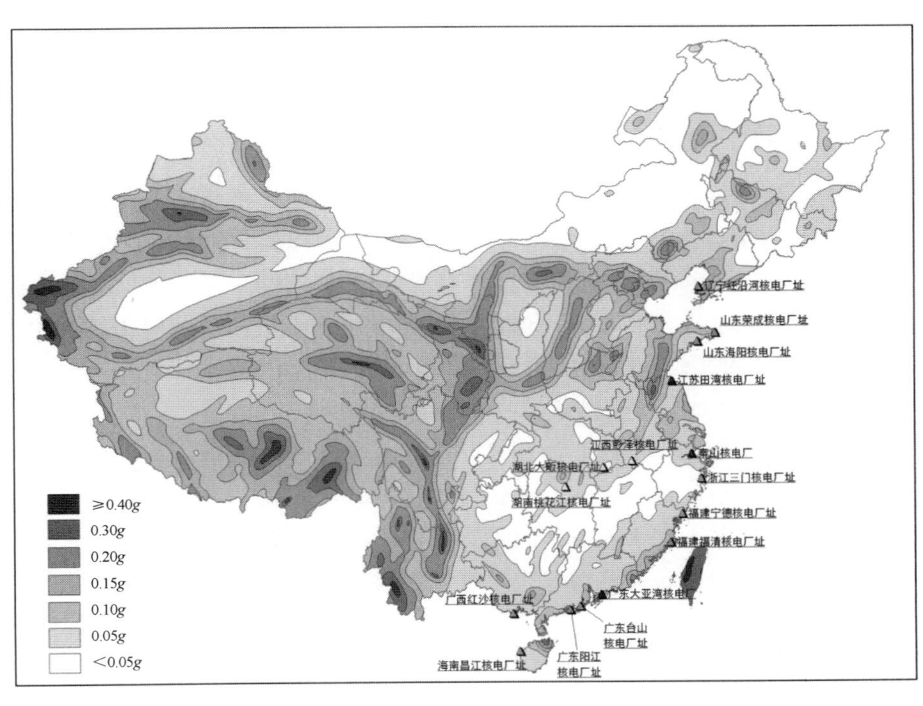

图 8　我国地震活动（极限安全地震动 SL-2 值）的区域分布

2.2 长江流域的气候水文特点

我国水资源时空分布严重不平衡，降水东南多西北少，山区多平原少，雨量大致由东南向西北递减。我国多年平均降水量为 648 mm。西北多干旱地区；长江两岸平均降水量为 1 000～1 200 mm；江南丘陵和南岭山地大多超过 1 400 mm；东南沿海的广东、福建、广西、浙江等省区，年降水量大多在 2 000 mm 以上（如图 9 所示）[17]。

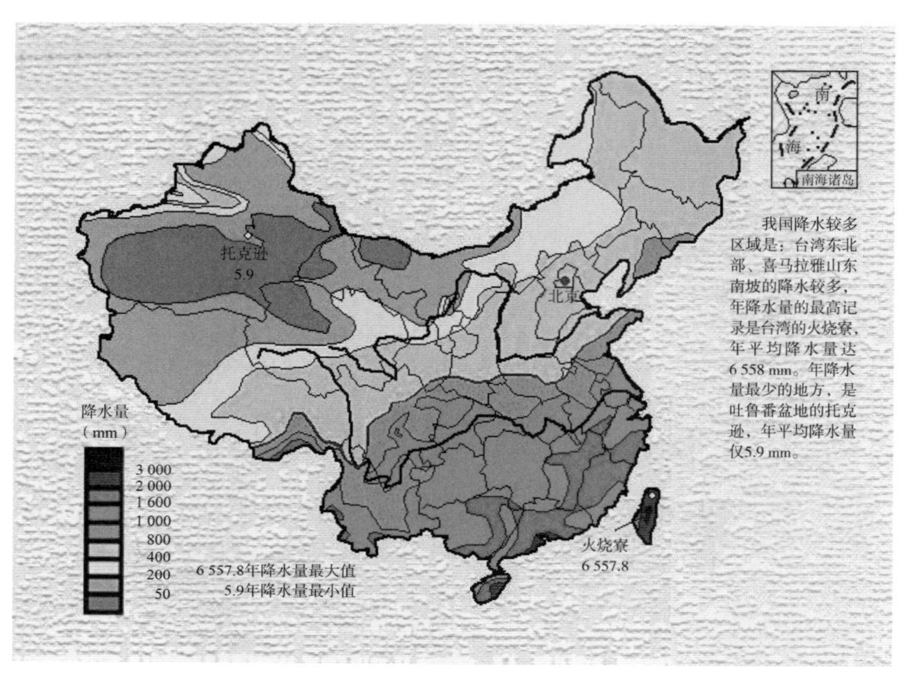

图 9　我国年降水量的区域分布（资料来源：中国地理课程网）

目前我国规划建设的几座内陆核电厂主要位于长江流域。我国长江流域具备季风气候特点，旱涝交替较为频繁，尤其 20 世纪 90 年代以来，极端气候频率有明显增加。

长江作为我国第一大河流，其流域覆盖了高原、山丘地区，而后进入长江中下游平原。长江中下游流域属于亚热带季风气候区，夏季炎热多雨，流域多年平均降雨量约为 1 100 mm，降雨量呈从西北到东南递增趋势，且形成多个暴雨中心。

2.2.1 长江流域降雨较多，洪水频发

长江的洪水主要由流域内的降水引发，明显呈现出与暴雨同步的规律。长江上游地形变化大，导致中上游支流的洪水来势凶猛，具有水位高，时间短，灾区分散等特征。由于长江支流众多，且雨季基本集中在春夏两季，长江干流会因为支流洪峰的叠加而发生大洪水。在 1981 年和 1991 年，长江流域发生了区域性大洪水，而在 1954 年和 1998 年，则发生了全流域的大洪水。

此外，该流域时常发生小范围的大暴雨，遇特殊地质条件而产生泥石流，引发泥石流、滑坡等地质灾害。同时，病险水库在一定范围内长期存在，溃坝风险始终存在。

2.2.2 长江流域旱灾频发

我国长江流域经纬度跨度较大，因季风性气候影响，易产生干旱灾害。近年来，随着气候变化，旱灾有逐渐严重的趋势。

长江流域旱灾有如下特点：

(1) 全流域旱灾的发生，以夏季为多发季节；

(2) 干旱持续时间长，较为严重的干旱，一般少则二三个月，多则四五个月，甚至长达一年；

(3) 旱灾影响面积大，往往涉及数省。

近年来，旱灾的发生呈现加剧趋势。2011 年，长江中下游地区的江苏、安徽、湖北、湖南等省均遭受不同程度旱灾，生产生活受到极大影响。

2.2.3 长江的水资源意义

长江是我国第一大河流，总长度约 6 211 km，长江流域自西向东横贯全国，流域面积 180 万 km^2，是我国最重要的人口聚集区，常住人口超过 3 亿人。

长江流域农业生产条件优越，耕地面积 2 460 万公顷（1 公顷＝0.1 km^2），占全国耕地面积的 1/4，农业生产占全国的 40%，是中国最重要的农业生产基地。

周围水系众多，湖泊密布，水资源总量 96 亿立方米。长江流域现有水面 1.3 亿亩，接近全国淡水总面积的 1/2。

长江流域是我国经济发展最快的地区之一，随着浦东开发、西部开发与三峡工程的新建，长江流域在我国经济建设中的地位更加重要。保护好长江水资源与长江流域的生态环境，不仅对长江流域的经济与社会发展有着重要意义，而且随着南水北调工程的实施，也将对华北、京津地区乃至全国的经济与社会发展产生重要的作用。

2.3 内陆核电所需要考虑的安全要素

内陆核电安全问题涉及内陆特有的洪水、溃坝、河流潮位等因素带来的厂址安全问题，也涉及放射性流出物的排放对水环境的影响问题，这里既包括正常运行工况下的核电厂流出物排放，也包括事故工况产生的放射性废水向环境的释放。

根据上述认识，在长江流域选址建设内陆核电厂，主要应该考虑：

(1) 因洪水、溃坝、泥石流、堰塞湖等外部事件，对核电厂核安全的影响；

(2) 由于气象条件及人类活动导致河流流量、水文、堤岸等条件的变化，对核电厂安全运行的影响；

(3) 核电厂液态流出物排放对下游饮水安全、水生态和水环境的影响，尤其是累积效应的影响；

(4) 核事故一旦发生所产生的放射性废水，对水资源安全的影响。

3　我国内陆核电厂防洪能力分析

3.1　核电厂防洪设计基准与三峡电站校核基准相当

尽管三哩岛、切尔诺贝利乃至福岛核电厂发生的核事故并未像历史上所发生的各类洪水灾害那样，为社会带来大量的生命和财产损失，但是核事故的影响范围广、污染难以恢复、对社会心理影响大。因此社会舆论有一种偏见，认为核事故一旦发生，其危害在一定程度上较水利设施发生事故的损失更大，故核设施应该具备比水利设施更为严格的设计基准。

这里，仅就核设施的基准洪水位计算进行分析。

对于水利工程设施的防洪设计，通常采用重现期的概念进行设计。设计中将水工建筑物按照不同的重现期分为 5 个级别，并根据该建筑物处于山丘或平原两类地区为其规定相应的防洪设计基准，其设计基准从 10 年一遇到万年一遇不等（见表 1）[18]。

表 1　水库工程水工建筑物的防洪标准

水工建筑物级别	防洪标准［重现期（年）］				
	山区、丘陵区			平原区、沿海区	
	设计	校核		设计	校核
		混凝土坝、浆砌石坝及其他水工建筑物	土坝、堆石坝		
1	1 000～500	5 000～2 000	可能最大洪水（PMF）或 10 000～5 000	300～100	2 000～1 000
2	500～100	2 000～1 000	5 000～2 000	100～50	1 000～300
3	100～50	1 000～500	2 000～1 000	50～20	300～100
4	50～30	500～200	1000～300	20～10	100～50
5	30～20	200～100	300～200	10	50～20

重要的大型水利工程往往采用较长的重现期，如三峡大坝采用可能最大洪水，其重现期为 10 000 年，另外附加 10%的裕量，来开展校核。

我国核电厂在厂址选择时，对基准洪水位的选取方法，既考虑了基于确定论的最大基准洪水位，也考虑了基于概率论的“万年一遇”洪水位，并取其最大值。研究表明，核设施的洪水位计算方法与水利设施提出的“万年重现期”的计算方法基本相当。我国核电厂的防洪设计要求与美国所采取的方法一致，并适当考虑了安全裕量，也完全符合国际原子能机构安全标准的要求。

3.2　核电厂的设计基准洪水位考虑了洪水和溃坝的叠加

美国联邦法规 10 CFR 100 规定洪水的分析需要注重收集历史洪水的资料，设计基准洪水的确定不仅需要考虑水文因素导致的厂址可能最大洪水，还需要考虑地震因素导致的厂址可能最大洪水（比如地震导致厂址上游水库的溃坝）。美国的核管会管理导则RG1.59、RG1.102和美国核管会的技术文件-标准审查大纲（NUREG-0800）给出了核电厂设计基准洪水位计算的要求以及厂址洪水防护的要求。

核管会管理导则和标准审查大纲要求分析各种可能洪水事件及其机理，强调历史洪水的分析对研究各种洪水事件的发生机理很有帮助，并给出了具体计算内陆核电厂址设计基准洪水的组合。

目前，我国拟建内陆核电厂主要选择在大江、大河或者大型水库附近。内陆厂址设计基准洪水位的确定综合考虑了《滨河核电厂厂址设计基准洪水的确定》（HAD101/08）和《核电厂水文气象规定（试行）》的相关要求，考虑有10种洪水事件组合，其中如下四种组合，考虑了最大洪水与溃坝效应的叠加[19-20]：

（1）可能最大洪水引起的上游水库溃坝；

（2）可能最大洪水（PMF）引起上游水库溃坝和可能最大降雨引起的区间洪水相遇；

（3）由相当于运行基准地震震动（SL-1）引起的上游水库溃坝与区间1/2可能最大降雨（PMP）引起的洪峰相遇；

（4）由相当于极限安全地震震动（SL-2）引起的上游水库溃坝与区间频率为4%的洪峰相遇。

而对于其考虑的最大降雨导致洪水和溃坝等效应，都作了保守考虑，如：除非工程计算能证明在所要求的超越概率水平下水坝不会溃决，否则应假设溃坝事件。对于那些一旦溃决就可能在厂址引起控制性洪水升高的大坝，应估计在保守假设前提下所产生的溃坝（设计基准降雨的等雨量线最不利地集中于坝的上游流域，或者，设计基准降雨的等雨量线最不利地集中于厂址上游的整个流域）。对厂址上游河段所有的水坝都应进行综合性的分析，并且除非能证实不可能发生溃坝外，都应假设可能发生溃坝。所有假定发生溃坝而导致的洪水都应演算到厂址处。当有几个水坝分别位于各支流上时，应考虑溃坝时产生的洪水波同时到达厂址的实际可能性、概率及由此而引起的后果。

另外，2008年汶川地震后，洪水引发地质灾害导致的堰塞湖对下游核电厂安全的影响问题，也引起了核电界的注意。对核电厂址的评估结果表明，我国内陆核电厂址均处于地质稳定地区，厂址区域处于低地震活动区，不具备发生堰塞湖而影响安全的条件。

3.3 规划中的三座内陆核电厂的厂址条件

3.3.1 湖南桃花江核电厂址

湖南桃花江核电厂址位于湖南省益阳市桃江县沾溪乡龙湾村，东临资水、南靠资水支流沾溪河、北部和西部均为低矮丘陵地形，核电厂用水从资水抽取。位于资水干流右岸，厂址以上到安化干流上布局有马迹塘、金塘冲、珠溪口、东坪、柘溪等水库。

厂址附近有三个暴雨中心，分别是：

（1）梅城（湖南省最大的暴雨中心）；

（2）资水上游的资源至黄桥一带；

（3）资水中游隆回六都寨至新化水车一带。

这三个暴雨中心均位于桃花江核电厂上游地区，是资水洪水的主要来源。拓溪以下共有大型水库 3 座，总库容 38.18 亿 m^3；中型水库 39 座，总库容 8.55 亿 m^3。桃花江核电厂需要考虑拓溪水库（35.7 亿 m^3，坝高 104 m）溃坝的影响。

桃花江核电厂的溃坝主要考虑拓溪水库和金塘冲水库的叠加。拓溪水库溃坝计算中考虑承担拦河作用的溢流段瞬间全溃。金塘冲水库为混凝土重力坝，因为距离厂址较近（48 km），按照极端情况考虑溢流段瞬间全溃。考虑柘溪水库的溃坝洪水过程与金塘冲水库溃坝洪水过程遭遇后，在金塘冲水库坝址处形成的洪峰流量。桃花江厂址组合事件的洪水位及相应流量见表 2[21]。

表 2　桃花江厂址组合事件的洪水位

组合事件	水位/m	相应流量/（m^3/s）	
厂址以上 PMF	59.10	41 600	41 600
可能最大降水导致柘溪水库溃坝＋区间 PMF	73.67	71 300＋24 300	95 600
柘溪水库地震原因溃坝＋区间 1/2PMF	68.72	60 900＋24 300/2	73 050
柘溪水库地震原因溃坝＋区间 4%洪峰	67.76	60 900＋8 180	69 080
PMP 造成两水库连溃＋区间 PMF	75.12	78 800＋24 300	103 100

从上述分析可以看到，各种事件组合最终导致最高洪水位为＋75.12 m，小于核岛区场坪标高＋85.0 m。因此，桃花江核电厂址为干厂址，即使在极端情况下，也可保证核岛不受设计基准洪水淹没的影响。

3.3.2　湖北咸宁核电厂址

湖北咸宁核电厂址位于湖北省咸宁市通山县大畈镇大埘村附近的狮子岩，富水水库中段北岸。核电厂用水从富水水库抽取。核岛主厂房基础位于微风化的基岩上。核电厂场坪设计标高为 88.00 m。

核电厂址南面的富水为长江南岸一级支流，富水水库是一座以防洪、发电为主的大 I 型水库，总库容 16.2 亿 m^3，下游距长江约 80 km。富水水库坝址以上流域已建成望江岭（厦铺河）、雨山（淯港河）、石门塘和石门（通山河）4 座中型水库，总库容约为 5 400 万 m^3。富水上游西南山区是湖北省暴雨中心之一，富水水库两岸山体延绵，若在暴雨条件下发生山体滑坡，滑坡体落入库中引起涌浪，可能会对核电厂产生不利影响。

从水利设施状况来看，富水流域中上游水库防洪能力不足，围堤防洪标准低。在核电厂选址安全评价中，对其做出了恰当的评估。

咸宁核电厂重点考虑了流域发生 PMP 时坝体溃决，以及水库处于正常蓄水位时发生地震导致溃坝的情况。厂址上游水库多为土石坝，演算时假设其溃决方式为全溃。表 3 为咸宁厂址组合事件的洪水位[21]。

表 3　咸宁厂址组合事件的洪水位

组合事件	控泄 1 300 m^3/s	控泄 2 000 m^3/s	不控泄（不考虑电站泄量）
可能最大洪水水位/m	65.97	65.87	65.69
溃坝洪水＋区间 PMF 水位/m	66.99	66.74	66.43
上游水库溃坝洪水＋区间 1/2 PMF 水位/m	64.92	64.51	
上游水库溃坝洪水＋区间 4%洪水水位/m	63.87	63.48	

经上述分析可以看到，各种事件组合导致最高洪水位为 66.99 m，厂址处相应的设计基准洪水位为 67.86 m。湖北咸宁核电厂场坪设计标高为 88.00 m，因此具有较大的安全裕量。

3.3.3　江西彭泽核电厂厂址

江西彭泽核电厂厂址位于九江市彭泽县马当镇帽子山，北临长江，南靠太泊湖，为丘陵地貌，核电厂址场坪标高 31.3 m。

江西核电彭泽厂址河段上游建有大量水利枢纽工程，其中三峡水库上游支流规划有二滩、龚咀、碧口、宝珠寺、东风、乌江渡、彭水、瀑布沟、紫坪铺、龚咀（加高）、亭子口、构皮滩等水利枢纽工程，到目前为止，只有亭子口水库未开工建设，其他工程均已建成或正在建设之中。上述水库均有发生溃坝的可能性，但是上述水库库容相对较小，且距离其下游三峡水库远，溃坝洪水演算至三峡水库会发生较大衰减，并且其下游三峡水库的库容巨大，可以提前预报预泄。因此，三峡上游各水库溃坝事件对厂址河段最高洪水位影响不大。

长江的一级支流的清江上建有隔河岩、高坝洲和水布垭三座水利枢纽，若三水库发生溃决，其下泄洪水沿程经过荆江分（蓄）洪区、洞庭湖、洪湖、武汉附近分（蓄）洪区、鄱阳湖及附近分（蓄）洪区调蓄，对厂址处最高洪水位影响也不大。

在彭泽核电厂址设计基准洪水位确定时，按照保守原则，假设三峡水库溃坝以及三峡下游的丹江口水库溃坝对核电厂的影响，确定厂址处最高洪水位。

从降雨引起的溃坝角度，由于三峡水库的校核标准（万年一遇＋10%）和丹江口水库的校核标准（万年一遇＋20%）较高，因此可以不再考虑由于可能最大洪水（PMF）引起的溃坝情况。从地震引起溃坝的角度，考虑到三峡水库和丹江口水库抗震标准均较高（三峡水库抗震烈度Ⅶ度，丹江口水库Ⅷ度），因此在发生运行基准地震时，两水库不会发生溃决；而在发生极限安全地震时，由于三峡水库、丹江口水库的抗震标准低于核电厂的抗震设防标准，因此从核电安全角度，在防洪设计中考虑了两水库溃坝的影响。

三峡水库为混凝土重力拱坝，洪水校核标准为万年一遇＋10%，坝址主体建筑物抗震设计标准为Ⅶ度，坝体规模大，坝顶全长 2 335 m，其中，泄洪坝和厂房长 1 610.9 m，最大坝高 175 m。由于两岸坝轴线砌入山体，坝身长，坝体质量和基础好，因此，较恶劣的溃决形式为主体建筑物厂房、深孔、表孔、溢流坝等坝体部分横向局部溃决。丹江口水库为混凝土重力坝，洪水校核标准为万年一遇＋20%，坝址主体建筑物抗震设计标准为Ⅷ度，坝体规模大，坝顶全长 3 442 m，其中混凝土坝长为 1 141 m，坝顶高程 176.6 m；右岸土石坝长 877 m，左岸土石坝长 1 424 m，土石坝顶高程 176.6 m。其中，泄洪坝和厂房（8～32 坝段）长 582 m，最大坝高 117 m。依据丹江口枢纽布置情况，两岸土石坝埋于山体之中，溃坝可能性不大，即使万一溃决，两岸山体亦构成行洪障碍，因此只对主坝坝段溃决进行了分析。丹江口枢纽抗震强度为Ⅷ度，坝体规模大，即使发生溃决，把主体也拦于河道，形成行洪障碍，因此较为恶劣的一种溃决方式为主体建筑物厂房、深孔、溢流坝等坝体部分横向局部溃决。

应用一维水动力学模型将三峡水库溃坝洪水和丹江口水库溃坝洪水演算至厂址，并与流域区间降雨相应 4%设计洪水洪峰遭遇相互叠加，得到厂址处水位、流量过程。经计算得出，溃坝因素在彭泽厂址处引起的最大流量为 121 000 m^3/s，相应最高水位 21.46 m，小于水文因素在厂址处河道产生的最高洪水位 22.93 m，更低于彭泽核电厂拟定的核岛场坪标高为 31.3 m[21]。

3.3.4 内陆核电具备足够的防洪能力

对于桃花江厂址，各种事件组合最终导致最高洪水位为 75.12 m，小于核岛区场坪标高 85.0 m；对于湖北咸宁核电厂址，各种事件组合最终导致最高洪水位为 67.86 m，远低于场坪设计标高 88.00 m；对于彭泽厂址，各种事件组合最终导致最高洪水位为 22.93 m，低于拟定的核岛场坪标高 31.3 m。拟选的 3 个内陆核电厂的防洪分析计算中对于溃坝洪水的分析是恰当的，并且拟定的场坪标高均远高于设计基准洪水位，具有足够的防洪能力。

因此，我国内陆核电厂的选址和建设，通过保守假设的分析计算和合理确定场坪标高，可以保证内陆核电厂址不会受到流域洪水和涌浪的威胁。

4 内陆核电厂抵御干旱的能力分析及大气弥散因子

核能经常被视为应对气候变化的解决之道，但在核能解决气候变化问题之前，核电厂反而可能成为一个极易受气候变化影响的对象[22]。

绝大多数获取能源的方式都在某种程度上易受气候变化影响，核电厂和其他热电站面临的现状无疑是一个重要证据，需要重新审视这种发电方式。日本核事故由地震引发海啸所致，但气候变化的影响同样可以引发类似问题。

核电厂需要使用大量水冷却反应堆，同时需要稳定的电力供应，驱动冷却水。正是由于这种原因，核电厂通常建在大型水域附近。可是，对水的依赖让核能发电容易受诸如干旱和热浪等气候变化的影响，核能发电会因缺水和水温升高陷入中断。核能发电需要适应气候变化，同时采取措施减轻气候变化造成的影响。

这是一个很大的挑战。对于高度依赖于核能和其他热力发电的国家，温度升高、热浪、干旱、河流低水位和水资源不足等可能影响到能源的安全和稳定的电力供给[23]。

大气弥散因子是反映厂址大气弥散特征的重要指标，在厂址安全评价、环境影响评价和事故应急准备中都需要对大气弥散因子进行评定，并据此判定公众所受的辐射剂量是否满足法规要求。我国部分内陆核电厂址具有年平均风速较小而小风频率相对较高的特点。因此，小风条件下的大气弥散成为内陆厂址需要关注的问题之一。

4.1 干旱不构成对核电安全的冲击性威胁

核能发电需要适应气候变化，内陆核电建设除需要考虑洪水等外部事件外，同样需要考虑的气候因素就是干旱。气候模型预测干旱将持续更长时间，受灾面积也将超过以往。对于核电厂所在地区出现的严重水资源短缺问题，美国已经爆发法律大战。严重水资源短缺地区包括卡罗莱纳州的卡托巴河流域、佐治亚州的阿巴拉契科拉河流域、佛罗里达州的查塔胡其河流域和阿拉巴马州的弗林特河流域。美国爆发的法律大战告诉我们，让包括核电厂在内的系统适应供水量减少并非易事。

干旱属于一个缓发的自然现象，并非突发事件。这使得核电厂营运单位和监管部门有足够的决策和应对时间，对内陆核电不构成冲击性的安全威胁，并且可以通过在厂址所在河段附近设置储水槽等工程方案储备足够用水，解决运行经济性问题和应急储备问题。

热浪是另一个严重的危险因素，原因有两个方面。首先，进入反应堆的冷却水温度越低，发电效率越高，其次，冷却水穿过反应堆后温度升高。热浪使得温排水的热效应问题更加棘手，例如 2003 年和 2006 年的热浪使得欧洲大量的反应堆停堆，其他反应堆也不得不降功率运行。法国内陆地区的反应堆因流出反应堆的冷却水温度超过允许范围而被迫关闭或者降低输出功率。类似的情况在 2009 年再次遭遇。鉴于热浪期间正是用电高峰，在保证核反应堆安全运行的前提下，法国政府放宽了保障供电的相关规定。在经受一系列热浪之后，夏季对冷却水温度进行测量成为一种永久性措施。放宽保障供电规定导致大量的温排水排入环境水体，削弱了水生生态系统适应更高温度的能力。一些人可能认为这种区域性影响与气候变化造成的全球性影响相比无关紧要，但他们也承认核能发电实际上进一步加剧这种影响。发展核能同样需要考虑人力成本。随着热浪的光顾，法国政府要求消费者走上节能之路[23-24]。

4.2 内陆核电厂的用水安全有保障

由于核电厂采取循环用水模式，日补水量仅为冷却用水蒸发量，加之通过厂址合理的布局，完全可以解决我国水资源相对短缺的矛盾。将我国内陆核电厂布局在长江流域以及其他水资源丰富的地区，并因地制宜，采用降低核电厂的用水量和耗水量的水冷却方案（如二次循环冷却、空冷和中水再利用等），完全可以满足核电厂各种用水的保证率要求，消除与其他用户的用水矛盾。需要说明的是，有关部门所担心的上游工业事故造成水污染的问题，是不会对核电厂冷却用水造成威胁的。

有很多方案可以用来降低核电厂的用水量和耗水量[24]。其一是使用干式冷却和干法净化技术；其二是寻找新型的方法使水在核电厂内部循环利用；其三则是寻找更多的水源，包括城市生活污水、农业径流、含盐地下水或者海水。此外，还有其他的方案。

冷却方案（空气冷却、混合冷却以及闭式循环水冷）：例如，美国电力研究院（EPRI）发起了一个合作项目，旨在评价各种冷却技术（现有的及新开发的）在水利用方面的效果；水源（去离子水和回收利用水）：例如，美国卡耐基梅隆大学和匹兹堡大学正主导研究一个美国能源部的项目，旨在利用二级处理后的城市污水作为热电厂补充冷却水。

通过冷却系统和水管理方案的合理设计，能显著减少水消耗，同时能带来环境和运营上的利益。美国帕洛贝尔德（Palo Verde）核电厂位于沙漠，它使用来自凤凰城（Phoenix）区域城市污水处理设施的再生水，同时使用闭式循环冷却，从而避免了像其他核电厂那样大的取水流量。在这方面，美国阿贡国家实验室（ANL）于 2007 年发表了一份研究报告，回顾了再生水的利用，以下内容摘自其介绍部分[25]：

“全球淡水需求正稳步增长。随着人口的增长，家庭用水（饮用、烹饪、清洁等等）及能源、食物生产用水的需求也越来越大。在美国的干旱地区，现有淡水供应已不能满足日益增长的用水需求，新的用水需求往往不得不通过替代水源来满足。在过去的一些年里，美国很多地区包括很多非传统的缺水地区（比如乔治亚州、马里兰州、马萨诸塞州、纽约州和北卡莱罗纳州）的公共设施都需要重新评估冷却用水的可获得性，而该趋势将随时间推移越发明显。其他趋势也可能会加大淡水供应的压力，比如，人口的增长会加大对食物的需求，进而可能会增加农业部门对水的需求。另一个例子是近期人们对制造生物燃料的兴趣渐浓，为此需要种植更多作物以作为生物燃料的原材料，而种植更多作物以及将原材料制造成生物燃料都需要额外的水。本报告提供了一种丰富水资源的相关信息，即重复利用处理后的城市污水（也称作“再生水”），将其作为发电设备的冷却水和工艺用水。本报告受美国能源部国家能源技术实验室在役电厂创新研究项目资助，该项目在 2003 年发起了一项能源用水的研究，包括电厂里“非传统来源水”的可用性和使用状况。本报告创新地给出了再生水用于电厂冷却的信息，特别是第二章中所述的再生水用户设备的数据库。该数据库是首个识别并编录使用再生水作为冷却水的电厂的综合性国家成果。”

美国阿贡国家实验室（ANL）的研究报告指出，截至报告日期，用于电厂工艺/冷却的再生水约为 195 百万美制加仑/天（MGD），（即 7.39 亿 L/d）。其中最大的用户（55 MGD 即 208 000 m^3/d）是位于美国亚利桑那州的帕洛贝尔德（Palo Verde）核电厂。Palo Verde 核电厂从凤凰城（Phoenix）第 91 废水处理设施获得所有冷却和生产用水，这些水通过一个长 60 km、重力流和泵管结合的系统进行传输。电厂利用反渗透获得饮用水，利用混合床除盐装置生产电厂工艺用水。冷却塔排污水泵至蒸发沉淀池，固体废物就地填埋。Palo Verde 核电厂零排放运行。Palo Verde 核电厂冷却和生产用水的运输系统如图 10 所示[24]。

美国阿贡国家实验室（ANL）的结论如下：

“再生水是一种有着许多潜在应用价值的水源。当电力工业新建或扩建电厂时，必须确定是否有充足的供水用于蒸汽冷却，而再生水能有助于满足这一需求。目前约有 50 座电厂使用再生水冷却，其中的几个还将再生水用于空气污染控制设备，如湿式除尘器。随着更多的电厂添加湿式除尘器，额外的水需求也将会增多。”

而在发展中国家，选择再生水来降低水消耗量的方案很可能行不通。因为要得到大量的再生水源需要完善的城市污水处理基础设施，而美国的经验表明，建立这些设施的优先级通常低于发展工业和现代生活设施。

核电厂的取水主要用于实现汽轮机冷凝系统的冷却功能，故与反应堆的堆型无关。高的利用系数能显著降低冷却水的需求量。开式循环冷却的取水量最大，此时冷却水流量通常达到了总用水流量的 95%以上。在闭式循环冷却中，使用冷却塔减少了因蒸发和排污造

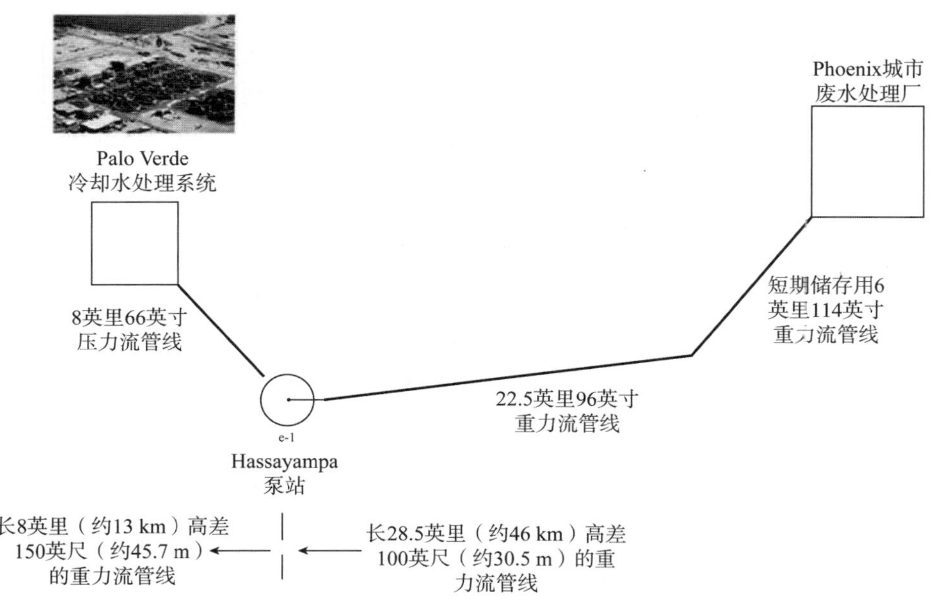

图 10　帕洛贝尔德（Palo Verde）核电厂冷却和生产用水的运输系统

成的取水量损失，但增加了投资成本。

电厂服务和运行需要工业用水和饮用水。在开式循环中，这部分水的用量小于冷却水取用量的 1%。而采用湿式冷却塔时，这部分水的用量约占冷却水取用量的 5%。考虑到核电厂的寿期（30～60 a），建造、调试和退役阶段中的耗水量可以忽略，但这些阶段的用水量超过了正常运行阶段的工业用水和饮用水量。

随着全球干旱地区人口的增长及人们对环境影响重视的增加，更为高效节水的水冷技术成为时代的迫切需求。至 20 世纪后期，传统电厂的冷却技术通常是一次直流冷却。与其他技术相比，该技术的运行效率较高，建造和运营成本较低。但随着可用冷却水的不断减少，受管理或自然条件的限制，冷却技术的发展趋势已向干式冷却塔转变。

在美国内陆核电厂的环境影响评估中，“用水矛盾”（Water Use Conflicts）是需要重点评估的问题之一。NRC 评估给出核电厂正常运行放射性流出物排放的环境辐射影响属于有共性的小影响，而“用水矛盾”是 22 个需要针对具体电厂和厂址设计进行评估的环境问题之一[26]。

对于采用直流循环冷却系统的核电厂，“用水矛盾”的问题属于小影响的环境问题，因为核电厂的排水量与取水量是基本相同的。采用二次循环冷却的核电厂，由于冷却塔的蒸发、飘滴，会损失一部分水量，而由此带来的用水矛盾影响是评估的重点；对于采用冷却池和冷却塔的电厂，该问题一直受到关注。而在某些情况下，对这些电厂取水河段和河岸生态群落的影响可能达到“中等”的程度。

美国联邦法规 10CFR51.53（c）（3）（ⅱ）（A）中规定，“如果核电厂执照申请者采用冷却塔或冷却池，而且从流量小于 3.15×10^{12} ft^3/a（900 亿 m^3/a，约 2 854 m^3/s）的河流中抽取补给水，则必须评价核电厂运行对于河流流量及其河道和河岸生态群落的影响，同时，还必须评价核电厂运行对于河流低流量期间取水对冲积含水层的影响”。

NRC关于核电厂“用水矛盾”评估的基本考虑是：根据《清洁水法》，要求通过取水滤网的流速为0.2 m/s，抽取量小于取水水源年平均流量的5%。

在《美国内陆核电厂水环境影响的评估》中，统计了10个采用二次循环冷却系统的美国内陆核电厂的取水量、水消耗量（蒸发、飘滴）、河流流量（或湖泊下泄流量）的多年平均值和7Q10（或记录最小值），得出的结论是，这些电厂的水消耗量与所在河流的多年平均流量（或湖泊下泄流量）相比，只占很小的份额（最大仅为1.5%）。与7Q10（10年一遇连续7日低流量）或其他不利条件下（记录到的最小流量或规定控制的最小流量）相比，也只占一个较小的份额（最大仅占12.4%）[27]。

根据国外经验，保持核电厂取水量低于河流径流量的10%是可以接受的，当前，我国内陆核电厂均能满足此项要求。

4.3 内陆核电厂址的大气弥散因子满足法规要求

厂址的气象参数对于评价假想事故情况下气载放射性物质释放后的扩散是非常重要的，大气弥散条件也是核电环境影响评估的重要指标之一。我国部分内陆核电厂址具有年平均风速较小而静风频率相对较高的特点，拟议中的17个内陆核电厂址，有11个厂址的年平均风速低于2 m/s，14个厂址的年静风（风速小于0.5 m/s）频率高达10%～30%[9]。因此，小风（风速小于2 m/s）条件下的大气弥散成为内陆厂址需要关注的问题之一。

无论沿海厂址还是内陆厂址，考察大气弥散的条件，主要是确定厂址的长期大气弥散因子和短期大气弥散因子。前者用于正常运行的剂量评估，后者用于事故剂量的评估。评估结果将与相应的剂量接受准则进行比较，以恰当评价关键居民组的年辐射剂量，以及合理设置厂址的非居住区，评价其是否满足法规要求。

对于长期浓度（如年平均浓度）的评价，烟羽的横风向散布通常是不重要的，其结果取决于横风向的积分浓度，可能对结果不产生任何明显的变化。然而，低风速出现的频率可能是相对重要的。此时，最好采用大量的代表性天气类别，以保证能够包括低风速的情况。但应当指出，对烟羽所能到达距离以外更远地方的浓度，不能使用低风速模式来预测，即需要考虑低风速条件的持续性[28]。

低风速条件常伴随着强稳定大气状态，而静风条件（空气近乎不流动）常相应于高的非稳态和非均匀的扩散状态。在进行核电厂安全分析报告审查时，经常需要考虑在典型的和最坏的天气条件下流出物的弥散，此时，评价低风速条件下的弥散更重要。

事实上，一方面，强稳定和空气不流动（接近静风）的情况，使得低层大气扩散能力变弱；另一方面，风向的大角度摆动，使得气载污染物可在更大角度范围内扩展。美国爱达荷国立实验室进行的小静风条件下的三次大气示踪试验，包括了从强稳定到弱稳定、从低风速到静风的大气条件，出现了不同宽度的烟羽扩展，在下风向200 m弧线宽度，风摆角度分别为48、138和360度[29-30]。

1983年，美国核管会对其管理导则《用于核电厂潜在事故后果评价的大气弥散模式》（RG 1.145，1983）进行了修订，尽管基本评价模式保持不变，但已经意识到大气弥散的估算是极其保守的（特别是小风和建筑物尾流条件下），允许申请者采用不同的替代方法。1994 年，应美国核管会工作人员的要求，美国太平洋西北实验室为验证一种新的计算方法，组织了独立的同行评议小组对大气弥散模式进行了评估，并提出如下建议[31]：

（1）建筑物尾流产生的湍流增量，按照可接受的理论和物理推论，应假定正比于风速。

（2）应当在模式中明确地反映低风速条件下的风摆影响，其处理方法应与建筑物尾流分开。

（3）当释放来自一个建筑物并且接受点位于或邻近该建筑物时，应当考虑不同于直线高斯烟羽模式的确定浓度的方法。

（4）在提出变更模式之前，应将现有资料数据进行分组，每组为一个数据子集，采用适当的子集进行评估。

为响应同行评议小组的建议，美国太平洋西北实验室提出了一种修订模式，并利用在 7 个反应堆厂址采集的 2 个数据子集（测量点位于离开源 8～1 200 m 的范围，作为小风研究的数据有 379 组，作为建筑物尾流研究的数据有 265 组）将修订后的模式与目前美国核管会采用的模式以及两种非直线高斯烟羽模式（WILSON-CHUI MODEL 和 WILSON-LAMB MODEL）进行了比较（见表 4）。评估的结论是[31]：在释放点邻近的接受点，该修订模式浓度预测与最大浓度预测模式性能类似，表明修订模式可用于控制室可居留性评价，即使在建筑物附近浓度分布可能不是高斯分布；对于评价设计基准事故的后果，该修订模式也被认为适合于近场的弥散计算。

表 4　修订模式与 NRC 现行模式比较的统计结果[31]

统计指标	修订模式	Murphy-Campe 模式	RG. 1.145 模式
预测浓度与测量浓度的中值之比	1.510	2.935	4.451
几何均值之比	1.417	3.263	4.546
几何标准差之比	0.757	1.075	0.944
最小值之比	0.010	0.034	0.095
最大值之比	166	4 100	2 050
预测浓度在测量值的 2 倍范围内	27.4%	16.6%	15.6%
预测浓度在测量值的 4 倍范围内	53.8%	33.2%	39.8%
预测浓度在测量值的 10 倍范围内	84.2%	59.1%	61.7%
变异系数	49.3%	30.6%	33.8%

从审管部门对放射性后果评价模式的见解，以及同行评议的结果均表明，在小风条件下，风摆效应是重要的。对于年平均大气扩散因子，由于结果取决于横风向积分浓度，烟羽的横向散布通常是不重要的，可能对评价结果不产生任何明显的变化；对于短期大气弥

散因子的估算，尽管有试验证实当风速不超过 1 m/s 时，模式高估在 1 个数量级以上，然而，为保持现有导则的连续性和安全审查的适当保守性，在没有提出其他可以接受的方法前，工程应用中对风摆和建筑物尾流影响进行修正是最实用的方法，而且获取高质量的气象资料是最重要的，应用中最好采用大量的代表性天气类别，以反映厂址低风速条件下的大气扩散特征。

综上所述，厂址的气象极端条件不是确定厂址合适与否的关键条件，因为安全相关的结构、系统和部件可以设计得足以经受极端气象条件的挑战。在评价一些拟选厂址的时候，需要考虑山谷、湖泊、海岸等对大气扩散影响的环境特征，这些地方的大气扩散特征相比一般区域可能会有不利于大气扩散的情况。在这种情况下，要求电站的设计包括足够的专设安全设施加以补偿，可能需要更苛刻的设计或制订更严格的目标。

已有的研究表明，无论是内陆厂址还是沿海厂址，在小风条件下，风摆效应是重要的。对于长期大气弥散，可能对评价结果不产生任何明显的变化；对于短期大气弥散，目前审管模式评价的结果是相当保守的。据此评估的内陆核电厂正常运行条件下的关键居民组的年辐射剂量，以及事故条件下的厂址非居住区边界的剂量，均能够满足法规要求。

5　内陆核电厂正常运行状态的环境影响是可接受的

联合国原子辐射影响科学委员会（UNSCEAR）给出了全球各种类型反应堆核电厂放射性核素归一化释放量的长期趋势图（如图 11 所示），时间范围是“1970 年以前”至 1994 年，每 5 年一个时间周期，以及 1995—1997 年之间的 3 年作为一个周期，分别给出平均值。除了气溶胶大气释放以外，所有其他种类的放射性释放的归一化释放量不是保持不变就是略有降低；气溶胶向大气的排放量的增加只是反映了特定反应堆的运行结果，并不是所有核电厂特定的特征[32]。图 12 反映了同时期集体有效剂量变化趋势，其中，假定局地（1～50 km）人口密度为 400 人/km^2，区域（50～2 000 km）人口密度为 20 人/km^2。近年来，^{131}I 产生的集体剂量不断下降，^{3}H、^{14}C 和气溶胶产生的集体剂量在 1990—1994 年是上升的。总的来说，尽管发电量不断增加，但总集体剂量保持相对稳定[32]。

核电厂流出物释放资料的分析表明[33]，现代核电厂流出物释放主要是长寿命放射性核素^{3}H、^{14}C 和^{85}Kr，它们可在环境中被探测到。对公众所致的非常低的剂量中，^{14}C 释放所致的剂量是主要的。目前没有适合于减少^{3}H 和^{14}C 释放的消减技术，也没有^{85}Kr 的末端（end-of-pipe）消减技术，然而，放射性惰性气体可以包容在核燃料元件中，通过适当的燃料管理策略使得释放最优化。对于气冷堆，^{14}C 是集体剂量的主要贡献核素，而不是关键人群组剂量的主要贡献者。

活化和裂变产物主要被浓集和包容，只有很低的活度经气态和液态途径释放。通常，这些核素不能在核电厂周围的环境样品中被检出。基于模式计算，这些释放造成的剂量非常小。对于气冷堆，目的是将裂变产物包容在燃料中。反应堆气体回路具有敏感的燃料破损探测设备，任何破损燃料很快被去除。因此，除了经三分裂（ternary fission）产生的氚透过燃料包覆层的扩散，反应堆气体回路的裂变产物污染水平保持在一个非常低的水平。

为防止裂变产物从破损燃料泄漏到燃料冷却池，以及在泄漏发生后清洁冷却池，已经

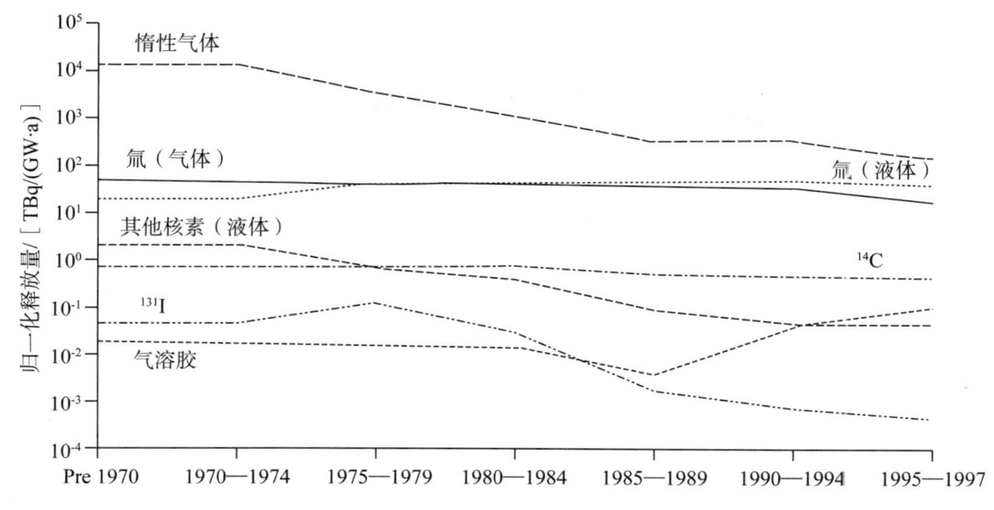

图 11　核电厂放射性核素释放的趋势

（假设 1970—1974 年期间的数据适用于 1970 年以前）

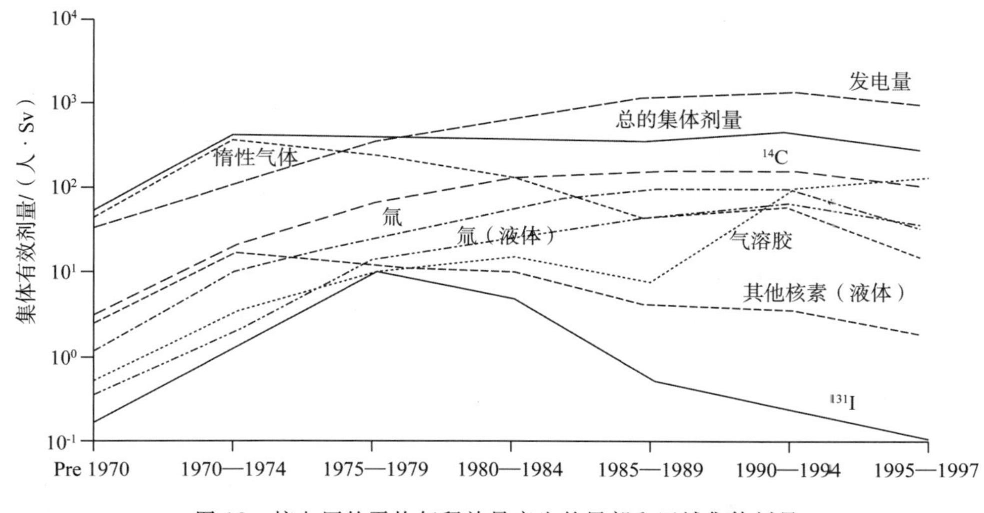

图 12　核电厂的平均年释放量产生的局部和区域集体剂量

（发电量也利用纵坐标表示，单位是 GW·a）

采取了各种各样的措施。尽管如此，液态流出物仍然存在裂变产物，尤其是镁诺克斯（Magnox）型元件的电站，应关注的主要放射性核素是^{137}Cs。因为对公众剂量的贡献主要来自液态流出物的释放，镁诺克斯型元件电站的冷却池中^{137}Cs 浓度必须满足特定的限值。

核电厂产生的^{14}C 也未经处理经气态和液态排放而最终进入环境。在环境样品中可以发现较低的^{14}C 浓度，包括天然产生的^{14}C 的贡献。由于其他放射性流出物释放的减少，核电厂^{14}C 的排放构成总集体剂量的主要份额。

我国运行核电厂流出物归一化排放量见表 5[34]。压水堆核电厂的放射性流出物归一化排放量占国家管理限值的一个小份额，其中平均液态氚的归一化排放量最大，也仅为管理限值的 58%。结果表明，我国核电厂的放射性流出物排放得到了有效的管理和控制。

表 5 我国压水堆核电厂流出物归一化排放量与管理限值比较

数值来源	流出物归一化排放量/（GBq・GW^{-1}・a^{-1}）					
	氚（液体）	除氚核素（液体）	氚（气体）	惰性气体（气体）	碘（气体）	其他粒子（气体）
秦山核电厂（1992—2005）	1.06×10^4	2.79	3.02×10^3	5.03×10^3	5.97×10^{-1}	7.00×10^{-2}
大亚湾核电厂（1992—2005）	2.32×10^4	8.10	4.65×10^2	9.28×10^3	8.00×10^{-2}	8.96×10^{-3}
泰山第二核电厂（2002—2005）	6.62×10^4	3.86	1.82×10^2	4.61×10^2	2.31×10^{-2}	4.32×10^{-3}
岭澳核电厂（2002—2005）	2.30×10^4	2.96×10^{-1}	1.68×10^2	6.79×10^2	3.65×10^{-3}	1.85×10^{-3}
平均值（1992—2005）	2.03×10^4	5.73	6.30×10^2	6.30×10^3	1.10×10^{-1}	1.31×10^{-2}
我国管理限值（GB 13695—92）	3.50×10^4	4.50×10^2	1.50×10^4	1.00×10^6	15.00	4.5
	（57.95%）	（1.27%）	（4.20%）	（0.63%）	（0.74%）	（0.29%）

注：括号内数据为平均值与管理限值的比值。

中国大陆核电厂运行，压水堆核电厂运行所致的集体有效剂量为 1.56×10^{-2} 人・Sv/（GW・a），重水堆核电厂运行所致的集体有效剂量为 1.84×10^{-1} 人・Sv/（GW・a），总的归一化集体有效剂量为 0.2 人・Sv/（GW・a），约为 UNSCEAR 2000 年报告的所有反应堆归一化集体有效剂量［0.43 人・Sv/（GW・a)］的 46.5%。

秦山核电基地放射性流出物年平均释放所致公众（成人）的个人有效剂量为 1.69 μSv，几乎全部来自重水堆机组释放的剂量，约为 UNSCEAR2000 年报告的典型场址重水堆年平均个人有效剂量（10 μSv）的 16%；大亚湾核电基地放射性流出物年平均释放所致公众（成人）的个人有效剂量为 1.4 μSv，约为 UNSCEAR 2000 年报告的典型场址压水堆年平均个人有效剂量（5 μSv）的 28.0%[30]。

国内外压水堆核电厂运行实践表明，核电厂流出物的放射性排放已经控制在很低的水平，对周围公众产生的照射低于天然辐射照射所致公众剂量的百分之一。实际上，核电厂排放的放射性所产生的辐射剂量也远低于燃煤电厂排放的天然放射性物质所产生的辐射剂量。内陆核电厂运行放射性液态流出物对接纳水体实际造成的累积影响极小，是完全可以接受的。

我国核电厂流出物环境排放控制标准比其他国家更严格，而且我国内陆核电厂液态流出物排放的放射性浓度控制水平比我国沿海核电厂还严格 10 倍，现有核电工程技术实际上可以达到更高的水准，可以确保达到接纳水体相应环境质量标准。

对于核电厂放射性排放问题，学术界提出了“近零排放”的概念。所谓“近零排放”，顾名思义为“废弃物近乎为零”，是指无限地减少污染物（或废物排放）到几乎为零的活动。“近零排放”对于常规工业的废水的排放，包含两层意思：要么废水的排放总量近乎为零；要么废水中的污染物的排放总量近乎为零。

基于目前的实践，对于内陆核电厂液态流出物排放实现“近零排放”是完全有可能的。

6 事故工况下，内陆核电厂放射性污染是可控的

纵深防御理念的发展和应用，确保核电厂发生严重事故的概率极低。根据我国《核安全与放射性污染防治“十二五”规划及2020年远景目标》，新建机组每堆年发生大量放射性物质释放事件的概率将进一步降低至百万分之一以下[35]。

尽管核电厂发生严重事故的可能性极其微小，但对于核电厂严重事故的预防和缓解，各核电国家始终给予高度重视。在三哩岛核事故和前苏联切尔诺贝利核事故后，我国核电厂通过安全改进，不断提高安全水平，特别是福岛核事故后，在新建核电厂设计安全要求中，更加强调预防和缓解并重，以及“实际消除”所有可能导致早期或大量放射性物质释放的事故序列。

美国对核电厂严重事故的环境影响分析中考虑了气态途径的评估、地表水途径的评估、地下水途径的评估等方面，得到的结论是：对于所有核电厂厂址，严重事故造成的大气释放、在大水体上的沉降、向地下水释放的概率加权辐射后果是很小的[27]。

有关福岛事故的放射性释放源项的估计仍然具有不确定性，随着时间推移，释放的源项估算会越来越准确。大气释放的^{131}I大约为100～500 PBq，^{137}Cs大概在6～20 PBq。释放进入环境的^{134}Cs总量要小于^{137}Cs。与切尔诺贝利核事故的条件不同，福岛核事故同样有大量的海洋排放，^{131}I和^{137}Cs分别占总排放的10%和50%。此类排放仍然在继续。排放总量大概是切尔诺贝利核事故排放的1/10。该数据会随后续的海洋排放数据而增加[36]。

除了在日本完成的研究，世界卫生组织（WHO）和联合国原子辐射影响科学委员会（UNSCEAR）已对福岛事故可能的健康后果进行了国际评估。公众接受剂量的估算有较好的一致性，平均个人有效剂量典型值为1 mSv以下，最大约为25 mSv。福岛事故后的三年，没有因为事故辐射照射产生的直接死亡。由于辐射防护基于线性无阈模型，任何辐射照射，不管多小，都被认为具有一定程度的风险。因此，已有的模型认为在受照人群中晚期效应的风险会增加（比如癌症）。由于流行病的研究为说明晚期效应增加的事件受到人群样本大小和有效治疗的限制，居民和工作人员接受的辐射剂量似乎很小，以至于难以探测到直接与辐射照射有关的晚期效应的任何增加[36]。

对于没有直接的可识别的健康效应，在日本已经开始观察心理影响和健康状态，比如抑郁和创伤后压力。切尔诺贝利事故之后，事实是对心理的影响大于对辐射后果的影响。虽然没有直接的健康影响可被识别，在心理和社会福祉方面的影响，如抑郁症和创伤后应激反应，已在日本人群中观察到了。事实上，在切尔诺贝利事故后，也观察到了心理影响可能大于直接的放射性后果[36]。

总的来说，福岛核事故引起的经济损失是巨大的，对社会和环境产生的影响是不可接受的，但对人和非人类物种的辐射影响是有限的。

福岛核事故过程中有一定数量的高放射性污水泄漏入海，因此，在对内陆核电厂的质疑声中，较多的关注点集中在内陆核电厂建设和运行是否能确保水资源安全。

在核电厂严重事故工况下，尽管放射性污水泄漏进入水体的概率极低，但从纵深防御考虑仍然需要制定确保水资源安全的应急预案。对于可能产生的放射性污水，在核电厂安

全相关厂房实现“贮存”，并通过配置事故放射性污水应急处理装置，实现去污“处理”；对于可能泄漏的放射性污水，用阻水剂或其他快速凝固材料，实现“封堵”；对于可能进入外部水体的污水，通过设置防护段或屏障，实现与外部水体的“实体隔离”。对极端情况下可能产生或泄漏的放射性污水，实现“可贮存、可封堵、可处理和可实体隔离”，使得环境风险可控[9]。

面对来自公众的担忧，核工业界提出，内陆核电厂要有“兜底方案”。考虑的问题是将安全壳内放射性废液的处理，要按照“可存贮”“可封堵”“可处理”和“可隔离”的四项原则加以考虑，保障水资源的安全。

7 结论

目前我国运行和在建核电厂都属于沿海厂址。考虑到大规模发展核电的需要以及内陆省份的能源需求和环境保护要求，在内陆建设核电厂势在必行。除了日本、韩国、英国等岛国或半岛国外，美国、法国、俄罗斯、德国等主要核能国家大多数的核电厂位于内陆，总数上看内陆核电厂也多于沿海核电厂。

但是由于种种因素，目前我国部分公众、专家学者和政府工作人员对内陆核电厂仍存有较深疑虑，福岛核事故后，这些疑虑得以强化。

因此，推进内陆核电建设，在技术上需要进一步降低放射性流出物的排放水平，研究正常运行情况下“近零排放”措施以及事故情况下有效缓解措施。与此同时，应进一步开展水系中现有放射性本底及人为活动导致排入水系中放射性活度浓度的调查。在管理上，需要强化部门间的协调、公众的沟通，并通过多种形式实现利益共享，促进核电厂周边地区的社会发展。

我国内陆核电厂选址严格按照法规要求开展，其外部设计基准事件的选取能够保证机组具备足够的抵御外部事件能力；由于我国核电建设采用了国际原子能机构推荐的最新安全标准，核电安全技术基本保持在世界先进水平；尽管内陆与沿海厂址的环境特征有所差异，但安全目标是完全一致的，而且环境保护的要求更高，内陆核电完全可以达到不低于沿海核电的安全水平，环境风险低于社会可接受水平。同时，由于核电厂邻近地区的人口密度较低和居住较分散，实施应急计划的可行性和有效性能够得到充分的保证，从此角度而言内陆核电反比沿海核电更具优势。此外，我国已有沿海核电厂应急准备积累的多年实践经验，完全有能力作好内陆核电厂的应急准备工作。

总之，我国具备发展内陆核电的条件。

课题组认为：

（1）内陆核电是否要发展的问题，归根到底还是核电要不要发展的问题。目前我国面临着在沿海地区发展核电抑或是在内陆地区发展核电的争论，反对内陆发展核电的意见也很强烈。如果出于对安全的担心而不发展内陆核电，同样也难以有充足的理由来发展沿海核电。如果核电的安全性能够被接受，那么就没有理由排除在符合要求的内陆厂址发展核电的机会。内陆核电发展与沿海核电发展是统一于核电发展这一命题之下的不可分割的部分。

（2）核电厂的布局主要决定因素为电力需求和电源布局要求，在沿海和内陆地区都具备一些符合核电厂建造、运行要求的厂址，在外国如此，在中国也是如此。将核电厂建造在沿海，便成了沿海核电厂；将其建造在内陆，便成了内陆核电厂。

（3）沿海核电厂和内陆核电厂既有共性，也各有特性，其中，共性是主要方面，特性是次要方面。沿海核电厂与内陆核电厂的安全目标是完全相同的，其适用的法律和法规也是完全相同的，都要求其建造和运行活动不带来社会风险的明显增加，确保环境安全和公众健康。其不同之处主要在于核电厂设计、运行、环境监测等活动的关注点和侧重点略有区别。这种区别与其说是内陆和沿海的区别，不如说是具体厂址与厂址之间的差别。

（4）我国核电建设采用了国际原子能机构推荐的最新安全标准，新建核电的安全技术已处于世界先进水平，核电可以满足在内陆发展的各方面的严格的环境标准和安全要求，内陆核电的核安全是有保障的，环境风险是可控的。

（5）公众对内陆核电的担忧和疑虑，这是一个认识的问题，对某些问题的看法，往往在一定程度上带有较浓厚的感情色彩（如母亲河的提法，明显地带有感情的因素）。正确认识和看待内陆核电问题，需要科学理性地沟通，力求社会各界，尤其是决策者更加准确和客观地把握内陆核电问题的实质。首先，不要对其抱有不必要的恐惧心理，要认识到内陆核电可以通过仔细选择厂址、采取有效工程措施等手段确保其满足各类安全要求，避免对社会和环境带来不必要的风险；其次，也不要对内陆核电厂建设的安全问题掉以轻心，要认识到内陆核电厂面临着比沿海核电厂更为特殊的地理、环境和社会条件，必须审慎和认真地加以对待。同时，也应该考虑公众的感情和担忧等情绪因素，对存在的问题深入研究，做出稳妥决策。

目前，我国在内陆发展核电的条件已经成熟，为满足内陆省市对绿色能源日益增长的需求，改善内陆环境质量，特提出如下建议：

（1）内陆核电作为我国核电规划的重要组成部分，应尽快启动首批内陆核电项目。湖南桃花江、湖北咸宁和江西彭泽等内陆项目已经作了充分的前期准备和科学论证工作，可作为示范项目尽快启动，有利于内陆核电关键技术水平和环境风险防范能力的提升，有利于积累经验奠定后续内陆核电发展的基础，有利于增进公众和全社会对内陆核电发展的信心。

（2）对其他已具备条件的内陆核电项目，应尽早同意其开展前期准备工作，有利于稳妥推进内陆核电建设、优化内陆能源结构、保障国家能源安全，符合安全高效发展核电的方针。

（3）为安全高效发展核电，要继续坚持科学理性的核安全理念，并落实到政府部门的审批决策中。对于核电厂址位于省界附近的建设项目，应充分发挥中央政府的指导、规划和调控作用，做好核事故应急准备、信息公开和公众参与等工作。

（4）中央政府应加强组织协调，加快放射性固体废物处置场的建设。

参考文献

[1] 中国能源中长期发展战略研究项目组．中国能源中长期（2030、2050）发展战略研究：电力·油气·核能·环境卷．北京：科学出版社，2011.

[2] 国家电力规划研究中心．我国中长期发电能力及电力需求发展预测．http：//www.cnenergy.org/yw/gc/201302/t20130220_176844.html.

[3] 中华人民共和国国务院新闻办公室．中国的能源政策（2012）．http：//www.gov.cn/jrzg/2012-10/24/content_2250377.htm.

[4] INTERNATIONAL ATOMIC ENERGY AGENCY. ENERGY，ELECTRICITY AND NUCLEAR POWER ESTIMATES FOR THE PERIOD UP TO 2050. IAEA-RDS-1/33，2013.

[5] 国家核安全局．核电厂选址安全规定．HAF101. 北京：国家核安全局，1991.

[6] IAEA. Site Evaluation for Nuclear Installations. Safety RequirementsSeries No. NS-R-3，2003.

[7] USNRC. General Site Suitability Criteria For Nuclear Power Stations. Regulatory Guide 4.7 Rev. 2，1998.

[8] ANS PI Committee. The History of Nuclear Power Plant Safety. http：//users.owt.com/smsrpm/nksafe/

[9] 中国核能行业协会．内陆核电厂环境影响的评估．2013.

[10] BUTLER D. Nuclear safety chief calls for reform [J]. Nature，2011，472：274-275.

[11] Nuclear Emergency Response Headquarters Government of Japan. The accident at TEPCO' s Fukushima Nuclear Power Stations：report of Japanese Government to the IAEA Ministerial Conference on Nuclear Safety [R]. 2011.

[12] The Daily Beast：Most Vulnerable U.S. Nuclear Plants [EB/OL]. [2011-03-15]. http：//www.thedailybeast.com/articles/2011/03/16/nuclear-power-plants-ranking-americas-most-vulnerable.html.

[13] 杨端节，李冰，陈晓秋，熊小伟．浅析核电厂周围人口分布的现状．中国人口·资源与环境（专刊），2013，23（11）：230-233.

[14] DEDMAN B. Nuclear neighbors：population risesnear US reactors [R]. [2011-04-14]. http：//www.nbcnews.com/id/42555888/.

[15] 常向东．对福岛核事故的认识与思考．环境保护部核与辐射安全中心“核新论坛”，2012.

[16] 周如明．美国库珀和卡尔洪堡核电厂被洪水围困．[2011-07-06]．http：//www.china-nea.cn/html/2011-07/19364.html.

[17] 中国地理课程网．中国年降水量分布图．http：//geo.cersp.com/sJxzy/sc/200708/3002.html.

[18] 中华人民共和国建设部．防洪标准，GB 50201—94.

[19] 国家核安全局．滨河核电厂厂址设计基准洪水的确定．HAF 101/08. 北京：国家核安全局，1989.

[20] 电力工业部．核电厂水文气象规定（试行）．电计［1996］655 号．

[21] 张爱玲．我国内陆核电厂防洪影响评估及防洪设计方案．2013.

[22] 中国天气网．全球气候变化危及核电厂安全．[2011-05-30]．http：//www.weather.com.cn/qinghai/tqzx/05/1345535.shtml.

[23] Frauke Urban and Tom Mitchell. Climate change，disasters and electricity generation. Strengthening Climate Resilience Discussion Paper 8，website：www.csdrm.org，2011.

[24] IAEA. EFFICIENT WATER MANAGEMENTIN WATER COOLED REACTORS. IAEA NUCLEAR ENERGY SERIES No. NP-T-2.6，2012.

[25] ARGONNE NATIONAL LABORATORY. Use of reclaimed water for power plant cooling. US Department of Energy. Washington DC，2007.

[26] US NRC. Final Supplemental Environmental Impact Statement for Combined Licenses（COLs）for Vogtle Electric Generating Plant Units 3 and 4. NUREG-1947，Final Report，March 2011.

[27] 中国核能行业协会．美国内陆核电厂水环境影响的评估．2013.

[28] Atmospheric Dispersion Modelling Liaison Committee. Annual Report 1996-97, Annex A: Atmospheric Dispersion at Low Wind Speed. NRPB- R302, 1999.

[29] Anfossi D, Brusasca G, Tinarelli G. Simulation of atmospheric diffusion in low windspeed meandering conditions by a Monte Carlo dispersion model. Il NuovoCimento C, 1990, 13 (6) .

[30] Brusasca G, Tinarelli G, Anfossi D. Particle model simulation of diffusion in low wind speed stable conditions. Atmospheric Environment, 1992, 26A (4): 707-723.

[31] Pacific Northwest Laboratory. Atmospheric Dispersion Estimates in the Vicinity of Buildings. PNL-10286, 1995.

[32] United Nations. Sources and Effects of Ionizing Radiation. Volume I: Sources, Scientific Annexes C. UNSCEAR, 2000 Report to the General Assembly, with scientific annexes. United Nations, New York, 2000.

[33] NEA/OECD. Effluent Release Options fromNuclear Installations. OECD 2003.

[34] 陈晓秋，杨端节，焦志娟．中国大陆核电厂放射性流出物释放所致的公众剂量．辐射防护通讯，2011，31 (3)：1-6.

[35] 环境保护部（国家核安全局），国家发展改革委，财政部，国家能源局，国防科技工业局．核安全与放射性污染防治“十二五”规划及 2020 年远景目标 . 2012.

[36] IAEA. INTERNATIONAL EXPERTS MEETING “RADIATION PROTECTION AFTER THE FUKUSHIMA DAIICHI ACCIDENT: PROMOTING CONFIDENCE AND UNDERSTANDING” CHAIRPERSON’ S SUMMARY. IEM6, 2013.

（**执笔人**：陈晓秋、殷德健、张爱玲、周如明；
审稿人：扈黎光、潘自强、常向东）

第三篇
内陆核电厂建设中的
水安全问题研究

目　　录

1　内陆核电厂建设中的水安全问题

日本福岛核事故后，我国对待核电安全和发展更加谨慎，在对运行和在建核电机组进行综合安全检查的基础上，国务院常务会议经过两次讨论，于 2012 年 10 月，通过了《核安全与放射性污染防治“十二五”规划及 2020 年远景目标》和《核电中长期发展规划（2011－2020 年）》，会议对当前和今后一个时期的核电建设作出了部署：第一，稳妥恢复正常建设。合理把握建设节奏，稳步有序推进。第二，科学布局核电项目。“十二五”时期只在沿海安排少数经过充分论证的核电项目厂址，不安排内陆核电项目。第三，提高准入门槛。按照全球最高安全要求新建核电项目。新建核电机组必须符合三代核电安全标准。

安全是核电的生命线。发展核电，必须按照确保环境安全、公众健康和社会和谐的总体要求，把安全第一的方针落实到核电规划、建设、运行、退役全过程及所有相关产业。

核电建设和运行过程中，对水资源需求大，所以核电厂一般布置在滨海、滨河、滨湖（库）等水资源丰富的区域。尤其是我国内陆核电，大部分厂址将依托的河流水系还承担着重要的饮用、灌溉和养殖等功能。因此，我国发展内陆核电必须重视水安全问题。

水资源是基础自然资源，是生态环境的控制性因素之一，同时又是战略性经济资源，是一个国家综合国力的有机组成部分。目前我国的水资源主要表现为以下几个特点：①总量丰富，但人均占有量低；②年内年际分配不匀，旱涝灾害频繁，水资源供需矛盾突出；③地区分布不均，水土资源不相匹配；④水污染严重。尤其随着近年来经济社会高速发展，我国水资源状况急剧恶化，出现河流流量明显变小、干旱持续加剧、水污染事件频发、地下水超采严重等现象。针对当前我国水资源安全面临的严峻形势，国家高度重视水资源安全问题。2011 年中央一号文件中将水利工作作为重点，出台了《中共中央国务院关于加快水利改革发展的决定》（中发［2011］1 号），首次明确提出我国将实行最严格的水资源管理制度，确立水资源管理的“三条红线”和“四项制度”。为落实 2011 年中央一号文件，随后国务院又相继出台了《国务院关于实行最严格水资源管理制度的意见》（国发［2012］3 号）和《实行最严格水资源管理制度考核办法》（国办发［2013］2 号），充分显示我国实施最严格水资源管理制度的坚定决心。

能源与水资源均是国家重要战略资源，两者的协调发展对于我国来说具有重大的意义。对内陆核电发展中相关的水安全问题进行研究和探索，有助于协调核电发展与水资源安全保障之间的矛盾，促进两者共同发展。

1.1　内陆核电厂发展概况

1.1.1　国外内陆核电厂发展概况

1.1.1.1　概述

由于化石燃料的供应和价格经常受到国际政治外交和军事冲突的影响，20 世纪 60—70 年代，欧洲、美洲、苏联等地区及国家为渡过“能源危机”，开始大规模发展核电厂。

自 1954 年苏联建成世界上第一座实验性核电厂以来，世界核电已取得了长足发展。

此后经过60年的发展，核能已占世界总能耗的16%。如图1所示（核能行业协会2013年发布的最新数据），世界核电主要分布在北美（美国、加拿大）、欧洲（法国、英国、俄罗斯、德国）和东亚（日本、韩国），这8个国家的核电机组数量占全世界总和的74%，其装机容量占全世界总和的79.5%。核电装机容量排名前三位的国家分别是美国、法国和日本，他们的核电机组之和占全世界的49.4%，装机容量占56.9%[1]。

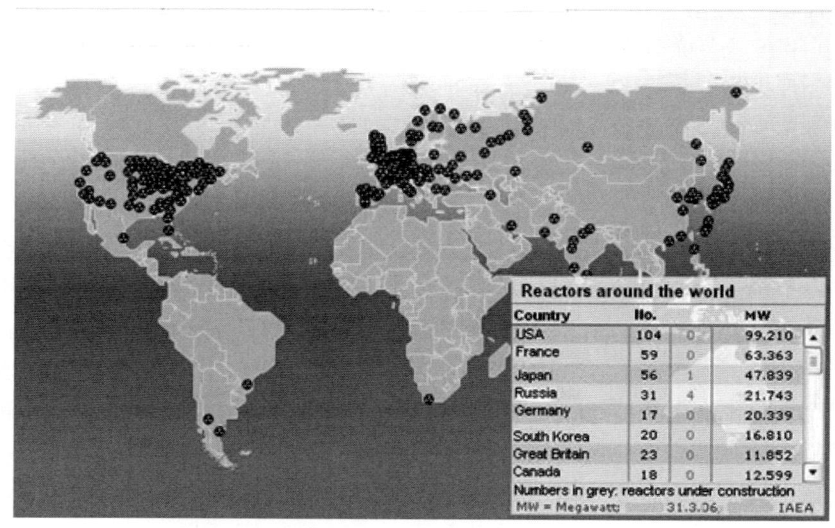

图1　世界核电厂分布图

（来源：国际原子能机构）

国际原子能机构将核电厂厂址分为滨海、滨河和滨湖三类，滨河和滨湖厂址以内陆核电厂厂址为主。根据核能行业协会2013年发布的最新数据，世界范围内以及各主要国家内陆核电占比见表1。

表1　世界主要国家内陆核电厂占比（已运行机组）

国家	内陆机组数量/台	核电机组总量/台	内陆核电占比/%
全球	220	442	49.2
美国	64（38座核电厂）	104	61.5
法国	40	58	69
加拿大	12	14	85.7
德国	14	17	82.4
俄罗斯	18	31	58.1
其他	72	218	33

世界上运行的442台核电机组中，内陆核电机组所占比例为49.2%，其中滨河核电机组占总运行机组的45.4%，滨湖核电机组占总运行机组的3.8%。表1中所列的几个发达国家内陆核电机组的比例都很高，如美国运行的内陆核电机组占全国核电机组的61.5%，法国运行的内陆核电机组占全国核电机组的69%，加拿大运行机组中内陆核电机组占

85.7%，德国运行机组中内陆核电机组占比 82.4%，俄罗斯运行机组中内陆核电机组占 58.1%。

内陆核电厂大都位于各国流量较大的主要河流或河流主要支流附近。如法国的卢瓦尔河、罗纳河，美国的密西西比河，欧洲的莱茵河、伏尔加河等都有一批内陆滨河核电厂。美国的密西西比河流域有 20 多座核电厂；法国主要河流沿岸均建有核电厂，最大河流罗纳河沿岸建有 4 座核电厂，共 14 台机组。在湖泊资源丰富的地区，滨湖核电厂也占有一定比例，如北美五大湖地区有 12 个厂址（其中美国 10 个，加拿大 2 个），俄罗斯有 3 座滨湖核电厂[2-3]。

1.1.1.2　国外内陆核电建设情况分析

从表 1 可以看出，美国、法国是内陆核电厂占比较大的两个国家，而且两个国家的核电工业无论数量还是技术都处于世界领先地位。下面主要以这两个国家为例，从以下几个方面对内陆核电建设情况进行分析。

（1）选址准则

法国核电厂选址准则[4]：一是技术经济准则，技术是指核电厂建设所要求的基本技术条件，如场地、取水、大件运输等；而经济主要指由于厂址条件造成的建设成本。二是安全准则，满足国家法律法规中的所有核安全要求。三是环境准则，满足国家法律法规对环境影响方面的要求。四是社会经济准则，要符合国家经济建设和社会生活方面的需求，同时应该得到社会公众的认同。

美国核管会（NRC）规定的核电厂选址一般准则：一是地质和抗震，要求厂址的地质条件满足一定抗震要求；二是大气条件，包括风速、风向、雨量、大气稳定性等要求；三是排他区域，要有足够大的排他区域用于建设核电厂；四是人口密度考虑，核电厂址一定范围内人口密度不能太高；五是突发事件应对，设计建造时要考虑突发事件，防止造成危害；六是安全计划，要有完备、量化的安全计划；七是水文地理条件，包括洪水情况、可利用水源、水质、裂变产物保存和运输等；八是工业、军事及运输设施，核电厂对周围的这类设施辐射不能超标；九是生态生物区保护，核电厂建设不能破坏生态环境；十是社会经济原则，有利于经济运行，有利于社会发展；十一是噪音，核电厂产生的噪音要符合一定标准。

从法国和美国 NRC 的选址准则中可知，它们都未特别强调滨海与内陆的区别，均未提及滨海和滨河、滨湖的区别，选址原则和相关法律条款在厂址选择上对内陆和滨海的基本要求具有一致性，对内陆厂址没有特殊的要求。

（2）建造次序

国外内陆核电厂早在 30 年前已开始建造，大多数内陆核电厂有 20 多年的运行历史，特别是有些内陆核电厂投入商业运行已 30 多年，其有良好的运行业绩，至今仍安全运行并获得延寿运行的许可。内陆核电厂选址可以因地制宜，滨湖、滨河一般均可满足对水源要求。

法国境内没有大的湖泊，因此多数核电厂建在河畔，包括一些流量较小的支流，法国的第一座核电厂于 1956 年建在罗纳河畔，属内陆地区。滨海核电厂均建设于 20 世纪 80 年代之后。

美国 20 世纪 60 年代建造的第一批核电厂大部分位于内陆地区，在 70 和 80 年代的核电建设高峰时期则既有内陆核电厂，又有滨海核电厂。

因此，从建造的先后次序来看，滨海与内陆核电厂并无明显区别。

（3）地理分布

1）法国

核电在法国发电总量中所占比例达到 82%，在耗电总量中所占比例达到 77%。图 2 直观地显示了法国所有核电厂的地理分布，在法国这样一个两面临海的国家，内陆滨河核电厂从数量上占了绝对多数，主要分布特征如下：

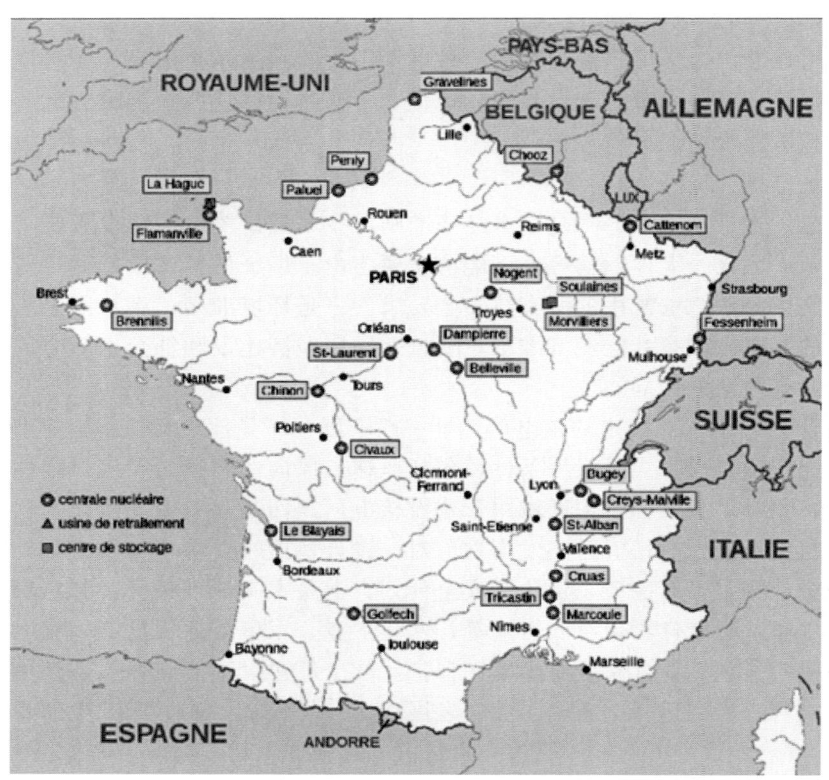

图 2 法国核电厂分布图

在法国 8 条主要河流的沿岸均建有核电厂，如流入地中海的罗纳河（Rhone），平均流量为 1 500 m^3/s，最小流量为 200 m^3/s，沿岸建有 4 座核电厂，共 14 台机组。这 4 座核电厂位于罗纳河约 180 km 长的河段上。其中，Bugey 核电厂至 Saint-Alban 核电厂距离为 59.4 km；Saint-Alban 核电厂至 Cruas 核电厂距离为 85.9 km；Cruas 核电厂至 Tricastin 核电厂距离为 33.5 km。

内陆核电厂排放口下游有公共饮用水源取水点，如流入大西洋的卢瓦尔河（LOIRE）是法国境内最长的河流，平均流量为 400 m^3/s，最小流量为 50 m^3/s，沿岸建有 4 座运行核电厂。其中，Chinon 核电厂下游约 20 km 处有一座约 4 000 人的城镇，将卢瓦河作为其唯一的饮用水源。

在跨国河流上建有核电厂，如默兹河（MEUSE）全长 950 km，在法国境内长约 500 km，平均流量为 150 m^3/s，最小流量为 20 m^3/s，沿岸建有 Chooz 核电厂（2×1 500 MW）。其下游进入比利时（192 km）和荷兰（258 km）境内，最终流入北海。

2）美国

目前美国是世界上核电装机容量最多的国家。图 3 显示了美国所有核电厂的地理分布及运行年限，可以看出，内陆核电厂数量上大约为滨海核电厂的 3 倍。

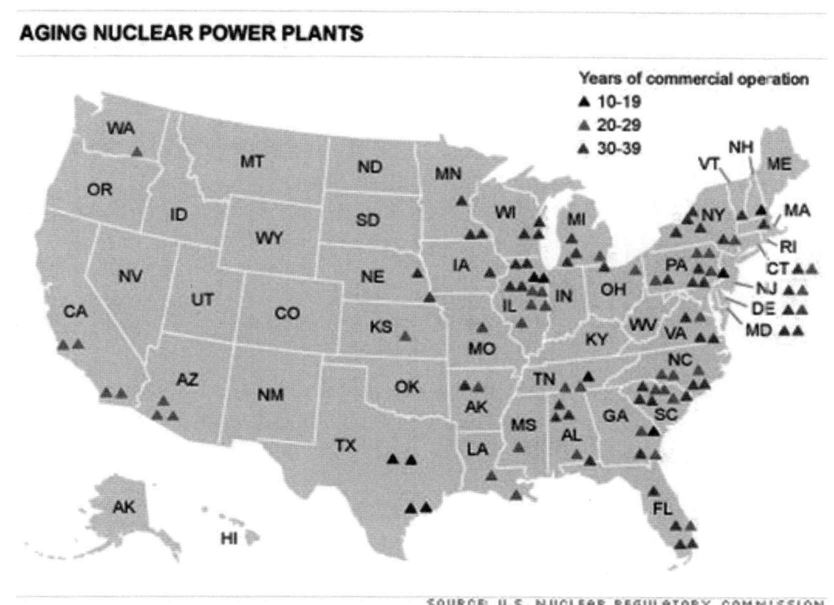

图 3　美国核电厂分布

［来源：美国核管制委员会（NRC）］

美国大陆以南北向的落基山脉为界，以西是太平洋水系，以东为大西洋水系。美国内陆核电厂绝大部分集中在水资源相对丰富的东部地区。而且东部地区工业密集，生产和生活用电均多于西部，所以在核电厂数量上东部远远多于西部。

在内陆核电厂选址上，河流、湖泊一般都可以满足建厂要求，东北地区湖泊较多，所以建有许多滨湖核电厂。

①美国密西西比河流域有 21 座核电厂，共 32 个机组，总装机容量达到 3 093 万 kW。在密西西比河流域拟新建或扩建的核电项目有 5 个，总装机容量估计在 1 000 万 kW 左右。

②美国东部的 Susquehanna 河全长 710 km，沿岸有 3 座核电厂。上游有 Susquehanna 核电厂，2×BWR，所在河段多年平均流量为 412 m^3/s，厂址还有扩建 1 台 US EPR 机组（1 600 MW）的计划；Three Mile Island 核电厂（1×PWR）位于 Susquehanna 河下游的一个江心岛上，电厂所在河段的多年平均流量为 975 m^3/s；Peach Bottom 核电厂，2×BWR 机组，也位于 Susquehanna 河下游，与 Three Mile Island 核电厂之间的河流距离为 64 km。上游来流的多年平均流量为 1 070 m^3/s。

③美国内陆滨湖核电厂所在的湖泊都是在河流上筑坝形成的。如 Arkansas 第一核电

厂所在的 Dardanelle 湖是 Arkansas 河的组成部分，水库长 80 km，湖面积为 14 975 ha（1 ha=1 万 m^2），库容 6 亿 m^3，Dardanelle 大坝的多年平均下泄流量为 1 070 m^3/s，记录到的最小下泄流量为 50 m^3/s。

总的看来，核电厂地理分布及建设主要考虑水资源供应、电力市场需求和电源布局等因素，滨海并非优先考虑的条件。而在某些方面如环境评价的程序和内容，滨海厂址反而要比内陆厂址更加复杂，工程造价也略高于内陆核电。

法国和美国内陆核电厂的建设经验表明，滨海建核电厂与内陆滨河、滨湖建核电厂相比，在技术上和造价上没有明显的优劣之分；在法律法规的要求上基本一致，安全性在符合法律法规规定的情况下也都可以保证；另外，在很大程度上，对电力的需求决定着核电厂的地理分布[5]。

1.1.1.3　国外内陆核电面临的问题

2012 年 6 月，欧美科学家联合发表的最新研究报告《核电、火电面临气候变化的风险研究》，指出“在气候变暖趋势下，缺少冷却水正成为欧洲和美国在运核电厂的严重约束。2003—2009 年的夏季，欧洲和美国的多个内陆核电厂均出现了因为缺少冷却水而被迫停运的状况，2030—2060 年核电和火力发电能力将在美国下降 4%～16%、在欧洲下降 6%～19%”，并强调了建设核电等新的热电厂时，选址放在海边是应对气候变暖有效的、重要的策略”[6-7]。

1.1.2　国内内陆核电发展概况

1.1.2.1　我国内陆核电发展的必要性

就目前而言，我国能源形势极为严峻。在当前主要的三大能源当中，2013 年全年中国进口原油 2.82 亿 t，同比攀升 4.03%，其中 12 月当月进口原油 2 678 万 t，单月进口量创历史新高，对外依存度达到 58.1%；2013 年累计进口煤炭 3.27 亿 t，同比增长 13.4%。其中，12 月进口煤炭 3 546 万 t，同比增长 1.1%，对外依存度增至 8.13%；2013 年全年天然气进口量达到 530 亿 m^3，对外依存度达到 31.6%，中国已经超越伊朗，成为全球第三大天然气消费国。

中国能否在后石油时代进一步实现可持续发展，和平崛起并屹立在世界强国之林，需要充足、安全、高效的能源保障，关键在于未来几十年的能源建设。

在新能源当中，风能、太阳能难以成为骨干能源，水电开发资源已很有限，而核电作为一种安全、清洁和高效的能源形式，是目前可以实现工业化生产的主要新能源，对于解决能源短缺、优化产业结构、推动经济发展起着重要的作用。

随着国家实施中西部崛起战略，湖北、湖南、江西等一批内陆省份 GDP 相继突破万亿元，处于社会经济的快速发展阶段。面对能源短缺、电价承受能力以及环境的挑战，这些内陆省份均像 20 世纪八九十年代沿海地区一样，迫切需要发展核电来满足经济社会发展对电力的需求，以及能源结构对电网安全运行的保障程度。

发展核电，尤其是内陆核电，是优化我国能源结构，提高非化石能源比例的可靠保证；是解决能源紧缺、保障能源安全的战略选择；是应对气候变化，减少环境污染的有效措施，能为我国实现内陆地区“中部崛起”“西部大开发”和“振兴东北老工业基地”等战略发展提供必不可少的、充足的、可靠的能源保障。

1.1.2.2　布局思路

我国核电发展的布局首先在沿海一线建设，再逐步向内陆地区扩展，这是由我国社会经济生产力布局、能源资源分布等固有特点所决定的。随着中西部地区经济发展，与沿海地区相比，内陆在经济发展、环境保护、煤炭运输和电网结构等方面的问题更加突出，有些省份煤炭资源也十分匮乏，靠铁路运煤比海上运煤难度更大、代价更高。在内陆建设核电厂，不仅可以保证内陆地区经济和社会发展所需的能源支持，而且可以减少这些地区酸雨强度和环境污染问题，减轻煤炭运输的压力，更可以带动中西部地区经济的发展，促进和谐社会的建设。

内陆核电与沿海核电没有本质差别，但会因为选址不同，来安排不同的技术准备。我国也已有建设内陆核电厂的经验，已经建成和正在运行多个内陆核反应堆，成功出口巴基斯坦的恰希玛核电厂（一期工程已运行多年，二期工程正在建设之中）也都建在内陆。

1.1.2.3　内陆核电厂址概况

按照我国核电布局思路，我国目前已储备了一定规模的核电厂址资源。长江流域的潜在厂址中，湖南桃花江、湖北咸宁、江西彭泽已获批准筹建，国家已允许内陆地区的湖南、湖北、江西三省以三代核电技术为基础研究建设核电厂的前期准备，成为我国第一批内陆核电厂建设厂址，并已被纳入国家核电中长期发展规划。

目前这三个项目的前期准备工作基本完成。

1.2　内陆核电厂建设中要妥善解决的水安全问题

据不完全统计，在我国已通过初步可行性研究审查的28个内陆滨河厂址中，绝大多数在长江干流、长江支流以及所在省份主要河流的沿岸，这有利于解决核电厂运行中的取水需求。同时，厂址位于江河沿岸也带来了一些问题，其中核电厂运行对水环境的影响、自身防洪安全、水供给安全等问题尤其值得引起关注。

（1）核电厂运行对水环境的影响问题

内陆核电在我国属新兴事物，国内无直接可参照的管理经验，拟采用的AP1000技术或“华龙一号”也为全新的技术，在国内外尚无实际运行经验可循。我国内陆核电选址地区具有河网相关度高、水资源开发利用程度高、受影响水体可能是饮用水水源等特点。与国外成功运行的内陆核电相比，我国内陆核电的取排水对水资源的影响可能更为复杂。位于大江大河流域的内陆核电厂一旦发生核泄漏事故，将可能对内陆地表水及地下水形成放射性污染，产生严重后果。因此，内陆核电发展对水环境的影响是我们应该重点关注的焦点问题。

（2）核电厂水供给安全问题

我国内陆核电厂址所在河流或水库（湖）往往是一个区域经济和社会发展的重要取水水源，普遍具有饮用水水源及工业、灌溉、渔业用水等功能。由于我国内陆核电还处于发展的起步阶段，而水资源综合规划中并未考虑核电大规模发展的需水保障问题。目前我国核电厂工程建设以一址多堆为主，内陆核电厂规模一般为4台机组，其生产用水的高保证率需求，对现有流域、区域水资源配置格局都有可能产生较大影响。

近年来，全球气候变暖加剧了极端气候事件的发生，2003—2009年夏季，欧洲和美国出现了多年不遇的干旱灾情，多座内陆核电厂因缺少冷却水而被迫停运。在我国，1991—2008年间有7年发生了特大干旱灾情。2011年长江中下游地区湖北、湖南、江西、安徽、江苏等5省及西南部分省（自治区）发生了特大干旱灾害，鄱阳湖经历了50年来的最大干旱，水位创历史新低。由于核电对水的依赖性很高，水资源的短缺也成为影响核电安全运行的重要问题之一。因此，内陆核电水供给安全问题应引起关注。

（3）核电厂防洪安全问题

核电发展历史上曾发生过几次洪水损坏核电设施的事故，其中日本福岛第一核电厂厂区被海啸引发的增水淹没，最终导致了多台机组连续发生严重事故，大量放射性物质向环境释放。虽然核电厂选址均执行了较高的防洪标准，但随着近年全球极端气候事件频繁地出现，超过核电厂设防标准的暴雨洪水发生的可能性变大。因此，核电厂防洪问题值得我们进一步加以重视。

2 内陆核电厂对水环境安全影响分析

2.1 正常运行时内陆核电厂对水环境影响的分析

正常运行时内陆核电厂对水环境的影响主要有两个方面，一是核电厂液态流出物可能对水质及水生物的影响，二是温排水可能对水生态环境的影响。

2.1.1 正常运行时核电厂液态流出物排放对水环境影响分析

2.1.1.1 正常运行时核电厂液态流出物的排放控制

（1）放射性废液分级及处理原则

我国现行的放射性废液按放射性活度浓度大小可分为三级[8]：第Ⅰ级放射性活度浓度小于或等于4×10^6 Bq/L，为低放废液；第Ⅱ级放射性活度浓度大于4×10^6 Bq/L，且小于或等于4×10^{10} Bq/L，为中放废液；第Ⅲ级放射性活度浓度大于4×10^{10} Bq/L，为高放废液。

在压水堆核电厂运行过程中要产生一定数量的放射性废液，其中绝大多数属于低放废液，但也有少量的中放废液。这些废液必须进行处理，否则将对环境产生一定的危害。

放射性核素的放射学特征不随核素的物理化学状态改变而变化，对其处理一般按两个基本原则进行：①将放射性废液排入海洋、湖泊、河流或地下水等水域，通过稀释和扩散达到无害水平，主要适用于极低水平的放射性废液的处理；②将放射性废液及其浓缩产物与人类的生活环境长期隔离，任其自然衰变，这一原则对高、中、低水平放射性废液都适用。所以，现行的放射性废液处理原则是先将废液进行浓缩分离，清液直接排放或回用，而浓缩液则进行固化处理和深层地下处置。放射性废液的浓缩分离方法主要包括：蒸发法、化学沉淀法、离子交换法、膜分离法及电化学法等。

核电厂正常运行所产生的液态放射性核素，经过废物处理系统和（或）控制设备（包括就地贮存和衰变）处理到足以满足国家相关标准之后，按照预定的途径以液态流出物的形式向环境排放。这里的“排放”是指核电厂正常运行所产生的、正在进行的或预期产生的放射性核素在满足国家相关法规对排放的要求后，以可控的方式排入江、河、湖、海等地表水体（称液态排放），并预期在大气和水环境中可以得到进一步的稀释与弥散。

（2）液态流出物排放的审管要求

1）四层次审管要求

进入 21 世纪后，我国开始酝酿内陆核电建设，制定相应的内陆核电厂液态流出物排放的审管要求也提到议事日程。2011 年 2 月，GB 6249—86 标准的修订版《核动力厂环境辐射防护规定》（GB 6249—2011）发布，其中包括了对于内陆核电厂放射性液态流出物排放的审管要求[9]。

对于核电厂放射性流出物的排放，我国参照国际原子能机构（IAEA）的相关法规与导则，规定了多层次的审管要求[10-11]。

第一层次是公众个人的剂量限值（也称基本标准）。国家标准《电离辐射防护与辐射源安全基本标准》（GB 18871—2002）中，采用国际通用标准，将公众个人剂量限值规定为 1 mSv/a。这个限值的基础是，在该限值下的终生照射将产生一个非常小的健康危险，大致等于来自天然辐射源（不含氡）的本底辐射水平。

第二层次是核电厂的剂量约束上限值。在防护最优化方面设置上限值，是为了给其他辐射源的利用留有裕度。GB 6249—2011 中明确将 0.25 mSv/a 的个人有效剂量作为核电厂的剂量约束上限值。

第三层次是排放量控制值，这个层次反映了辐射防护最优化以及可合理达到的尽量低水平（As Low As Reasonable Achievable，ALARA）原则。这个层次的要求通常是通过设计优化来实现的。在 GB 6249—2011 中给出了放射性液态流出物的年排放量控制值，如表 2 所示，其中，对百万千瓦核电机组液态流出物中除氚和碳-14 核素外，规定的排放控制限值为 5.0×10^{10} Bq/a（即 50 GBq/a）。

表 2 《核动力厂环境辐射防护规定》对液态放射性流出物的总量控制

核素类型	轻水堆
氚	7.5×10^{13} Bq/a
碳-14	1.5×10^{11} Bq/a
其余核素	5.0×10^{10} Bq/a

第四层次是排放浓度控制值。在 GB 6249—2011 中，对于内陆核电厂放射性流出物排放浓度的控制，包括：

①槽式排放出口处的放射性流出物中除氚和碳-14 外其他放射性核素浓度不应超过 100 Bq/L。

②营运单位应对液态流出物排放实施有效控制，以保证排放口下游 1 km 处受纳水体中总 β 放射性不超过 1 Bq/L，氚浓度不超过 100 Bq/L。

③如果浓度超过上述规定，营运单位在排放前必须得到审管部门的批准。

2）排放浓度控制值分析

表 3 为 GB 6249—2011 中有关内陆核电厂排放口下游浓度的控制要求与国外相关饮用水标准的比较[12]。

如表 3 所示，上述第四层次的审管要求是非常严格的。可以认为，GB 6249—2011 要求内陆核电厂排放口下游 1 km 处受纳水体中总 β 放射性不超过 1 Bq/L，已经满足世界卫生组织（WHO）和我国饮用水标准的要求。

表 3　内陆核电厂排放口下游浓度控制要求与国际相关饮用水标准的比较

国际组织/国家	推导浓度的参考剂量	总 β 指标值	氚指标值
WHO 饮用水指标	0.1 mSv/a	1 Bq/L（筛选值）	10 000 Bq/L
加拿大卫生部饮用水指标	0.1 mSv/a	1 Bq/L（筛选值）	7 000 Bq/L
美国 EPA 饮用水指标	0.04 mSv/a	▲	740 Bq/L
欧盟饮用水指标	0.1 mSv/年	▲	100 Bq/L（筛选值）
我国生活饮用水卫生标准（GB 5749—2006）	等效采用 WHO 饮用水指标	1 Bq/L（筛选值）	
GB 6249-2011（排放口下游 1 km 受纳水体）		1 Bq/L（筛选值）	100 Bq/L（筛选值）

注：“▲”是未规定总 β 指标值，各 β/γ 放射性核素的浓度指标按照参考剂量进行推寻；

“筛选值”是指大于该数值时，可通过进一步的剂量评估来确定是否可用作饮用水。

由于氚只发射低能 β 射线，剂量转换因子较其他核素低得多。我国国家标准 GB 6249—2011 中采用 100 Bq/L 的氚活度浓度来控制核电厂排放口下游 1 km 处的氚浓度，是一个筛选值，与欧盟饮用水的氚浓度指标是一致的。也就是说，在内陆核电厂排放口下游 1 km，使氚浓度小于 100 Bq/L，就是满足国际上最严格的饮用水氚浓度控制指标。

3）排放方式

在年排放总量控制的基础上，核电厂还对排放方式进行了控制。按照 GB 6249—2011 的要求，核动力厂的年排放总量应按季度和月控制，每个季度的排放总量不应超过所批准的年排放总量的二分之一，每个月的排放总量不应超过所批准的年排放总量的五分之一。若超过，则必须迅速查明原因，采取有效措施。

核动力厂液态放射性流出物必须采用槽式排放方式，液态放射性流出物排放应实施放射性浓度控制，且浓度控制值应根据最佳可行技术，结合厂址条件和运行经验反馈进行优化，并报审管部门批准。

总的来说，对核电厂液态流出物排放的控制，首先规定一年内排放总量控制值，在该控制值内，核电厂结合厂址条件和运行经验反馈实施活度浓度控制。在液态流出物槽式排放口处，将放射性流出物中除氚和碳-14 外其他放射性核素浓度控制在 100 Bq/L 以内。若放射性核素浓度超过排放控制值，则收集该放射性废液进行处理。

其次，根据核电厂排水处的受纳水体的环境条件，控制排放口下游 1 km 处受纳水体中总 β 放射性不超过 1 Bq/L，氚浓度不超过 100 Bq/L。该项控制与核电厂排水受纳水体的环境有关。若受纳水体水量丰富，如受纳水体为流量大的河流、库容量大的湖泊、水库等，则受纳水体对放射性废液的稀释能力强，每次核电厂液态流出物排放量可以较大；反之，每次的液态流出物排放量必须控制在很小范围，或者控制到丰水期集中排放，但排放必须符合要求。

(3) 运行状态下的液态流出物排放

核电厂的运行状态包括正常运行和预计运行事件这两类工况，它包括了核电厂在运行技术规格书所规定范围内的各种运行状态以及中等频度故障条件下的液态流出物排出。

对于AP1000、EPR和CPR1000三种机型，表4给出了运行状态下液态流出物排放量的预期值，这些值是根据美国或法国已运行压水堆核电厂的经验反馈，结合机型的设计特点，分别采用美国的GALE程序（用于AP1000和EPR）和法国PROFIP程序（用于CPR 1000）计算得到的[3-4]。

表4　一台机组的液态流出物预期排放量　(GBq/a)

核素	AP1000[1)]	EPR[2)]	CPR1000[3)]
^{3}H	3.74E+04	6.14E−04	1.70E+04
^{14}C	—	—	5
除^{3}H和^{14}C外	9.46	7.18	1.20E+01
其他核素	7.40E−04	7.40E−04	—

1) 为UK AP1000机组的安全、保安和环境报告中的预期排放量；

2) 为US EPR机组的最终安全分析报告中的预期排放量；

3) 为我国CPR1000机组的预期排放量。

从计算结果可以看出，AP1000、EPR、CPR1000机组，除碳-14和氚外的年运行排放的液态流出物（AP1000、EPR和CPR1000分别为9.46 GBq、7.18 GBq和12 GBq）均小于我国《核动力厂环境辐射防护规定》(GB 6249—2011) 对于百万千瓦核电机组液态流出物中除碳-14和氚外核素规定的排放控制限值（50 GBq/a），其碳-14和氚的预期排放量也小于我国国家标准（见表2）。

大亚湾核电厂和岭澳核电厂（一期）10年期间（2002—2011）液态流出物中除氚外核素（裂变产物和腐蚀产物核素）排放量的年平均值，均远低于《核动力厂环境辐射防护规定》(GB 6249—2011) 所规定的百万千瓦核电机组液态流出物中除碳-14和氚外核素排放量控制值（50 GBq/a）（见表5）[15-16]。

表5　大亚湾核电厂和岭澳一期（2002—2011）放射性液态流出物（除氚外核素）年排放量

(GBq/a)

核电厂	2002	2003	2004	2005	2006	2007	2008	2009	2010	2011	平均
大亚湾核电厂	2.29	1.43	1.47	1.27	0.896	1.08	0.56	0.50	0.21	0.15	0.98
岭澳一期	0.14	1.02	0.32	0.26	0.29	0.25	0.22	0.26	0.13	0.13	0.30

2.1.1.2　正常运行时核电厂流出物排放对水环境的影响分析

(1) 对水环境的影响分析

关于核电厂正常运行时液态流出物排放对水环境的影响，主要从排放总量及排放浓度两个方面来进行分析。

1) 核电厂液态流出物排放总量

通过我国已运行的沿海核电厂放射性废液排放量监测结果与国家标准规定的排放量进行对比分析可知，核电厂实际运行过程中产生和排放的液态流出物，其排放量远远小于国家规定的标准。从内陆核电厂设计堆型的放射性废液处理系统的模拟结果来看，液态流出物年排放量均小于我国《核动力厂环境辐射防护规定》（GB 6249—2011）的规定。

因此，可以认为，从排放总量方面来说，单个核电厂流出物的排放满足国家相关标准，不会对水环境造成不利影响。

2）核电厂液态流出物排放的影响评价

将《核动力厂环境辐射防护规定》（GB 6249—2011）中有关内陆核电厂排放口下游浓度的控制要求与国内外相关饮用水标准的比较可知，我国对内陆核电厂液态流出物排放浓度的控制要求是相当严格的，按此要求执行，对水环境将没有不利影响。

长江水利委员会水资源局主持完成的有关研究成果表明，对于《核动力厂环境辐射防护规定》（GB 6249—2011）提出的核电厂排放口下游 1 km 处的放射性浓度控制，在目前的技术水平下存在相当大的难度。“排放口下游 1 km 处受纳水体中总 β 放射性（氚除外）不超过 1 Bq/L”是可以实现的，但是“氚浓度不超过 100 Bq/L（相当于 WHO 饮用水标准指导水平的 1%）”，存在着一定的难度。根据长江干流下游岸边的某核电项目的模拟结果，受纳水体的多年平均流量达到 28 500 m^3/s，在下游 2 km 后的扩散稀释系数达到 10，而系统出口处的氚浓度达到 1～5 MBq/L 的水平，要满足该环境要求，必须在系统排放口到厂区排放口之间稀释 1 000 倍，而核岛废液排放系统（TER）的排放流量一般在 150 m^3/h 左右，那么只有当两台机组其他排水流量达到 50 m^3/s 以上时，才可能满足要求。

（2）需要进一步研究的问题

目前，《核动力厂环境辐射防护规定》（GB 6249—2011）已经正式颁布，规定中明确内陆核电厂排放口下游 1 km 受纳水体中的氚浓度不超过 100 Bq/L，在评价中关心的是在某一时段的（年或月）平均值，而不是瞬时值。建议相关技术部门进一步明确该值的平均时间。

同时，由于内陆核电厂厂址排水条件不尽相同，在开展核电厂对水环境影响评价的工作过程中，需要针对具体情况进行深入研究。通常，流出物受纳水体的流量和流速等水动力特性是经常变化的，水体中放射性核素的浓度值也相应的会发生变化。开展核电厂液态流出物对水环境的影响评价工作时，需要区分时间段（可根据河流水量大小来划分），根据不同时间段流出物排放规律（排放时间、排放量）及受纳水体水动力学特征（水量、水深、流速）进行分析，评价液态流出物排放对水环境的影响。

2.1.2 正常运行时温排水对水环境影响的分析

2.1.2.1 正常运行时温排水设计概况

（1）概述

核电相比火电热功率较大而热利用效率较低。因此，核电释入环境的热量较多。我国目前尚未制定明确的温排水监管规定和接受准则，《中华人民共和国水污染防治法》（2008 修订）规定：“向水体排放含热废水，应当采取措施，保证水体的水温符合水环境质量标准”。《地表水环境质量标准》（GB 3838—2002）中关于水温的规定为，对Ⅰ～Ⅴ类水域均为“人为造成的环境水温变化应限制在：周平均最大温升不超过 1 ℃，周平均最大温降小于 2 ℃”。这些规定对温排水影响范围（混合区的大小）和程度却没有规定具体的限值，具体执行过程中可操作性不强。

(2) 内陆核电厂温排水定义

目前，国内外核电厂的循环冷却主要采用两种处理方式，一是直接排入自然水体的一次循环冷却（直流冷却），二是利用冷却塔（湿式或干式）进行的二次循环冷却[17]。

我国目前所有运行和在建核电厂均为滨海厂址，采用以海水为最终热阱的一次循环冷却方式。我国拟建内陆核电项目均考虑采用二次循环冷却方式。二次循环冷却将热量从水相转移到蒸汽中释放，使大量热量和水蒸气进入大气环境，热量由空气带走，由于部分水蒸发，使循环水中的含盐量不断提升。为了控制循环水的含盐量，需排出部分冷却水，这部分水称为内陆核电厂的温排水。

(3) 内陆核电厂温排水对水环境影响模拟分析

1 台百万千瓦机组的循环冷却水系统的平均排水量约 0.4 m^3/s。其排污水量很小，基本不对水域的升温产生影响。

内陆核电厂采用二次循环冷却方式后，伴随冷却塔排污水的温排放对水域的环境影响很小。以美国 Vogtle 核电厂为例[18]，美国 Vogtle 核电厂拟建 2 台 AP 1000 机组，温排放的受纳河流宽 90 m，经由三维模型 CORMIX 软件给出，在 10 年一遇连续 7 天的最小流量 (7Q10) 条件下，热羽流相对于周围水体温升不超过 2.8 ℃ (5 ℉) 的混合区，在排放口下游延伸 9.9 m，在排放口侧向延伸 11.4 m（河流宽 90 m）。

我国内陆核电厂的环境影响评价单位正在消化研究 CORMIX 软件，预期该软件在我国内陆核电项目的应用，也可给出类似的评价结果[19]。

2.1.2.2 正常运行时温排水对水环境的影响分析

(1) 对水环境的影响分析

据内陆核电厂冷却方式及相关研究成果分析，核电厂正常运行时温排水排放量较小，基本不会对受纳水体造成大范围的不利影响。

(2) 需要进一步研究的问题

国内对于温排水影响范围和程度的要求尚不明确。对内陆核电厂温排水研究成果较少。为科学客观地评价内陆核电厂温排水向受纳水体排放的影响，建议在构建温排水数学或物理模型时，开展水生生物调查、上下游取水用户调查等工作的基础上开展相关工作，重点对核电厂温排水排放对水生生物的影响、对其他取用水户的影响、对水体富营养化的影响、对水功能区的影响进行分析评价。如果核电厂上、下游还有其他热源，模型还应模拟其他热源与核电厂同时运行的工况。

2.2 严重事故工况下内陆核电厂对水环境影响的分析

根据国家核安全局 2004 年颁布的《核动力厂设计安全规定》(HAF 102)，严重事故是指严重性超过设计基准事故并造成堆芯明显变化的事故工况；放射性物质直接释放到环境中并且对环境有明显影响的事故，或者由多个初因事件叠加而成的事故也属于严重事故。

在核电厂发生严重事故的情况下，释放的放射性核素会对所在区域的水资源安全造成威胁。历史上发生的核电严重事故表明，放射性核素泄漏对水资源造成的危害是严重且持久的，且难以对其影响范围进行有效控制。

2.2.1 核电历史上几起核事故对水环境影响的分析[20-21]

世界核电历史上发生过三次重大的核事故，即前苏联的切尔诺贝利核事故、美国的三哩岛核事故和日本福岛核事故。其中美国三哩岛核事故的事故等级为 5 级，泄漏的放射性物质没有对场外环境造成较大危害。另外两次核事故等级都为 7 级，且都对影响范围内水体的水质造成了较大影响。

切尔诺贝利事故发生后，有大量的低放废液进入周边环境。损毁的反应堆向环境持续不断地释放大量的放射性物质长达 10 天之久，形成的放射性烟云扩散至整个北半球，其中的放射性微粒随降雨、径流等过程进入水环境。特别是事故发生地附近的水域，放射性污染更严重。

白俄罗斯，俄罗斯联邦和乌克兰的部分水域，由于放射性物质直接尘降和径流的汇集，初始放射性活度浓度相对较高，超过引用水的放射性核素标准。事故后的最初几个星期内，短寿命核素的衰变和土壤、沉积物的吸附造成河水中放射性活度浓度迅速降低。长期来看，长寿命的铯-137 和锶-90 是影响水生态系统的主要核素。

放射性核素直接尘降到水体表面以及尘降区域地表径流对地表放射性核素的搬运都会造成湖水和河水水体放射性水平升高。放射性核素浓度在水库和有流入流出的湖水中会迅速降低。然而，因流域区域有机质土壤的径流影响，一些湖水中放射性铯的活度浓度会保持在较高水平。除此以外，封闭型湖泊系统放射性铯的内部循环也会导致其水体和水生生物体内放射性活度浓度比开放型河流湖泊中的更高。

放射性核素在鱼类的生物累积（特别是放射性铯）会使放射性活度浓度（在受影响最严重的区域以及西欧的某些地区）显著地超过允许的国家行动水平，例如达到几百、几千甚至几万 Bq/kg。至今，在白俄罗斯、俄罗斯联邦和乌克兰的某些湖中，仍存在放射性活度浓度超过行动水平的状况。对这些区域的人来说，淡水鱼是很重要的食物来源。乌克兰的第聂伯河梯级水库附近，当地渔民每年捕鱼约 2 万 t。在欧洲的其他地区，特别是斯堪的纳维亚半岛的部分地区，放射性铯在鱼类中的活度浓度仍然高于食入允许的国家行动水平。

日本福岛核事故后，美国各州均在雨水中监测到人工放射性碘。福岛核事故的放射性物质以直接和间接的方式释放到海洋环境中。已知的直接释放形式有放射性活度浓度较高的污染水从沟渠泄漏到海洋环境和人为地将储存罐内较低放射性活度浓度的废水排向大海。后者是为放射性活度浓度较高的污染水腾出储存空间。放射性物质以间接方式释放到海洋环境的途径包括：①释放到大气环境的放射性物质在海洋上空发生尘降；②地表沉降的放射性物质随地表径流汇集到海洋。

根据公开的报告估算，联合国原子辐射影响科学委员会认为，直接释放到海洋的铯-137 在 3 ~6 PBq 之间，而碘-131 的直接释放量是它的 3 倍多。通过大气沉降的间接方式释放到北太平洋的铯-137 和碘-131 分别为 5 ~8 PBq 和 60 ~100 PBq。

2.2.2 我国内陆核电厂严重事故对水环境潜在影响的分析

我国内陆核电项目拟采用 AP1000 技术，与切尔诺贝利及福岛核电厂采用的核反应堆技术相比在安全性能方面有所提高。福岛核事故发生后，我国核电行业采取了一系列积极应对措施，核电设计、建造、运行过程的安全度得到了提高。

（1）内陆核电采用的反应堆技术特点分析

切尔诺贝利核电厂所采用的反应堆技术由于存在重大缺陷已被弃用。日本福岛核电厂采用的是二代核电技术，在遇紧急情况停堆后，须启用备用电源带动冷却水循环散热。我国正在沿海建设并将向内陆推广的第三代 APl000 核电技术采用“非能动”安全系统，即在反应堆上方不同位置放置 3 个千吨级水箱，一旦遭遇紧急情况，不需要交流电源和应急发电机，仅利用地球引力等自然力就可驱动核电厂的安全系统，冷却反应堆堆芯，带走堆芯余热，并对安全壳外部实施喷淋。“非能动”安全系统的设计可以保证在事故状态下 72 h 内反应堆完全自动处理，无须人工干预，给核事故应急处理争取了大量时间。

（2）福岛核事故后我国核电行业整改措施

在福岛核事故发生之后，世界各国均作出积极反应，以确保核能安全。我国国务院召开常务会议决定，对我国核设施进行全面安全检查。

环境保护部（国家核安全局）于 2011 年 4—12 月联合国家能源局和中国地震局组织实施了对运行和在建核电厂的安全检查工作，并于 2012 年 12 月发布了关于全国民用核设施综合安全检查情况的报告[ ]。此次检查主要涉及厂址选址过程中所评估的外部事件的适当性、核设施防洪预案和防洪能力评估、核设施抗震预案和现场抗震能力评估、多种极端自然事件叠加事故的预防和环境保护措施、全厂断电事故的分析评估及应急预案、严重事故预防和缓解措施及其可靠性评估、环境监测体系和应急体系有效性等 11 个方面。

环境保护部（国家核安全局）、国家能源局和中国地震局根据各项安全改进的重要性和可行性，制定了短期、中期和长期行动计划，要求和督促各民用核设施按期完成相应改进工作。目前，各项安全改进措施按时间进度要求有序推进，并取得了以下阶段性成效。

（1）运行核电厂已完成各项短期安全改进项目，包括实施防水封堵，增设移动应急电源和移动泵，提高核电厂抗震响应能力等。中期和长期安全改进项目包括核电厂防洪改造、深入评价厂址地震和海啸风险、完善严重事故预防与缓解措施、提高应急能力、加强信息公开和开展外部事件概率安全分析等。

（2）26 台在建核电机组正在按计划实施在首次装料前需要完成的相关安全改进项目。在“十二五”期间需要完成的改进项目也在积极推进。

（3）各研究堆可靠电源、移动电源、应急泵、消防车辆、应急水源以及事故后监测设备、多堆同时进入应急状态的应对措施、乏燃料外运等安全改进要求落实工作总体进展顺利。

（4）各核设施营运单位还在加强全员核安全文化培育、强化运行管理、健全质量保证体系等方面做了大量工作。

环境保护部（国家核安全局）将会同有关部门对检查过程中发现问题的改进落实情况进一步加大督促检查力度，强化对核设施的现场监督，确保各项改进措施得到落实。

由于采用设计理念上更为安全的 AP1000 等三代技术，执行更为严格的核电运行监管机制，我国内陆核电发生严重核事故并大量泄漏放射性核素的可能性很小。但鉴于核电厂发生严重事故时放射性核素对水资源的巨大危害，以及 AP1000 技术在国内外尚无实际运行案例可循等因素，需要落实《核安全与放射性污染防治“十二五“规划及 2020 年远景目标》中提出的“从设计上实际消除大量放射性物质释放的可能性”的安全目标，并进一步加强严重事故预防和缓解措施以及应急对策建设，以保障水资源安全。

3 内陆核电厂水供给安全问题分析

3.1 正常运行时内陆核电厂水供给安全问题分析

正常运行工况下内陆核电厂水供给安全问题主要包括两个方面，一是核电厂取水用水是否能够得到保证的问题，二是核电厂用水对所在区域其他用水户的影响。

3.1.1 内陆核电厂取水工艺及用水水平概况

3.1.1.1 内陆核电厂用水工艺

核电厂用水主要分为工业用水、除盐水（化学水）、生活用水、施工用水等。核电厂的用水工艺和过程大部分和一般的燃煤、燃气火电厂相类似，最大的差别是多了核岛的用水部分，但又少了一般燃煤火电厂的输煤、除尘、脱硫系统的用水。

滨海核电厂循环冷却水取用海水，工业及生活所需淡水取自附近的专用水库；而内陆核电厂循环冷却水、重要厂用水等均采用淡水。

（1）工业用水

滨海核电厂正常运行期核岛系统用水、常规岛系统用水和其他用水均取用淡水水源，常规岛循环冷却水和核岛重要厂用水（安全厂用水）取用海水。内陆核电厂所有工业用水均采用淡水。

向常规岛、核岛和BOP等系统提供所需的水多数为除盐水。

（2）除盐水

1）正常工况

除盐水（化学水）通过除盐水输送生产系统处理来自水库或江河的生水，并向常规岛、核岛和BOP等系统提供所需的除盐水。处理流程如下：

水库或江河水→澄清处理→工业、化学水生水管网→多介质过滤器→超滤→一级除盐→二级除盐→除盐水箱

核电厂一回路系统也指反应堆冷却剂系统，又称为核蒸汽供应系统，该系统中即为加入硼酸的除盐水。同样，除盐水还分布在与反应堆冷却剂系统密切相关的辅助系统中，如化容控制系统、正常余热排出系统、专设安全系统等。

核电厂二回路系统指带出一回路冷却剂热量的二次冷却剂循环系统，作为二次冷却剂的除盐水，在蒸汽发生器二次侧产生饱和蒸汽，供汽轮发电机组做功。

对滨海核电厂来说，将大海看作一个大的热阱，利用海水作为循环冷却水。对内陆核电厂来说，带自然通风冷却塔的二次循环冷却水供水系统采用淡水。

2）事故工况

在很多种假想事故情况下，核电厂配备了相关的安全注入系统、安全壳喷淋系统，这些系统主要用来确保反应堆紧急停堆、堆芯余热的排出和安全壳的完整性，以便限制事故的发展，减轻或缓解事故的后果。因此，这些专设安全系统也包含大量的除盐水。

AP1000 中主要的储存设备及容量见表 6。

表 6　AP1000 安全相关系统储存水箱

序号	名称	数量	装水容量/m^3
1	堆芯补水箱	2	70.8
2	安注箱	2	48.1
3	内置换料水箱	1	2 132.1
4	PCS 贮存水箱	1	2 864
5	PCCAWST 辅助水箱	1	3 546
6	合计	7	8 779.9

3）生活用水

建设项目调试、运行阶段的生活用水包括厂内杂用水、生产区生活用水、办公生活及辅助区用水，包括施工期生活用水在内，可由水库或江河水经澄清、过滤、消毒处理后，通过独立的生活给水管网供给。

厂内杂用水包括汽车冲洗、道路场地喷洒和绿化用水。汽车冲洗用水需提供新鲜水量；道路场地喷洒和绿化用水由生活污水处理回用解决。

4）施工用水

施工用水包括施工人员生活用水和采石场用水、混凝土搅拌站用水、混凝土浇筑养护用水、喷洒用水。

3.1.1.2　内陆核电厂运行工况下主要系统的用水概况

在前面章节简要地介绍了核电厂的用水工艺，现以某一拟建内陆厂址的两台 AP1000 核电机组为例，介绍内陆核电厂用水量较大的水系统及其用水、耗水项目的组成。

（1）常规岛循环水系统用水和耗水

常规岛循环水系统用于向凝汽器和辅机热交换器提供冷却水，以带走来自凝汽器和辅机热交换器的热量。常规岛循环水系统通常采用带自然通风冷却塔的二次循环供水系统。循环水系统耗水主要由冷却塔蒸发损失、冷却塔风吹损失、循环水排污组成，约占全厂耗水量的 75%，其中冷却塔蒸发损失约占循环水系统耗水的 70%~80%。循环水补充通常来自水厂混凝沉淀后的出水。

（2）核岛厂用水系统用水和耗水

厂用水系统用于向核岛设备冷却水系统换热器供冷却水，带走由核岛设备产生的热量。厂用水系统通常采用带机力通风冷却塔的二次循环水系统。厂用水系统耗水主要体现在：机力塔蒸发损失、机力塔风吹损失、厂用水排污，厂用水的补充水通常来自水厂混凝沉淀、过滤后的出水。

（3）工业水系统用水和耗水

工业水系统用于向循环水泵等设备供冷却水和轴承润滑、轴封水，其水源为水厂混凝沉淀后的出水，用后复用至循环水系统，其耗水量很少可忽略不计。

（4）除盐水系统用水和耗水

除盐水系统主要向核岛和常规岛除盐水用户供补充水。除盐水系统耗水量主要取决于上述两大用户的除盐水损耗量和在制取除盐水过程中的自用水。

在换料检修期间，核岛通常也要消耗部分除盐水，如设备、管道冲洗和启动前注水。

(5) 生活杂用和耗水

生活杂用水包括设备和地面冲洗水、生活用水等。

(6) 未预见用水和耗水

核电厂用水、耗水计算，除考虑上述各项外，尚应考虑以下不确定性：

1) 全球变暖导致的循环水和厂用水耗水量的增加；

2) 投运初期频繁地启停堆导致的除盐水用水和耗水量的增加；

3) 换料大修期间检修人员进驻，导致的短期生活杂用水和耗水量增加；

4) 机组可用率变化导致的耗水量变化；

5) 各类水池、塔池的蒸发、渗漏和清淤等导致的耗水量增加；

6) 厂区管道渗漏损失导致的耗水量增加；

7) 消防等临时性用水导致的耗水量增加。

参考常规火电经验，同时考虑到核电机组的特殊性和理论计算与实际运行的差异，建议未预见耗水量暂按上述5条所列最高日各项耗水量之和的10%考虑[23]。

(7) 其他用水和耗水

其他用水、耗水包括水处理厂自用水及其损耗和厂外输水管道渗漏损失等。参考常规火电经验，建议其他耗水量暂按上述6条所列最高日各项耗水量之和的10%考虑[23]。

(8) 运行期间核电厂用水和耗水量

某拟建内陆核电厂两台AP1000核电机组的用水、耗水情况[23]见表7。

表7　两台AP1000核电机组运行期间用水、耗水一览表

序号	项目	冷季/ ($m^3 \cdot h^{-1}$)		热季/ ($m^3 \cdot h^{-1}$)		最高日耗水/ ($m^3 \cdot h^{-1}$)	年耗水量/ 万 m^3
		用水量	耗水量	用水量	耗水量		
1	常规岛循环水	219 986	6 680	328 337	7 729	8 306	6 154
2	核岛厂用水	5 020	116	5 020	116	116	102
3	常规岛除盐水	120	120	120	120	120	98
4	核岛除盐水	26	26	26	26	26	23
5	除盐水车间自用水	76	76	76	76	76	62
6	电厂工业用水	396	0	396	0	0	0
7	生活杂用水	69	39	69	39	39	34
8	路面冲洗、绿地浇洒	20	20	20	20	20	18
9	未预见用水量	870	870	870	870	870	762
10	小计	226 583	7 947	334 934	8 996	9 573	7 253
11	其他用水	1 187	957	1 187	957	957	839
合计		227 770	8 904	336 121	9 953	10 530	8 092

注：(1) 循环水浓缩率按3.5考虑；(2) AP1000核电机组担任基荷，可用率和负荷因子均按93%考虑；(3) 表中1、3、5、6项年运行小时数按8 147 h×93%考虑，其余项按8 760 h考虑。

根据前述某拟建内陆核电厂两台 AP1000 核电机组厂耗水量较大的水系统及其用水、耗水项目的分析可知：内陆核电厂是耗水大户，据测算，内陆核电机组耗水量约为同容量采用湿冷冷却方式火电机组的 1.5 倍左右，4 台 AP1000 核电机组日最大耗水量约为 50 万 t，相当于一座百万人口城市的日耗水量[24-25]。4 台 AP1000 核电机组设计取水量 1.56 亿 m^3/a，折合流量核电厂取水量约为 5.77 m^3/s。

3.1.2 我国规划内陆核电厂取水水源概况

目前我国规划的内陆核电厂大部分在长江干流上取水，部分在长江一级支流及洞庭湖水系中的沅水、资水干流取水。表 8 统计了规划内陆核电厂所在河流的流量数据[26]，从表中可知，长江干流上水量较大，相比之下规划在白河的河南南阳核电厂、富水河的湖北咸宁大畈核电厂取水水源年均流量较小，但均可在水库中取水，取水保障系数较大。

表 8　规划的内陆核电厂所在河流流量概况　　(m^3/s)

河流	控制站	平均流量	最大流量	最小流量
长江干流	寸滩站	10 904	84 300	2 090
	宜昌站	14 036	70 600	2 700
	大通站	28 373	91 800	6 300
嘉陵江	北碚站	2 056	43 600	55.3
沅水	桃源站	2 060	35 100	189
资水	桃江站	739	1 180	429
白河	鸭河口站	35		
富水河	富水站	70	127	31.6
赣江	吉安站	1 479	17 900	123

3.1.3 正常运行时内陆核电厂水供给安全分析

（1）水供给安全分析

根据内陆核电厂用水耗水量的情况，从我国规划的内陆核电厂址所在河流水资源条件来分析，核电取水水量不至于成为核电选址的关键控制因素，可以认为我国内陆核电厂水供给安全风险较低。

（2）需要进一步研究的问题

从内陆核电厂对水资源的用水耗水的开发利用流程来看，核电厂需要有充分、连续的规划可供水量来保障安全运行。但是，在国务院于 2010 年批复的《全国水资源综合规划》及目前正在编制的《全国水中长期供求规划》中，均没有考虑内陆核电发展用水。鉴于内陆核电厂用水量较大、用水保证率要求高，其建设布局将对现有流域、区域水资源配置格局产生一定的影响。在核电厂选址规划时，应结合我国水资源的时空分布特性及相关规划，针对核电厂建设对区域水资源配置及其他用水户的影响等方面展开专题论证，更好地保障核电厂自身的安全运行，减少对区域水资源配置和其他用水户的影响。

3.2 极端干旱天气条件下内陆核电厂水供给安全问题分析

3.2.1 全球气候变化与极端干旱天气事件

20世纪以来，全球各地区包括温度与降水在内的主要气候特征值发生了变化，在美国、中国、俄罗斯、欧洲大陆等国家和地区，长系列的观测资料显示出气候变化的总趋势为：温度增加、极端天气情况频繁发生等。其中美国在20世纪30年代、50年代中期和1988年出现了严重干旱；欧洲大陆从20世纪40年代到50年代初期，出现了持久的干旱；中国的年平均降水量减少，干旱地区范围扩大[27]。

（1）全球气候变化趋势预测

联合国政府间气候变化专门委员会（IPCC）对1990—2100年全球气候变化做出了如下预测：

1）根据对温室效应的估计，全球表面平均温度可增加1.4～5.8℃；

2）地表温度变化的趋势将使厄尔尼诺现象增多；

3）全球海平面从1990—2100年预计将上升0.09～0.88 m；

（2）我国气候变化与极端干旱天气分析

在全球变暖的大背景下，我国近百年的气候也发生了明显变化。总体来说，变化的趋势与全球气候变化的趋势一致。在气候变化的影响下，极端干旱天气事件发生的范围和频率都有所变化。我国西南地区本来是雨水充沛、气候湿润的地区，但近年来屡屡发生严重的干旱灾害，如2006年夏季川渝地区特大干旱，以及2009年秋至2010年春以云南、贵州为中心的5个省份的旱灾。2011年1—5月，长江中下游地区降水异常少，导致中下游各省份尤其是湖北、湖南、江西、安徽等省相继出现了较为严重的旱情。鄱阳湖流域主要江河水位持续偏低，赣江、修河和抚河先后出现历史最低水位[28]。

可以预见，在预测全球气候将持续变暖的条件下，干旱等极端天气事件将更加频繁地发生。

3.2.2 极端干旱天气条件下内陆核电厂水供给安全分析

在气候变暖导致世界极端干旱天气事件频繁发生的背景下，内陆核电厂因缺乏冷却水源而影响正常运行的事件常有发生。据报道，2003年夏季，由于持续高温天气导致冷却水源缺乏，德国最老旧的欧布里罕核电厂被迫停机。瑞士5座核电厂中的一家因冷却系统水温过高，减少发电量百分之十五，另外3座接受例行夏季检修，暂停运作。针对内陆核电厂水供给安全可能因极端干旱天气而导致的水供给安全风险，需要采取合适的应对措施。在径流量较小的河流上取水时，核电厂的取水口最好布设在具有调蓄能力的水库库区内；针对可能发生的极端干旱天气或严重水污染事故条件下核电厂冷却水水源缺失的情况，可考虑采取修建大容量蓄水池作为储备水源等措施，保证核电厂水供给安全。

极端干旱天气条件下虽然不会对核电厂安全产生影响，但核电厂将被迫减少发电量或停运，将对区域内电力供应造成较大影响，对于核电厂因极端干旱天气缺水对区域电力供应可能造成的影响，可结合核电厂所在区域负荷及电网建设情况开展研究，通过修建储备水源等措施尽量减少不利影响。

4 内陆核电厂防洪安全问题分析

目前，我国内陆核电厂防洪设计的依据主要有《核电厂厂址选择安全规定》（HAF 101—1991）、《滨河核电厂厂址设计基准洪水的确定》（HAD 101/08—1989）、《核电厂工程勘测技术规程第 3 部分：水文气象》（DL/T 5409.3—2010）、《核电厂工程水文技术规范》（GB/T 50663—2011）等。与美国、法国等国家的核电厂防洪标准相比，上述导则和规范中所执行的防洪标准可以说是非常严格的。

我国内陆核电厂厂址设计基准洪水的确定方法主要是参照国际原子能机构推荐的计算方法，并应用于内陆核电厂选址相关专题论证工作中。从执行的标准以及部分拟建内陆核电厂址的防洪设计情况来看，可以认为，我国部分拟建内陆核电厂的防洪安全基本是有保障的。

与国外核电厂厂址相比，我国内陆核电厂厂址所在区域有人口密集、城市规模大、数量多等特点，核电厂的防洪安全问题需要引起足够的重视。基于此，对于我国内陆核电厂厂址相关防洪设计规范中部分标准、方法及组合事件的选择，建议开展进一步的研究和探讨。

4.1 内陆核电厂厂址防洪标准问题

4.1.1 内陆核电厂址径流洪水的分析计算

《核电厂工程勘测技术规程第 3 部分：水文气象》中 6.7 节的径流洪水部分要求：设计基准洪水考虑径流洪水时应以可能最大洪水为设计基准。可能最大洪水应采用确定论法和概率论法两种方法进行计算，概率论法应推求万年一遇重现期的洪水，对确定论法和概率论法两种方法的计算结果分析比较论证后确定选用。

我国《防洪标准》（GB 50201—1994）中有如下几条规定：

（1）遭受洪灾或失事后损失巨大、影响十分严重的防护对象，可采用高于本标准规定的防洪标准（该标准的 1.0.6.1 款）。

（2）工程级别为 1 级的混凝土坝、浆砌石坝及其他水工建筑物校核防洪标准为 5 000～2 000 年一遇（该标准的 6.2.1 款）。

（3）混凝土坝和浆砌石坝，如果洪水漫顶可能造成极其严重的损失时，1 级建筑物的校核防洪标准经过专门论证，并报主管部门批准，可采用可能最大洪水（PMF）或万年一遇（该标准的 6.2.3 款）。

（4）核电厂核岛部分的防洪标准，必须采用可能最大洪水或可能最大潮位进行校核（该标准的 7.0.4 款）。

在论证三峡水利枢纽防洪标准的过程中，正是由于考虑到三峡工程的重要性以及失事可能带来的巨大危害，三峡水利枢纽采用的校核洪水标准高于《防洪标准》（GB 50201—1994）中混凝土坝的校核防洪标准，为万年一遇洪水＋10%（相应的流量大于 PMF 计算值）。在小概率洪水事件的基础上增加一定的安全裕度，可以包容有限历史水文系列计算可能导致的误差。

核电厂一旦发生严重的核事故，造成的危害性很大、社会影响面广。因此，在采用确定论法和概率论法两种方法计算核电厂可能最大洪水的时候，可考虑参照三峡水利枢纽的做法，适当增加概率论法计算核电厂径流洪水时的安全裕度。

4.1.2 内陆核电厂外部屏障超高的确定

《核电厂工程勘测技术规程第 3 部分：水文气象》中的洪水安全分析部分规定：核电厂与核安全有关的建筑物、构筑物的场地设计标高应不低于设计基准洪水；当不能满足时，应建造永久性的外部屏障，如防洪堤、防浪堤等，且此屏障应作为核安全重要物项。外部屏障堤顶标高应按设计基准洪水位加 0.5 m 的安全超高确定。

法国布莱耶（BLAYAIS）核电厂 1999 年曾发生水淹事件，该核电厂位于吉伦特（Gironde）海湾河流入海口，1999 年 12 月 27 日，暴风雨使得 Gironde 海湾的水位升高，掀起的巨浪漫过了电厂的防洪大堤，淹没了电厂部分区域，导致 3 台机组紧急停堆，虽然在电厂和 Gironde 海湾间已经建有一座高 5.2 m 的保护堤，但其保护堤的高度没有考虑暴风雨期间浪高的附加动态效应，因此风浪越过保护堤，给核电厂造成巨大损失。

根据《堤防工程设计规范》(GB 50286—2013)，堤顶高程按照设计洪水位或设计高潮位加堤顶超高确定，堤顶超高计算公式如下：

$$Y=R+e+A$$

式中，Y——堤顶超高，m；

R——设计波浪爬高，m；

e——设计风壅增水高度，m；

A——安全加高值，m（见表 9）。

表 9　堤防工程的安全加高值

堤防工程的级别		1	2	3	4	5
安全加高值/m	不允许越浪的堤防工程	1.0	0.8	0.7	0.6	0.5
	允许越浪的堤防工程	0.5	0.4	0.4	0.3	0.3

长江流域重要堤防的堤顶超高在 1～2 m 之间；考虑到冰凌堆积形成冰塞、冰坝使上游河道水位急剧壅高等情况，黄河、淮河流域部分堤防的超高达到 3 m 甚至 3.5 m。

对于核电厂外部屏障来说，它的防护对象为核电厂，其重要性不亚于任何一处堤防保护的人口和城市。对于如此重要的外部屏障，其安全超高可考虑参照 1 级堤防（不允许越浪）的超高要求计算。

4.1.3 我国第一批内陆核电厂设计洪水计算分析

根据我国内陆第一批 3 座核电厂的相关设计资料，各厂址径流洪水计算情况如表 10 所示。就桃花江、咸宁两座核电厂而言，厂址处可能最大洪水洪峰流量计算值均大于万年一遇洪水及万年一遇洪水＋10％的洪峰流量计算值，且由于厂址上游水库溃坝事件组合造成的洪水洪峰流量大于可能最大洪水洪峰流量，厂址处设计基准洪水位由上游水库溃坝事件组合控制。

表 10　我国拟建内陆核电厂设计洪水流量计算值比较

厂址	可能最大洪水/(m^3/s)	万年一遇洪水/(m^3/s)	万年一遇洪水+10%/(m^3/s)	上游水库溃坝事件组合洪水/(m^3/s)
桃花江	41 600	33 900	37 290	103 100
咸宁	25 500	21 700	23 870	34 140
彭泽	139 000	136 000	149 600	121 000

彭泽核电厂厂址处可能最大洪水洪峰流量计算值大于万年一遇洪水洪峰流量计算值，但小于万年一遇洪水+10%的洪峰流量计算值。由于上游三峡水库及丹江口水库溃坝洪水与区间洪水组合后在厂址处的洪峰流量小于水文因素引起的洪峰流量，彭泽厂址设计基准洪水位由径流洪水控制。此时，径流洪水标准对厂址设计基准洪水位的确定至关重要。

4.2　内陆核电厂厂址防洪设计组合事件问题

4.2.1　内陆核电厂址溃坝洪水的计算条件和事件组合分析

（1）溃坝洪水计算条件

《核电厂工程水文技术规范》的 4.8 节溃坝洪水中规定：确定水库坝体的溃决方式时，应综合分析坝体的材料性质、结构性能和荷载性质等条件。水文原因引起的拱坝、重力坝等坝型溃决时，宜采用瞬时全溃或瞬时局部溃；堆石坝、土坝等坝型，宜采用逐渐溃决；溃坝库容应按总库容确定（该标准 4.8.6 款）。

水库溃坝方式有可能是漫顶溃坝，在该方式下，溃坝库容应采用水库坝顶高程对应的库容，如采用校核洪水位对应的总库容，计算结果比实际偏小。

（2）溃坝洪水计算方法

溃坝洪水可采用经验公式和数学模型进行计算，经验公式法计算溃坝洪水时，计算过程中存在很多简化处理手段，对计算者的经验要求比较高。数学模型基于河道地形断面、水库大坝参数及库容曲线等基础资料，能较为真实地反映水库溃坝的洪水过程。

为了分析咸宁核电厂的设计基准洪水，采用一维水库溃坝及洪水演进数学模型对咸宁核电厂上游水库的溃坝洪水进行了模拟分析。咸宁核电厂上游水库群溃坝数学模型及经验公式计算结果的对比见表 11。由表 11 可以看出，在 PMF 溃坝+区间 PMP 洪水和运行基准地震+区间 1/2 的 PMP 洪水两种条件下，数学模型计算的溃坝洪水在厂址处的水位比经验公式计算的要高；在安全停堆地震+区间 4%的洪水条件下，数学模型计算的溃坝洪水在厂址处的水位比经验公式计算的要低。

表 11　数学模型法与经验法计算结果的对比

事件组合	起始水位/m	数学模型计算结果		经验公式计算结果	
		厂址处最高水位/m	水位壅高值/m	厂址最高水位/m	水位壅高值/m
PMF 溃坝+区间 PMP 洪水	55	68.21	13.21	67.86	12.86
运行基准地震+区间 1/2PMP 洪水	57	65.27	8.27	64.92	7.92

续表

事件组合	起始水位/m	数学模型计算结果		经验公式计算结果	
		厂址处最高水位/m	水位壅高值/m	厂址最高水位/m	水位壅高值/m
运行基准地震＋区间 PMP 洪水	57	68.42	11.42		
安全停堆地震＋区间 4%洪水	57	62.65	5.65	63.87	6.87

两种计算方法各有特点，建议在进行溃坝洪水计算时，采用数学模型和经验公式两种方法，两种方法相互验证比较，使得计算结果尽可能准确。

4.2.2 内陆核电厂址堰塞湖洪水灾害影响分析

分析拟建内陆核电厂面临因堰塞湖而引起的洪水灾害，有两种可能：一是堰塞湖位于核电厂厂址下游，堰塞体堵塞河道导致厂址处水位壅高，可能出现壅水淹没；二是堰塞湖位于核电厂厂址上游，堰塞体溃决造成下游厂址处水位抬升，危及相关基础设施安全。

（1）堰塞湖简介

地震、暴雨及其他因素诱发的滑坡堵塞河道形成堰塞湖，是常见的涉水地灾之一。堰塞湖是在一定的地质和地貌条件下，由于河谷岸坡在动力地质作用下迅速产生崩塌、滑坡、泥石流以及冰川、融雪活动所产生的火山喷发物等形成的自然堤坝横向阻塞山谷、河谷或河床，导致上游段壅水而形成的湖泊；而具备一定挡水能力的堵塞河道的堆积体称之为堰塞体（坝）。

在我国西南、西北的山区河流常因滑坡堵江形成堰塞湖。由于堰塞体主要是快速堆积所致，其组成物质复杂多样，坝体结构松散。随着堰塞湖上游水位的壅高，渗透压力逐渐增加，在疏松堆积中可能形成破坏，或因水流漫顶而溃决，造成堰塞湖下游溃坝洪水引发次生灾害。蓄水量大的堰塞湖一旦溃决，将形成巨大的洪峰向下游传播，危及下游人民群众生命财产及重要国民经济基础设施安全。

（2）堰塞湖的形成

堰塞湖生成的内因是具有发生滑坡堵江条件的地质、地貌和河床水动力河谷斜坡，外因是具有作用于河谷斜坡上促使滑坡、崩塌发生进而堵江的诱发因素，如降雨、地震、加载、坡脚淘蚀或开挖、水位的骤然升降等。堰塞湖多发生在高山峡谷区，这些地区构造活动强烈，地震、火山活动频繁，岩层节理、裂隙发育，有利于滑坡的发生。形成堰塞湖的两个主要诱发因素是降水和地震，通过对国内外大量堰塞湖资料的统计分析，发现90%的堰塞湖是由地震和降雨二者造成的，火山喷发也是堰塞湖形成的诱发因素之一。

（3）堰塞湖的特点及危害

由于堰塞坝物质组成一般较疏松且不均匀，大多数堰塞坝在形成后会发生溃决。在国内外约一百个案例统计中，有21%的堰塞坝在形成后1天内溃决，48%在10天内溃决，78%在形成后6个月内溃决，88%在形成后1年内溃决。堰塞坝的溃决形式有坝顶漫溢、坝体渗漏或管涌、坝体失稳等，其中漫顶是主要的溃决方式。若库容较大的堰塞坝发生短历时溃决，将形成巨大的溃坝洪峰向下游传播，危及下游人民群众生命财产及重要国民经济设施的安全。

汶川大地震中出现的唐家山堰塞湖（见图4）位于北川县城上游3.2 km的涪江支流通口河峡谷中，是该次地震中35座堰塞湖存水量最大的一座。唐家山堰塞坝横河方向长612 m，顺河方向长803 m，坝高82～124 m，体积2 037万m^3，上游集雨面积3 550 km^2，最大可蓄水量3.16亿m^3，其下游有四川省第二大城市绵阳等重要城市，有运输大动脉宝成铁路、能源大通道兰成渝成品油输油管道等重要基础设施。

根据唐家山堰塞湖应急处置期间长江设计公司等多家单位溃坝数学模型的计算结果，若堰塞坝发生历时为2 h的半溃，下游通口河沿程洪峰流量将高达30 000～40 000 m^3/s，远大于通口河将军石水文站历史洪峰流量（1995年8月，5 390 m^3/s）。

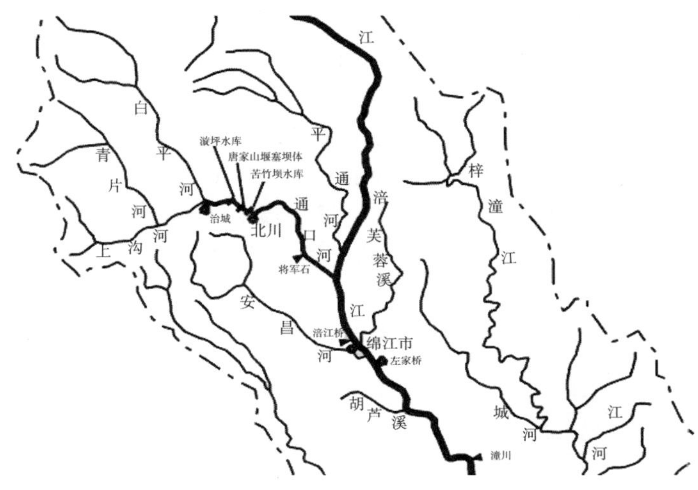

图4　唐家山堰塞湖位置示意图

（4）存在的问题

关于堰塞湖对厂址防洪影响的问题，目前我国相关规范中只进行了原则性的指导，并没有给出评价标准和方法。从近年来我国发生的堰塞湖灾害来看，堰塞湖对核电厂的影响问题不容小视。

内陆核电厂选址阶段应对厂址上下游一定范围内河道两岸潜在的滑坡体进行调查分析，并根据地质调查成果对厂址附近堰塞湖风险（可能形成的堰塞湖规模、危害程度）进行评估；堰塞湖溃决对核电厂址的影响以及堰塞湖溃决与下游区间洪水事件组合等问题，可以考虑在内陆核电厂设计基准洪水计算中进行分析。

（5）建议

现行核电厂防洪安全标准体系中提及了关于堰塞湖对核电厂厂址的影响评价内容，但并未对如何开展堰塞湖对核电厂厂址的影响评价作出明确的规定。

在我国西南、西北的山区，河流常因滑坡堵江形成堰塞湖。根据我们内陆核电厂规划布局，在四川、重庆等堰塞湖灾害多发地区就有规划的核电厂厂址，堰塞湖灾害对核电厂安全的影响值得引起关注。

因此，建议结合我国内陆核电厂规划布局，开展专题研究工作，从堰塞湖的形成机理、可能造成的后果、应急处置措施等方面进行研究，制定堰塞湖对核电厂厂址的影响评价导则，为合理评价堰塞湖灾害对核电厂安全的影响提供依据。

4.3 我国第一批内陆核电厂防洪安全分析

我国内陆核电厂防洪设计及其防护措施主要遵循的现行有效的核安全法规和导则是《核电厂厂址选择安全规定》（HAF 101—1991）和《滨河核电厂厂址设计基准洪水的确定》（HAD 101/08—1989），主要依据国际原子能机构（IAEA）相应法规和导则为参考蓝本编写而成。其后发布的我国《防洪标准》（GB 50201—94）和《核电厂工程水文技术规范》（GB/T 50663—2011）的有关核电厂防洪要求也是以此为依据和参考的。

对于以上规程规范中关于核电厂设计基准洪水计算的规定，本报告选择我国内陆拟建核电厂厂址（桃花江、咸宁、彭泽）作为研究对象，针对其中部分标准进行了比较分析，主要有如下几个方面：

（1）设计基准洪水考虑径流洪水时，可能最大洪水采用确定论法和概率论法两种方法进行计算。概率论法推求万年一遇重现期的洪水＋10％的洪水。

（2）溃坝洪水计算组合选择时，在《核电厂工程水文技术规范》中计算组合工况的基础上，考虑由相当于运行基准地震动引起的上游水库溃坝与区间 PMP（可能最大降雨）引起的洪峰相遇。

桃花江、咸宁、彭泽 3 个厂址设计基准洪水计算成果比较如表 12 所示。

表 12 我国第一批内陆核电厂设计基准洪水计算成果比较情况

厂址	核电现行标准		调整标准后		设计场坪标高/m
	洪水组合	设计基准洪水位/m	洪水组合	设计基准洪水位/m	
桃花江	PMF 造成上游水库溃坝＋区间 PMP	75.65	PMF 造成上游水库溃坝＋区间 PMP	75.65	85
咸宁	地震造成溃坝＋1/2 区间 PMF	65.27	地震造成溃坝洪水＋区间 PMF	68.42	88
彭泽	上游 PMF	22.93	上游万年一遇洪水＋10％洪水	23.45	31.3

由表 12 可知，就桃花江、咸宁、彭泽 3 座核电厂址而言，在选址和设计时，实际采用的防洪设计指标在现行核电相关标准规范规定的防洪要求的基础之上增加了较多的安全裕度。即使在调整部分计算标准后，咸宁和彭泽厂址设计基准洪水位略有增高的情况下，3 座内陆核电厂选定的场坪高程均远高于设计基准洪水位，在防洪安全方面是有保障的。

鉴于不同标准要求对核电厂址设计基准洪水位有不容忽视的影响，建议结合我国内陆核电备选厂址，开展内陆核电厂防洪标准的进一步研究。

5 内陆核电水安全需要进一步深入研究的问题

内陆核电水安全是一个高度重要和敏感的问题。考虑到我国淡水资源的稀缺性和内陆核电所依托流域水系的复杂性，内陆核电需要结合流域河流水系的特点、区域社会经济发展需求、宏观水资源配置及内陆核电对相关流域、区域的影响等综合因素，执行严格的核电厂液态流出物排放等水环境安全标准、防洪安全标准，采用合理高效的水资源利用方式，使得内陆核电发展与水资源安全保障、生态环境和居民健康保护之间的关系更加和谐。

5.1 正常运行时内陆核电厂需深入研究的水安全问题

在正常运行时，内陆核电厂的水环境安全、水供给安全、防洪安全基本可以得到保障。为严格执行内陆核电厂相关标准、保障自身运行安全及水资源安全，建议进一步完善和细化内陆核电厂液态流出物和温排水相关执行标准，在内陆核电厂对所在区域水资源布局和其他用水户的影响方面开展深入研究。

（1）内陆核电厂液态流出物影响研究

建议相关部门开展专题研究工作，研究内陆核电厂液态流出物在平原和河网区、河口或库区可能存在的放射性核素累积影响，为水资源论证中客观科学地评价核电厂液态流出物的影响提供依据。

另外，《核动力厂环境辐射防护规定》（GB 6249—2011）中规定营运单位应对液态流出物排放实施有效控制，以保证排放口下游 1 km 处受纳水体中总β放射性不超过 1 Bq/L，氚浓度不超过 100 Bq/L，建议相关技术部门明确这些控制值的平均时间（即指多长时间的平均值），并开展监测结果的解读技术研究。

（2）温排水影响研究

目前我国关于温排水排放方面的标准存在定义不够明朗、可操作性不强的问题，建议针对核电厂温排水排放问题，开展温排水对水环境影响的评价专题研究工作。

（3）内陆核电厂对区域水资源影响研究

鉴于水资源对社会经济发展的重要性，在内陆核电选址规划中，应从流域和区域角度分析厂址水资源量的保障条件和核电建设对水资源安全的潜在影响，包括核电厂用水是否能够得到足够的保障、是否会对区域内水资源的配置带来较大的改变、是否满足水功能区划的要求等。

5.2 严重事故工况下内陆核电厂需深入研究的水安全问题

在核电厂水资源安全保障方面，目前正在开展核电厂严重事故工况下如何防止放射性液体的泄漏、气载放射性物质的沉降对地表水水体造成放射性污染等问题的研究，建议重点关注下述问题：

（1）加强内陆核电厂严重事故工况下确保水资源安全的预防及缓解措施研究，如增大场内放射性污水贮存设施，设置厂区地下水防渗工程屏障，开展放射性污水泄漏封堵材料及工艺试验研究，研发放射性污水快速处理技术，探索放射性污水隔离方案等。以保证严重事故工况下放射性污水的可储存、可封堵、可处理、可隔离。

（2）紧急状态下水资源管理应急机制研究，考虑制定区域、流域应急备用水源方案等，以保证突发核电事故情况下的水资源安全。

5.3 内陆核电厂水安全问题对策研究

对于内陆核电厂发展中涉及的水安全问题，国家相关部门需要在革新管理模式、完善标准体系、加强监督管理、提高公众参与及信息透明等方面开展工作，以保障内陆核电发展与所在区域水资源安全协调，同时也提高核电厂运行的用水保障。

（1）实施全过程的水资源管理制度

鉴于核电厂在其建设、运行和退役等各阶段对水资源影响的持续性，以及一旦发生严重事故后对水资源安全危害的严重性，有必要对其立项、设计、施工、运营、退役等各阶段实施全过程的水资源管理。

对于立项阶段的核电厂项目，要开展全面的水资源安全评估；对于在建的核电厂项目，开展常态化检查监督，纠正可能存在水资源安全隐患的建设方案；对于正在运行的核电厂，加强液态流出物排放的监测和监督管理。

（2）完善核电有关水安全标准体系

核电厂有关的水安全标准主要包括水环境影响评价标准和防洪安全标准。

对于核电厂排水可能造成的放射性污染和热污染问题开展标准研究，就放射性核素在水体中的输送、扩散、衰减及累积过程进行研究，针对核电厂排水对水环境造成的影响进行分析，建立和完善相应的评价标准体系。

现行核电防洪安全标准中，对于堰塞湖灾害对厂址的影响考虑得不够，相关要求不具体，建议加强研究。

（3）提高公众参与度、增加信息透明度

内陆核电厂退水（排水）涉及的受纳水体——江、河、湖（库）大部分是我国重要的饮用水水源地或备用水源地。核电厂液态流出物对居民健康、水环境及生态的可能影响是公众普遍关注的问题。相关部门应进一步加强核电厂液态流出物排放监督管理的公众参与，全面听取利益相关方的意见。

增强核电论证过程的透明度，向公众公开有关内陆核电涉及水安全方面的论证报告及审批信息，保障公众的知情权、参与权和监督权。

5.4 内陆核电厂水资源安全风险综合分析与评价

尽管核电厂发生严重事故的概率极低，内陆核电厂对于其所在区域的水资源安全来说，仍是一个不可忽视的风险源。因此，有必要对内陆核电厂可能造成的水资源安全影响进行风险评估。

水资源对于人类社会、经济、环境的可持续发展具有不可替代的重要意义。所以，水资源安全不仅仅是水资源本身的问题，而且关系到由水资源安全引发的粮食安全、饮水安全、环境安全乃至国家安全等问题。建议在对核电厂严重事故工况下放射性核素泄漏可能对生态环境、饮水、粮食等方面造成的影响开展风险评价专题研究。

参考文献

[1] 赵小辉，邹树梁，刘永．内陆核电发展形势分析．南华大学学报，2012，13（3）．

[2] 朱立新，刘宇，马明俊．内陆核电厂发展状况与安全监管探讨．核安全，2011（3）．

[3] 张晓峰，田新珊，黄彦君，上官志洪，沙向东，王萦．内陆核电厂对水库环境的影响——以咸宁核电厂为例．J. LAKE SCI（湖泊科学），2010（22）：181-188.

[4] 国务院发展研究中心调查研究报告，第 80 号（总 2350 号），2005 年 5 月 30 日．

[5] 谭德明．我国内陆核电站建设的关键性问题研究——以湖南省核电站建设为案例分析［南华大学硕士论文］．2007 年 5 月．

[6] 王亦楠，中国要不要重新启动内陆核电．中国改革，2012（9）：83-86.

[7] Michelle T. H. van Vliet，John R. Yearsley，Fulco Ludwig，Stefan Vigele，Dennis F. Lettenmaier& Pavel Kabat，nature，vulnerability of US and European electricity supply to climate change，03 June 2012.

[8] 潘自强．辐射安全手册精编．北京：科学出版社，2014，260-261.

[9] 环境保护部，中华人民共和国国家质量监督检验检疫总局．核动力厂环境辐射防护规定．2011.

[10] EDF-Division Protection Nucleaire. Nucleaire&Environnement 2011，Part 2，Les Rejets Radioactifs Gazeux，06/2012.（法文）

[11] EDF-Division Protection Nucleaire. Nucleaire&Environnement 2011，Part 1，Les Rejets Liquides Radioactifs et Chimiques，06/2012.

[12] 赵成昆，周如明，等，内陆核电厂水环境影响的评估．2012 年 12 月．

[13] UK AP1000 Environment Report UKP-GW-GL-790，Revision 4，https：//www. ukap1000application. com/doc _ pdf _ library. aspx

[14] US NRC. US EPR final safety analysis report. http：//wwv. nrc. gov/reactors/new- reactors/design-cert/epr. htinl＃fsar

[15] 大亚湾核电运营管理有限责任公司．广东大亚湾核电站、岭澳核电站生产运行年鉴 2011. 2012 年 5 月．

[16] 大亚湾核电运营管理有限责任公司．广东大亚湾核电站、岭澳核电站生产运行年鉴 2008. 2009 年 5 月．

[17] World Nuclear Association. Cooling Power Plants，http：//www. world-nuclear. org/info/Current-and-Future-Generation/Cooling-Power-Plants/

[18] US NRC. NUREG-1947，Final Supplemental Environmental Impact Statementfor Combined Licenses (COLs) for Vogtle Electric Generating Plant Units 3 and 4，Final Report，March 2011，Appendix E Draft Supplemental Environmental Impact Statement，Comments and Responses.

[19] 赵成昆，周如明，等．内陆核电厂环境影响的评估．2013 年 3 月．

[20] UNSCEAR 2008 Report to the General Assembly with Scientific Annexes，Vol II，Scientific Annexes C，D and E ，Source and Effects of Ionizing Radiation，2011.

[21] UNSCEAR 2013 Report to the General Assembly，Vol I，Scinetific Annex A：Levels and effects of radiation exposure due to the nuclear accident after the 2011 great east-Japan earthquake and tsunami，Source，Effects and Risks of Ionizing Radiation，2013.

[22] 中华人民共和国环境保护部（国家核安全局），关于全国民用核设施综合安全检查情况的报告，2012 年 12 月．http：//www. mep. gov. cn/zjyj/201206/t20120615 _ 231737. htm

[23] 郭有，曹佑群，等．内陆核电耗水指标浅析．水利水电技术，2012，43（7）．

[24] 黄本胜，邱静，等．内陆核电站建设对水资源安全影响及对策研究，毕业论文，2010.

[25] 刘达，黄本胜，邱静，马瑞，洪昌红．内陆核电站建设对水资源安全影响的问题及研究现状．广东水利水电，2010（10）．

[26] 长江水利委员会水资源局．长江流域核电建设水资源管理对策措施研究．2011 年 10 月．

[27] 雷 Wen，查尔斯 A. Lin. 全球气候变化及其影响．水科学进展，2003，14（5）．
[28] 陈永勤，孙鹏，等．基于 Copula 的鄱阳湖流域水文干旱频率分析．自然灾害学报，2013，22（1）．

（**执笔人：**肖　华、刘海波、胡向阳、赵　鑫、余启辉、喻　飞；
审稿人：钮新强）

第四篇

内陆核电厂环境影响评估

目　　录

1　引言

对于内陆核电建设，我国有关政府部门一直持十分谨慎的态度，其中尤其关注内陆核电厂运行对水环境的影响。

2011 年 3 月 11 日，福岛第一核电厂因超设计基准地震和海啸事件引发了放射性物质大量释放的严重事故（以下简称福岛核事故）。该事故后，我国社会公众对于内陆核电建设的疑虑明显增加。归纳起来，有的担心内陆核电厂运行对下游乡镇和城市饮用水水质有影响，有的担心内陆核电厂事故对水资源安全有影响，也有的认为我国水资源紧缺，地震多发，进而质疑内陆核电厂的安全性等。

针对上述情况，中国核能行业协会于 2012 年 4 月组织业内 50 多位专家和有经验的工程技术人员开展“内陆核电厂环境影响的评估”的软课题研究。工作是在上述工作地基础上进行的[1]。

报告的第 2 部分介绍内陆核电厂正常运行期间重要环境问题的评估，包括与电厂用水有关的非放射性影响的环境问题评估，以及内陆核电厂放射性流出物排放有关的环境辐射影响评估。这部分的分析反映了美国和法国内陆核电厂的大量运行经验反馈，也阐述了我国的相关审管要求，并结合我国内陆核电厂址的特点和可采取的工程措施进行了评估。

报告的第 3 部分介绍内陆核电厂严重事故环境风险的评估与缓解措施，包括核电历史上三次严重事故辐射健康效应的评估，利用概率风险评价（PRA）技术进行了内陆核电厂严重事故环境风险的评估、福岛核事故教训的总结、我国内陆核电厂安全性的评估，以及内陆核电厂确保水资源安全的应急预案。

报告的第 4 部分给出了“内陆核电厂环境影响的评估”课题研究的结论和建议。

2　内陆核电厂正常运行期间重要环境问题的评估

2.1　内陆核电厂用水有关的非放射性影响的环境问题评估

2.1.1　与水资源分布有关的内陆核电布局

目前，在反对内陆建设核电的质疑声中，可以看到与水资源有关的评论，例如，“内陆地区建造核电站，还有一个特殊风险，如果一旦遭遇大旱之年，冷却水断绝，这将立即产生特大核电站事故”[2]“我国严重缺水，制约内陆核电的发展，……在缺水地区，第三代核技术并不比当前依靠电源驱动的第二代核技术更安全。”[3]

我国是水资源相对缺少的国家，而内陆核电建设确实需要水资源。通常，一个建设 4 台 AP1000 机组的内陆核电厂（采用自然通风冷却塔）年取水量约为 1.2 亿～1.6 亿 m^3，其中，由于冷却塔蒸发、漂滴损失造成的耗水量在 0.9 亿～1.3 亿 m^3。然而，这不应是反对内陆建设核电的理由，内陆核电厂供水水源的保证完全可以通过合理布局来解决。

美国多年平均水资源量为 29 702 亿 m^3，是人均水资源量较高的国家，但美国的水资源分布非常不均匀。美国大陆年平均降水量为 760 mm。从太平洋沿岸到落基山脉，平均降水量为 500 mm 以下；从落基山脉到密西西比河，平均为 710 mm；从密西西比河到大西洋沿岸为 1 100 m。美国的核电厂大多分布在密西西比河流域及其以东至大西洋沿岸的区域。其中，美国密西西比河流域共建有 21 座核电厂，共 32 个机组，总装机容量达到 3 093 万 kW。在最近的美国 NRC 网站上，已经给出新建核电厂的申请情况，其中，在密西西比河流域拟新建或扩建的核电项目有 5 个，这些项目的装机总容量估计在 1 000 万 kW。

我国多年平均水资源量为 28 124 亿 m^3，是人均水资源量相对较少的国家，同时有水资源分布不均匀的特点。我国多年平均降水量为 648 mm。西北多干旱地区；长江两岸平均降水量为 1 000～1 200 mm；江南丘陵和南岭山地大多超过 1 400 mm；东南沿海的广东、福建、广西、浙江等省区，年降水量大多在 2 000 mm 以上。因此，参照美国，可以将我国内陆核电厂布局在长江流域以及其他水资源相对丰富的地区。内陆核电厂布局在这些水资源相对丰富的地区，可以满足核电厂各种用水的保证率要求，完全不必担心“大旱之年会产生特大核电厂事故”。

2.1.2 内陆核电厂用水有关环境问题的评估

在美国，电厂取水可能造成的与周围其他用水户之间的用水矛盾，是内陆核电厂环境影响评估的重要问题之一。美国联邦法规 10CFR51.53（c）（3）（ⅱ）（A）中规定，“如果核电厂执照申请者采用冷却塔或冷却池，而且从流量小于 $3.15\times10^{12}\ ft^3/a$（$9\times10^{10}\ m^3/a$，约 2 854 m^3/s）的河流中抽取补给水，则必须评价核电厂运行对于河流流量及其河道和河岸生态群落的影响，同时，还必须评价核电厂运行在河流低流量期间取水对冲积含水层的影响。”在每个内陆核电厂用水矛盾评估中，核管理委员会（NRC）根据美国的清洁水法要求电厂冷却水取水构筑物抽取水量小于取水水源年平均流量的 5%[4]。

在中国核能行业协会 2011 年组织开展的“内陆核电厂水环境影响的评估”的课题研究中，查阅了 NRC 对于 10 个采用二次循环冷却的内陆运行核电厂给出的环境影响意见书。从中可以看到，这些电厂由于冷却塔蒸发、飘滴造成的水损失量与所在河流的多年平均流量（或湖泊下泄流量）相比，均只占很小的份额[5]。

以 Vogtle 核电厂为例[4]，该电厂现有 2 台 1 152 MW 的 PWR 机组，电厂业主拟在该厂址扩建 2 台 AP1000 机组。2012 年 2 月 19 日，该项目已经取得 NRC 颁发的联合运行执照（COL）。Vogtle 核电厂所在的 Savannah 河段多年平均流量为 292 m^3/s，由上游水库控制的最小流量为 108 m^3/s。拟建的 2 台 AP1000 机组采用自然通风冷却塔，由蒸发、飘滴造成的平均水损失量为 1.76 m^3/s，最大的水损失量为 1.82 m^3/s。与已有的 2 台 PWR 机组以及其他耗水一起，4 台机组的最大水损失量为 3.91 m^3/s。而该损失量与电厂所在 Savannah 河段多年平均流量和控制最小流量相比，分别仅占 1.3%和 3.6%。

在美国内陆核电厂用水矛盾评估中，也有将取水量与河流（或湖泊下泄流量）的 10 年一遇 7 日低流量（7Q10）相比的情况，最大的占比为 Catawba 核电厂（占 12.4%）[6]。

在我国，《中华人民共和国水法》（2002 年 8 月）规定，“直接从江河、湖泊或者地下取用水资源的单位和个人，应当按照国家取水许可制度和水资源有偿使用制度的规定，向水行政主管部门或者流域管理机构申请领取取水许可证，并缴纳水资源费，取得取水权。”2005 年 5 月，水利部发布《建设项目水资源论证导则》，要求建设项目在进行水资源论证时，对项目所在区域水资源状况及其开发利用进行分析，同时要对取水合理性以及取水水源进行论证。可以预期，通过水资源论证工作以及实行取水许可制度，内陆核电厂取水可以得到保证，与周围其他用水户的用水矛盾是可以避免的。

2.1.3 内陆核电厂散热系统运行的环境问题评估

与我国沿海核电厂采用海水直流循环冷却方式不同，我国拟建内陆核电项目均考虑采用二次循环冷却方式。

内陆核电厂采用二次循环冷却方式后，伴随冷却塔排污水的温排放对水域的环境影响很小。美国位于 Savannah 河畔（多年平均流量为 292 m^3/s）的 Vogtle 核电厂拟建 2 台 AP1000 机组，其温排放影响已经由三维模型 CORMIX 软件给出[6]：在 7Q10 流量条件下，热羽流相对于周围水体温升不超过 2.8 ℃（5 ℉）的混合区，在排放口下游延伸 9.9 m，在排放口侧向延伸 11.4 m（河流宽 90 m）。

我国内陆核电厂的环境影响评价单位正在消化研究 CORMIX 软件，预期该软件在我国内陆核电项目的应用，也可给出类似的评价结果。

2.2 内陆核电厂环境辐射影响的评估与控制措施

本节介绍美国和法国内陆核电厂放射性流出物排放的环境辐射影响评估内容和结论，并结合我国的相关审管要求、拟建内陆核电厂的条件和可采取的工程控制措施，对我国内陆核电厂的环境辐射影响给出基本的估计。

2.2.1 美国内陆运行核电厂环境辐射影响的评估

美国 65 座核电厂（共 104 台机组）中有 39 座核电厂位于内陆地区，共 64 台机组，占美国所有核电机组的 61.5%，这些机组至 2010 年已经有约 2 000 堆·年的运行经验。由于美国 NRC 在核电厂监管中实施全面的信息公开，在 NRC 网站上可以检索到美国内陆运行核电厂的放射性流出物年度排放报告和年度环境辐射监测报告[7]，NRC 对内陆延寿运行核电厂给出的总体环境影响意见书（GEIS）[8]补充环境意见书（SEIS）[9]等，因此，我们有条件深入研究美国内陆运行核电厂实际产生的环境辐射影响。此外，在 NRC 网站中还可以看到，美国目前有 18 个申请联合运行执照（COL）的拟建核电项目[10]。其中，11 个拟建项目位于内陆地区。本项研究中也检索了部分拟建 PWR 核电项目申请 COL 的环境报告，从而可以了解这些核电项目放射性流出物排放影响的预评估结论。

2.2.1.1 美国内陆运行核电厂放射性流出物排放的环境辐射影响

（1）美国内陆运行核电厂放射性液态流出物排放的实际影响[5]

在开始研究美国内陆运行核电厂放射性流出物排放的环境辐射影响时，曾有一种观点，认为美国内陆核电厂周围人口稀少，居民饮用地下水而不饮用地表水，因此，美国内陆核电厂液态流出物排放影响评估对于我国内陆核电厂没有借鉴意义。分析美国内陆核电厂的水文特征和水的利用情况后，看到有些情况与我国是不同的，例如，美国一些内陆核电厂周围人口较少，核电厂放射性流出物排放的受纳水体很小，或者为电厂业主所拥有，这些湖泊往往没有饮用水水源的功能。然而，进一步分析后可以得出，从总体来看，美国内陆核电厂液态流出物排放影响的评估对于我国内陆核电厂的水环境影响评估是有借鉴意义的：

1）美国内陆核电厂的冷却水源/受纳水体有着多样的水文特征。有的受纳水体是河流，而这些河流流量有着各种水平；有的是人工筑坝形成的湖泊或河道型水库；还有的在一条河流上有几座核电厂。

2）统计了16个滨河核电厂资料，有7个核电厂受纳水体的年平均流量小于500 m^3/s，其中最小年平均流量为110 m^3/s；统计了10个滨湖核电厂的资料，大多数受纳水体的库容较大（1亿 m^3以上），但也有库容很小的情况（最小的Robinson湖库容仅3 800万 m^3），或者有湖泊来流量或下泄流量很小的情况（例如，North Anna核电厂所在Anna湖的正常下泄量为4.84 m^3/s，最小下泄量为1.12 m^3/s）。

3）多数美国内陆核电厂80 km（50英里）范围内的人口数较少，但也有人口数较多的厂址，例如，Dresdon（2×867 MW BWR）、Limerick（2×1 134 MW BWR）核电厂半径80 km范围内2000年底的总人口分别为734万人和765万人。需要指出，在美国，核电厂周围80 km范围内人口最多的情况不是出现在内陆地区，而是沿海地区的Indian Point核电厂（1 773万人，2000年）。这种情况与我国相似，沿海地区的秦山核电基地和大亚湾核电基地周围80 km范围内的常住人口总数分别为1 217万人（2003年）和1 066万人（2002年）。

4）查阅了NRC对美国27个内陆延寿运行核电厂给出的环境意见书[9]，看到其中三分之二内陆核电厂的受纳水体有灌溉、捕鱼和娱乐活动的功能。查阅了美国38个内陆核电厂的环境辐射监测报告[5]，看到其中二分之一内陆核电厂（20个）的受纳水体下游有公共饮用水取水点，这些电厂在公共饮用水取水点均设有采样监测点。

根据NRC网站上检索到的美国内陆核电厂的放射性流出物年度排放报告和年度环境辐射监测报告，可以看到，美国内陆核电厂放射性液态流出物的实际排放控制在国际上共同认可的可合理达到的尽量低水平（As Low as Reasonably Achievable，ALARA），排放产生的环境辐射影响处在美国平均的环境本底辐射水平的涨落范围内：

1）统计了美国内陆21座PWR运行核电厂2005—2009年期间放射性液态流出物的排放量。由于这些电厂的机组数和机组功率不同，分析了归一化至1 000 MW PWR的排放量，得出[5]：

·所有这些核电厂五年内归一化至1 000 MW的裂变产物和腐蚀产物年排放量的平均值为2.19 GBq/a（1 GBq=10^9 Bq）。其中，最大值为8.46 GBq/a。

·所有这些PWR核电厂多年平均的归一化至1 000 MW的液态氚年排放量为25.5 TBq/a（最大值为44.5 TBq/a）。

2）统计了美国21座内陆PWR运行核电厂放射性液态流出物在2005—2009年期间所致的公众个人最大全身剂量和最大器官剂量。所有的数值均远低于美国NRC在10CFR50附录I中根据ALARA原则制定的设计目标值。

·在所有的统计值中，最大值为2007年North Anna核电厂的个人最大全身剂量和最大器官剂量，分别为3.11 μSv/a和4.18 μSv/a，占10CFR附录I相应设计目标值的10.4%和4.2%。

·根据美国国家放射防护委员会发布的数据[11]，美国平均的环境本底辐射水平为3.55 mSv/a（即3 550 μSv/a）。因此，美国内陆PWR核电厂放射性液态流出物排放对公众产生的实际环境辐射影响处在美国平均环境本底辐射水平的涨落范围。

3）在美国，每个内陆运行核电厂的年度环境辐射监测报告中均列出地表水体和饮用水样品的采样地点、采样频率、监测项目与探测下限、监测结果。查阅了美国内陆 38 座运行核电厂（利用天然蒸发池的凤凰城 Palo Verde 核电厂除外）2009 年度的环境辐射监测报告，看到所有内陆运行核电厂下游公共饮用水源中均未检出与核电厂运行有关的 γ 核素，所有样品的总 β 浓度远小于 1 Bq/L，而且所有下游公共饮用水源中的氚浓度均低于 NRC 规定的报告水平 74 Bq/L（美国环境保护署规定饮用水中氚浓度限值为 740 Bq/L）[5]。例如：

• 位于田纳西河畔的 Beaver Valley 核电厂（2×800 MW，PWR）：电厂排放口下游 2.0 和 7.8 km（即 1.26 和 4.90 英里）处有市政供水公司的饮用水取水口。2009 年中，在下游 2 km 处的饮用水样品中监测到平均总 β 浓度为 0.141 Bq/L，平均氚浓度为 11.5 Bq/L。

• 位于 Norman 湖畔的 McGuire 核电厂（2×1 100 MW PWR）：在排水口以西 5.3 km 有公共饮用水处理厂取水点，在排水口 SSW 方位 11.8 km 以及 SSE 方位 17.8 km 处也分别有市政供水公司的取水口。在 2009 年，最近的饮用水样品（以西 5.3 km）中监测到平均总 β 浓度为 0.071 Bq/L，平均氚浓度为 38.1 Bq/L。

考虑到不少水利部门的专家经常询问内陆核电厂放射性液态流出物排放是否会在受纳水体中产生长期累积影响，在“内陆核电厂环境影响的评估”子课题 4 研究中，查阅了 2005—2011 年期间美国 38 座内陆运行核电厂的各年度环境辐射监测报告。结果表明，不必要担心内陆核电厂液态流出物排放会产生影响下游水质的长期累积影响[12]：

1）在 38 座美国内陆核电厂中，7 年期间有 87%的核电厂（33 个）受纳水体中的沉积物样品中检测到了微量的放射性核素 ^{137}Cs，它们主要来自早期大气层核试验和切尔诺贝利核事故造成的大气落下灰的贡献。以 Wolf Creek 核电厂为例，2009 年在 Coffey County 湖的电厂排放池底泥中检测到 ^{137}Cs 的活度为 4.64～6.27 Bq/kg。而运行前本底调查时该采样点底泥样品中 ^{137}Cs 的活度范围为 2.9～35.3 Bq/kg。在 2009 年中，美国环境保护署（EPA）也在 Coffey County 湖的 3 个底泥采样点检测出核素 ^{137}Cs，比活度分别为 1.90、2.8 和 3.0 Bq/kg，低于邻近 John Rodmend 水库底泥对照点样品的 ^{137}Cs 比活度 5.1 Bq/kg，因此，EPA 认可在 Coffey County 湖底泥采样点检测出的核素 ^{137}Cs 为大气核试验以及切尔诺贝利核事故大气释放物沉降所贡献。

2）6 座电厂在个别年份沉积物样品中检测到的核素 ^{137}Cs 可能有来自电厂排放的影响，但均没有累积增加的趋势。

• 最高检测值为 Arkansas 核电厂（受纳水体为 Dardanelle 湖）排放口 0.8 km 处分别在 2005 年和 2011 年沉积物样品中检测到的 24.7 Bq/kg 和 24.5 Bq/kg。

• 7 年中，只有 Limerick 核电厂在排放口 1 km 以远的一个岸边沉积物样品中检测到了微量的核素 ^{137}Cs。该电厂在美国内陆滨河核电厂中，是平均流量最小的一个厂址，多年平均流量为 52 m^3/s。在干旱的 2005 年，下游 3.5 km 处的一个沉积物样品中检测到 19.9 Bq/kg 的核素 ^{137}Cs，但没有累积的趋势。

3）在 38 座内陆核电厂中，有 29%的核电厂（11 个）受纳水体沉积物样品中检测到了微量的与电厂排放有关的人工放射性γ核素^{58}Co和^{60}Co等，这些沉积物样品都位于电厂排放口1 km左右的范围内。只有两个例外：

• 与^{137}Cs监测情况相同，H. B. Robinson核电厂在几个干旱年份中，在下游Prestwood湖（离电厂约9 km）的底泥样品中检测到了微量的^{60}Co，最高值为4.0 Bq/kg。

• Oconee核电厂所在Keowee湖的平均下泄流量为22.4 m^3/s。2005年，在电厂下游约7 km处的一个岸边沉积物样品中检测到了微量的^{54}Mn，活度为7.4 Bq/kg。后续年份中，该指示点所有沉积物样品的监测值均小于LLD。

4）选择所有电厂沉积物样品中检测到的^{137}Cs活度最高值（Arkansas核电厂，2005年，24.7 Bq/kg）以及其他核素活度最高值（田纳西河沿岸Beaver Valley核电厂排放口下游0.3 km处，2009年，^{58}Co和^{60}Co活度分别为18.9 Bq/kg和22.57 Bq/kg），进行公众个人剂量计算。计算中假定公众个人（成人）常年在排放口附近进行水上娱乐活动（游泳、划船、钓鱼等）。

• 对于Arkansas核电厂，2005年沉积物样品中^{137}Cs所致公众个人剂量为7.54×10^{-6} mSv/a。

• 对于Beaver Valley核电厂，2009年沉积物样品中^{58}Co和^{60}Co活度所致公众个人全身剂量为7.47×10^{-5} mSv/a。

• 与前述美国平均环境本底辐射水平3.55 mSv/a相比，沉积物样品中的放射性核素对人体的辐射影响是可以忽略不计的。

（2）美国内陆运行核电厂放射性气载流出物排放的实际影响

在“内陆核电厂环境影响的评估”的子课题5研究中，详细分析了美国内陆运行核电厂放射性气载流出物排放的环境辐射影响[13]：

1）统计了美国内陆23座PWR运行核电厂（共39个机组）2005—2010年惰性气体、碘、粒子和气态氚的排放量。得出：

• 这些核电机组6年中归一至1 000 MW的惰性气体年排放量平均值为1.93 TBq/a（1 TBq=10^{12} Bq）。其中，最大值为Waterford 3号机组的24.3 TBq/a。

• 所有机组6年中归一化的碘排放量平均值为0.016 1 GBq/a，最大值为Watts Bar核电厂1号机组的0.158 GBq/a。

• 所有机组6年中归一化的粒子（半衰期≥8 d）排放量平均值为0.006 28 GBq/a，最大值为三哩岛核电厂1号机组的0.085 7 GBq/a。

2）统计了美国内陆23座PWR运行核电厂（共39个机组）2005—2010年间放射性气态流出物排放所致最大器官剂量，并与10CFR50附录I规定的ALARA设计目标值进行比较，得出：

• Waterford 3号机组2010年由于放射性气态流出物排放所致的最大器官剂量为38.6 μSv/a，为39个机组6年统计值中的最大值。该值与10CFR50附录I规定的单堆的相应设计目标值150 μSv/a相比，占25.7%的份额。

• 与前述美国环境本底辐射水平3.55 mSv/a（3 550 μSv/a）相比，39个PWR机组实际运行中气载放射性流出物产生的环境辐射影响处在美国平均环境本底辐射水平的涨落范围。

3）查阅了美国 23 座内陆 PWR 运行核电厂 2009 年的环境辐射监测报告，统计了厂址周围气载粒子中总 β 和 γ 核素浓度，以及气载 ^{131}I 的浓度监测统计结果。2009 年中，所有空气样品中的 ^{131}I 浓度均低于探测下限，指示点的总 β 浓度均与对照点相当，与运行前和运行历史数据对比无异常。除三哩岛核电厂，其他电厂未检出与电厂运行有关的 γ 核素。2009 年 11 月从三哩岛核电厂东南方向 1.4 km 处的一个气体粒子样品中检测到了微量的核素 ^{58}Co、^{60}Co、^{95}Nb 和 ^{95}Zr，根据该次环境采样结果计算的公众个人剂量为 0.2 μSv/a，该值与美国平均环境本底辐射水平 3 550 μSv/a 相比，是可以忽略不计的。

（3）NRC 对美国运行核电厂放射性流出物排放环境辐射影响的基本评估

NRC 是美国联邦政府监管核电厂的机构。核电厂的厂址许可、建造、运行和延寿的执照均要取得 NRC 的批准，包括取得 NRC 的环境意见书。在 20 世纪 90 年代，美国运行核电厂相继提出延寿运行申请。NRC 为了对延寿申请运行厂给出环境审查意见，对美国运行核电厂的环境问题进行了识别和评估，并于 1996 年对美国运行核电厂给出了总体环境意见书[14]。其中，共提出了 92 个环境问题，并对各个环境问题给出了环境影响重要度的评估。这些重要度水平包括：

1）小影响：环境效应是不可探测的，或者小到既不会破坏也不会显著改变资源的重要属性。

2）中等影响：环境效应足以显著改变但不会破坏资源的重要属性。

3）大影响：环境影响显著，且足以破坏资源的重要属性。

对于核电厂放射性流出物排放的环境辐射影响，NRC 将其评估为有共性的属于小影响重要度的环境问题。NRC 认为，联邦法规 10CFR50 附录 I 中给出了核电厂执行 ALARA 原则的设计目标值，而核电厂放射性流出物对公众成员产生的最大剂量均低于所要求的设计目标值，因此，其影响的重要度水平属于小影响。

2009 年，NRC 提出了美国运行核电厂总体环境影响意见书的修订版[8]，其中，重新归纳提出了 78 个问题，而对于核电厂放射性流出物排放的环境辐射影响，NRC 重申了上述见解。

2.2.1.2　美国内陆拟建核电项目环境辐射影响的预评估

（1）放射性液态流出物排放的预评估

为了解美国内陆拟建核电项目放射性液态流出物排放影响的预评估结果，查阅了 5 份申请联合运行执照（COL）的环境报告（其中，3 个项目拟建 AP1000 机组，2 个项目拟建 US EPR 机组）[15]。从中看到，5 个拟建项目放射性液态流出物排放产生的公众个人最大全身剂量和最大器官剂量均满足 10CFR50 附录 I 规定的设计目标值，其中最大的估算值为 Shearon Harris 拟建 AP1000 项目的估算值：公众最大全身剂量和最大器官剂量分别为 20.9 μSv/a 和 31.4 μSv/a，占 10CFR 附录 I 相应设计目标值的 70%和 31.4%。

上述数值与美国环境本底辐射水平 3.55 mSv/a（即 3 550 μSv/a）相比，可以得出，美国内陆拟建核电项目放射性液态流出物排放对公众产生的预期环境辐射影响处在美国平均环境本底辐射水平的涨落范围。

（2）放射性气载流出物排放的预评估

在“内陆核电厂环境影响的评估”的子课题 5 研究[13]中，查阅了 9 份内陆拟建 PWR

核电项目申请 COL 的环境报告（其中，5 个拟建 AP1000，2 个拟建 US EPR，2 个拟建 US APWR）。从中看到，所有的估算值均能满足 10CFR50 附录 I 规定的设计目标值（全身外照射剂量、皮肤外照射剂量和最大器官剂量的设计目标值分别为 50 μSv/a、150 μSv/a 和 150 μSv/a），也属于美国平均环境本底辐射水平的涨落范围。

2.2.1.3　美国内陆核电厂地下水途径的影响评估

（1）美国运行核电厂放射性液体意外释放事件的评估[16]

从 20 世纪 90 年代开始，不少美国运行核电厂先后发生过氚泄漏事件。截至 2014 年 2 月，美国 65 座运行核电厂中，先后有 45 座核电厂（其中，内陆核电厂 26 个）发生过放射性液体释入地下水的事件。由于地下物质对于除氚外的核素有显著的阻滞作用，因此，能够迁移至厂区地下水井的核素主要是氚。在 NRC 的网站上，也称这类事件为氚泄漏事件。

按照 NRC 的调查，大多数氚泄漏事件都涉及含氚液体通过地下结构及管道泄漏进入地下层。然而，NRC 指出，各核电厂泄漏的氚均未弥散到达厂址（电厂资产范围）外，这是因为含氚管道泄漏均发生在上部的砂石层，加上有上部黏土层和下部黏土层的阻隔，不会到达可作为公共饮用水源的下部含水层（如图 1 所示），因此，泄漏氚的水平不会对厂外公众的健康和安全产生威胁。在 NRC 的网站上还公布了发生氚泄漏事件的各核电厂厂址外地下水井的监测结果，所有样品中的氚浓度均小于美国饮用水的氚浓度指标（740 Bq/L）。

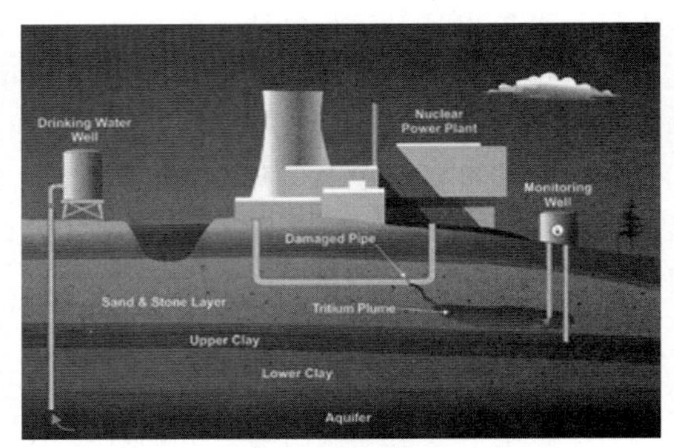

图 1　核电厂氚泄漏事件影响范围示意图

尽管如此，NRC 指出，这些已经发生的未预见的和未经监测的氚泄漏释放是严重的事件，会使公众对于核电厂运营者和监管者的信任逐步流失。因此，NRC 采取了一系列措施，包括：要求核电厂运营者在设计中重视放射性液体在地下贮罐、管道中的泄漏问题，采取措施防止泄漏，例如，采用合适的内衬和防腐蚀、防老化的材料；对于运行核电厂，NRC 要求核电厂运营者对于含放射性液体的地下管道建立和实施老化管理大纲，一旦发现有泄漏应及时修复；NRC 还要求各运行核电厂的营运者实施地下水保护大纲，增加厂区地下水监测井，确保厂外饮用水井不受到泄漏氚的污染。

（2）放射性破损事故液体贮罐

在美国核电厂安全分析报告的第 2.4 节中，要对放射性液体贮罐破损的设计基准事故进行经地下水途径产生辐射影响的评估。这种事故的评估根据标准审查大纲（NUREG-0800）中 BTP11-6 的规定进行，评估中通常考虑辅助厂房反应堆冷却剂流出物暂存箱破损，其中 80% 的液体泄漏出来，并且不经延迟地通过辅助厂房的基底和墙面的裂缝后直接进入地下水及土壤中。评估中要针对各厂址的具体情况，确定距离电厂最近的地表水体的距离，并且预测事故释放放射性液体经地下水途径中的迁移、衰变、吸附、稀释后到达最近地表水体的时间以及放射性核素浓度。如果最近地表水体中的放射性浓度低于 10CFR20 附录 B 表 2 中第 2 列给出的浓度限值，则该事故的环境辐射影响是可以接受的。

在“内陆核电厂环境影响的评估”子课题3研究[17]中，查阅了NRC网站上检索到的11个申请联合运行执照（COL）或早期厂址许可证（ESP）的美国内陆拟建核电项目安全分析报告的相关内容，看到所有这些内陆核电厂放射性液体流出物事故释放经地下水途径所造成的环境影响是可以接受的，事故释放后到达最近地表水的放射性核素主要是氚，且均低于10CFR20规定的浓度限值。

需要指出的是，NRC在审查大纲（NUREG-0800）的BTP11-6中指出，在放射性液体贮罐厂房设置钢覆面后，即使贮罐发生了破漏，放射性流体可以滞留在钢覆面内，从而可以阻断放射性液体事故释放的核素进入地下水的途径。

2.2.2 法国内陆核电厂放射性流出物排放环境辐射影响的评估

（1）法国内陆核电厂的布局[18]

法国19座核电厂中，有14座核电厂位于内陆地区，共40台核电机组，占法国核电机组的69.0%，这些机组至2010年已经有约1 000堆·年的运行经验。

法国境内有8条主要河流（均属中小河流），这些河流上均建有核电厂，有的一条河流上有多座核电厂，有的在跨国河流上建有核电厂：

1）法国最大的河流是流入地中海的罗纳河，在法国境内约522 km，平均流量为1 500 m^3/s，最小流量为200 m^3/s，沿岸建有4座核电厂，共14台机组，总装机容量为1 340万kW。这4座核电厂位于罗纳河约180 km的河段上，其中最近的两个核电厂相距33.5 km。

2）流入大西洋的卢瓦尔河是法国境内最长的河流，平均流量为400 m^3/s，最小流量为50 m^3/s，沿岸建有4座运行核电厂，共12台压水堆机组，总装机容量为1 160万kW。其中，Chinon核电厂下游约20 km处有一座约4 000人的城镇，将卢瓦河作为其唯一的饮用水源。

3）平均流量（100 m^3/s）和最小流量（15 m^3/s）很小的维也纳河，是卢瓦河的一条上游支流，在这条河流上建有Civaux核电厂（2×145万kW），在该电厂放射性液态流出物排放口下游约10 km处有一座7 000左右人口的城镇，将维也纳河作为其饮用水源。

4）莱茵河上游在瑞士境内，沿岸建有4座核电厂，共5台机组，总装机容量为337万kW。莱茵河在法国境内长190 km，平均流量为1 100 m^3/s，最小流量为200 m^3/s，沿岸建有Fessenheim核电厂（2×90万kW）。莱茵河下游进入德国境内，其沿岸还有至今尚在运行的Biblis核电厂（240万kW）。

5）法国Cattenon核电厂（2×130万kW）位于法国、卢森堡和德国交界的摩泽尔河段，平均流量为150 m^3/s，最小流量为15 m^3/s。

6）默兹河在法国境内长约500 km，平均流量为150 m^3/s，最小流量为20 m^3/s，沿岸建有Chooz核电厂（2×145万kW）。默兹河下游流入比利时和荷兰。

7）塞纳河流经巴黎市区。Nogent核电厂（2×130万kW）位于塞纳河巴黎上游约90 km处，平均流量为400 m^3/s，最小流量为25 m^3/s。巴黎市的居民饮月水一半取自地下水，一半取自塞纳河。

8）加龙河发源于西班牙，流经法国南部进入大西洋。加龙河沿岸有Golfech核电厂（2×130万kW），平均流量为300 m^3/s，最小流量为40 m^3/s。

（2）法国核电厂的放射性流出物排放量及其评估

在法国，核电厂放射性流出物排放按照排放限值来进行控制和监管。长期运行经验表明，法国各种类型机组放射性流出物排放量均控制在很低的水平上。

下面以法国 34 台 900 MW 机组为例进行分析[19-20]：

1）一台 900 MW 机组放射性液态流出物中裂变产物和腐蚀产物的排放量控制值为 15 GBq/a。在 2002—2011 年期间，法国所有 34 台 900 MW 机组的裂变产物和腐蚀产物排放量平均值为 0.33 GBq/（堆·a），最大值为 1.15 GBq/（堆·a）。

2）900 MW 机组放射性气载流出物中惰性气体、碘和粒子的排放量控制值分别为 22.5 TBq/（堆·a）、0.4 GBq/（堆·a）和 0.4 GBq/（堆·a）。在 2002—2011 年期间，法国 900 MW 机组放射性气载流出物中惰性气体、放射性碘和粒子的排放量平均值分别为 0.66 TBq/（堆·a）[最大值为 8.63 TBq/（堆·a）]，0.017 GBq/（堆·a）[最大值为 0.098 GBq/（堆·a）]，0.002 6 GBq/（堆·a）[最大值为 0.021 GBq/（堆·a）]。

由于法国各种类型机组放射性液态流出物排放控制在良好的状态，这保证了法国内陆核电厂运行对环境的辐射影响是轻微的。以巴黎市上游塞纳河沿岸的 Nogent 核电厂（2×1 300 MW）为例，EDF 给出[21]：由实际的放射性流出物排放量计算得到的电厂周围公众最大个人剂量为 0.9×10^{-3} mSv/a；即使 Nogent 核电厂的放射性流出物排放量达到 2×1 300 MW 机组的排放控制值，计算得到的电厂周围公众最大个人剂量为 2.0×10^{-3} mSv/a。与法国核电厂周围公众个人剂量的基本标准 1.0 mSv/a 以及法国平均的环境本底辐射水平 2.4 mSv/a 相比，Nogent 核电厂运行产生的环境辐射影响是极其轻微的。

2.2.3 我国有关内陆核电厂放射性流出物排放的审管要求

对于核电厂放射性流出物的排放，我国参照国际原子能机构（IAEA）的相关法规与导则，规定了多层次的审管要求。

第一层次是公众个人的剂量限值（也称基本标准）。国家标准《电离辐射防护与辐射源安全基本标准》（GB 18871—2002）中，采用国际通用标准，将公众个人剂量限值规定为 1 mSv/a。这个限值的基础是，在该限值下的终生照射将产生一个非常小的健康危险，大致等于来自天然辐射源（不含氡）的本底辐射水平。

第二层次是核电厂的剂量约束上限值。在防护最优化方面设置上限值，是为了给其他的发展和辐射源的不确定性留有裕度。GB 6249—2011 中明确将 0.25 mSv/a 的个人有效剂量作为核电厂的剂量约束上限值。

第三层次是剂量约束值或排放量控制值，这个层次反映了辐射防护最优化以及 ALARA 原则。这个层次的要求通常是通过设计优化来实现的。在 GB 6249—2011 中给出了放射性气载和液态流出物的年排放量控制值。

上述各审管层次，对于滨海核电厂和内陆核电厂的要求是相同的。需要指出，与世界平均的环境本底辐射水平 2.4 mSv/a（其中氡气造成的居民剂量约占 60%）以及我国 3.1 mSv/a 的平均环境本底辐射水平相比[22]，上述公众个人剂量约束上限值以及进一步制定的放射性流出物排放控制值是很严格的要求。

在 GB 6249—2011 中，对于内陆核电厂放射性液态流出物排放浓度的控制，还提出了进一步的要求，这些要求可以视为第四层次的审管要求，包括：

（1）槽式排放出口处的放射性流出物中除氚和^{14}C外其他放射性核素浓度不应超过100 Bq/L。

（2）营运单位应对液态流出物排放实施有效控制，以保证排放口下游1 km处受纳水体中总β放射性不超过1 Bq/L，氚浓度不超过100 Bq/L。

（3）如果浓度超过上述规定，营运单位在排放前必须得到审管部门的批准。

表1给出GB 6249—2011中有关内陆核电厂排放口下游浓度的控制要求与相关饮用水标准的比较[23]。

表1　内陆核电厂排放口下游浓度的控制要求与国际相关饮用水标准的比较

国际组织/国家	推导浓度的参考剂量	总β指标值	氚指标值
WHO饮用水指标	0.1 mSv/a	1 Bq/L（筛选值）	10 000 Bq/L
加拿大卫生部饮用水指标	0.1 mSv/a	1 Bq/L（筛选值）	7 000 Bq/L
美国EPA饮用水指标	0.04 mSv/a	▲	740 Bq/L
欧盟饮用水指标	0.1 mSv/a	▲	100 Bq/L（筛选值）
我国生活饮用水卫生标准（GB 5749—2006）	等效采用WHO饮用水指标	1 Bq/L（筛选值）	—
GB 6249—2011（排放口下游1 km受纳水体）	—	1 Bq/L（筛选值）	100 Bq/L（筛选值）

注：1. “▲”未规定总β指标值，各β/γ放射性核素的浓度指标按照参考剂量进行推导；

2. “筛选值”是指大于该数值时，可通过进一步的剂量评估来确定是否可用作饮用水。

从表1中可以看到，上述第四层次的审管要求是非常严格的。可以认为，GB 6249—2011要求内陆核电厂排放口下游1 km处受纳水体中总β放射性不超过1 Bq/L，可以理解为排放口下游1 km处受纳水体的放射性指标已经满足WHO和我国饮用水标准的要求。

由于氚只发射低能β射线，剂量转换因子较其他核素低得多。因此，通常有单独的控制指标。表1中对于饮用水中氚浓度给出的指标值有较大的差异，这些数值可以分成两种类型。一种类型是按照单一核素来考虑，用参考剂量推算出饮用水中的浓度指标，例如，WHO和加拿大卫生部的饮用水氚浓度指标；另一种类型是将饮用水中的氚浓度作为衡量饮用水水质的一种指标，对其设置较多的限制，其限值显著低于用参考剂量推算的单一氚浓度指标，例如，美国EPA和欧盟的饮用水氚浓度指标。GB 6249—2011中采用100 Bq/L的氚活度浓度来控制核电厂排放口下游1 km处的氚浓度，是一个筛选值，与欧盟饮用水的氚浓度指标是一致的。在内陆核电厂排放口下游1 km，使氚浓度小于100 Bq/L，就是满足国际上最严格的饮用水氚浓度控制指标。

2.2.4　我国内陆核电厂放射性流出物排放影响的基本估计

2.2.4.1　我国运行核电厂放射性流出物排放的控制水平

（1）放射性流出物排放量

前面指出，美国和法国PWR机组的放射性流出物排放量均能控制到很低的水平。进一步分析可以得出，我国运行核电厂放射性流出物的排放控制也能达到与美国、法国运行核电厂相同的低水平。

表 2 给出大亚湾核电厂和岭澳核电厂 4 台机组（一期）10 年期间的放射性流出物排放平均值和最大值与前述美国内陆核电厂 PWR 机组以及法国 900 MW PWR 机组相应数值的比较。可以看到，这两个核电厂的放射性流出物排放量控制在与美国和法国 PWR 机组相同的低水平。

表 2 大亚湾核电厂、岭澳核电厂（一期）放射性流出物排放量与美国和法国 PWR 机组的比较

		大亚湾、岭澳一期（4 台机组，10 年平均）	美国内陆 21 座 PWR 核电厂（5 年平均，归一至 1 000 MW）	法国 900 MW PWR（34 台机组，10 年平均）
液态流出物除氚外核素/[GBq/（堆・a）]		0.32 (1.15)	2.19 (8.46)	0.33 (1.15)
气载流出物	惰性气体[TBq/（堆・a）]	2.16 (6.95)	1.93 (24.3)	0.66 (8.63)
	碘[GBq/（堆・a）]	0.015 6 0.043	0.016 1 (0.158)	0.017 (0.098)
	粒子[GBq/（堆・a）]	0.001 95 (0.037 8)	0.006 28 (0.085 7)	0.002 6 (0.021)

注：表中括弧内为最大值。

（2）公众个人剂量估算值

在《中国辐射水平》[22]中，利用我国运行核电厂的放射性流出物监测数据（2002—2005 年）以及通用的剂量评价模式，给出了秦山核电基地（共 5 台机组）和大亚湾核电基地（共 4 台机组）放射性流出物排放所致的周围公众的最大个人剂量估算值。其中，秦山核电基地放射性流出物年平均排放所致的最大个人有效剂量为 1.69 μSv/a，大亚湾核电基地放射性流出物年平均排放所致的个人有效剂量为 1.4 μSv/a。这些数值远低于国家标准规定的核电厂剂量约束上限值（0.25 mSv/a），分别占 0.68%和 0.56%。这样的最大公众个人剂量水平与美国和法国内陆运行核电厂放射性流出物排放所致的最大公众个人剂量是可比的。与中国的平均本底辐射水平 3.1 mSv（3 100 μSv/a）[22]相比，两个核电基地放射性流出物排放对公众个人剂量的贡献均属于我国环境本底辐射水平的涨落范围。

2.2.4.2 我国拟选内陆核电厂址的特点分析

在“内陆核电厂水环境影响的评估”[23]研究中，收集了我国 30 个内陆核电厂址的有关资料，这些厂址已由初步可行性研究确定为优先候选厂址，或者已经在开展可行性研究工作。这些厂址中，有 26 个滨河厂址，4 个滨水库厂址。这 30 个厂址绝大部分选择在水资源较为丰富的长江流域、珠江流域和松花江流域。

统计了 26 个滨河核电厂址多年平均流量分布，其中，5 个厂址的多年平均流量介于 150～500 m^3/s，4 个厂址的多年平均流量介于 500～1 000 m^3/s，7 个厂址的多年平均流量介于 1 000～5 000 m^3/s，3 个厂址的多年平均流量介于 5 000～10 000 m^3/s，其余的厂址，多年平均流量大于 10 000 m^3/s。与前述美国和法国内陆滨河核电厂所在河流的平均流量相比，我国这些滨河核电厂址的稀释扩散能力是相当的或是相对较好的。

在 4 个滨水库厂址中，水库的库容均在 10 亿 m^3 以上，属于大Ⅰ型水库，可以保证电厂运行的取水要求。同时，水库的入库径流量均在 10 亿 m^3 以上。因此，不管是采取库内排放还是坝下排放方案，电厂排放的放射性液态流出物都可以得到较好的稀释。

在上述 30 个内陆核电厂下游最近公共饮用水源至厂址距离的数据中，可以看到，其中，5 个厂址排放口下游 80 km 范围内没有公共饮用水源取水口，只有 5 个电厂排放口下游最近的公共饮用水源取水点至排放口的距离在 7～10 km 的范围，其余的厂址排放口下游最近的公共饮用水源取水点至排放口的距离介于 10～80 km。因此，只要使这些核电厂排放口下游 1 km 处的水体浓度满足《核动力厂环境辐射防护规定》（GB 6249—2011）中的浓度要求，再经过一定距离的稀释扩散，毫无疑问，这些核电厂下游公共饮用水源取水水质中的放射性指标，与美国、法国内陆核电厂一样，可以很好地满足国家规定的生活饮用水标准。

在 2008 年的内陆课题研究中，曾经提出我国部分内陆核电厂址具有年平均风速较小而静风频率相对较高的特点，并且指出，这是内陆厂址需要关注的问题之一[24]。

通常，将小于 2 m/s 的风速称之为低风速条件。在“内陆核电厂环境影响的评估”的子课题 5 研究[13]中，统计了 26 个拟选厂址的年平均风速和静风频率。其中，15 个厂址年平均风速小于 2 m/s，14 个厂址静风频率大于 10%。因此，与前述美国 9 个内陆厂址相比，我国部分内陆拟选核电厂址较多出现低风速条件。

为了研究低风速条件对核电厂气载流出物排放的稀释扩散影响，统计了拟选内陆核电厂厂址利用美国 XOQDOQ 和 PAVAN 程序计算得到的大气弥散因子，并与 AP1000 DCD 文件中给出的大气弥散因子设计值进行比较[13]。结果得出，我国拟选内陆核电厂址的大气弥散条件是可以接受的（见图 2）：

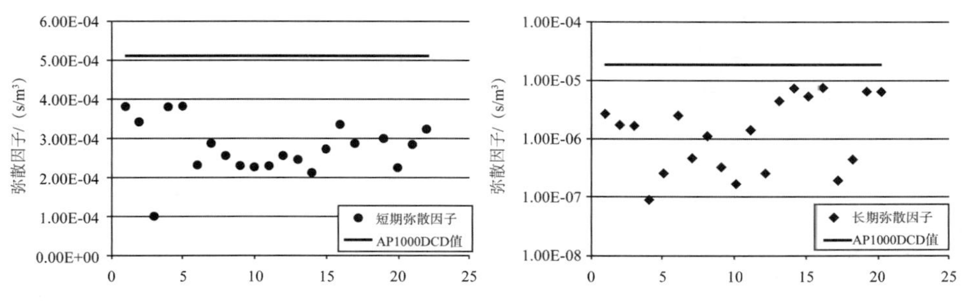

图 2　我国内陆部分拟选厂址的短期和长期大气弥散因子

（1）所有厂址边界的年平均长期大气弥散因子均可低于 AP1000 DCD 文件中给出的长期大气弥散因子设计值 2.0×10^{-5} s/m³。

（2）AP1000 DCD 中给出的大气弥散因子设计值是针对 800 m 禁区距离给出的。在我们统计的拟选厂址中，许多厂址在 800 m 距离处的短期大气弥散因子可以小于 AP1000 DCD 中给出的禁区边界短期（0～2 h）大气弥散因子 5.1×10^{-4} s/m³；一部分厂址适当增加非居住区半径，也可使非居住区边界的短期大气弥散因子小于 AP1000 DCD 中给出的禁区边界短期大气弥散因子。

此外，研究了咸宁核电厂址和桃花江核电厂址低风速条件下大气弥散试验的有关资料。在这两项试验中，均观测到在低风速条件下有明显的横向风摆现象，这种现象加大了放射性羽流在横风向上的弥散。在上述两项试验中，采用三维诊断风场模式和蒙特卡罗数值扩散模式得到的 SF_6 浓度模拟值与 SF_6 浓度实测值是相近的，均显著低于利用基于高斯直线轨迹模式（PAVAN）估算得到的结果。以苏州热工院的咸宁核电厂址现场试验为例，在为期 25 天的现场试验中，利用 PAVAN 程序计算得到的弥散因子总体上较模拟值和实测值高 5～10 倍。这说明目前采用 PAVAN 程序计算得到的非居住区是保守的。

2.2.4.3　减少环境辐射影响的工程措施

（1）放射性废液处理系统的优化设计

在目前的内陆核电厂可行性研究和初步可行性研究中，各核电建设单位和设计单位均在我国沿海核电厂放射性流出物排放控制经验反馈的基础上，进一步研究如何采用最佳可行技术进行放射性废气和废液的处理。

目前，较为一致的方案是在 AP1000 机组标准设计的“过滤＋离子交换＋反渗透（如有需要)”的处理工艺基础上增加化学絮凝工艺，而化学絮凝工艺可有效地去除正常运行期间产生的胶体态和微粒态的腐蚀产物，对其去污因子可达近 100 倍。此外，还可以通过选择包括新型无机吸附介质（如沸石材料）在内的多种离子交换介质，来提高离子交换树脂床的去污因子。通过上述努力可以确保电厂放射性液态流出物排放罐出口处除氚外其余核素浓度低于 100 Bq/L，甚至可以达到 37 Bq/L 的水平。

（2）优化排放口设计

在“内陆核电厂环境影响的评估”的子课题 2 研究[25]中，查阅了 11 份美国拟建核电项目申请 COL 的环境报告，看到其中 8 个项目的放射性流出物采用浸没扩散器排放方式。这种排放方式有利于加强放射性流出物在电厂排放口附近的初始稀释扩散。目前，我国内陆核电项目的设计单位和环评单位正在积极消化研究美国 EPA 推荐的三维 CORMIX 软件，并已有能力针对具体厂址条件开展排放扩散器的优化选型。

（3）增加排放监测贮罐的容量

中小河流沿岸内陆核电厂的受纳水体可能有明显的丰、枯期特征，可以增大放射性液态流出物排放监测贮罐的设计容量，以避开枯水期排放。对于 AP1000 机组，排放监测贮罐可以设计为每台机组 $3\times1\ 000\ m^3$ 的容量。

（4）消除地下水途径环境辐射影响的工程措施

对于地下管道或部件破损造成的氚泄漏事件，美国 NRC 已经作了深入的分析评估，并且对于地下管道或部件的防腐蚀设计和泄漏检测提出了要求。美国核能研究院（NEI）以及美国电力研究院（EPRI）已经针对 NRC 的要求给出了相应的工业指南。这种氚泄漏事件的预防，不仅是内陆核电厂需要考虑的问题，沿海核电厂也是需要采取行动的。在我国内陆核电厂的工程设计和运行管理中，将认真研究美国核电厂的相关经验反馈，采取各种必要的措施。

在《“十二五”期间新建核电厂安全要求》(报批稿)[26]的“要求 21”(便于放射性废物管理和退役的设计特性）中提出，“中等水平放射性废液贮槽滞留池或所在的房间宜设置钢覆面，该覆面的高度应保证能容纳贮槽漏出的全部放射性废物”。而这种钢覆面的设置，可以免除论证假想放射性液体事故释放经地下水途径产生的影响，换言之，可以阻断放射性液体事故释放的核素进入地下水的途径。

3 内陆核电厂严重事故环境风险的评估与缓解措施

3.1 核电历史上三次严重事故的辐射健康效应

在“内陆核电厂环境影响的评估”的子课题6研究[27]中，给出了核电历史上三次严重事故辐射健康效应的综述。

3.1.1 美国三哩岛核事故

（1）在1979年3月28日美国三哩岛核电厂2号机组发生的严重事故中，反应堆实现了紧急停堆（反应性得到控制），堆芯因丧失冷却而损毁，但由于有坚实安全壳的包容功能，释入环境的放射性物质是有限的，相当于INES 4级事故释放量。由于堆芯有约二分之一的燃料损毁，该事故被评定为INES 5级事故。

（2）三哩岛核事故期间，3个工作人员受到40 mSv的全身照射，1个工作人员的前臂皮肤受到500 mSv的照射。

（3）三哩岛事故产生的环境辐射影响是轻微的，电厂周围200万居民的平均剂量为0.01 mSv，厂址边界最大个人剂量为1 mSv，而美国平均的环境本底辐射水平为3.6 mSv/a。

（4）事故后第三天，宾夕法尼亚州州长发布撤离劝告，劝告电厂5英里（8 km）范围内的孕妇和学龄前儿童撤离，约4 200人。实际上，由于担心放射性危害，在电厂15英里（24 km）范围内，有39%的公众自愿撤离，约14.4万人。其中，8%的公众在一周内返回住地，一个月后几乎所有的公众返回住地。

3.1.2 前苏联切尔诺贝利核事故

（1）1986年4月26日，苏联切尔诺贝利核电厂4号机组发生了严重事故。由于丧失了反应性控制和堆芯冷却的功能，加上没有包容放射性物质的安全壳，造成了迄今为止最严重的INES 7级事故。

（2）按照2011年的UNSCEAR（联合国原子辐射效应科学委员会）报告[28]：这次事故既有严重的确定性健康效应，也有严重的随机性健康效应：

1）51万善后工作人员中，有134人得了急性辐射综合症，其中28人死亡，他们的死亡直接归因于高辐射剂量。在一般公众中没有急性辐射综合症病例，不管是撤离人员还是未撤离人员。

2）由于事故后没有及时控制污染牛奶的消耗，导致最受影响地区内受照儿童和青少年中甲状腺癌的发生率显著增加。在事故时未满14岁的人群中，1991—2005年期间报告了5 127个甲状腺癌病例（在这些人群中，到2005年为止，仅15人死亡）。除甲状腺癌症外，没有流行病学调查数据证实有其他实体癌症的随机效应。

3）UNSCEAR报告还指出，除了可溯源到辐射剂量的确定性效应和随机效应以外，还有心理创伤有关的社会效应。

（3）由于事故使得周围地区的环境受到了放射性污染，事故发生的1986年内总共撤离了当地居民 11.5 万人，后续又重新安置了约 22 万人。

(4) 切尔诺贝利核电厂采用的石墨慢化轻水冷却反应堆，设计缺陷较多，而我国采用压水堆技术路线，反应堆设计具有负温度反应性系数，保证不会发生功率暴走事件，而且反应堆有坚实的安全壳系统。因此，我国核电厂不会发生切尔诺贝利核事故那样的灾难性事件。

3.1.3 日本福岛核事故

(1) 在 2011 年 3 月 11 日发生的福岛核事故中，强烈地震后实现反应堆紧急停堆（反应性得到控制），但超设计基准地震和海啸事件导致长时间全厂断电，堆芯因丧失冷却而严重损毁，接着，由于氢爆而丧失一次安全壳和反应堆厂房的包容功能，使大量放射性物质释入环境，成为 INES 7 级事故，但福岛核事故的放射性物质释放量约为切尔诺贝利核事故的十分之一。

(2) 按照日本政府向 IAEA 提交的报告，事故后对于 16 633 个善后工作人员以及约 200 万福岛县居民进行了剂量监测和健康调查，未发现因事故照射产生辐射健康效应[29]。

(3) 福岛核电厂周围的环境受到了放射性污染，半径 20 km 范围内撤离居民人数为 78 200 人，20～30 km 范围内接到掩蔽通知的居民人数为 62 400 人。

(4) 2013 年 2 月，世界卫生组织（WHO）发布了福岛核事故健康风险评估报告[30]。WHO 在报告中指出：

1) 估算的剂量值远低于阈值水平，因此预期不会有确定性效应（即人体组织反应）；在人群中没有确定性证据表明有辐射诱发的遗传疾病；目前的结果指出，福岛第一核电厂事故造成的额外辐射照射使人们疾病增加的发病率低于可察觉的水平；对于日本的其他地方以及世界范围的人们，辐射有关的癌症风险远低于基线癌症风险水平的涨落范围。

2) 心理影响是核应急事件的一个重大后果，这是切尔诺贝利核事故得出的一个教训。与切尔诺贝利核事故一样，福岛核事故的心理影响超过了其他的健康后果。

3) 已经对于福岛县受影响最严重地区的人们进行了癌症风险的预测：这个地区的受照女婴中，一生中甲状腺癌的风险有比较高的相对增加，可相对增加 70%（上限值），但这个额外增加的绝对值是很小的，因为这地区的甲状腺癌风险的基线值很低；该地区受照男婴一生中因辐射照射引起白血病风险的增加量大约是在基线上增加 5%；该地区受照女婴中一生中因辐射照射引起乳腺癌风险的增加量大约是在基线上增加 5%。同时，该报告也说明，所给出的健康风险评价是根据最佳判断给出的，不是健康效应的精确预测，只是作为一种提示来指出有关健康行动的需求和优先级，实际的辐射诱发健康效应需要通过对受照人群的长期跟踪观测来加以评价。

3.2 内陆核电厂严重事故环境风险的评估

在美国，无论是延寿运行核电厂的执照更新还是拟建核电项目的 COL 执照审查，NRC 均将以三级 PRA 为基础的严重事故环境风险评估纳入核电厂各类执照审查的内容。

3.2.1 美国内陆运行核电厂严重事故环境风险的评估

NRC 在 1996 年对美国运行核电厂发布了总体环境意见书，对 92 个环境问题进行了识别和评估，其中，对于严重事故的环境风险，NRC 的评估意见为：对于所有的核电厂址，严重事故造成的大气释放、在大水体上的沉降、向地下水的释放的概率加权辐射后果是很小的。

在“内陆核电厂环境影响的评估”的子课题 6 研究[27]中，查阅了美国 12 座内陆运行 PWR 核电厂（共 20 个机组）以及美国 9 座沿海 PWR 运行核电厂（共 17 个机组）申请延寿的环境报告，看到这些机组在严重事故工况下可能产生的 80 km 集体剂量风险均小于 1 人·Sv/a，而且，在严重事故的环境风险水平方面，美国内陆核电厂与美国沿海核电厂没有趋势差别（见表 3）。

表 3　美国内陆和沿海 PWR 运行核电厂严重事故集体剂量风险的综合比较

	80 km 集体剂量风险/［人·rem/（堆·a)］			
	平均值	中值	最大值	最小值
内陆 12 座 PWR 运行核电厂（共 20 个机组）	16.72	13.36	57.9	0.55
沿海 9 座 PWR 运行核电厂（共 17 个机组）	34.2	14.00	95.0	1.74

注：1 人·rem/（堆·a）＝0.01 人·Sv/a。

3.2.2　美国内陆拟建核电项目严重事故环境风险的评估

在 NRC 的网站上可以看到，美国目前有 18 个申请 COL 的拟建核电项目。在“内陆核电厂环境影响的评估”的子课题 6 研究[27]中，重点分析了其中 9 个内陆拟建 PWR 核电项目严重事故环境风险的评估结果，这些分析是对照“两个千分之一”的安全目标进行的。

美国 NRC 于 1986 年对于核电厂的严重事故环境风险提出了“两个千分之一”的安全目标[31]：

（1）核电厂附近（1 英里范围）平均个人因反应堆事故造成即时死亡的风险，不应超过美国公众成员通常因其他事故造成“即时死亡风险之和”的 0.1%。

（2）核电厂附近（10 英里范围）公众群体因核电厂运行可能导致的癌症死亡风险不应超过所有其他起因癌症死亡风险的 0.1%。

根据美国疾病控制和预防中心发布国家生命统计报告[32]，2004 年中：

（1）美国由各类（非故意）事故造成的死亡人数为 117 075 人，全国平均死亡率为 38.8 人/10 万人（3.88×10^{-4}）；

（2）美国由癌症造成的死亡人数为 560 187 人，全国平均死亡率为 186/10 万人（1.86×10^{-3}）。

根据上述“两个千分之一”目标，美国核电厂严重事故所致公众的早期死亡率和晚期癌症死亡率应分别小于 4×10^{-7}/a 和 2×10^{-6}/a。

所分析的 9 个内陆拟建核电项目均采用新的 PWR 堆型。其中，5 个拟建 AP1000 机组，2 个拟建 US EPR 机组，2 个拟建 US APWR 机组。

表 4 给出美国 3 个拟建 AP1000 项目严重事故概率加权的平均个人风险与“两个千分之一”安全目标比较。由于 AP1000 机组的堆芯损伤频率（CDF）和大量放射性物质释放频率（LRF）已经显著降低，VCSNS、Shearon Harris 和 Vogtle 核电厂的严重事故环境

风险远低于“两个千分之一”的安全目标。

表 4　拟建 AP1000 项目严重事故概率加权的平均个人风险的比较分析

	早期死亡率/[1/（堆·a）]	晚期癌症死亡率/[1/（堆·a）]
NRC 的安全目标	＜ 4E-07	＜ 2E-06
VCSNS 核电厂 AP1000	1.4E-10	3.5E-12
Shearon Harris 核电厂 AP1000	1.4E-11	3.2E-11
Vogtle 核电厂 AP1000	1.6E-12	1.1E-11
彭泽核电项目	5.81E-11	6.46E-11
咸宁核电项目	1.14E-11	1.62E-10

美国内陆拟建核电项目严重事故环境风险评估表明，美国不是追求核电的零风险，而是将内陆核电厂严重事故的环境风险控制在根据社会风险水平合理确定的低水平。

3.2.3　我国内陆核电厂严重事故环境风险的案例研究

在“内陆核电厂环境影响的评估”的子课题 6 研究[27]中，选择彭泽核电项目和咸宁核电项目进行了我国内陆核电厂严重事故环境风险的案例研究，取得了有意义的成果。这两个案例研究的核电项目均选择 AP1000 堆型，因此，这两个案例研究在 AP1000 的 1 级 PRA 和 2 级 PRA 基础上进行，并且也参照美国 NRC 的“两个千分之一”的安全目标，建立严重事故环境风险的评估准则。由于缺乏我国社会风险水平的数据，采用了美国社会风险水平，并给出“核电厂严重事故所致公众的早期死亡率和晚期癌症死亡率应分别小于 $4\times10^{-7}/a$ 和 $2\times10^{-6}/a$”。

这两个案例研究的结果列于表 4 中，可以看到，彭泽核电项目和咸宁核电项目严重事故环境风险的初步估算结果，与美国拟建 AP1000 的内陆核电项目的估算值，在数量级上是一致的，均远低于“两个千分之一”安全目标要求的风险水平。

3.3　我国内陆核电厂的选址要求和厂址条件

我国和日本所处大地构造背景显著不同。如图 3～图 6 所示，日本位于著名的环太平洋地震带，同时也是太平洋板块和欧亚板块碰撞边界，属于典型的板块俯冲带。历史上沿日本东部板块俯冲带发生过多次大规模地震和海啸。

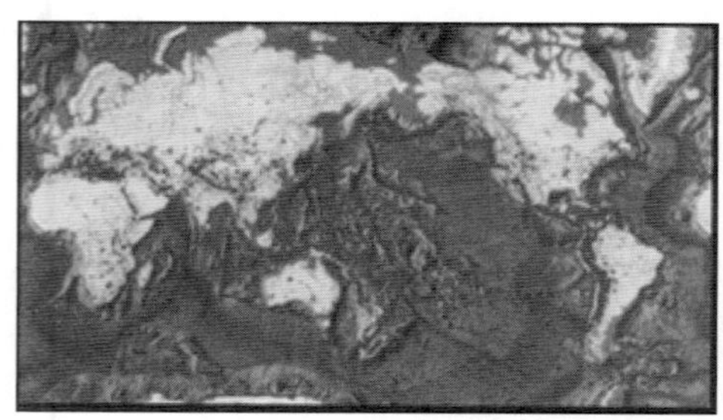

图 3　全球地震带分布

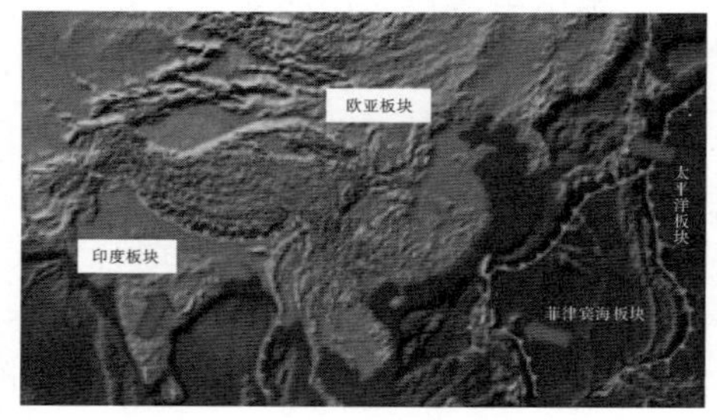

图 4　我国及周边的板块构造背景

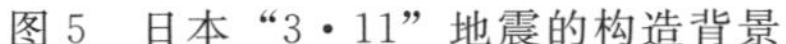
图 5　日本“3・11”地震的构造背景

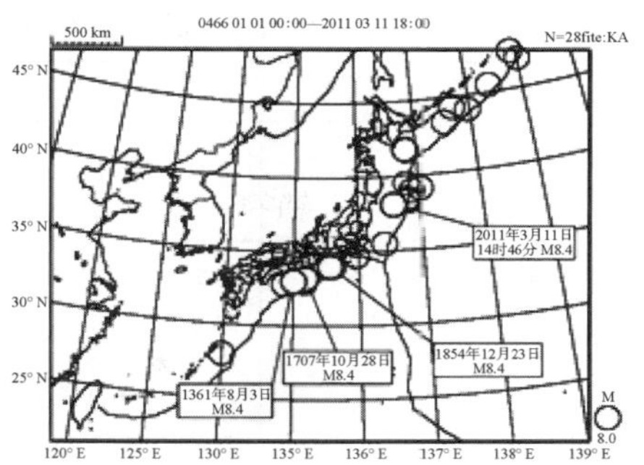

图 6　日本及其周边历史上 8 级以上地震

尽管有舆论认为我国也属于地震灾害多发国家，而且历史上也经历了多次地震灾难，并造成严重损失，但我国的地震活动，无论在地震频度和地震强度方面远低于处于欧亚板块与太平洋板块碰撞俯冲带的日本。我国属于欧亚大陆板块，大地构造上属于板块内部地区，这类地区的地震与板块俯冲带产生的地震相比，能量要小很多。

总体来说，我国内陆地区的地震活动水平相对较低，而且，各拟建内陆核电项目的建设单位和设计单位均十分注意将核电厂址选择在地震活动性水平很低的地区。图 7 和表 5 给出我国 13 个典型内陆核电厂址在地震分区图中的位置及其所在地区的地震基本烈度和设计基准地面地震动参数（SL-2）值。可以看到，这些厂址都选择在低地震活动性地区。

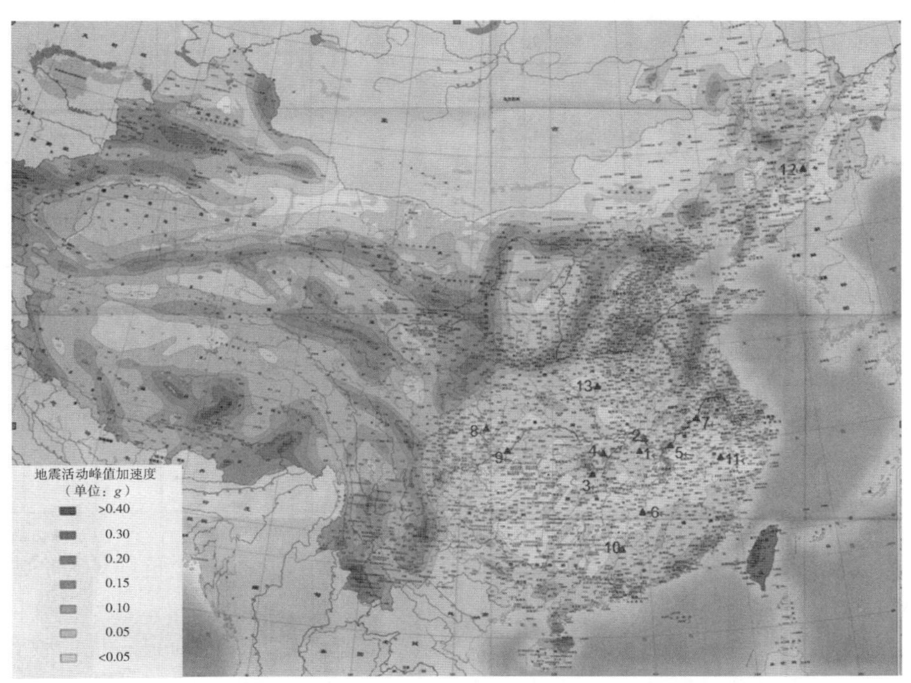

图 7　13 座典型内陆核电厂在我国地震活动性分布图中的位置

1—湖北（咸宁）；2—湖北（浠水）；3—湖南（桃花江）；4—湖南（小墨山）；5—江西（彭泽）；6—江西（吉安）；7—安徽（芜湖）；8—四川（三坝）；9—重庆（涪陵）；10—广东（韶关）；11—浙江（龙游）；12—吉林（靖宇）；13—河南（南阳）

表 5　部分典型内陆厂址与安全相关的厂址参数

序号	厂址名称	洪水				地震		资料来源
		所在水体	洪水组合	计基准洪水位/m	场坪标高/m	基本烈度	SL-2（g）	
1	湖北咸宁大畈	富水水库（富水）	上游水库溃坝和可能最大降水引起的区间洪水遭遇	65.93	88.00	Ⅵ	0.15	可研
2	湖北浠水胡家山	浠水	长江上游可能最大降水引起的可能最大洪水	32.23	62.00	Ⅵ	0.20	可研
3	湖南益阳桃花江	资江	上游水库溃坝和可能最大降水引起的区间洪水遭遇	73.67	85.00	Ⅵ	0.15	可研
4	湖南华容小墨山	长江	上游可能最大降水引起的可能最大洪水	37.97	42.00	Ⅵ	0.15	初可
5	江西彭泽帽子山	长江	上游可能最大降水引起的可能最大洪水	22.93	31.30	Ⅵ	0.15	可研
6	江西吉安烟家山	赣江	上游水库连续溃坝与频率4%的区间洪水相遇	71.54	80.00	Ⅵ	0.15	初可
7	安徽芜湖巴茅山	长江	上游可能最大降水引起的可能最大洪水	15.71	16.50	Ⅵ	0.16	可研
8	四川南充三坝	嘉陵江	上游水库溃坝和区间4%可能最大洪水遭遇	308.67	321.00	Ⅵ	0.15	可研
9	重庆涪陵石佛	长江	上游可能最大降水引起的可能最大洪水	184.02	215.00	Ⅵ	0.15	可研
10	广东韶关界滩	北江	上游水库溃坝和1/2可能最大降水引起的区间洪水遭遇	62.65	79.00	Ⅵ	0.15	可研
11	浙江龙游团石	衢江	上游水库溃坝和可能最大降水引起的区间洪水遭遇	58.42	65.00	Ⅵ	0.15	初可
12	吉林靖宇赤松	白山水库（松花江）	上游水库溃坝，溃坝洪水因白山水库不溃而不能下泄	427.90	510.00	Ⅶ	0.25	可研
13	河南南阳高庄	鸭河口水库（白河）	上游水库溃坝与区间最大可能洪水相遇	184.20	195.20	Ⅵ	0.15	可研

综上所述，那种认为“在地震频发的我国内陆地区建设核电是很危险的”的见解，是不符合我国内陆核电选址实际的，相应的担忧是不必要的。

在内陆核电厂址的防洪设计方面，除了利用“可能最大”事件确定厂址的设计基准洪水位以外，还需要指出，与美国、法国在内陆冲积平原也可建造核岛（反应堆厂房）不同，目前我国内陆核电选址均采用天然基岩作为核岛地基。通常的设计是选择合适的山体，经开挖后形成核岛地基。这种厂址选择方法使得我国内陆核电厂址均能设计成“干厂址”，并且留有很大的安全裕度。表5中同时给出13个厂址的洪水事件组合以及设计基准洪水位，还给出与初步拟定的场坪标高的比较。可以看到，这些厂址拟定的场坪标高均有很大的安全裕度，可以保证核电厂免受洪水危害。

在福岛核事故发生后两年多，TEPCO 于 2013 年宣布有污染地下水泄漏进入电厂的取水港池中。事件的起因是，事故中放射性污水积存在反应堆厂房和汽轮机厂房；该污染水通过地震造成的厂房破口泄漏，污染了部分从电厂靠山侧地区流过来的地下水，然后流入海水港池；此外，污染管沟中的水也会泄漏进入地下水。

我国内陆核电厂是不会出现这种该事故场景的，这是因为：福岛第一核电厂 1～4 号机组的反应堆厂房和汽轮机厂房的基础为非基岩地基，厂址区位于层状地下水含水层的排泄途径上（即地下水从靠山侧向海流动的路径上），因此，来自靠山侧的地下水可以通过含水层流入和流出地震和事故损坏的这些厂房，从而增加了放射性污水量，并污染了厂房周围的地下水。从我国目前核电厂选址的实践来看，尚无将反应堆厂房坐落在软地基的实例。我国内陆核电选址与沿海厂址一样，均将反应堆厂房布置在渗透性很低的基岩上，反应堆厂房基础下伏地层中无层状地下水含水层分布。而且，我国内陆核电厂均选择在孤立山包上。孤立山包经过土石方开挖后形成反应堆厂房的基础，不会像福岛第一核电厂那样出现有附近高处流出的地下水流经反应堆厂房再流入水体的场景。

3.4 内陆核电厂严重事故工况下确保水资源安全的应急预案

由于福岛核事故过程中有一定数量的高放射性污水泄漏入海，因此，在对内陆核电厂的质疑声中，较多的关注点集中在内陆核电建设是否能确保水资源安全。在“内陆核电厂环境影响的评估”的子课题 7 研究[33]中，提出了内陆核电厂要在应急响应计划中制定严重事故工况下确保水资源安全的应急预案（简称《应急预案》）的建议，下面说明《应急预案》的定位和制定原则、《应急预案》制定中考虑的事故场景，以及《应急预案》的主要内容。

3.4.1 国际核社会对福岛核事故教训的总结

前面已经指出，福岛核事故后未发现因事故照射产生辐射健康效应，但该事故对国际社会和我国的公众均产生了巨大的影响。可以认为，福岛核事故后我国公众对于内陆核电厂的疑虑增加，本质上也是源自该事故造成的公众心理影响。

福岛核事故后，国际核社会进一步认识到，核电厂严重事故对社会公众产生的心理影响远大于实际产生的辐射健康影响。美国 NRC 在福岛核事故调查的近期工作组报告中，已经明确提出，“涉及堆芯损毁和放射性不可控释放的事故肯定是不可接受的，即使没有重大的健康后果”[34]。

正是基于上述认识，国际核社会深入地总结了福岛核事故教训，并为全面、平衡地贯彻纵深防御安全原则提出了进一步的要求和各种行动计划。其中包括：

（1）IAEA 的见解

IAEA 于 2011 年 6 月公布了有关福岛核事故的调查报告[35]。其中给出了有关福岛核事故调查的 15 个结论，指出东京电力公司（TEPCO）低估了海啸的危害，同时对福岛核事故总结了 16 条教训。

IAEA 在总结福岛核事故教训后于 2102 年 3 月提出了新的核电厂设计安全规定

(SSR-2/1)，其中有 82 条安全要求[36]。2014 年 9 月，IAEA 发布了解释 SSR-2/1 的技术文件[37]。在 IAEA 的文件中，未对内陆核电厂提出特殊的关切，也未提及内陆核电厂有危及水资源安全的风险。

（2）美国 NRC 和 NEI 的见解

美国核管理委员会（NRC）在 2011 年 9 月发布对于福岛核事故的调查报告，并且提出加强核电安全的 12 项建议[34]。NRC 强调要全面、平衡地贯彻纵深防御原则，同时也提出改进行动要求，包括：重新评估地震和水淹灾害；进行地震和水淹危害巡检；增强缓解长时间全厂断电（SBO）的能力；安全壳内氢的控制和缓解；乏燃料池补给与监测；保护缓解自然现象的设备（用于多机组大面积损毁的事件）；加强和整合现场的应急响应能力；等等。其中未对内陆核电厂提出特殊的关切，也未提及内陆核电厂有危及水资源安全的风险。

美国核能研究院（NEI）在 2012 年 8 月发表工业指南研究报告[38]，报告中指出福岛核事故由超设计基准外部事件引发（丧失全部交流电，丧失最终热阱），提出核电工业界需要针对超设计基准外部事件（地震、外部洪水、强风、极端降雨和低温、酷热等）建立多重的和灵活的缓解策略，并给出了具体的工业指南，尤其是实施和保持堆芯冷却、安全壳冷却和乏燃料池冷却的指南，涉及需要的移动式设备及其放置与保护，使用的接口，厂外资源的利用等。

（3）法国 ASN 的见解

研究了法国核安全局（ASN）对于法国 19 座核电厂（其中 14 座内陆核电厂）进行压力测试和补充安全评估的报告[39]（2012 年 8 月），内容涉及外部事件（地震、水淹），设计要求（丧失电源和丧失热阱）以及事故管理（应急响应组织失效），其中未对内陆核电厂提出特殊的关切，也未提及内陆核电厂有危及水资源安全的风险。

（4）WENRA 的见解

研究了西欧核监管协会（WENRA）的新建核电厂设计要求（第 9 版，2012 年 10 月）[40]，该文件强调纵深防御各层次之间应有足够的独立性，并且提出必须实际消除所有可能导致早期或大量放射性物质释放的事件序列，包括实际消除由稀有和极端外部灾害引起的堆芯融化事故序列。该文件未对内陆核电厂特出特殊的关切，也未提及内陆核电厂有危及水资源安全的风险。

（5）OECD 中 NEA 的见解

经济合作组织（OECD）有 32 个成员国，其中除美国、法国外，俄罗斯、德国、瑞士、比利时、加拿大等国家也有内陆核电厂。2013 年 OECD 中的核能机构（NEA）发表了福岛核事故的教训总结[41]。其中讨论了福岛核事故后的核监管法规、核安全问题、联合研究项目、新建反应堆要求等。

在核监管法规方面，NEA 研究了事故管理、纵深防御的概念与实施、先兆事件的审查、核电厂址选择法规、危机通信等。在核安全方面，NEA 关注极端工况下的人为表现、安全壳过滤通风、氢管理、供电系统稳健性、乏燃料池事故工况、自然外部事件的风险分析、金属部件在强地震载荷下的性能，等等。在 NEA 的文件中，未对内陆核电厂提出特殊的关切，也未提及内陆核电厂有危及水资源安全的风险。

（6）我国国家核安全局的改进行动要求

为了进一步提高我国核电厂的核安全水平，国家核安全局于2012年6月发布了《福岛核事故后核电厂改进行动通用技术要求》[42]，其中包括：核电厂防洪能力改进技术要求；应急补水及相关设备技术要求；移动电源及设置的技术要求；乏燃料池监测的技术要求；氢气监测与控制系统改进的技术要求；外部灾害应对要求；等等。

2012年10月，我国的《核安全与放射性污染防治“十二五”规划及2020年远景目标》（简称《核安全规划》）正式发布[43]。其中，对于新建核电厂提出了明确的要求，包括：

1）采取所有合理可行的技术和管理手段，确保核设施各种防御措施的有效性和多道屏障的完整性，防止发生核事故，并在一旦发生事故时减轻其后果。

2）新建核电机组具备较完善的严重事故预防和缓解措施，每堆年发生严重堆芯损坏事件的概率低于十万分之一，每堆年发生大量放射性物质释放事件的概率低于百万分之一。

3）“十三五”及以后新建核电机组力争实现从设计上实际消除大量放射性物质释放的可能性。

上述《福岛核事故后核电厂改进行动通用技术要求》以及《核安全规划》是在深刻总结福岛核事故教训基础上提出的，与国际核社会在总结福岛核事故教训后提出的安全要求和行动计划是一致的。

3.4.2 《应急预案》的定位与制订原则

国际核社会已经对日本福岛核事故教训作了全面、深刻的总结，包括地震、洪水、全厂断电、丧失热阱、安全壳内氢管理、乏燃料池补给与监测，等等。可以认为，国际核社会在总结福岛核事故教训后已经对于可信的事故风险提出了改进行动要求。

国际核社会在总结福岛核事故教训中均未对内陆核电厂提出特殊的关切，也未提及内陆核电厂有危及水资源安全的风险。可以认为，内陆核电厂对水资源安全的影响属于比上述可信风险概率更低的剩余风险。然而，考虑到水资源安全的重要性，以及社会公众的关切，我国内陆核电建设单位有责任针对这种剩余风险采取必要的缓解措施。《应急预案》可看成是纵深防御最后一个层次——应急响应计划的组成部分，符合“着重体现预防和缓解并重的安全理念”的要求。

《应急预案》的制定原则可以归纳如下：

（1）坚持贯彻严重事故预防和缓解并重的原则。内陆核电厂既要力争实现从设计上实际消除大量放射性物质释放的可能性，也要针对发生概率极低的剩余风险做好确保水资源安全的应急预案。

（2）充分借鉴日本福岛核事故善后工作的有关经验反馈，尤其是放射性污水贮存、封堵、处理以及放射性污染源与水体实体隔离的有效措施。

（3）结合选择的堆型以及厂址条件，制定具体内陆核电厂的《应急预案》。

（4）作为纵深防御的最后一次层次，《应急预案》中可以采取各种灵活的、可行的而不必是昂贵的措施，但需要将《应急预案》纳入电厂的应急响应计划。

3.4.3 严重事故场景的分析

福岛核事故过程中，由于超设计基准地震和海啸导致长时间全厂停电，进而造成堆芯损毁和安全壳厂房失效，1～3 号机组未能实现堆芯闭式循环冷却，直至 2011 年 6 月，放射性污水处理设施投入运行，经过处理的废水用于 1～3 号机组的堆芯冷却，才逐渐实现了闭式循环冷却。根据东京电力公司报道的资料推算，在放射性污水处理设施投入前的高放射性污水量大约在 14 万 m^3[33]。福岛核事故中产生了较多数量的放射性污水，这凸显了严重事故工况下在安全壳内实现堆芯闭式循环冷却的重要性。

我国内陆核电项目可供选择的 AP1000 以及自主设计的“华龙一号”机组，已经采取了各种严重事故预防和缓解措施，包括稳压器快速卸压、非能动氢气复合器、熔融堆芯捕集、双层安全壳以及各种非能动的或能动与非能动相结合的应急冷却手段等，可以确保严重事故工况下安全壳的完整性。尤其需要指出的是，这些堆型均实现换料水箱内置安全壳布置，可以保证严重事故工况下安全壳内能实现堆芯闭式循环冷却。

在《应急预案》研究中，以 AP1000 机组为例，分析了严重事故工况下可能产生的放射性污水量可能在 7 200 m^3 的量级。

在实现闭式循环冷却的严重事故场景中可能产生的放射性污水量包括核电厂安全壳内可能的放射性污水（见表 6）。此外，辅助厂房内可能有 500 m^3 的放射性污水（考虑流出液暂存箱，废液暂存箱，监测箱等）。

表 6　严重事故安全壳内沾污水来源和水量

来源	水量/m^3	备注
反应堆冷却剂主回路	243.6 `	
堆芯补水箱	141.6	2 台，每台 70.8 m^3
安注箱	96.2	2 台，每台 48.1 m^3
安全壳内换料水箱	2 132.3	
硼酸储存箱	277	执行纵深防御功能水源
乏燃料系统装料池	417	执行纵深防御功能水源
合计	3 307.7	

在《应急预案》研究中，进一步考虑非闭式循环冷却的事故场景。尽管这种事故场景是极不可能发生的，但还是假定安全壳贯穿件和小管道发生泄漏。这种事故场景下，可通过厂内设置的移动泵向安全壳内补水（流量 20 m^3/h）。保守假设补水 7 天，补水总量达到约 3 400 m^3。

由于实施了福岛核事故后改进行动的要求，尤其是有关应急电源的要求，事故发生后 7 天内，运行人员有条件采取措施恢复闭式循环冷却。因此，《应急预案》中考虑的总放射性污水量在 7 200 m^3 的数量级水平。这个污水量估计值远低于福岛核事故产生的放射性污水量。产生这种差别的原因源于我国内陆核电厂采用的压水堆核电厂设计与日本福岛第一核电厂所采用的沸水堆核电厂的不同。这种不同主要体现在下述方面[1]：

（1）福岛第一核电厂采用 Mark Ⅰ型和 Mark Ⅱ型抑压式安全壳，自由体积分别仅为

4 280 m^3和 4 420 m^3。由于全厂断电，丧失了抑压池泄压功能，而较小的安全壳容积导致其在严重事故工况下的安全壳滞留能力不足。相比之下，AP1000 以及“华龙一号”机组均采用的是被称为“大干式”的压水堆核电厂安全壳设计，安全壳的自由体积分别为58 000 m^3和 89 000 m^3，巨大的自由体积使得其在严重事故工况下具有很好的滞留能力和防氢爆能力。

(2) 沸水堆核电厂抑压式安全壳的抑压水池位于安全壳的底部，其上连接有诸如抑压水池冷却、安注再循环、充排水、取样等众多的辅助管道。多年的核电厂抗震研究表明，这些直径较小的管道是核电厂抗震的薄弱环节，即强震情况下较易损坏。而这些管道的损坏则正好导致前述的安全壳完整性的损坏以及放射性物质和废水的环境直接排放。相比较而言，压水堆核电厂“大干式”安全壳底部是厚实的钢筋混凝土构筑，所有贯穿安全壳的管道都从上部穿出，其下有巨大的内部容积。这使得大量放射性废水外逸的可能性大大降低。

此外，福岛核事故长时间未能实现堆芯闭式循环冷却的原因之一，是长时间全厂断电，包括超设计基准地震损毁了全部外部电源，超设计基准海啸损毁了 1～4 号机组的应急柴油发电机组，即使后续运来了移动电源，也因为没有配套的接口装置而未能及时投入。相比之下，AP1000 以及“华龙一号”机组的设计中均已考虑了国家核安全局提出的《福岛核事故后核电厂改进行动通用技术要求》[41]，在应急电源、应急补水等方面采取了多重的和多样的措施，包括将应急移动电源放置在设计基准洪水位 5 m 以上的高度。这些措施可以保证极端情况下，尽快（例如，7 天）恢复堆芯闭式循环冷却。

3.4.4 《应急预案》的主要内容

《应急预案》的主要内容包括放射性污水的“可贮存”“可封堵”“可处理”和“可隔离”。

(1) 放射性污水的贮存

在《应急预案》中，严重事故中产生的放射性污水有多种贮存手段。首先，可以采用抗震类安全相关厂房滞留、贮存放射性污水。以 AP1000 机组为例，在 0 m 标高以下，安全壳厂房有 3 300 m^3的贮水容积，核辅助厂房有 3 000 m^3的贮水空间。电厂现场每台机组设置 3 台 1 000 m^3 抗震的废液大贮罐，在应急情况下，也可以用来贮存放射性污水。此外，还可在厂区按需要临时增设贮罐作为贮存设施。

(2) 放射性污水的封堵

日本福岛核事故的经验反馈表明，水玻璃（硅酸钠溶液）是有效的阻水剂。尽管在我国内陆核电厂，极不可能发生类似福岛第一核电厂因超设计基准地震造成核安全相关厂房破损而导致放射性污水外泄的事故。然而，在内陆核电厂准备一定数量的阻水剂是可行的，可以加强纵深防御的最后一个层次。

需要指出的是，内陆核电厂在今后采用水玻璃作为应急阻水剂时，需要针对厂址的土壤条件（酸性土壤或碱性土壤）选择合适的水玻璃阻水剂或其他快速凝固的堵漏材料。

(3) 放射性污水的处理

严重事故中产生的高放射性污水中，大部分是半衰期较短的放射性核素，因此，最好在经过一定时间（例如，两个月）的衰变后再进行处理，届时留存的放射性核素将主要是^{134}Cs和^{137}Cs。借鉴福岛核事故高放射性污水处理的经验反馈，可选择的工艺包括：除油，无机离子吸附（除 Cs），絮凝沉淀，反渗透（RO），干燥浓缩等。

目前，国内已有研究单位正在开展核事故放射性污水处理装置的研究，可以在这些研究的基础上考虑配置方案，例如，全国的核电厂配置一套核电厂事故放射性污水处理装置。

此外，根据福岛核事故善后处理的经验反馈，内陆核电厂现场可以配备一定数量的沸石，以在紧急情况下制成简易的沸石砂袋或沸石过滤装置。

（4）放射性污染源与地表水体的实体隔离

根据福岛核事故善后处理的经验反馈，在放射性污染源与地表水体的实体隔离方面，《应急预案》中至少可以考虑采取以下措施：

1）内陆核电厂现场可以配备一定数量的放射性抑制剂，以备在紧急情况下适用。这种抑制剂可以使地面、道路、厂房等表面的沉积放射性物质免受雨水冲刷而进入地表水体。

2）进一步研究电厂与地表水体的实体隔离措施，例如，地下管廊进行水密封和抗震设计；设置电厂取水口和排水口的过渡段，在紧急情况下利用拦污栅、挡板或沸石砂袋将放射性污水隔离在电厂厂区范围内。

4　结论和建议

4.1　结论

（1）美国和法国内陆核电厂的大量运行经验反馈表明，内陆核电厂正常运行期间对周围公众可能产生的环境辐射影响处在环境本底辐射水平的涨落范围，内陆核电厂液态流出物排放不会影响电厂下游取水点的水质。我国沿海运行核电厂在流出物排放控制方面已经达到了与美国和法国核电厂一样低的水平，加上国家对于内陆核电厂的流出物排放已经建立了严格的多层次审管要求，可以确保我国内陆核电厂正常运行期间可能产生的环境辐射影响处在环境本底辐射水平的涨落范围。

（2）美国 19 座运行核电厂的分析表明，在严重事故的环境风险水平方面，内陆核电厂与沿海核电厂没有趋势差别。美国内陆拟建核电项目严重事故环境风险评估以及我国内陆核电厂的案例研究表明，在采用三代压水堆技术后，严重事故的环境风险是极低的。我国内陆核电项目均选址在地震活动性水平很低的地区，且均可设计成能抵御各种洪水组合事件的“干厂址”，因此，类似福岛核事故那样的灾难性事件，在我国内陆核电厂是极不可能发生的。按照国家核安全规划的要求，我国内陆核电厂将采取各种严重事故预防和缓解措施，可以实现从设计上实际消除大量放射性物质释放的可能性。

（3）国际核社会在总结福岛核事故教训中已经对可信的事故风险提出了改进行动要求，但均未对内陆核电厂提出特殊的关切，也未提及内陆核电厂有危及水资源安全的风险。可以认为，内陆核电厂对水资源安全的影响属于比各种可信风险概率更低的剩余风险。然而，考虑到水资源安全的重要性以及社会公众的关切，我国内陆核电厂将在应急响应计划中进一步制订严重事故工况下确保水资源安全的应急预案，实现事故工况下放射性污水的“可贮存”“可封堵”“可处理”和“可（与水体实体）隔离”，确保内陆核电厂周围的水资源安全。

4.2 建议

（1）在《内陆核电厂环境影响的评估》研究中，对于内陆核电厂的环境影响已经全面地给出了明确的结论，可以回答社会公众和政府有关决策部门对于内陆核电厂环境影响和安全性的重要关切。建议我国加快推进内陆核电建设。

（2）建议内陆核电建设单位、设计单位和环评单位做出更大的努力来推进内陆核电建设，包括继续深化内陆核电项目的环境影响评价，切实采取各种减少环境影响的工程措施，在制定电厂应急计划中针对所选择的堆型和厂址条件做好《严重事故工况下确保水资源安全的应急预案》。

（3）建议加强政府相关部门和内陆核电相关行业之间的协调和沟通，以期对于如何评估内陆核电厂的环境辐射影响和事故风险取得共识。同时，建议组织编写有关内陆核电厂环境影响和安全性的科普宣传材料。

参考文献

[1] 赵成昆，周如明，等．内陆核电厂环境影响的评估．2013 年 4 月．

[2] 何祚庥．坚决反对在内陆建核电站．环球时报，2012 年 2 月 8 日．

[3] 王亦楠．内陆核电不宜启动．能源杂志，2012 年 8 月 7 日．

[4] US NRC. NUREG-1947，Final Supplemental Environmental Impact Statement for Combined Licenses (COLs) for Vogtle Electric Generating Plant Units 3 and 4，Final Report，March 2011，Appendix E Draft Supplemental Environmental Impact Statement，Comments and Responses.

[5] 赵成昆，周如明，等．美国内陆核电厂水环境影响的评估．内陆核电厂水环境影响的评估附录 1，2011 年 12 月．

[6] Southern Nuclear Operating Company. Vogtle Electric Generating Plant Units 3 & 4 COL Application，Part 3-Applicant’s Environmental Report-Combined License Stage，March 2008.

[7] http：//www.nrc.gov/reactors/operating/ops-experience/grndwtr-contam-tritium.html

[8] US NRC. Generic Environmental Impact Statement for License Renewal of Nuclear Plants，Main Report，Draft Report for Comment，NUREG-1437，Vol. 1，Version 1，July 2009.

[9] http：//www.nrc.gov/reading-rm/doc-collections/nuregs/staff/sr1437/。

[10] http：//www.nrc.gov/reactors/new-reactors/col.html。

[11] NCRP. “NCRP Report 93：Ionizing Radiation Exposure of the Population of the United States，” National Council on Radiation Protection & Measurements，1987.

[12] 黄彦君，等．美国内陆核电厂放射性液态流出物排放在受纳水体中长期累积影响的评估．“内陆核电厂环境影响的评估”的子课题 4 研究报告，2013 年 4 月．

[13] 朱好，等．内陆核电厂大气环境辐射影响的评估．“内陆核电厂环境影响的评估”的子课题 5 研究报告，2013 年 4 月．

[14] US NRC. Generic Environmental Impact Statement for License Renewal of Nuclear Plants，NUREG-1437，Vol. 1，July 1996.

[15] 王晓亮，白晓平，等．美国新建内陆核电厂放射性液态流出物排放对水环境影响的预评估．“内陆核电厂水环境影响的评估”报告的附录 4，2012 年 12 月．
[16] 周如明．美国内陆核电厂环境问题的评估结论及其比较分析．内陆核电厂安全要求研究报告附件 1，2014 年 10 月．
[17] 徐月平，等．内陆核电厂地下水途径的环境影响研究．“内陆核电厂环境影响的评估”的子课题 5 研究报告，2013 年 4 月．
[18] 赵成昆，周如明，等．法国内陆核电厂液态流出物的排放控制与评估．“内陆核电厂水环境影响的评估”附录 2，2011 年 12 月．
[19] EDF-Division Protection Nucléaire，Nucléaire & Environnement 2011，Part 1，Les Rejets Liquides Radioactifs et Chimiques，06/2012.
[20] EDF-Division Protection Nucléaire，Nucléaire & Environnement 2011，Part 2，Les Rejets Radioactifs Gazeux，06/2012.
[21] 林忠．Overview of EDF Inland NPP Sites. 核能与核技术产业研讨会，成都，2011 年 9 月 28 日．
[22] 潘自强，刘森林，等．中国辐射水平．北京：原子能出版社，2010 年 3 月．
[23] 赵成昆，周如明，等．内陆核电厂水环境影响的评估．2011 年 12 月．
[24] 赵成昆，周如明，等．内陆核电厂需关注的问题及不同类型核电机组的适宜性分析．2008 年 11 月．
[25] 张爱玲，覃春丽，等．内陆核电厂水弥散条件的评估．“内陆核电厂环境影响的评估”的子课题 5 研究报告，2013 年 4 月．
[26] 国家核安全局．“十二五”期间新建核电厂安全要求（报批稿）．2013 年 10 月．
[27] 周如明，等．内陆核电厂严重事故环境风险的评估．“内陆核电厂环境影响的评估”的子课题 6 研究报告，2013 年 4 月．
[28] UNSCEAR. Health Effects due to Radiation from the Chernobyl Accident（Advance Copy），Annex D of Volume II of UNSCEAR 2008 Report to the General Assembly with Scientific Annexes，Feb. 2011.
[29] Nuclear Emergency Response Headquarters Government of Japan. Additional Report of the Japanese Government to the IAEA - The Accident at TEPCO' s Fukushima Nuclear Power Stations，September 2011.
[30] World Health Orginzation. Health Risk Assessment from the Nuclear Accident after the 2011 Great Earthquake and Tsunami，Feb. 2013.
[31] US NRC. Safety Goals for the Operation of Nuclear Power Plants，Policy Statement，51FR30028，08/1986.
[32] US Department of Health and Human Services. Centers for Disease Control and Prevention，National Vital Statistics Reports，2009. 08.
[33] 周如明，王鑫，等．内陆核电厂严重事故工况下确保水资源安全的应急预案研究．“内陆核电厂环境影响的评估”的子课题 7 研究报告，2013 年 4 月．
[34] Charles Miller，etal. USNRC，Recommendations for Enhancing Reactor Safety in the 21st Century - The Near-term Task Force Review of Insights from the Fukushima Dai-ichi Accident，July 12，2011.
[35] IAEA. IAEA International Fact，Finding Expert Mission of the Fukushima Dai-ichi NPP Accident Following the Great East Japan Earthquake and Tsunami，24 May-2 June 2011.
[36] IAEA. 核电厂安全：设计．IAEA 特定安全要求第 SSR-2/1 号，2012 年 3 月（中文版）．
[37] IAEA. Considerations on the Application of the IAEA Safety Requirements for Design of Nuclear Power Plants，Draft TECDOC，Rev 7b，22 Sept. 2014.
[38] US NEI. Diverse and Flexible Coping Strategies（FLEX）Implementation Guide，NEI 12-06 [Rev. 0]，

August 2012.

[39] Republic of France，Convention on Nuclear Safety，National Report for the Second Extraordinary Meeting，27-31 August 2012.

[40] WENRA. Reactor Harmonization Working Group，Safety of new NPP designs，October 2012.

[41] OECD/NEA. The Fukushima Daiichi Nuclear Power Plant Accident：OECD/NEA Nuclear Safety Response and Lessons Learnt. NEA No. 7161，2013.

[42] 国家核安全局．福岛核事故后核电厂改进行动通用技术要求（试行）．2012 年 6 月．

[43] 环境保护部（国家核安全局），等．核安全与放射性污染防治“十二五”规划级 2020 年远景目标．2012 年 10 月．

（**执笔人：**周如明；
审稿人：赵成昆）

第五篇

我国内陆核电厂液态流出物排放及水环境影响研究

目　　录

核能（nuclear energy）是人类历史上的一项伟大发现，一个世纪的时间，核能已经成为世界能源家族中最重要的一员。发电作为核能的主要用途之一，在当今世界，已经被许多国家所利用。核电是安全、清洁、优质的现代能源，在保证能源供应安全、调整能源结构、改善环境质量、应对气候变化等方面发挥着不可替代的战略作用。世界电力供应的约16％来自核电，截至2012年，法国核电占总发电量的74.8％，韩国占30.4％，美国占近19.0％，我国约占2.0％。

核电的基本特性决定了它在改变能源结构上有以下重要作用：①核电是清洁能源，特别是在节能减排方面，核电链排放温室气体的归一化排放量约为煤电链的1％；②核电是高负荷因子大功率密集性的能源；③核电的安全可靠性继续不断提高；④核电对煤电具有一定的经济竞争力和替代能力；⑤核电核燃料耗用量和运输量小，仅为燃煤量的十万分之一，可大大缓解煤炭运输的压力。因此，发展核电是调整能源布局的有效途径，应对气候变化、减轻环境污染的迫切需要，积极发展核电是中国能源可持续发展的战略选择。迄今为止，我国的核电建设都集中在沿海地区。但从核电长远的规模发展来看，仅在沿海建设核电难以满足内陆省市对绿色能源日益增长的需求和电网安全，因此内陆核电建设成为核电进一步发展的必然选择。

对于核电厂建设和管理，我国行政主管部门和核电运营商一直都特别关注核安全和环境风险问题。截至2013年12月，我国运行核电机组有17台，在建核电机组29台，核电设施保持良好安全记录，迄今为止未发生过2级以上事件。由于内陆核电厂址环境特征和社会特征与滨海厂址有质的差异，尽管我国已经在滨海厂址的核电厂的建造和运行方面具有丰富且成熟的工程经验，但是我国有关政府部门对于内陆核电建设一直持十分谨慎的态度。尤其是2011年3月11日，因特大地震引发的海啸事件造成福岛第一核电厂大量放射性物质释放到大气和海洋环境中，以及持续不断出现的渗入地下水和大量污水人为排放入海的问题，进一步引发了社会各界和公众对内陆核电厂建设是否会影响周围水资源安全和水环境质量的关注和疑虑。

核电厂液态流出物排放一直是核电厂辐射防护和放射性废物管理、放射性环境影响评价中的重点关注问题，也是确定核电厂能否建设的关键问题之一。我国滨海核电厂已经具有近30年的运行管理经验，在核电厂正常运行时放射性液态流出物处理工艺、排放管理、流出物监测和环境监测等方面已经具有了相对完善的法规标准体系和工程实践。早在福岛事故之前，环境保护部在2006年及时启动了《核电厂环境辐射防护规定》（GB 6249—86）和《轻水堆核电厂放射性废水排放系统技术规定》（GB 14587—93）的修订工作，并于2011年发布修订版。修订版将两个标准分别改名为《核动力厂环境辐射防护规定》（GB 6249—2011）和《核电厂放射性液态流出物排放技术要求》（GB 14587—2011）。两个标准均明确规定核电厂正常运行和事故工况下的环境辐射防护和液态流出物排放的管理要求，并增加了针对内陆核电厂排放口下游1 km的相关环境管理要求，满足了我国核电厂选址、建造、运行和退役的环境保护管理需要。

福岛核事故后，人们的反思集中在核电厂在事故情况特别是严重事故情况下的防护措施。《核安全规划》提出，“十二五”新建核电机组具备较完善的严重事故预防和缓解措施，每堆年发生严重堆芯损坏事件的概率低于十万分之一，每堆年发生大规模放射性物质释放事件的概率低于百万分之一；“十三五”及以后新建核电机组力争实现从设计上实际消除大量放射性物质释放的可能性。核事故最严重的后果，就是事故过程中放射性物质从核电厂释放出来进入环境，从而污染环境，使公众受到过量辐照，影响环境和公众健康。因而只要能保证核电厂发生严重事故时，放射性废水包容和滞留在厂区内，不让它进入周围水体环境，那么这种核事故就不会对环境和公众产生影响。目前，国家核安全局正在联合相关单位开展实际消除大规模放射性释放可能性的研究，力争在自主设计的第三代核电厂中实现，新建核电厂通过改进系统设计、增加风险控制措施以及优化应急预案，确保核电厂在严重事故情况下产生的放射性废水被包容和滞留在厂内，不进入水环境，不产生影响环境和公众健康的后果。

本报告的第 1 部分阐述了我国有关内陆核电厂放射性液态流出物排放的监管标准和要求，与国际相关标准进行了比较，并且阐述了内陆核电厂液态流出物放射性近零排放的概念。第 2 部分以长江水系为例介绍了我国水系水体的放射性水平，并与国外水体的放射性水平进行了比较，以及长江沿岸工业废水排放对水系放射性水平的影响。第 3 部分介绍了我国运行和在建核电厂液态流出物的排放水平和可能造成的水环境影响，以及在正常运行和事故工况下为了保证核电厂周围水资源安全拟采取的控制措施和可采取的应急预案。第 4 部分介绍了我国拟建内陆核电厂厂址分布情况和水弥散条件，并与美国内陆核电厂水弥散条件进行了比对。第 5 部分介绍了美国内陆核电厂在放射性液态流出物排放的控制、预测评估以及运行期间的监测数据等的内容与结论。第 6 部分汇总了研究报告的主要结论。

1 我国对内陆核电厂液态流出物和水环境影响的监管标准和要求

为保证核电厂的核安全和环境安全，从 20 世纪 80 年代建设核电开始，我国已经逐步建立了一套相对完整的核电厂选址安全规定和环境影响评价标准体系。2012 年 10 月国务院批复《核安全与放射性污染防治“十二五”规划及 2020 年远景目标》（以下简称“核安全规划”）再次强调，核安全是核能与核技术利用事业发展的生命线。2011 年 3 月日本福岛核事故后，进一步保障核安全与防治放射性污染任务更加艰巨和紧迫，相关工作面临新的形势和挑战。坚持在确保安全的前提下发展核电，并把握好发展节奏。同时，核安全规划中也对新申请建造许可证的核电项目提出了明确要求，即按照我国和国际原子能机构最新的核安全法规标准进行选址和设计，采用技术更加成熟和先进的堆型，提高固有安全性。通过科学选址和采取更加高效、可靠的工程措施，确保气态和液态流出物在核电机组正常运行和事故情况下对环境和公众均不会造成不可接受的影响。

1.1 我国内陆核电厂对核电厂液态流出物排放和水环境影响的监管标准体系

核电厂液态流出物排放及造成的水环境影响一直是核电厂辐射防护、放射性废物管理和辐射环境影响评价重点关注的问题，也是确定核电厂能否建设的关键问题之一。我国滨海核电厂已经具有 20 多年的运行管理经验，在核电厂正常运行时放射性液态流出物处理工艺、排放管理、流出物监测和环境监测等方面已经具有了相对完善的法规标准体系和工程实践。

2003 年《中华人民共和国放射性污染防治法》颁布实施后，国务院有关部门先后颁布了有关辐射防护和放射性废物管理方面的规章、标准，其内容含盖辐射防护、放射性废物管理政策和废物分类、处理、整备、贮存、运输和处置等方面。尤其是 2012 年 3 月 1 日起施行的《放射性废物安全管理条例》（国务院令第 612 号）是针对放射性废物安全管理的专门条例。除了上述法律条例外，我国还制定了详细的配套技术标准。2002 年颁布实施的《电离辐射防护与辐射源安全标准》（GB 18871—2002），等效采用联合国粮农组织、国际原子能机构、国际劳工组织、经济合作与发展组织核能机构、泛美卫生组织和世界卫生组织联合发布的《国际电离辐射防护和辐射源安全基本安全标准》（国际原子能机构安全丛书 115 号，1996 年版），标志着我国的辐射防护监管完全与国际接轨。2011 年修订发布的两个标准《核动力厂环境辐射防护规定》（GB 6249—2011）和《核电厂放射性液态流出物排放技术要求》（GB 14587—2011）均明确规定了核电厂正常运行和事故工况下的环境辐射防护和液态流出物排放的管理要求，并增加了针对内陆核电厂排放口下游 1 km 的相关环境管理要求，满足了我国核电厂选址、建造、运行和退役的环境保护管理要求。

1.1.1 《中华人民共和国放射性污染防治法》

《中华人民共和国放射性污染防治法》于 2003 年 6 月 28 日获人大通过并公布，2003 年 10 月 1 日起施行。在总结我国 50 多年来放射性污染防治的实践经验，借鉴国外成功经验的基础上，该法对我国核设施运营、核技术应用和伴生放射性矿开发利用活动中的放射性污染防治问题做出了科学、严格、有效的法律规定，填补了我国放射性污染防治的法律空白，使放射性污染防治工作步入了法制化管理的轨道，对切实处理好环境保护与经济建设、社会发展的关系，促进核能、核技术开发与和平利用具有重要意义。

在《中华人民共和国放射性污染防治法》中，放射性废物管理作为专章，其中与放射性废液管理直接相关的有如下 4 条，十分明确地规定了放射性废液产生、处理、贮存和排放的管理要求[1]。

(1)“第三十九条 核设施营运单位、核技术利用单位、铀（钍）矿和伴生放射性矿开发利用单位，应当合理选择和利用原材料，采用先进的生产工艺和设备，尽量减少放射性废物的产生量。”

本条是对放射性废物产生量保持在可实现最小量的规定，这是国际上放射性废物管理的原则之一，减少放射性废物产生量是放射性废物活度量和废物体积量两方面都要最小。

(2)“第四十条 向环境排放放射性废气、废液，必须符合国家放射性污染防治标准。”

(3)“第四十一条 产生放射性废气、废液的单位向环境排放符合国家放射性污染防治标准的放射性废气、废液，应当向审批环境影响评价文件的环境保护行政主管部门申请放射性核素排放量，并定期报告排放计量结果。”

本条规定排放单位应提交预计的放射性废气和废液的排放量申请，包括确定拟排放放射性核素的特性和活度及可能的排放位置和方式，以及计划排放可能引起的公众关键人群的受照剂量；排放单位应使放射性废气、废液排放量保持在排放限值以下可合理达到的尽量低水平，并进行足够详细和准确的监测，以验证放射性核素的排放满足限值要求。

（4）“第四十二条 产生放射性废液的单位，必须按照国家放射性污染防治标准的要求，对不得向环境排放的放射性废液进行处理或者贮存。产生放射性废液的单位，向环境排放符合国家放射性污染防治标准的放射性废液，必须采用符合国务院环境保护行政主管部门规定的排放方式。禁止利用渗井、渗坑、天然裂隙、溶洞或者国家禁止的其他方式排放放射性废液。”

本条是对放射性废液受控排放的规定。不得向环境排放的放射性废液指的是不符合国家有关放射性废液排放标准的废液。放射性废液的处理方法，有蒸发、离子交换、膜技术、絮凝沉降、吸附、过滤、离心分离等。具体使用哪种工艺可根据废液的理化特性、放射性核素种类和活度浓度、有机物含量、含盐量、悬浮物含量、酸碱度等来决定。对于尚未建立适宜处理方法的废液如高放废液应进行贮存，在贮存期间应确保废液不会泄漏和污染环境。向环境排放放射性废液必须按照国务院环境保护行政主管部门批准的方式排放，如采用槽式排放方式。槽式排放至少应设置两个相同容量的槽，每个槽都应设有混合中和设备和流量、浓度检测设备，在排放前必须先经混合均匀，并取样分析检测，分析检测结果低于排放管理限值时方可排放，在排放期间不再流入新的废液。检测结果超过排放管理限值的废液返回处理系统再处理，以此来对流出物实施受控排放。

1.1.2 《放射性废物安全管理条例》

《放射性废物安全管理条例》在《中华人民共和国放射性污染防治法》的基础上进一步细化，其中第十条对废液处理做出了明确的规定[2]：

“第十条 核设施营运单位应当对其产生的除废旧放射源以外的放射性固体废物和不能经净化排放的放射性废液进行处理，使其转变为稳定的、标准化的固体废物后自行贮存，并及时送交取得相应许可证的放射性固体废物处置单位处置。”本条是对核设施产生放射性废物的处理、贮存和送交处置的规定。其中，对于核设施营运单位产生的放射性废液，强调了首先应实施净化排放，无法排放的实施固化处理。

1.1.3 《电离辐射防护与辐射源安全基本标准》(GB 18871—2002)

《电离辐射防护与辐射源安全基本标准》规定了辐射防护的基本要求：实践的正当性、剂量限制和潜在照射危险限制、防护与安全最优化。该标准还规定了放射性物质向环境排放的控制要求和公众照射的控制及受照剂量限值。

《电离辐射防护与辐射源安全基本标准》[3]（GB 18871—2002）对向环境排放放射性物质给出了具体规定，一般来说，向环境排放放射性废气、废液应满足下述条件：①排放不超过环境保护部门认可的限值，包括排放总量和浓度限值；②有适当的监控设备，排放是受控的，放射性废液采用槽式排放；③按照 GB 18871—2002 的有关要求是排放的控制最优化。

1.1.4 《核动力厂环境辐射防护规定》(GB 6249—2011) 和《核电厂放射性液态流出物排放技术要求》(GB 14587—2011)

《核动力厂环境辐射防护规定》[4]（GB 6249—2011）和《核电厂放射性液态流出物排放技术要求》[5]（GB 14587—2011）中均对核电厂液态放射性流出物排放管理做了规定和

要求，包括排放管理原则、总量控制和浓度控制原则及控制值、流出物监测和辐射环境监测、排放口设置等，尤其是 GB 14587—2011 作为唯一放射性液态流出物排放的专门技术规定，更详细地规定了放射性液态流出物排放浓度限值和在线报警阈值、增加了液态放射性流出物排放系统设计和运行管理上的技术要求，特别是优化要求等。主要规定内容有：

（1）“核电厂营运单位应采取有效措施，保证放射性液态流出物排放系统的设计和运行以及核电厂放射性液态流出物排放的管理满足 GB 18871 的相关要求，遵循“可合理达到尽量低”和“废物最小化”的原则，实施放射性液态流出物年排放总量控制和排放浓度控制。”强调了必须满足 GB 18871 的相关要求，增加了“废物最小化”的原则和实施总量控制和浓度控制的要求。加上液态流出物槽式排放的要求，第一次明确提出流出物排放遵循的四条基本要求：辐射防护最优化；废物最小化；总量和浓度双重控制；槽式排放。

（2）在核电厂放射性液态流出物排放系统设计时，来自核岛系统的放射性液态流出物和来自常规岛系统的放射性液态流出物应进入不同的排放系统，严禁将电厂非放射性废水纳入电厂放射性液态流出物排放系统。

（3）营运单位应根据 4.1、4.2 和 4.3 的规定，确定电厂放射性液态流出物中^{3}H 和除氚外其他放射性核素的年排放总量设计控制值。对重水堆核电厂，还应确定放射性液态流出物中^{14}C 的年排放总量设计控制值。

（4）对于核电厂不同来源的放射性液态流出物，应根据其排水量、所含放射性核素的种类和活度浓度，分别确定各系统排放口放射性液态流出物中^{3}H 和除氚外其他放射性核素的排放浓度设计控制值。对重水堆核电厂，还应确定放射性液态流出物中^{14}C 的排放浓度设计控制值。

（5）在首次装料前，核电厂营运单位应在排放设计控制值的基础上，根据厂址环境特征以及同类核电厂的运行经验反馈，对放射性液态流出物的排放管理进行优化，提出电厂放射性液态流出物年排放总量和排放浓度申请值，经批准后作为电厂放射性液态流出物排放管理目标值。对于多机组厂址，应统一提出放射性液态流出物年排放总量申请值。

（6）核电厂放射性液态流出物向环境排放应采用槽式排放，排放的放射性总量应符合 GB 6249 中有关放射性液态流出物年排放总量限值的相关规定。对于滨海厂址，系统排放口处除^{3}H、^{14}C 外其他放射性核素的总排放浓度上限值为 1 000 Bq/L；对于滨河、滨湖或滨水库厂址，系统排放口处除^{3}H、^{14}C 外其他放射性核素的总排放浓度上限值为 100 Bq/L，且总排放口下游 1 km 处受纳水体中总 β 放射性浓度不得超过 1 Bq/L，^{3}H 浓度不得超过 100 Bq/L。

（7）核电厂营运单位应按季度控制放射性液态流出物年排放总量，核电厂连续 3 个月内的放射性液态流出物排放总量不应超过年排放总量控制值的二分之一，每一个月内的放射性液态流出物排放总量不应超过年排放总量控制值的五分之一。滨河、滨湖或滨水库核电厂，可以结合受纳水域的特性，制订更合理的排放方式，报批后实施。

（8）核电厂营运单位应制定放射性液态流出物排放的管理程序，加强对放射性液态流出物的排放管理，减少核电厂放射性液态流出物的非计划排放。

（9）有效禁止核电厂事故时放射性废液向环境的可能排放，核电厂设计时应设置足够容量的应急滞留贮槽，以保持对事故放射性废液的容纳和控制能力。对于每一个排放系统，一般至少应设置两个相同容量的贮存排放槽，特殊情况下贮存排放槽可以在不同排放系统之间互为备用。每个贮存排放槽的有效容积应保证在核电厂正常运行状态下对放射性液态流出物的足够滞留能力。

(10) 电厂排放口的设置应充分考虑受纳水体的环境容量、功能以及生态特征等因素。电厂排放口应尽量避开集中取水口、经济鱼类产卵场、洄游路线、水生生物养殖场以及集中的游泳娱乐场所等环境敏感点。对于内陆厂址，电厂排放口下游 1 km 范围内禁止设置生活用水和农业用水取水口。

(11) 电厂排放口设计时，应有多种放射性液态流出物排放口的具体位置和型式的方案，经数值模拟计算并充分考虑环境影响因素后，从中确定一个优选方案，并经水工模型试验加以验证后报批。

1.2 与水质标准中放射性标准值比较

放射性无处不在，任何水体包括工业废水、生活废水和天然水体中都含有放射性。一般来说，天然水体都是各种废水的受纳水体。与废水的豁免水平、液态流出物的解控水平相比较，表 1 列出了我国相关标准规定的城市供水、地下水和海水[6]等水体中的放射性浓度标准值，表 2 和表 3 分别给出了我国和世界卫生组织的饮用水标准及其指导水平。图 1 给出了世界卫生组织对饮用水中放射性核素的筛选水平和指导水平应用程序。

表 1 有关水质标准中的放射性指标

城市供水水质标准 (CJ/T 206—2005)	总 α 放射性	0.1 Bq/L
	总 β 放射性	1.0 Bq/L
地下水质量标准 (GB/T 14848—94)	总 α 放射性	≤0.1 Bq/L（Ⅰ，Ⅱ，Ⅲ类水质），≥0.1 Bq/L（Ⅳ，Ⅴ类水质）
	总 β 放射性	≤1.0 Bq/L（Ⅰ，Ⅱ，Ⅲ类水质），≥1.0 Bq/L（Ⅳ，Ⅴ类水质）
海水水质标准 (GB 3097—1997)	^{60}Co	0.03 Bq/L
	^{90}Sr	4 Bq/L
	^{106}Ru	0.2 Bq/L
	^{134}Cs	0.6 Bq/L
	^{137}Cs	0.7 Bq/L

表 2 有关饮用水标准中的放射性标准

生活饮用水卫生标准 (GB 5749—2006)	指导值	总 α 放射性	0.5 Bq/L
		总 β 放射性	1 Bq/L
世界卫生组织饮用水水质标准 (第四版，2011)	筛选水平	总 α 放射性	0.5 Bq/L
		总 β 放射性	1.0 Bq/L
	指导水平		0.1 mSv/a

表 3 世界卫生组织饮用水水质标准中的指导水平

核素	指导水平 (Bq/litre)[a]	核素	指导水平 (Bq/litre)[a]	核素	指导水平 (Bq/litre)[a]
^{3}H	10 000	^{93}Mo	100	^{140}La	100
^{7}Be	10 000	^{99}Mo	100	^{139}Ce	1 000
^{14}C	100	^{96}Tc	100	^{141}Ce	100
^{22}Na	100	^{97}Tc	1 000	^{143}Ce	100
^{32}P	100	^{97m}Tc	100	^{144}Ce	10
^{33}P	1 000	^{99}Tc	100	^{143}Pr	100
^{35}S	100	^{97}Ru	1 000	^{147}Nd	100
^{36}Cl	100	^{103}Ru	100	^{147}Pm	1 000
^{45}Ca	100	^{106}Ru	10	^{149}Pm	100
^{47}Ca	100	^{105}Rh	1 000	^{151}Sm	1 000
^{46}Sc	100	^{103}Pd	1 000	^{153}Sm	100
^{47}Sc	100	^{105}Ag	100	^{152}Eu	100
^{48}Sc	100	^{110m}Ag	100	^{154}Eu	100
^{48}V	100	^{111}Ag	100	^{155}Eu	1 000
^{51}Cr	10 000	^{109}Cd	100	^{153}Gd	1 000
^{52}Mn	100	^{115}Cd	100	^{160}Tb	100
^{53}Mn	10 000	^{115m}Cd	100	^{169}Er	1 000
^{54}Mn	100	^{111}In	1 000	^{171}Tm	1 000
^{55}Fe	1 000	^{114m}In	100	^{175}Yb	1 000
^{59}Fe	100	^{113}Sn	100	^{182}Ta	100
^{56}Co	100	^{125}Sn	100	^{181}W	1 000
^{57}Co	1 000	^{122}Sb	100	^{185}W	1 000
^{58}Co	100	^{124}Sb	100	^{186}Re	100
^{60}Co	100	^{125}Sb	100	^{185}Os	100
^{59}Ni	1 000	^{123m}Te	100	^{191}Os	100
^{63}Ni	1 000	^{127}Te	1 000	^{193}Os	100
^{65}Zn	100	^{127m}Te	100	^{190}Ir	100
^{71}Ge	10 000	^{129}Te	1 000	^{192}Ir	100
^{73}As	1 000	^{129m}Te	100	^{191}Pt	1 000
^{74}As	100	^{131}Te	1 000	^{193m}Pt	1 000
^{76}As	100	^{131m}Te	100	^{198}Au	100
^{77}As	1 000	^{132}Te	100	^{199}Au	1 000
^{75}Se	100	^{125}I	10	^{197}Hg	1 000
^{82}Br	100	^{126}I	10	^{203}Hg	100

续表

核素	指导水平 (Bq/litre)[a]	核素	指导水平 (Bq/litre)[a]	核素	指导水平 (Bq/litre)[a]
^{86}Rb	100	^{129}I	1 000	^{200}TI	1 000
^{85}Sr	100	^{131}I	10	^{201}TI	1 000
^{89}Sr	100	^{129}Cs	1 000	^{202}TI	1 000
^{90}Sr	10	^{131}Cs	1 000	^{204}TI	100
^{90}Y	100	^{132}Cs	100	^{203}Pb	1 000
^{91}Y	100	^{134}Cs	10	^{206}Bi	100
^{93}Zr	100	^{135}Cs	100	^{207}Bi	100
^{95}Zr	100	^{136}Cs	100	$^{210}Bi^{b}$	100
^{93m}Nb	1 000	^{137}Cs	10	$^{210}Pb^{b}$	0. 1
^{94}Nb	100	^{131}Ba	1 000	$^{210}Po^{b}$	0. 1
^{95}Nb	100	^{140}Ba	100	$^{223}Ra^{b}$	1
$^{224}Ra^{b}$	1	$^{235}U^{b}$	1	^{242}Cm	10
^{225}Ra	1	$^{236}U^{b}$	1	^{243}Cm	1
$^{226}Ra^{b}$	1	^{237}U	100	^{244}Cm	1
$^{228}Ra^{b}$	0. 1	$^{238}U^{b,c}$	10	^{245}Cm	1
$^{227}Th^{b}$	10	^{237}Np	1	^{246}Cm	1
$^{228}Th^{b}$	1	^{239}Np	100	^{247}Cm	1
^{229}Th	0. 1	^{236}Pu	1	^{248}Cm	0. 1
$^{230}Th^{b}$	1	^{237}Pu	1 000	^{249}Bk	100
$^{231}Th^{b}$	1 000	^{238}Pu	1	^{246}Cf	100
$^{232}Th^{b}$	1	^{239}Pu	1	^{248}Cf	10
$^{234}Th^{b}$	100	^{240}Pu	1	^{249}Cf	1
^{230}Pa	100	^{241}Pu	10	^{250}Cf	1
$^{231}Pa^{b}$	0. 1	^{242}Pu	1	^{251}Cf	1
^{233}Pa	100	^{244}Pu	1	^{252}Cf	1
^{230}U	1	^{241}Am	1	^{253}Cf	100
^{231}U	1 000	^{242}Am	1 000	^{254}Cf	1
^{232}U	1	^{242m}Am	1	^{253}Es	10
^{233}U	1	^{243}Am	1	^{254}Es	10
$^{234}U^{b}$	10			^{254m}Es	100

a. 表中的指导水平，根据对数表示的平均值四舍五入到整数（如对计算值小于 3×10^{n} 和大于 $3\times10^{n-1}$ 范围内，则数值取 10^{n}）。

b. 指天然放射性核素。

c. 指饮用水中铀-238 的暂定准则值，根据对肾脏的化学毒性规定为 15 μg/L。

资料来源：世界卫生组织饮用水水质标准（第三版），2005。

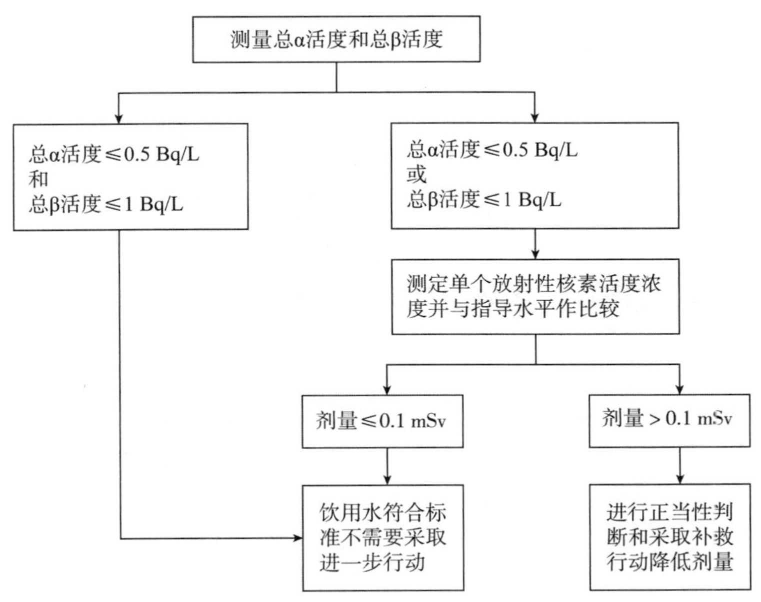

图 1　世界卫生组织饮用水水质标准中饮用水中放射性核素的筛选水平和指导水平应用程序

资料来源：世界卫生组织饮用水水质标准（第三版），2005

需要说明的是，世界卫生组织早期的饮用水标准中总 α 放射性筛选水平为 0.1 Bq/L，我国有关水质标准中也是 0.1 Bq/L。2005 年，世界卫生组织将总 α 放射性筛选水平放宽到 0.5 Bq/L，我国在 2006 年修订的生活饮用水标准（GB 5749—2006）[7]采用了世界卫生组织的新标准。据了解，目前有关主管部门正在进行生活饮用水标准的修订工作，其中关于放射性指标的量值并没有变化。

GB 6249—2011 和 GB 14587—2011 中要求内陆核电厂排放口下游 1 km 处受纳水体中总 β 放射性不超过 1 Bq/L，可以理解为排放口下游 1 km 处受纳水体的放射性指标已经满足 WHO 和我国的饮用水要求。同样，这个 1 Bq/L 的总 β 浓度也是筛选值。GB 6249—2011 中指出，“如果浓度超过上述规定，营运单位在排放前必须得到审管部门的批准”，就是指在总 β 浓度超过 1 Bq/L 时，需要作进一步的辐射影响评价。表 4 给出我国标准中有关内陆核电厂排放口下游浓度的控制要求与相关饮用水标准的比较。

表 4　内陆核电厂排放口下游浓度的控制要求与国际相关饮用水标准的比较

国际组织/国家	推导浓度的参考剂量	总 β 指标值	氚指标值
WHO 饮用水指标	0.1 mSv/a	1 Bq/L（筛选值）	10 000 Bq/L
加拿大卫生部饮用水指标	0.1 mSv/a	1 Bq/L（筛选值）	7 000 Bq/L
美国 EPA 饮用水指标	0.04 mSv/a	1)	740 Bq/L
欧盟饮用水指标	0.1 mSv/a	1)	100 Bq/L（筛选值）
我国生活饮用水卫生标准（GB 5749—2006）	等效采用 WHO 饮用水指标	1 Bq/L（筛选值）	—

续表

国际组织/国家	推导浓度的参考剂量	总 β 指标值	氚指标值
GB 6249—2011 （核电厂液态流出物排放口下游 1 km 处受纳水体中）	—	1 Bq/L（筛选值）	100 Bq/L（筛选值）

1）未规定总 β 指标值，各 β/γ 放射性核素的浓度指标按照参考剂量进行推导。

1.3 内陆核电厂液态流出物放射性近零排放的概念

1.3.1 零排放

20 世纪 70 年代初，零排放的概念主要指从工厂中排出的废水为零，所有废水经过二级或三级污水处理，除了回用外只剩下转化为固体的废渣。最初的零排放行为致力于消除环境污染，减轻环境压力。但各种行为之间并未建立联系，未形成一种系统的理念、理论、思维方式和行为方式。直到 1994 年，欧洲实业家 Gunter Pauli 才把“零排放”从个别分散的活动上升到一种理论体系，不再局限于某个工厂或社会生活的某一方面，而把社会、经济和环境视为一个有机整体。1995 年 4 月，联合国大学在“零排放国际会议”上阐述了这一理念，启动“零排放研究计划”，其目标是“全球排放为零、废水为零、固废为零、空气中废物为零”，并认为今后的社会生产活动只有以零排放为目标才能真正实现人类社会的可持续发展。并提出零排放的感念不再局限于某个工厂或社会生活的某一方面，而把社会、经济活动都进行净化处理。然而，根据能量守恒定律和物质不灭定律，任何损失的部分最终以水、气、声、渣、热等形式排入环境。从这个意义上讲，真正的“零排放”只是一种理论的、理想的状态。

在实际操作中，就有了各种零排放定义：

第一，零排放是指排出的废水中不含第一类污染物，或不含有毒物质。这种定义有利于促进工艺中减少有毒副产品的产生。

第二，零排放是指排出的废水量可能并不小，且废水中可能含有一定浓度的可溶物质，但这种废水是相对安全的，其浓度对受纳水体是无害的。这种定义可以促进对废水的深度处理，以达到景观用水的要求。

第三，零排放是指没有水从工厂排出，所有废水经二级或三级处理后转化为固体废物，再进行处理。仅就废水而言实现了零排放，但并没有消除污染源，只是使污染物在不同介质之间转移。这种定义可以促进水的循环利用。

上述三种零排放是相对的，与绝对零排放趋近，对于环境保护而言均具有积极意义。

从科学上说，零排放是永远不能实现的，而近零排放是对零排放的科学解释。对于废水的排放，近零排放的定义为废水的排放总量近乎为零或废水中的污染物的排放浓度近乎为零，使得其污染物浓度对受纳水体是无害的。

由于成本和现有技术条件的限制，与零排放相比，近零排放更符合最优化原则。与零排放相比，近零排放更符合最优化/业绩考核指标，但减排到什么程度最好，是一个复杂的多目标决策问题。

1.3.2 放射性近零排放

核设施对周围公众的辐射影响主要来自气态和液态放射性流出物的排放。对于核电厂放射性流出物的排放，图 2 表示了我国参照国际原子能机构（IAEA）的相关法规与导则建立的多层次的审管要求，也表示了气态和液态流出物年排放总量的控制和剂量约束值的关系。

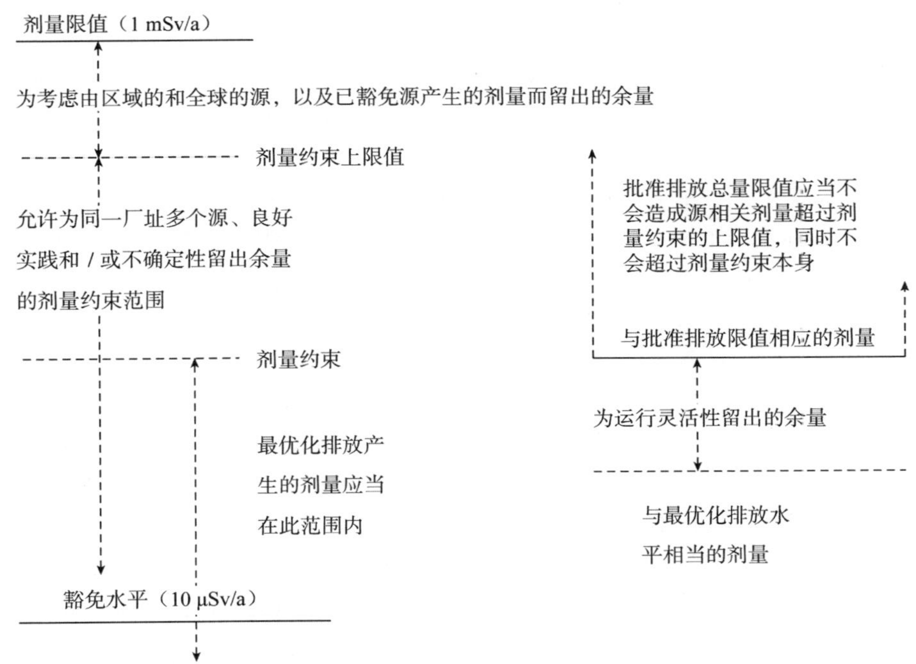

图 2　放射性流出物排放的审管层次以及流出物排放控制和剂量约束的关系

资料来源：《放射性流出物排入环境的审管控制》（IAEA-WS-G-2.3）[8]

如图 2 所示，第一层次是公众个人的剂量限值（也称基本标准）。国家标准《电离辐射防护与辐射源安全基本标准》（GB 18871—2002）中，采用由 6 个国际组织（国际原子能机构、国际放射防护委员会、联合国粮农组织、国际劳工组织、经济合作与发展组织核能机构、世界卫生组织和泛美卫生组织）批准并联合发布的国际电离辐射防护和辐射源安全基本安全标准（IAEA 安全丛书 115 号，1996 年版），将公众个人剂量限值规定为 1 mSv/a。这个限值的基础是，在该限值下的终生照射将产生一个非常小的健康危险，大致等于来自天然辐射源（不含氡）的本底辐射水平。

图 2 中的第二层次是核电厂的剂量约束上限值。在辐射防护最优化方面设置上限值，是为了给其他的发展和辐射源的不确定性留有裕度。国家标准《核动力厂环境辐射防护规定》（GB 6249—2011），明确将 0.25 mSv/a 的个人有效剂量作为核电厂的剂量约束上限值。

图 2 中的第三层次是剂量约束值或排放量控制值，这个层次反映了辐射防护最优化以及“可合理达到的尽量低水平”（As Low as Reasonably Achievable，ALARA）的原则。

这个层次的要求通常是通过设计优化来实现的。在实际应用中，各国的做法有所不同，有的给出公众成员个人剂量限制，例如，美国核管理委员会（NRC）在联邦法规10CFR50附录Ⅰ中对于放射性液态流出物给出ALARA设计目标值为0.03 mSv/（堆·年）(3 mrem/a)的全身剂量以及0.10 mSv/（堆·年）（10 mrem/a）的最大器官剂量；也有的给出排放总量控制值，例如，法国对于不同类型的核电机组给出放射性气载和液态流出物的年排放量控制值。

在《核动力厂环境辐射防护规定》（GB 6249—2011）和《核电厂放射性液态流出物排放技术要求》（GB 14587—2011）中，对于滨海核电厂和内陆核电厂放射性液态流出物排放浓度的控制提出了进一步的要求，这些要求可以视为放射性流出物排放审管的第四层次要求。

上述各审管层次，对于滨海核电厂和内陆核电厂的要求是相同的。需要指出的是，与世界平均本底辐射水平2.4 mSv/a（其中氡气造成的居民剂量约占60%）以及我国3.1 mSv/a的平均本底辐射水平相比，上述公众个人剂量约束上限值以及进一步制定的放射性流出物排放控制值是很严格的要求。

欧共体在提出放射性废物处理最佳可行技术（BAT）的同时，也提出了近零排放的概念。2003年，欧共体在《Effluent Release Options from Nuclear Installations》中提出，逐渐地和实质性地减少放射性物质的排放，最终目标是使天然存在的放射性物质在环境的浓度接近本底水平，人工放射性物质在环境中的浓度接近于零。可见，欧共体的定义中，提出了放射性近零排放最根本的目标。

目前，环境保护部核与辐射安全中心经过深入研究并提出核电厂液态流出物放射性近零排放的定义为：核电厂向环境排放的液态流出物中的放射性核素浓度低于解控水平；核电厂受纳水体中的人工放射性核素浓度接近于零。定义分为两部分：一是将解控概念引入核电厂液态流出物的排放管理，要求液态流出物中的放射性核素浓度低于解控水平；二是将受纳水体中的放射性核素浓度作为衡量近零排放的指标，要求受纳水体中的人工放射性核素浓度应接近于零。满足上述两个要求即可认为达到放射性近零排放的要求。近零排放是在满足剂量约束值和总量控制要求下的更严格要求。

1.4 实现内陆核电厂放射性近零排放的措施

GB 14587—2011中不但规定了内陆核电厂放射性液态流出物的排放浓度控制值，而且规定了为实现浓度排放限值应采取的一系列设计和管理要求。为了实现内陆核电厂的放射性近零排放，满足GB 6249—2011和GB 14587—2011的要求，内陆核电厂应在核电厂选址、设计和液态流出物排放管理方面做好以下工作[9]。

1.4.1 选址时要充分考虑有满足液态流出物排放解控条件的受纳水体

（1）要有受纳水体。放射性废液处理后向环境水体达标排放是核电厂放射性液态流出物可以解控的前提。

（2）受纳水体要允许排放，即排放要与水环境功能管理相协调。环境保护法等相关法律、法规和标准中对不可以设置废水排放口的水体有明确的规定，如国家级自然保护区、集中式取水水源保护区、经济鱼类产卵场、洄游路线、水生生物养殖场等环境敏感点，如

《地表水环境质量标准》（GB 3838—2002）中规定的Ⅰ、Ⅱ类水功能区和Ⅲ类水功能区中的保护区等。

（3）受纳水体要有足够的稀释能力。由于有排放口下游 1 km 处水体放射性浓度的限制，因此受纳水体的特征，特别是流量及水深的变化，要能够对排入水体的废水有足够的稀释能力。季节性河流、流量极小的河流、相对封闭的水库和湖泊等可能不能提供足够的稀释能力。

（4）对于受纳水体稀释扩散能力较小或者无受纳水体的核电厂址，建议结合具体的厂址条件和周围环境特征，以对水体环境、大气环境和陆地环境的综合影响和长期影响最小为原则，通过采用先进的废液处理工艺的优化组合、动态排放管理模式、滞留衰变处理设施、转化为气态排放措施以及其他必要的工程措施等多种综合措施，实现液态流出物的近零排放。

1.4.2　改进核电厂的工艺设计

（1）改进反应堆和系统设计，减少源项。如改进燃料包壳的设计，提高燃料对放射性的包容性；选择合适的堆芯材料，减少活化腐蚀产物的产生和向一回路迁移。

（2）改进核电厂一回路水化学控制，减少活化腐蚀产物向一回路的迁移。

（3）采用世界上先进的废水处理工艺，满足排放浓度限制的要求。

（4）根据受纳水体的特性和排放管理的优化，设计足够数量和容量的贮液罐和排放槽，以满足排放口下游 1 km 处水体放射性浓度限制的要求。

（5）根据受纳水体的特征和周围的环境特征，选择最合适的排放口位置，以使得废水的排放对公众和环境的影响尽可能小。

（6）根据受纳水体的特征，设计恰当形状的排放头，增大初始混合区的面积和体积，使得在排放口下游 1 km 处能基本达到均匀混合。

1.4.3　优化排放管理

优化排放管理是核电厂运行期间最应重视的工作。应根据受纳水体稀释条件的变化和电厂的运行工况，开展均匀性排放控制研究，优化排放控制程序，在必要时将受纳水体流量和下游 1 km 处放射性活度浓度作为液态流出物排放控制指标，确保排放的均匀性控制，减小对环境的影响。

1.4.4　加强工艺监测、流出物监测和环境监测

（1）加强工艺监测。由于内陆核电厂废水处理工艺采用的是目前世界上先进废水处理工艺的组合，综合处理指标没有得到工程验证，因此要加强工艺监测，形成优化的工艺流程，不但满足浓度排放限制要求，而且要达到废物最小化的目标。

（2）加强流出物监测。由于核电厂放射性液态流出物排放的浓度较低，为了准确地测量排放浓度和排放总量，需要更精确的测量。此外，放射性液态流出物中^{14}C的监测目前尚无成熟的方法，需要加强研究。尤其应注意，对于流量较小的受纳水体，排放口下游 1 km处的放射性浓度监测结果可能参与流出物的排放控制。

（3）加强环境监测。排放口下游 1 km 处的放射性浓度监测是对内陆核电厂的专门要求，目前还没有出台相关技术标准，需要进一步加强研究。此外，环境受纳水体的稀释情

况、沉积和再悬浮情况、地表水环境质量等也需要通过环境监测来验证和为环境影响预测及现状评价提供数据。

1.4.5 加强环境影响评价

内陆核电厂放射性液态流出物的环境影响评价应从环境保护角度论证厂址的可行性、电厂工艺设计改进的恰当性和运行排放管理优化的有效性，评价放射性液态流出物排放对公众和环境的辐射影响。与滨海核电厂相比，应重点关注以下几个方面：

（1）受纳水体的稀释能力。根据受纳水体的特征和液态流出物间歇排放的排放方式，准确计算受纳水体的稀释因子，论证排放口下游 1 km 处满足国家标准的要求和其他水域环境敏感点满足相关的环境保护要求。

（2）沉积和再悬浮。为准确进行内陆核电厂放射性液态流出物的环境影响评价，应充分考虑受纳水体中放射性物质的沉积和再悬浮效应。

（3）评价途径的变化。和滨海核电厂相比，增加了陆地地表水和地下水的环境影响评价。地下水的环境影响评价也是内陆核电厂环评中的重要方面，地表水与地下水的交换是内陆核电厂正常运行时地下水放射性的主要来源。

（4）生态影响评价。内陆和滨海的生态状况明显不同，特别是淡水生态和海水生态有显著的差异。

1.5 国外核设施液态流出物的排放管理要求

1.5.1 美国的排放管理规定和排放限值

美国核管会（NRC）已经建立了 3 个层次的辐射防护剂量限值。

第一层次：30 μSv/a 的合理可行尽量低（ALARA）目标——10 CFR 50 附录 I

NRC 要求核电厂营运者必须遵守气、液态流出物对厂外人员所致的辐射剂量合理可行尽量低（ALARA）。对液态流出物释放，每座轻水堆（每台机组）每年释放的放射性物质总量，经各种照射途径，对非限制区内任何个人的全身剂量不超过 30 μSv 或任何器官不超过 100 μSv。其中，监管人员对轻水堆设计目标的见解要求，对于一个厂址，所有轻水堆的液态流出物释放经各种照射途径，对非限制区内个人的全身剂量或任何器官的年剂量或剂量负担不得超过 50 μSv。

NRC 选择每年 30 μSv 和 100 μSv 的值，是由于这些值只是天然本底辐射剂量的一定比例份额，也是公众剂量限值的一定比例份额，并且是核电厂能够达到的目标。满足这些目标的核电厂，在减少一般公众照射方面，可视为达到了 ALARA。

核电厂营运者必须监测其经批准的流出物释放。如果一个核电厂，在一个季度超过这些辐射剂量水平的一半，要求核电厂的营运者调查其原因，采取适当的纠正行动，并在季度结束的 30 d 内向 NRC 报告。

第二层次：0.25 mSv/a 标准——10 CFR 20.1301（e）

1979 年，EPA 制定了公众成员的辐射剂量限值，全身为 0.25 mSv，甲状腺为 0.75 mSv，任一其他器官为 0.25 mSv。这一限值是针对一个核电厂址在正常工况下的液态及气态流出物所致公众剂量限值。

第三层次：1 mSv/a 的限值——10 CFR 20.1301（a）（1）

NRC 对公众健康和安全的最后一个防护的层次是 1 mSv/a 的公众成员个人年剂量限值，适用于公众任何个人，且外部源（external sources）所致公众有效剂量在任何一个小时内不大于 0.02 mSv；若控制区允许公众人员进入，同样采用 1 mSv/a 限值。

美国联邦法规（10CFR20 附录 B 表 2）中明确规定了核电厂液态流出物中每一种核素的排放浓度限值。对于液态流出物，包括含氚，任何许可证持有者，用不超过 10 CFR 20 附录 B 表 2 的浓度值，来证明满足 1 mSv/a 的剂量标准。如果在一年内连续吸入或食入这些浓度值，将产生 0.5 mSv 的年有效剂量。

液态流出物的浓度是由职业照射食入途径中最严格的年摄入量限值（ALI）除以 7.3×10^{7}（ml）而得到的。7.3×10^{7}（ml）这个值包括了“参考人”年摄入水量 7.3×10^{5}（ml），以及 100 倍的修正因子。其中，有 50 倍的因子是考虑从 50 mSv 的年职业照射剂量限值到 1 mSv 的年公众照射剂量限值的修正，2 倍因子是基于职业照射针对成人估算的，而为应用到其他年龄组考虑的修正。这表明，对于公众成人一年内连续摄入 10 CFR 20 附录 B 表 2 中所列单一核素的浓度值，其全年总有效剂量将不超过 0.5 mSv，对于其他公众成员，全年总有效剂量将不超过 1 mSv。

1.5.2 法国的排放限值

早在 1976 年，法国就建立了核设施流出物的排放限值与监督法规。表 5 归纳了法国目前执行年排放限值，可以看出法国的环境介质浓度限值比欧洲原子能共同体（EURATOM）的基本标准乃至 ICRP 的基本标准还严格。

表 5 法国压水堆核电厂放射性液态流出物的年排放限值

反应堆数×功率/MW	液态流出物	
	总放射性核素（^{3}H、^{40}K、^{226}Ra 除外）	氚
1×3 000（热功率）	1.48 TBq（40 Ci）	74 TEq（2 000 Ci）
6×900（GRAVELINES）	2.2 TBq（60 Ci）	165 TBq（4 500 Ci）
4×1 400	2.2 TBq（60 Ci）	165 TBq（4 500 Ci）

法国在《有关专用于压水堆核电厂放射性液态流出物排放限值和排放方式的规则》（1976 年 8 月 10 日令）中规定，在一条河流中，氚浓度应低于 74 Bq/L，除氚外其他放射性核素浓度应低于 0.74 Bq/L。而滨海电厂对氚和除氚外核素的浓吏上限值分别是 740 Bq/L和 7.4 Bq/L，即内陆比滨海核电厂严格 10 倍。

法国电力公司 1999 年提出了核电厂新的排放总量控制值，并得到法国核安全当局认可。新的控制值中将核电厂排放的放射性物质分为九类。在放射性废液中，将^{14}C 和碘同位素从除氚外废液分离出来。对于法国 19 座核电厂新的控制值分三个阶段逐步生效，其中 St. Laurent 等 6 座核电厂在 2009 年执行新的控制值。

但是对于流出物的系统排放口，废液排放只有总量要求，没有浓度限值要求。例如，法国在鲁瓦河上建有核电厂，为解决累积排放问题，相关部门从流域管理角度进行管制，要求各电厂不能同时排放废液。

1.5.3 日本的排放限值

对于核电厂运行向环境释放放射性物质的要求，日本有关法令规定核电厂向环境释放的放射性物质对于周围公众的任何成员造成的有效剂量每年必须低于 1 mSv。而日本原子能安全委员会在其核电厂安全审查指南中进一步规定，应本着 ALARA 原则，尽可能地使剂量目标值低于 0.05 mSv/a。核电厂实际执行的结果一般都是远低于 0.05 mSv/a 的。

1.5.4 俄罗斯

俄罗斯规定了每 1 000 MW 反应堆的日排放量。推算到田湾核电厂的设计，为 20 Bq/L。

1.5.5 德国

德国有关标准中规定了剂量限值为每座核电厂（每台机组）的设计目标值必须满足由放射性液态流出物释放所致关键居民组成员的年个人有效剂量不超过 300 μSv。对于排放总量限值并没有具体规定，由剂量限值换算得出。

1.6 本章小节

目前，我国建立了完备的核电厂液态流出物排放管理制度，从《中华人民共和国放射性污染防治法》直到配套的条例、部门规章和导则、国家标准，对滨海和内陆核电厂液态流出物排放和水环境质量控制指标进行了详细的规定。

经研究认为，我国对核电厂液态流出物已经实施了非常严格的排放要求，即液态流出物近零排放。这意味着在核电厂液态流出物的排放总量和浓度更低，使得核电厂周围水体中的放射性指标满足地表水水体质量标准和生活饮用水标准。

2 地表水体中的放射性水平

放射性无处不在，它包括天然放射性和人工放射性。水体中天然放射性核素主要来源于土壤、地下岩层中的天然放射性物质，主要核素有 ^{40}K、^{226}Ra、^{238}U、^{232}Th；人工放射性核素主要来源于大气层核试验的全球性沉降，核设施及核技术利用的正常运行排放以及核事故的放射性释放也有一定的贡献。

我国首批内陆核电厂湖北咸宁核电厂、湖南桃花江核电厂和江西彭泽核电厂都建在长江水系沿岸，运行后液态流出物将排放到长江干流或支流水体中。本部分主要介绍了我国长江水系的放射性水平和国外江河水体的放射性水平，包括天然放射性核素和人工放射性核素，并进行了分析比较。此外，本部分还简要介绍了长江沿岸工业废水排放对长江水系放射性水平的影响。

2.1 我国长江水系的放射性水平

长江干流流经青海—西藏—四川—云南—重庆—湖北—湖南—江西—安徽—江苏—上海，然后汇入东海。长江水系支流和湖泊众多（如图 3 所示）。流域面积 1 万 km^2 以上的支流有 49 条，主要有嘉陵江、汉水、岷江、雅砻江、湘江、沅江、乌江、赣江、资水和沱江。长江水系主要湖泊有洞庭湖、鄱阳湖和太湖。

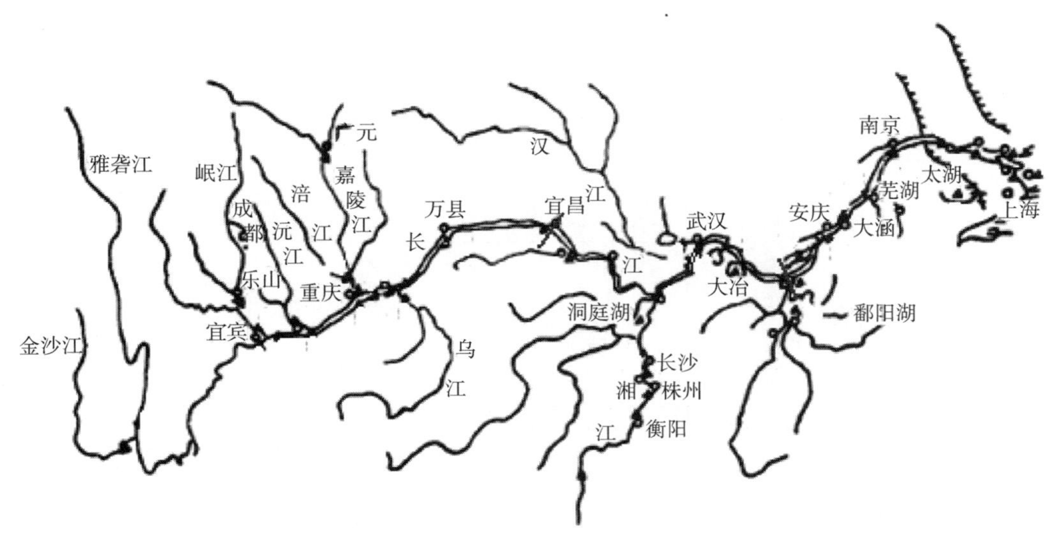

图 3　长江流域水系图

本节收集的数据来源于公开发表的文献，数据测量时间为 1965—2011 年，包括覆盖范围较为完整的 1984 年长江水系放射性水平调查、2002—2011 年的国控断面监测，也包括四川、湖南、上海等省市的区域性环境辐射监测。全部测量数据列于附表 1 到附表 10 中。

2.1.1　长江水系各区域放射性水平

数据整理过程中，将整个长江水系划分为 7 个区域[10]，包括长江干流上、中、下游，长江支流川江水系、洞庭湖水系、鄱阳湖水系、太湖和江苏安徽运河水系。长江干流以湖北省宜昌市以上为上游，宜昌市以下至江西省湖口市为中游，湖口市以下为下游。川江水系指在四川境内汇入长江干流的上游水系，包括嘉陵江、岷江、沱江、乌江、大渡河等主要支流，此外还包括汉江；洞庭湖水系地处长江中游，包括洞庭湖和湘江、资水、沅江、澧水等主要支流；鄱阳湖水系也在长江中游，包括鄱阳湖和赣江、抚河、信江、修水等主要支流；太湖和江苏安徽运河水系指长江下游与干流相通的重要河道和湖泊，包括太湖、安徽巢县运漕河、江苏大运河以及江苏溧阳的溧漕河。为了比较，洞庭湖、鄱阳湖和太湖的数据单独统计，其数据也包括在各自所属的长江支流中。

表 6～表 8 分别汇总了 1965—2011 年间我国长江干流、支流以及主要湖泊水中放射性水平，主要包括总 α、总 β，天然放射性核素 U 、Th、^{226}Ra、^{40}K 和人工核素 ^{3}H、^{90}Sr、^{137}Cs 的活度浓度。

表 6　长江干流放射性水平

核素	单位	长江干流			
		上游		中游	下游
总 α	Bq/L	均值范围	0.034～0.193	0.065	0.003～0.075
		均值	0.073		0.038
总 β	Bq/L	均值范围	0.056～0.833	0.096	0.009～0.24
		均值	0.247		0.077
^{40}K	Bq/L	均值范围	0.041～0.302	0.039～0.844	0.034～0.336
		均值	0.126	0.166	0.102
^{226}Ra	mBq/L	均值范围	3.5～20.8	2.2～7.7	1.2～10.5
		均值	7.4	4.4	5.8
U	μg/L	均值范围	0.58～5.43	0.39～1.41	0.53～0.83
		均值	1.45	0.85	0.61
Th	μg/L	均值范围	0.04～1.53	0.05～0.26	0.14～0.86
		均值	0.50	0.16	0.24
^{3}H	Bq/L	均值范围	3.0～14.5	0.8～9.7	2.0～8.5
		均值	8.3	4.7	5.7
^{90}Sr	mBq/L	均值范围	1.7～139.7	16.8	0.7～19.8
		均值	30.8		8.1
^{137}Cs	mBq/L	均值范围	0.10～1.49	0.77	0.05～8.30
		均值	0.61		1.27

注：长江干流中游总 α、总 β、^{90}Sr 和 ^{137}Cs 数据仅为 1984 年数据，其余各年未收录相关数据。

表 7　长江支流放射性水平

核素	单位	长江支流				
		川江水系		洞庭湖水系	鄱阳湖水系	太湖和江苏、安徽运河水系
总 α	Bq/L	均值范围	0.01～0.094	0.018～0.28	0.020～0.10	0.019～0.18
		均值	0.048	0.077	0.054	0.062
总 β	Bq/L	均值范围	0.062～1.007	0.065～0.18	0.05～0.253	0.022～0.32
		均值	0.196	0.112	0.125	0.126
^{40}K	Bq/L	均值范围	0.038～0.224	0.043～0.195	0.061～0.250	0.070～0.205
		均值	0.073	0.091	0.113	0.129
^{226}Ra	mBq/L	均值范围	1.8～23.7	2.1～23.5	2.7～14.3	2.3～18.2
		均值	7.4	7.5	6.8	7.1
U	μg/L	均值范围	0.26～1.37	0.42～1.30	0.06～1.40	0.17～0.96
		均值	0.90	0.88	0.60	0.55

续表

核素	单位	长江支流				
		川江水系		洞庭湖水系	鄱阳湖水系	太湖和江苏、安徽运河水系
Th	μg/L	均值范围	0.05～0.96	0.09～1.40	0.04～1.80	0.10～0.48
		均值	0.34	0.38	0.63	0.28
^{3}H	Bq/L	均值范围	6.4～19.1	5.1	7.0	0.6～6.8
		均值	11.7			3.7
^{90}Sr	mBq/L	均值范围	1.4～104.3	0.5～9.1	1.5～16.6	2.5～20.8
		均值	31.3	3.0	8.3	11.4
^{137}Cs	mBq/L	均值范围	0.08～2.77	0.05～0.75	0.21～2.70	0.05～5.00
		均值	0.78	0.43	0.95	1.13

注：长江支流洞庭湖水系和潘阳湖水系中的^{3}H 数据仅为 1984 年数据，其余各年未收录相关数据。

表 8　长江支流湖泊放射性水平

核素	单位	长江支流			
		洞庭湖		鄱阳湖	太湖
总 α	Bq/L	均值范围	0.136	0.032	0.024～0.079
		均值			0.044
总 β	Bq/L	均值范围	—	—	0.044～0.294
		均值			0.085
^{40}K	Bq/L	均值范围	0.038～0.071	0.052～0.055	0.019～0.24
		均值	0.051	0.054	0.093
^{226}Ra	mBq/L	均值范围	2.5～10.7	2.3～3.9	2.2～10.7
		均值	4.69	3.0	5.3
U	μg/L	均值范围	0.42～0.99	0.06～0.58	0.17～0.90
		均值	0.83	0.32	0.50
Th	μg/L	均值范围	0.07～0.23	0.05～0.12	0.11～0.70
		均值	0.17	0.09	0.36
^{3}H	Bq/L		5.0	6.1	6.6
^{90}Sr	mBq/L	均值范围	8.1	16.8	5.4～40.2
		均值			15.5
^{137}Cs	mBq/L	均值范围	0.21	0.21	0.38～5.0
		均值			1.84

注：洞庭湖和潘阳湖的总 α、^{3}H、^{90}Sr、^{137}Cs 仅为 1984 年数据，其余各年未收录相关数据。

从表 6、表 7 和表 8 可以看出，我国长江干流、支流及主要湖泊共 10 个分区统计中，水中各核素放射性水平基本相当，平均值都在同一量级水平。总 α 均值在 0.03～0.14 Bq/L 范围内，总 β 均值在 0.08～0.3 Bq/L 范围内，略高于总 α 水平；^{40}K、^{226}Ra、U 和 Th 均值分别在 0.05～0.17 Bq/L、3.0～7.5 mBq/L、0.3～1.5 μg/L 和 0.1～0.7 μg/L 范围内；在没有排除 20 世纪 70 年代核爆的影响下，^{3}H、^{90}Sr 和 ^{137}Cs 均值分别在 3.7～11.7 Bq/L、3～31mBq/L 和 0.2～1.8 mBq/L 范围内。

由于长江水系中 ^{210}Po 活度浓度测量数据较少，附表 10 仅给出 1984 年一组测量数据。由附表 10 可见，^{210}Po 活度浓度范围和平均值分别为 1.0～3.5 mBq/L 和 1.9 mBq/L。

2.1.2 长江水系历年放射性水平

表 9 汇总了我国长江水系 1973—2011 年所有收集数据的总 α、总 β 浓度。

表 9 长江水系历年总 α、总 β 浓度 Bq/L

时间	总 α		总 β	
	范围	均值	范围	均值
1973[11]	0.079	0.079	0.119	0.119
1979[12]	0.021～0.053	0.036	0.086～0.108	0.093
1980[12]	0.015～0.112	0.057	0.083～0.144	0.112
1983[11]	0.041～0.062	0.051	0.092～0.110	0.101
1984[10]	0.011～0.274	0.069	0.041～0.299	0.106
1984～1986[13]	0.028～0.064	0.049	0.048～0.065	0.052
1993[11]	0.035～0.083	0.059	0.092～0.226	0.159
2002[14]	0.005～0.027	0.17	0.033～0.243	0.127
2003[15]	0.014～0.058	0.031	0.034～0.240	0.133
2003[11]	0.060～0.078	0.069	0.153～0.208	0.181
2004[16]	0.024～0.050	0.034	0.010～0.120	0.09
2005[17]	0.001～0.280	0.148	0.007～0.660	0.26
2006[18]	0.022～0.270	0.082	0.080～0.680	0.208
2007[19]	0.010～0.330	0.066	0.040～0.240	0.115
2008[20]	0.005～0.100	0.046	0.060～0.280	0.117
2008[21]	0.014～0.600	0.086	0.028～0.150	0.062
2009[22]	0.012～0.150	0.05	0.079～0.870	0.213
2009[23]	0.010～0.080	0.051	0.040～0.360	0.154
2010[24]	0.010～0.080	0.046	0.040～0.180	0.12
2011[25]	0.010～0.120	0.038	0.040～0.210	0.111
历年范围和均值	0.001～0.600	0.058	0.007～0.870	0.132

注：1973 年总 α、总 β 仅为太湖数据，该年未收录其余水系数据。

从表 9 可以看出，我国长江水系从 1973—2011 年总 α 值在 0.001～0.6 Bq/L 范围，多年平均值为 0.06 Bq/L 水平；总 β 值在 0.01-0.87 Bq/L 范围，多年平均值为 0.13 Bq/L 水平。从历年平均值看，各年的数据波动范围不大，基本处于同一水平。总 β 平均值仅比总 α 平均值约高 2 倍，略有意外，需要对测量数据进行进一步分析。

表 10 汇总了我国长江水系 1979—2011 年所有收集数据的天然放射性核素浓度。

表 10　长江水系历年天然放射性核素浓度

时间	^{40}K/（Bq/L）		^{226}Ra/（mBq/L）		U/（μg/L）		Th/（μg/L）	
	范围	均值	范围	均值	范围	均值	范围	均值
1979[12]	—	—	3.6～20.8	15.5	0.10～1.50	0.77	0.05～0.22	0.12
1979—1980[27]	—	—	—	—	0.05～1.65	0.69	—	—
1980[12]	—	—	0.5～10.2	5	0.50～1.60	0.99	0.10～0.27	0.14
1980—1981[27]	—	—	—	—	0.01～1.10	0.75	—	—
1983—1984[28]	0.03～0.29	0.06	0.4～8.2	4.3	0.18～0.75	0.39	0.04～2.34	0.27
1984[10]	0.02～0.13	0.05	0.4～25.7	6	0.07～4.51	0.88	0.02～1.08	0.16
1984[29]	0.006～0.15	0.04	1.0～18.8	5.7	0.02～1.00	0.26	0.07～1.68	0.32
1982—1987[30]	0.04～0.84	0.27	0.2～17.2	7	0.09～1.50	0.76	0.02～0.52	0.18
1984—1986[13]	0.05	0.05	2.3～4.7	3.9	0.58～0.61	0.59	0.02～0.06	0.05
1984—1987[31]	0.02～0.56	0.06	<1.3～14.4	2.9	0.14～1.56	0.81	<0.02～1.20	0.23
1986[32]	—	—	—	—	0.49～0.56	0.53	—	—
1985—1987[33]	0.02～0.25	0.05	2.0～13.0	8.5	0.11～2.29	0.7	0.01～0.79	0.19
1985—1987[34]	0.02～0.20	0.08	1.1～16.2	5.1	0.18～2.86	0.93	<0.05～0.44	0.11
1986—1987[35]	0.01～0.26	0.05	<0.8～15.9	2	<0.04～3.02	0.76	<0.04～0.45	0.06
1986—1987[36]	0.02～0.95	0.3	7.7～12.0	9.9	2.05～3.67	2.93	0.18～0.57	0.29
1983—1990[37]	0.008～2.00	0.08	<0.5～58.0	4.4	0.05～8.62	0.9	0.01～5.60	0.31
1987[38]	0.01～0.17	0.05	0.5～22.5	3.8	0.05～10.50	1.21	0.03～0.38	0.08
1987[39]	0.002～0.90	0.06	0.5～58.0	4.2	<0.03～6.30	0.84	0.03～5.70	0.59
1986—1988[40]	0.01～0.10	0.05	0.7～26.0	5.4	0.11～2.56	1.24	0.02～0.37	0.1
1987—1988[41]	0.02～0.21	0.06	1.9～10.2	5	0.19～0.94	0.52	<0.03～0.37	0.16
1988[32]	—	—	—	—	0.51～0.56	0.54	—	—
1989[32]	—	—	—	—	0.54～0.56	0.55	—	—
1990[32]	—	—	—	—	0.46～0.58	0.52	—	—
1991[32]	—	—	—	—	0.50～0.55	0.53	—	—
1986—1996[42]	—	—	—	—	0.30～0.72	0.5	—	—
1992[32]	—	—	—	—	0.49～0.60	0.55	—	—
1993[32]	—	—	—	—	0.52～0.59	0.66	—	—
1994[32]	—	—	—	—	0.58～0.59	0.59	—	—
1995[32]	—	—	—	—	0.57	0.57	—	—
1996[32]	—	—	—	—	0.51～0.55	0.53	—	—
1997[32]	—	—	—	—	0.53～0.58	0.56	—	—
1998[26]	—	—	—	—	0.50～0.62	0.56	—	—

续表

时间	^{40}K/（Bq/L）		^{226}Ra/（mBq/L）		U/（μg/L）		Th/（μg/L）	
	范围	均值	范围	均值	范围	均值	范围	均值
2000[26]	—	—	—	—	0.48～0.60	0.54	—	—
2001[26]	—	—	—	—	0.50～0.61	0.56	—	—
2002[26]	—	—	—	—	0.49～0.57	0.53	—	—
2002[14]	0.03～0.21	0.15	3.8～16.6	8.7	0.16～0.99	0.52	0.12～0.49	0.26
2003[26]	—	—	—	—	0.52～0.59	0.56	—	—
2003[15]	0.02～0.31	0.15	1.2～14.0	6.2	0.12～0.86	0.54	0.19～0.59	0.31
2004[26]	—	—	—	—	0.52～0.58	0.55	—	—
2004[16]	0.07～0.12	0.1	2.2～9.0	5.8	0.71～1.30	1.01	0.26～1.10	0.58
2005[17]	0.02～0.07	0.05	5.3～24.0	7.7	0.60～0.88	0.74	0.07～1.40	0.71
2002—2009[43]	0.05～0.09	0.07	3.6～29.0	10.7	0.05～0.97	0.42	0.11～0.60	0.23
2006[18]	0.05～0.33	0.12	3.3～97.0	13.9	0.08～1.30	0.79	0.14～1.32	0.59
2004—2009[43]	0.06～0.50	0.24	<2.0～8.5	3.8	0.11～0.31	0.17	0.05～0.51	0.22
2007[44]	—	—	5.0～28.0	17.7	0.16～2.98	1.01	0.06～0.10	0.7
2007[19]	0.03～0.36	0.1	2.2～13.5	6.7	0.18～9.40	1.79	0.06～1.80	0.86
2008[20]	0.01～0.54	0.11	0.6～23.0	7.9	0.26～2.74	0.84	0.10～3.32	0.66
2009[22]	0.06～0.31	0.12	<2.0～9.9	3.3	0.30～1.12	0.69	0.07～0.52	0.17
2009[23]	0.02～0.53	0.12	1.8～9.8	6	0.31～4.41	0.95	0.14～1.28	0.47
2010[24]	0.01～0.79	0.11	1.2～12.2	6.8	0.14～3.16	1.09	0.16～1.23	0.44
2011[25]	0.01～0.40	0.12	1.4～14.3	7.9	0.25～3.90	1.12	0.18～1.02	0.49
历年范围和均值	0.002～2.00	0.10	<0.5～97.0	6.8	<0.03～10.50	0.75	0.01～5.70	0.30

注：由于本节数据来源于不同的文献，因此^{226}Ra、U 和 Th 的探测下限可能出现不同的值。

从表 10 可以看出，我国长江水系从 1979—2011 年^{40}K 浓度在 0.002～2.0 Bq/L 范围，多数测量值处于 10^{-2}～10^{-1}Bq/L 范围内，多年平均值为 0.10 Bq/L，个别数据出现较大值，如 2.0 Bq/L；^{226}Ra 浓度在<0.5～97.0 mBq/L 范围，多数测量值处于 10^{-1} 至几个 mBq/L 范围内，多年平均值为 6.8 mBq/L；U、Th 浓度分别在<0.03～10.5 μg/L 和 0.01～5.70 μg/L 范围，多数测量值处于 10^{-1}至几个 μg/L 范围，多年平均值为 0.75 μg/L 和 0.30 μg/L。

表 11 汇总了我国长江水系 1979—2011 年所有收集数据的人工放射性核素浓度。

表 11　1979—2011 年长江水系人工放射性核素浓度

时间	^{3}H（Bq/L）		^{90}Sr（mBq/L）		^{137}Cs（mBq/L）	
	范围	均值	范围	均值	范围	均值
1973[12,45]	—	—	11.1～24.4	17.3	8.3	8.3
1974[12,45]	—	—	9.3～36.3	20.6	1.06	1.06

续表

时间	^{3}H (Bq/L)		^{90}Sr (mBq/L)		^{137}Cs (mBq/L)	
	范围	均值	范围	均值	范围	均值
1970—1979[46]	—	—	16.6	16.6	0.21	0.21
1975[12,45]	—	—	7.0～17.4	10.4	3.6	3.6
1976[12,45]	—	—	7.4～11.8	9.1	0.2	0.2
1977[47,12,45]	10.8	10.8	8.5～15.2	11.8	0.74	0.74
1978[47,12,45]	7.8～13.5	10.1	6.7～13.0	10.3	1.3	1.3
1979[12]	9.7～15.3	13	9.3～14.4	12.7	0.04～0.22	0.11
1979—1980[48]	6.9～17.7	10.8				
1980[12]	13.6～24.6	16.8	6.7～14.1	10.4	0.04～0.22	0.1
1981[49]	—	—	10.4～16.3	13.4	0.37	0.37
1981[45]	—	—	8.1～19.6	14.3	0.74～2.59	1.39
1982[49]	—	—	13.3～16.3	14.8	0.74	0.74
1982[45]	—	—	5.7～19.2	12.2	0.37～4.44	2.32
1983[49]	—	—	7.4～8.8	8.1	0.74	0.74
1983[45]	—	—	7.4～14.8	11	0.37～1.11	0.56
1984[10]	1.9～19.2	7.7	1.6～67.4	13.7	0.03～2.71	0.5
1984[45]	—	—	8.1～14.8	11.4	0.37～1.48	0.93
1980—1989[46]	—	—	7	7	0.3	0.3
1984—1986[13]	4.9～6.4	5.9	2.1～3.7	3.1	0.29～0.58	0.43
1985[49]	—	—	7.4～10.4	8.9	0.74	0.74
1985[45]	—	—	9.3～15.4	12.3	0.37～0.92	0.6
1986[49]	—	—	0.7～16.0	8.4	1.11	1.11
1986[45]	—	—	7.5	7.5	2.8	2.8
1987[45]	—	—	9.0～15.0	12	2.00～5.00	3.5
1988[45]	—	—	8.7～14.0	11.4	1.00～1.40	1.2
1986～1989[47]	6.1～11.0	8	—	—	—	
1991[50]	2.7～3.5	3	—	—	—	
1991—1992[50]	0.8～0.9	0.9	—	—	—	—
1992[50]	1.0～3.7	3	—	—	—	—
1992—1993[50]	1.1～3.5	2	—	—	—	—
1994[50]	0.8	0.8	—	—	—	—
1995[50]	3.1～4.8	3.9	—	—	—	—
1997[50]	2.7～4.0	3.5	—	—	—	—
2002[14]	0.5～0.6	0.6	1.8～13.0	5.9	0.05～0.60	0.35
2003[15]	—	—	3.2～10.0	4.9	0.05～3.60	1.88

续表

时间	^{3}H (Bq/L)		^{90}Sr (mBq/L)		^{137}Cs (mBq/L)	
	范围	均值	范围	均值	范围	均值
2004[16]	—	—	3.1～6.5	5	2.1	2.1
2005[17]	—	—	3.1～5.8	4.6	0.55～1.50	0.67
2006[18]	—	—	4.7～8.5	6.6	0.05	0.05
2007[19]	—	—	2.6～13.0	7.9	0.10～0.20	0.14
2008[20]	—	—	0.7～14.5	4.3	0.10～9.20	1.34
2009[22]	—	—	3.4～9.8	5.2	<0.001～0.89	0.3
2009[23]	—	—	0.8～10.5	4.6	0.05～2.60	0.91
2010[24]	—	—	0.5～10.2	4.7	0.05～2.20	0.7
2011[25]	—	—	0.5～7.3	4.1	0.05～1.80	0.57
历年范围和均值	0.5～24.6	6.3	0.5～67.4	9.625	<0.001～9.20	1.19
1990～2011 年范围和均值	0.5～4.8	2.2	0.5～14.5	5.3	<0.001～3.60	0.82

注：表中个别范围为 1 个数据指当年仅收录了一个数据。

从表 11 可以看出，由于 20 世纪 70 年代核爆落下灰的影响，我国长江水系 70 年代人工放射性核素水平较高，以后逐年降低。1973—2011 年，^{3}H 浓度在 0.5～24.6 Bq/L 范围，多年平均值为 6.3 Bq/L；^{90}Sr 浓度在 0.5～67.4 mBq/L 范围，多年平均值为 9.6 mBq/L；^{137}Cs 浓度处于在<0.001～9.2 mBq/L 范围，多年平均值为 1.2 mBq/L，^{137}Cs 浓度比^{90}Sr 浓度小几倍。1990—2011 年，^{3}H 浓度在 0.5～4.8 Bq/L 范围，多年平均值为 2.2 Bq/L；^{90}Sr 浓度在 0.5～14.5 mBq/L 范围，多年平均值为 5.3 mBq/L；^{137}Cs 浓度处于在<0.001～3.6 mBq/L 范围，多年平均值为 0.82 mBq/L，^{137}Cs 浓度依然比^{90}Sr 浓度小几倍。

2.2 国外江河水体放射性水平

本部分数据主要来源于公开发表的国外文献以及国家或国际组织的研究报告，时间范围为 1952—2006 年河流水中的放射性水平，主要以浓度范围的形式给出（见表 12～表 14）。

表 12 世界上一些河流水体中总 α、总 β 和 ^{40}K 活度浓度

河流	总 α/ (Bq/L)	总 β/ (Bq/L)	^{40}K/ (Bq/L)	数据来源	位置，时间
Danubio[51]		0.11～0.40		Szabò，1993	匈牙利，1962—1970
Severn[51]	0.11～0.33	0.41	0.10～0.15	Hesketh，1982	英国，1970
Sava[51]		0.02～0.215		Kobal et al，1990	斯洛文尼亚，1975
Clinch[52]	0.08～0.38	0.11～0.42	0.09～1.75	Radiological Health Staff，1984	美国，1983
法国河流[55]			0.018～0.15	Bejarano，et al，1988	法国，1983—
Ebro[51]	0.02～0.12	0.07～0.30	0.05～0.18	CSN，1993	西班牙，1992

续表

河流	总 α/（Bq/L）	总 β/（Bq/L）	^{40}K/（Bq/L）	数据来源	位置，时间
Tajo[51]	0.01～0.12	0.05～0.19	0.03～0.30	CSN，1993	西班牙，1992
Guadiana[51]	0.06	0.80	0.60	CSN，1993	西班牙，1992
Duero[51]	0.01	0.05	0.03	CSN，1993	西班牙，1992
Ebro[51]	0.07～0.15	0.13～0.3	<0.13～0.3	Pujor & Sanchez-Cabeza，2000	西班牙，1994

表 13　世界上一些河流水体中^{226}Ra、U 和 Th 活度浓度

河流	^{226}Ra/（mBq/L）	U/（μg/L）	Th/（μg/L）	数据来源	位置，时间
Mississippi[53]	1.32～2.22	0.03～1.83		Scott，et al	美国，1952—1972
Sava[51]	0.5～25	0.2～0.6		Kobal et al，1990	斯洛文尼亚，1975
Severn[51]		0.3～28		Hesketh，1982	英国，1980
法国河流[55]	1～30	0.08～2.46		Bejarano，et al，1988	法国，1983—
Danube	1.6～43.6	0.11～1.87		Radovanovic，et al[54] Sztanyik，et al[55] Mansfeld，et al[56]	捷克、匈牙利、保加利亚、南斯拉夫，1983—
意大利 4 条河流[54]			0.42	李振平，1984	意大利，1984—
日本 10 条河流[54]	1.37～5.07	0.34～1.23	0.0087～0.048	李振平，1984	日本，1984—
世界 10 大河流[54]		1.0	0.02	李振平，1984	1984—
Mosela，Sena，Ródano，Loira 和 Garona[51]	0～140	0～11		Descamps & Foulquier，1988	法国，1967—1987
Var 和 Tavignano[51]	1～35	0.08～3		Descamps & Foulquier，1988	法国，1967—1987
Guadiana[51]		4.86～10.53		Vera Tomé，Martin Sanchez & Diaz Bejanaro，1988	西班牙，1988—
Odiel[51]		1.13～63.1		Martínez～Aguirre & García～León，1991	西班牙，1988
Guadalquivir[51]	2～20	1～3		Martínez～Aguirre & García～León，1992	西班牙，1984—1989
世界平均[51]	14.8	0.25～0.30		Osmand & Ivanovich，1992	几个国家，1992—
Júcar[51]		0.57～2.40		Rodríguez，1993	西班牙，1993—
Ebro[51]	19～36	0.04～3.5		Pujor & Sanchez～Cabeza，2000	西班牙，1994
Tamraght、Sebou、Fouarat、Oum Rabiâ、Nififikh、Bouregreg 和 Tiflet[57]	0.8～5.3	0.80～2.30		Hakam，et al，2001	摩洛哥，1999—

续表

河流	^{226}Ra/(mBq/L)	U/(μg/L)	Th/(μg/L)	数据来源	位置，时间
Llobregat、Cardener、Anoia 和 Riera Rubí[58]		0.78～10.23		Camacho，et al，2010	西班牙，2001

表 14 世界上一些河流水体中^{3}H、^{90}Sr 和^{137}Cs 活度浓度

河流	^{3}H/(Bq/L)	^{90}Sr/(mBq/L)	^{137}Cs/(mBq/L)	数据来源	位置，时间
密西西比河、圣加蒙河和阿肯色河[59]	0.1～0.8			Sheldon Kaufman，et al，1954	美国，1952—1953
易北河[59]	0.3			Haro von，et al，1955	德国，1953
塞纳河[59]	0.2			Haro von，et al，1955	法国，1953
美国、英国江河水[59]	1.7			Kaufman，et al，1954	美国、英国，1952—1954
温锁溪、阿那芬河、里奥哥塔卡[59]	0.1～7.2			Haro von，et al，1955	美国，1954
斯莱内河[59]	0.3			Haro von，et al，1955	爱尔兰，1954
Clinch[52]	13.7～312.9	75.9～94.7		Radiological Health Staff，1984	美国，1983
Var[51]			0.7～2.7	Fukai，et al，1981	法国，1977
Ródano[51]			1.7～9.0	Fukai，et al，1981	法国，1977
Severn[42]	9～12	6～12		Hesketh，1982	英国，1980
Ródano[51]	10.0～38.3	10～50		CBRMC，1992	法国，1977—1981
Ebro[51]	0.20～17.0			CSN，1993	西班牙，1992
Tajo[51]	1.53～33.86			CSN，1993	西班牙，1992
Guadiana[51]	1.20			CSN，1993	西班牙，1992
Duero[51]	3.55			CSN，1993	西班牙，1992
Tajo[51]	1.1～20	0.8～3.2	1.1～9.0	Carreiro，Bettencourt & Sequeira，1991	葡萄牙，1986—1993
Guadiana[51]	0.3～2.4	0.6～1.6	0.5～1.4	Carreiro & Sequeira，1994	葡萄牙，1989～1993
Ebro[51]	<2.6～6.7	5.9～7.6	<0.64	Pujor & Sanchez～Cabeza，2000	西班牙，1994

表 12～表 14 中列出了国外部分江河水体中的放射性核素浓度数据，主要包括总 α、总 β，天然放射性核素 U 、Th、^{226}Ra、^{40}K 和人工核素^{3}H、^{90}Sr、^{137}Cs。从表 12～表 14 可以看出，总 α 浓度范围在 0.01～0.38 Bq/L，总 β 浓度范围在 0.02～0.8 Bq/L，^{40}K 浓度范围在 0.03～1.75 Bq/L，U 浓度范围在 0.03～63.1 μg/L，Th 浓度范围在 10^{-2}～10^{-1} μg/L，^{226}Ra浓度范围在 10^{-1}～10^{2} mBq/L，^{3}H 浓度范围在 0.1～38.3 Bq/L，^{90}Sr 浓度范围在

0.6～94.7 mBq/L，^{137}Cs 浓度范围在 0.5～9.0 Bq/L。

个别水体的核素浓度数据出现明显偏高，比如位于西班牙境内的 Guadiana 河和 Odiel 河水体中一些天然放射性核素浓度较高。再如，位于美国田纳西州的 Clinch 河中的^{3}H 和^{90}Sr 浓度很高[52]，归因于位于采样点附近的橡树岭国家实验室的设施运行。

2.3 我国长江水系与国外江河水体放射性水平的对比

表 15 中对历年长江水系和国外河流中的放射性水平范围进行比较。

表 15 长江水系与国外河流的放射性水平

项目	长江水系		国外河流范围
	均值	范围	
总 α/（Bq/L）	0.06	0.001～0.60	0.01～0.38
总 β/（Bq/L）	0.13	0.01～0.87	0.02～0.80
^{40}K/（Bq/L）	0.10	0.002～2.0	0.03～1.75
^{226}Ra/（mBq/L）	6.8	<0.5～97.0	0.5～140
U/（μg/L）	0.75	<0.03～10.5	0.03～63.1
Th/（μg/L）	0.30	0.01～5.7	0.009～0.42
^{3}H/（Bq/L）	6.3	0.5～24.6	0.1～312.9
^{90}Sr/（mBq/L）	9.6	0.5～67.4	0.6～94.7
^{137}Cs/（mBq/L）	1.2	<0.001～9.20	0.5～9.0

从表 15 可以看出，历年长江水系水体中总 α、总 β、^{40}K、^{226}Ra、天然 U、天然 Th、^{3}H、^{90}Sr 和^{137}Cs 的浓度范围与国外河流的浓度范围基本相当，处于同一水平。其中，国外河流中包括位于美国橡树岭国家实验室的田纳西州 Clinch 河，其河水中^{3}H 和^{90}Sr 浓度超出了一般河水中的本底水平，因此也高出我国长江水系的本底范围。

2.4 长江沿岸工业废水排放对水系放射性水平的影响

一些大规模的工业活动可以改变环境中天然放射性核素的分布，使某些局部地区的天然辐射水平增高。这些工业活动（铀矿的开发利用除外），过去称为伴生放射性矿（以下简称“伴生矿”）开发利用活动[60]，现在所有这些工业活动称作 NORM 工业活动。

NORM 工业使原本在地下的天然放射性物质随着与矿产资源开发利用提升到地面，进入人类的生产和生活环境，并且其辐射水平已经或有可能达到需要进行辐射防护管理的程度。我国 NORM 工业主要涉及的领域包括有色冶金工业、稀土工业、黑色冶金工业、磷酸盐工业、石油工业、煤炭工业和建材工业。虽然许多人为活动使天然放射性水平增加，但 NORM 工业开采和冶炼是增加公众辐射照射风险和环境放射性污染最突出的问题。

本节将对长江水系沿岸某些 NORM 工业的废水及受纳水体中放射性核素的活度浓度数据进行初步分析，概略性的判断这些活动对长江水系水体中放射性水平的影响。

2.4.1 NORM 工业废水中的放射性核素浓度

根据首次 NORM 矿污染调查结果，选取代表企业工业废水中的天然放射性核素浓度进行取样测量。所选长江流域目标企业的监测结果见表 16。

表 16　各企业废水中放射性核素测量结果[61]

企业位置	企业类别	废水排放量/t	水样中放射性核素测量值/（Bq/L）								受纳水体
			总 α	总 β	^{228}Ra	^{226}Ra	^{238}U	^{232}Th	^{210}Po	^{210}Pb	
江西	稀土	36 800			2.2	0.31	51.3	28.1	0.38	10.7	濂江
江苏	稀土	220 000	0.11	0.05	0.01	0.04	0.38	0.03	0.001	0.008	利港河
湖南	磷酸盐	7 554 559			0.12	0.008	0.13	0.38	0.004	0.006	湘江
云南	锗冶炼	27 100	0.20	0.07	0.19	0.99	0.19	0.23	0.76	0.22	南汀河
云南	锡矿	136 453	0.05	0.03	0.12	0.02	0.02	0.03	0.0008	0.004	清水
范围			0.05～0.20	0.03～0.07	0.01～2.2	0.008～0.99	0.02～51.3	0.03～28.1	0.000 8～0.76	0.006～10.7	

将 2.1 节给出的长江水系历年均值作为比较基准，长江流域企业排放废水中^{226}Ra、^{238}U、^{232}Th 和^{210}Pb 浓度明显高于本底水平，有些高达 2 个数量级，加之废水排放量较大，对受纳水体的天然放射性水平有一定的影响。

2.4.2　NORM 工业排放受纳水体中放射性水平

在 20 世纪 80 年代全国天然放射性水平调查中，对工业活动已造成或将来可能造成环境辐射增高的地区也作了加密布点调查，我国部分 NORM 工业矿区周围环境水中天然放射性水平调查结果见表 17。调查区域天然放射性核素浓度的比值最高达 14.2，对周边环境水体造成一定的影响。

表 17　NORM 工业矿区环境水中天然放射性核素浓度[61]

企业位置	企业类别	^{40}K/(10^{-1} Bq/L)		^{226}Ra/（mBq/L）		U/（μg/L）		Th/（μg/L）		受纳水体
		测值	比值1)	测值	比值	测值	比值	测值	比值	
四川	磷酸盐	2.17	2.21	4.7	2.04	1.10	1.25	0.44	1.83	旭水河
四川	磷酸盐	4.53	5.16	8.0	2.58	0.63	5.30	0.13	2.60	斧溪河
四川	磷酸盐	1.33	1.07	3.0	0.54	2.10	2.84	0.10	0.42	沱江
湖南	硫铁矿	0.65	3.0	188	14.2	8.61	13.0	0.20	3.33	浏阳河
湖南	铅锌矿	0.37	1.71	19.6	1.48	1.22	1.85	0.04	0.67	湘江

1）测量值/当地对照点均值。

石煤中伴生的 U、Th、^{226}Ra、^{40}K 等天然放射性核素浓度明显高于普通煤中的天然放射性核素浓度。孔玲莉等（2006）[62]对浙江、湖南、江西、安徽省石煤矿区环境介质中的天然放射性核素水平进行了调查，矿区排出水、矿区外水塘水和河水等水样的测量结果见表 18。

表 18　浙江等 4 省石煤矿区内、外水样天然放射性核素浓度[62]

类型	省份	名称	^{40}K/（mBq/L）		^{226}Ra/（mBq/L）		U/（μg/L）		Th/（μg/L）	
			范围	均值	范围	均值	范围	均值	范围	均值
矿区内	浙江	矿区排出水	50～63.0	56.5	3.1～21.2	12.1	38.4～53.9	46.1	0.25～0.90	0.58
	江西	坑道水	10.9～1 500	333	135～324	141	13.8～20.2	17.5	1.38～15.3	7.00
	湖南	坑道水		320		100		59.7		<0.02
		冲渣水		740		46		15.3		<0.02
	安徽	中游河水1)	20.5～81.6	51.1	3.5～5.7	4.60	2.34～63.3	32.8	1.03～2.32	1.68
		下游河水1)	35.7～92.9	64.3	3.5～13.2	8.35	5.21～46.7	26.0	0.90～1.53	1.22
	平均			57.7		6.48		29.4		1.45
矿区外	浙江	排入口上2)	50.0～54.8	52.4	0.7～3.97	2.34	0.16～0.30	0.23		<0.02
		排入口下2)	50.0～55.3	52.6	0.8～2.02	1.41	0.21-0.30	0.26		<0.02
	江西	水塘水	43.1～5 550	2 797	91～169	130	3.0～12.9	7.95	4.4～9.45	6.90
	安徽	上游河水1)	16.9～50.6	33.8	3.1～10.8	6.95	0.50～1.73	1.12	1.46～1.85	1.66
		大河流水3)	46.7～54.0	50.4	1.4～1.8	1.60	0.73～5.08	2.90	1.32～1.98	1.65
	平均			964		45.4		3.40		2.87

1）指流经安徽省绩溪和黟县石煤矿区的两条纳污小河的上游、中游、下游；

2）指浙江省安仁石煤矿区排水沟下端注入富春江的排入口的上游和下游 100 m 处水样；

3）分别与绩溪和黟县矿区的两条纳污小河相连通的大河水样。

从表 18 中可以看出，矿区排水中的天然 U、Th、^{226}Ra 和^{40}K 的平均浓度分别为 4 省本底值（0.68 μg/L、0.13 μg/L、3.19 mBq/L 和 68.9 mBq/L）的 48、17、18 和 3.5 倍。对于矿区外水塘和河水的水样中，除江西省水塘水样的放射性核素浓度比较高之外，其他矿区外水样的天然放射性核素浓度接近各省本底值。

从以上数据可以看出，稀土矿、锗冶炼、石煤矿、磷酸盐等 NORM 工业的废水中天然放射性核素的水平是较高的，综合考虑企业废水的排放量，相关纳污河段会受到一定程度的影响。对于废水直接排入的小水塘、小水沟或矿区内流量较小的河流水体中的放射性污染水平升高比较明显，但汇入长江或其大的支流后，经过水体稀释作用，放射性水平通常没有明显变化。

2.5　本章小结

（1）调查了我国长江水系从 1973—2011 年水体中天然放射性核素水平。总 α 值在 0.01～0.6 Bq/L 范围，多年平均值为 0.06 Bq/L 水平；总 β 值在 0.01～0.87 Bq/L 范围，多年平均值为 0.13 Bq/L 水平。^{40}K 浓度在 0.002～2.0 Bq/L 范围，多数测量值处于 10^{-2}～10^{-1} Bq/L 范围内，多年平均值为 0.10 Bq/L；^{226}Ra 浓度在<0.5～97.0 mBq/L 范围，多数测量值处于 10^{-1}至几个 mBq/L 范围内，多年平均值为 6.8 mBq/L；U 、Th 浓度分别在<0.03～10.5 μg/L 和 0.01～5.70 μg/L 范围，多数测量值处于 10^{-2}至几个 μg /L 范围，多年平均值为 0.75 μg/L 和 0.30 μg/L。^{210}Po 活度浓度范围和平均值分别为 1.0～3.5 mBq/L 和 1.9 mBq/L。我国长江干流、支流及主要湖泊共 10 个分区统计中，水中各核素

放射性水平基本相当，平均值都在同一量级水平。

（2）由于20世纪70年代核爆落下灰的影响，我国长江水系70年代人工放射性核素水平较高，以后逐年降低。1990—2011年，^{3}H浓度在0.5～4.8 Bq/L范围，多年平均值为2.2 Bq/L；^{90}Sr浓度在0.5～14.5 mBq/L范围，多年平均值为5.3 mBq/L；^{137}Cs浓度处于<0.001～3.6 mBq/L范围，多年平均值为0.82 mBq/L，^{137}Cs浓度依然比^{90}Sr浓度小几倍。我国长江干流、支流及主要湖泊共10个分区统计中，水中各核素放射性水平基本相当，平均值都在同一量级水平。

（3）调查了国外部分水体中放射性水平，总α浓度范围在0.01～0.38 Bq/L，总β浓度范围在0.02～0.8 Bq/L，^{40}K浓度范围在0.03～1.75Bq/L，U浓度范围在0.03～63.1 μg/L，Th浓度范围在10^{-2}～10^{-1} μg/L，^{226}Ra浓度范围在10^{-1}～10^{2} mBq/L，^{3}H浓度范围在0.1～38.3 Bq/L，^{90}Sr浓度范围在0.6～94.7 mBq/L，^{137}Cs浓度范围在0.5～9.0 mBq/L。

（4）历年长江水系水体中总α、总β、^{40}K、^{226}Ra、天然U、天然Th、^{3}H、^{90}Sr和^{137}Cs的浓度范围与国外河流的浓度范围基本相当，处于同一水平。

（5）对长江水系沿岸某些NORM工业的排放废水及受纳水体中放射性核素的活度浓度数据进行初步分析表明，稀土矿、锗冶炼、石煤矿、磷酸盐等NORM工业的排放废水中天然放射性核素的水平较高，有些高达2个数量级。综合考虑企业废水的排放量，相关纳污河段会受到一定程度的影响。对于废水直接排入的小水塘、小水沟或矿区内流量较小的河流水体中的放射性污染水平升高比较明显，但汇入长江或其大的支流后，经过水体稀释作用，放射性水平通常没有明显变化。

（6）本部分的具体调研数据见附表1～附表10。

3 我国核电厂液态流出物的排放水平和对水环境的可能影响

3.1 我国在建和运行核电厂液态流出物的排放水平

根据我国的核电发展规划，从现在到2020年期间我国新建核电厂采用的核电机组为三代压水反应堆。以AP1000和EPR机型为例，出口国给出的正常运行条件下放射性液态流出物排放源项统计见表19和表20。

表19 单台机组液态流出物中放射性核素的预期排放量 （GBq/a）

核素	AP1000	EPR
^{3}H	3.74×10^{4}	6.14×10^{4}
^{14}C	—	—
除^{3}H和^{14}C外其余核素	9.46	7.18

表 20　单台机组液态流出物中核素的预期排放量　(GBq/a)

核素	AP1000	EPR
^{3}H	3.74×10^{4}	6.14×10^{4}
^{14}C	—	—
^{24}Na	6.03×10^{-2}	2.26×10^{-1}
^{51}Cr	6.85×10^{-2}	3.70×10^{-2}
^{54}Mn	4.81×10^{-2}	2.00×10^{-2}
^{55}Fe	3.70×10^{-2}	1.52×10^{-2}
^{59}Fe	7.40×10^{-3}	3.70×10^{-3}
^{58}Co	1.24×10^{-1}	5.55×10^{-2}
^{60}Co	1.63×10^{-2}	6.66×10^{-3}
^{65}Zn	1.52×10^{-2}	6.29×10^{-3}
^{187}W	4.81×10^{-3}	1.70×10^{-2}
^{239}Np	8.88×10^{-3}	2.15×10^{-2}
^{84}Br	7.40×10^{-4}	—
^{88}Rb	9.99×10^{-3}	—
^{89}Sr	3.70×10^{-3}	1.85×10^{-3}
^{90}Sr	3.70×10^{-4}	—
^{91}Sr	7.40×10^{-4}	2.96×10^{-3}
^{90}Y	—	—
^{91}Y	—	—
^{91m}Y	3.70×10^{-4}	1.85×10^{-3}
^{93}Y	3.33×10^{-3}	1.33×10^{-2}
^{95}Zr	8.51×10^{-3}	4.81×10^{-3}
^{95}Nb	7.77×10^{-3}	3.70×10^{-3}
^{99}Mo	2.11×10^{-2}	6.66×10^{-2}
^{99m}Tc	2.04×10^{-2}	6.29×10^{-2}
^{103}Ru	1.82×10^{-1}	9.25×10^{-2}
^{103m}Rh	1.82×10^{-1}	9.25×10^{-2}
^{106}Ru	2.72	1.15
^{106}Rh	2.72	1.15
^{110m}Ag	3.89×10^{-2}	1.63×10^{-2}
^{110}Ag	5.18×10^{-3}	2.22×10^{-3}
^{129m}Te	4.44×10^{-3}	2.22×10^{-3}
^{129}Te	5.55×10^{-3}	1.48×10^{-3}
^{131m}Te	3.33×10^{-3}	1.15×10^{-2}
^{131}Te	1.11×10^{-3}	2.22×10^{-3}

续表

核素	AP1000	EPR
^{132}Te	8.88×10^{-3}	1.78×10^{-2}
^{131}I	5.23×10^{-1}	1.26
^{132}I	6.07×10^{-2}	4.44×10^{-2}
^{133}I	2.48×10^{-1}	1.30
^{134}I	3.00×10^{-2}	—
^{135}I	1.84×10^{-1}	5.55×10^{-1}
^{134}Cs	3.67×10^{-1}	9.62×10^{-2}
^{136}Cs	2.33×10^{-2}	1.15×10^{-2}
^{137}Cs	4.93×10^{-1}	1.30×10^{-1}
^{137m}Ba	4.61×10^{-1}	1.22×10^{-1}
^{140}Ba	2.04×10^{-1}	1.55×10^{-1}
^{140}La	2.75×10^{-1}	2.81×10^{-1}
^{141}Ce	3.33×10^{-3}	1.85×10^{-3}
^{143}Ce	7.03×10^{-3}	2.26×10^{-2}
^{143}Pr	4.81×10^{-3}	1.85×10^{-3}
^{144}Ce	1.17×10^{-1}	4.81×10^{-2}
^{144}Pr	1.17×10^{-1}	4.81×10^{-2}
^{124}Sb	—	—
其他核素	7.40×10^{-4}	7.40×10^{-4}

《核动力厂环境辐射防护规定》(GB 6249—2011)中规定对于3 000 MW热功率的反应堆，轻水堆液态放射性流出物中^{3}H、^{14}C和其余核素的控制值分别为7.5×10^{4} GBq/a、1.5×10^{2} GBq/a和50×10^{4} GBq/a，重水堆液态放射性流出物中^{3}H和除^{3}H外其余核素的控制值分别为3.5×10^{5} GBq/a和2×10^{2} GBq/a；对于热功率大于或小于3 000 MW的反应堆适当调整。对于内陆厂址流出物活度浓度的规定为：槽式排放出口处放射性流出物中除^{3}H和^{14}C外其余核素放射性浓度不应超过100 Bq/L，并保证排放口下游1 km处受纳水体中总β放射性不超过1 Bq/L，^{3}H浓度不超过100 Bq/L。

由上述可以看出，三种压水堆核电厂的液态流出物均能满足GB 6249—2011的规定要求，可以保证电厂附近公众受到来自于电厂运行产生的剂量远低于0.25 mSv的年剂量约束值。

在建造中，我国将对AP1000和EPR的放射性废物处理系统进行设计改进，以满足我国更严格的法规标准要求。放射性废物处理系统改进后的液态流出物排放源项正在研究计算中，将远低于表20给出的源项。比如，为满足GB 6249—2011规定的液态流出物排放浓度标准，滨海和内陆核电厂液态流出物在槽式排放口处除^{3}H和^{14}C外其余核素放射性浓度分别小于1 000 Bq/L和100 Bq/L，按AP1000放射性废液年产生量3 000 m^{3}估算，年排放总量分别小于3 GBq和0.3 GBq，小于或远小于表19给出的出口国设计值

9.46 GBq。

针对公众的辐射剂量，全球天然辐射照射世界平均年剂量为2.4 mSv，年最大受照个人的有效剂量超过10 mSv，国家标准《电离辐射防护与辐射源安全基本标准》（GB 18871—2002）中关于人工辐射源对公众照射规定的年剂量限值为1 mSv，已比平均天然辐射贡献小了许多。而对核电厂之类核设施规定的年约束剂量为0.25 mSv，是平均天然辐射贡献的1/10。

对秦山核电基地已经运行的7个机组的辐射环境影响进行了现状评价。源项取为7个机组2008—2012年实际运行排放数据的平均值，其中，秦二扩工程运行时间较短，其源项数据采用秦山二期的实际运行排放数据。评价结果显示，秦山核电基地7个运行机组液态流出物排放所致公众最大个人剂量约为0.14 μSv/a，比公众个人剂量限值低4个数量级，比豁免水平低2个数量级，约为我国居民所受天然辐射的二万分之一。

若在长江水系沿岸开发核电项目，严格按照标准运行和监管的情况下，可以确保不会对水体造成放射性污染，并保护电厂附近及沿岸居民免受辐射危害。

3.2 内陆核电厂液态流出物排放对水环境的影响

内陆核电厂液态流出物的受纳水体主要是河流、水库或湖泊，这些水体大多数都具有居民用水、农田灌溉、渔业养殖、娱乐活动和工业用水等用途。因此与滨海核电厂址相比，内陆厂址对公众产生的辐射照射正是因为增加了饮用水和灌溉等途径，所以核电厂液态流出物对水环境的安全性和公众的辐射影响才受到了更多的关注。

目前，对于内陆核电厂液态流出物环境影响评价已经具有完整的接受准则和实用的环境影响评价程序，可根据核电机组设计特性、液态流出物排放源项、厂址环境特征、受纳水体弥散条件和环境利用因子进行液态途径的辐射剂量评估。

在美国，按照联邦法规的要求，核电厂的厂址许可、建造、运行和延寿的执照均要取得美国核管理委员会（NRC）的批准，包括取得NRC的环境意见书。NRC在核电厂总体环境意见书[63]中，对各环境问题给出环境影响重要度的评估。这些重要度水平包括：

（1）小的影响（SMALL）：环境影响是不可探测的，或者小到既不会破坏也不会显著改变资源的重要属性。

（2）中等影响（MODERATE）：环境影响足以显著改变但不会破坏资源的重要属性。

（3）大的影响（LARGE）：环境影响显著，且足以破坏资源的重要属性。

美国联邦法规10CFR50附录I中提出了核电厂执行“合理可行尽量低”（ALARA）原则的设计目标值，NRC认为，核电厂放射性流出物对公众成员产生的最大剂量均低于所要求的设计目标值，因此，其影响的重要度水平属于小的影响。

按照我国《电离辐射防护与辐射源安全基本标准》（GB 18871—20C2）的要求，液态流出物向环境的排放必须满足下列条件，并获得审管部门的批准：

（1）排放不超过审管部门认可的排放限值，包括排放总量限值和浓度限值；

（2）有适当的流量和浓度监控设备，排放是受控的；

（3）含放射性物质的废液是采用槽式排放的；

（4）排放所致的公众照射符合国家标准所规定的剂量限制要求；

（5）已按国家标准的有关要求使排放的控制最优化。

核电厂液态流出物中的放射性核素通常划分为^{3}H、^{14}C和除^{3}H、^{14}C外其他放射性核素三类。^{3}H只发射低能β射线，剂量转换因子较其他放射性核素低很多，对公众产生辐射影响较其他核素小；^{14}C的主要排放途径是气态，液态排放量较小；目前^{3}H和^{14}C尚无经济可行的处理方法，这两种核素的排放量主要取决于电厂的设计，目前的要求是按设计排放量控制，浓度控制的意义不大。除^{3}H和^{14}C外其他放射性核素均有一定处理措施，可以有效地降低废液中的放射性水平。

核电厂正常运行时排放的液态流出物是解控废水，为放射性近零排放[9]。为了实现核电厂液态流出物放射性近零排放，不影响环境和公众健康，通常采取的主要措施是：采取先进的反应堆和工艺系统设计，从源头上减少放射性产生量；采取最佳可行技术（BAT技术）进行放射性废物处理，减少液态流出物放射性排放总量和排放浓度；采取严格的管理措施，防止意外排放；优化排放口和排放方式，确保液态流出物在受纳水体中快速掺混和充分稀释；以及将厂址受纳水体的稀释扩散条件作为核电厂厂址选择的主要因素之一。

核电厂除了具有先进的、完整的三废处理措施外，运行中还要实行严格的、系统的环境管理，例如，对流出物的排放管理、流出物监测和环境监测管理等，以使核电厂对环境的影响保持在可合理达到的尽量低的水平。大亚湾核电厂（2台机组）和岭澳核电厂（一期2台机组）10年运行数据以及秦山2008—2012年运行数据统计表明，这些机组放射性液态流出物中除氚外核素的排放量已经达到与美国和法国核电厂一样的低水平。

我国内陆核电厂的建设单位和设计单位正在进一步深入研究放射性液态流出物近零排放的技术，可以确保内陆核电厂对环境造成辐射影响的增加量远低于环境本底的辐射水平，不会影响环境和公众健康。

3.3 内陆核电厂可采取的辐射环境风险控制措施

2011年3月日本东部9.0级大地震海啸引发的福岛第一核电厂核事故，在事故后持续产生了大量放射性废液，并排放或泄漏进入周边海域。一时之间，核电厂在严重事故工况下放射性废液对周边水体的危害，成为我国政府和公众对未来核电发展最为关心的问题之一。

我国核电厂采用国际通行标准，按照纵深防御的理念进行设计、建造和运行，具有较高的安全水平。2011年福岛事故后，我国实施的核设施安全综合安全检查结论表明[64]，我国运行核电机组安全业绩良好，迄今未发生国际核事件分级（INES）2级及其以上的运行事件，安全风险处于受控状态，运行核电厂的安全是有保障的；我国在建核电厂中的自主设计核电机组在引进、消化、吸收国外成熟技术的基础上，通过汲取国内外30多年的运行经验和安全研究成果，持续进行改进和优化，相比国际同类机组，具有较高的安全水平。AP1000和EPR型等核电机组是20世纪90年代以后国际上开发的新一代核电机组，从设计阶段就比较充分地考虑了严重事故的预防和缓解，设计安全水平进一步提高。

《核安全与放射性污染防治“十二五”规划及2020年远景目标》提出[65]，“十二五”新建核电机组具备较完善的严重事故预防和缓解措施，每堆年发生严重堆芯损坏事件的概率低于十万分之一，每堆年发生大量放射性物质释放事件的概率低于百万分之一；“十三五”及以后新建核电机组力争实现从设计上实际消除大量放射性物质释放的可能性。因此，新建核电厂将设计专门的措施和系统，确保核电厂最严重的事故情况下，其产生的放射性物质被密封起来，而不进入环境，从而保证不会产生影响环境和公众健康的后果。

根据已有研究结果，即使发生极不可能发生的超设计基准的核事故时，内陆核电厂也可以采取滞留和包容等工程措施（见表21），确保严重事故工况下放射性废水的“可贮存”和“可封堵”，以便后续“可处理”，实现“可（与环境水体）实体隔离”，使得环境风险可控[67-68]。

表 21　严重事故废液滞留和包容的纵深防御措施

	源项	第一道滞留和包容措施	第二、三道滞留和包容措施	极端行政应急措施（适用于低放）
极端事故	废水量：小于1万 m^3 活度浓度：高放低限	反应堆厂房	核岛其他厂房废液贮罐（如果是中放）	
其他严重事故	废水量：几千到几万 m^3 活度浓度：低中放	废液产生地：反应堆厂房、核辅助厂房等其他核岛厂房	核岛其他厂房 废液贮罐 滞留池（内陆核电厂，低放）	浮筏，后池（滨海核电厂） 可隔离的小库容的自然水体（内陆核电厂） （以上设施不是应急计划中的应急设施）

3.4　本章小结

（1）我国在建或拟建压水堆核电厂的放射性液态流出物均能满足GB 6249—2011的规定要求，可以保证电厂附近公众受到来自于电厂运行产生的剂量低于0.25 mSv的年剂量约束值。运行滨海核电厂液态流出物对周围公众产生的辐射影响仅在每年几个 μSv 数量级，比公众个人剂量限值低4个数量级，比豁免水平低2个数量级，约为我国居民所受天然辐射的二万分之一。

（2）核电厂正常运行时排放的符合国家放射性污染防治标准的液态流出物是解控废水。为了实现核电厂液态流出物放射性近零排放，不影响环境和公众健康，通常采取的主要措施是：采取先进的反应堆和工艺系统设计，从源头上减少放射性产生量；采取最佳可行技术（BAT技术）进行放射性废物处理，减少液态流出物放射性排放总量和排放浓度；采取严格的管理措施，防止意外排放；优化排放口和排放方式，确保液态流出物在受纳水体中快速掺混和充分稀释；以及将厂址受纳水体的稀释扩散条件作为核电厂厂址选择的主要因素之一。

4　我国拟建内陆核电厂厂址分布情况和水扩散条件

4.1　我国内陆核电厂址液态流出物排放受纳水体的类型和水扩散条件

内陆地表水体按照形态分类有河流、湖泊、水库以及河口等。水中污染物在水体中的运移形态与水动力特性密切相关，只有深入了解水体的水动力学特性，才能更好地阐述水中污染物浓度场的形成机理和特性，预测污染物在水体中的输移扩散规律，评价污染物对水环境的影响。

（1）河流水体的水动力特性

我国是河流众多的国家，河流总长度约 45 万 km，水系主要由 7 大江河组成，分别为长江、黄河、松花江、珠江、辽河、淮河和海河。我国大河的数量远多于欧洲和美国。在世界最长的河流中，长江和黄河分别居第三位和第五位。我国的河流虽多，因受地形、气候因素的影响，在地区上分布很不均匀。绝大部分河流分布于东、南部外流区域内，该区域受季风气候的影响，降水充沛，为水系的发育提供了有利条件，河流多而长。而西北和藏北高原内陆地区，降水稀少，蒸发旺盛，水系的发育受到了很大的限制，河流少而短小。地势低平的松嫩平原、辽河平原和华北平原，甚至出现无流区。我国河流水量虽然丰沛，但年内分配很不均匀，随着季节的更替而有明显的变化。我国河流水量季节变化的基本特点为夏季水量集中，冬季水量稀少。

河流的水动力特性主要包括流量、流速、河宽、水深、水面比降、含沙量等参数。一般来说，河流的流量越大、河面越窄、水深越浅，越有利于污染物尽快的、充分的混合稀释。

（2）湖泊水体的水动力特性

湖泊与河流具有不同的水流特性。湖泊水流流速缓，基本上保持水平面静止，竖向方向的水体流动主要是由于温度差造成的。所以流入的废水不易在其中进行混合、稀释和扩散，因此，湖泊往往具有对污染物的稀释、扩散能力较弱而且易于引起局部严重污染的特点。

（3）水库水体的水动力特性

水库建成蓄水后，库区水流条件发生明显改变，水库水流具有不同于河道和天然湖泊水流的水动力学特性。水库的调节程度决定了水库所在河流的径流情势时程再分配、水位流量关系、流场分布等水动力条件，一般有多年调节、年调节、季调节、月或日调节等方式。其次，水库的几何形状也是影响水库水动力学特性的因素之一，主要参数有水库横向收缩系数（即水库入口水面宽度与坝前水面宽度的比值）、坝前水体宽深比、水库库底坡度。

4.2 我国拟选内陆核电厂厂址分布和受纳水体水扩散条件

中国核能行业协会 2012 年组织开展了《内陆核电厂环境影响的评估研究报告》[66,69] 专题研究，从收集到的我国拟选 30 个内陆核电厂址的有关资料来看，这些厂址均已由初步可行性研究确定为优先候选厂址，或者已经在开展可行性研究工作。这些厂址中，有 26 个滨河厂址，4 个滨水库厂址。这些厂址绝大部分选择在水资源较为丰富的长江流域、珠江流域和松花江流域。图 4 示意了我国部分拟选核电厂址分布情况。

图 5 给出 26 个滨河核电厂址年平均流量分布图。可以看出，在 26 个滨河厂址中，5 个厂址的年平均流量介于 150～500 m^3/s，4 个厂址的年平均流量介于 500～1 000 m^3/s，7 个厂址的年平均流量介于 1 000～5 000 m^3/s，3 个厂址的年平均流量介于 5 000～10 000 m^3/s，其余厂址的年平均流量大于 10 000 m^3/s。

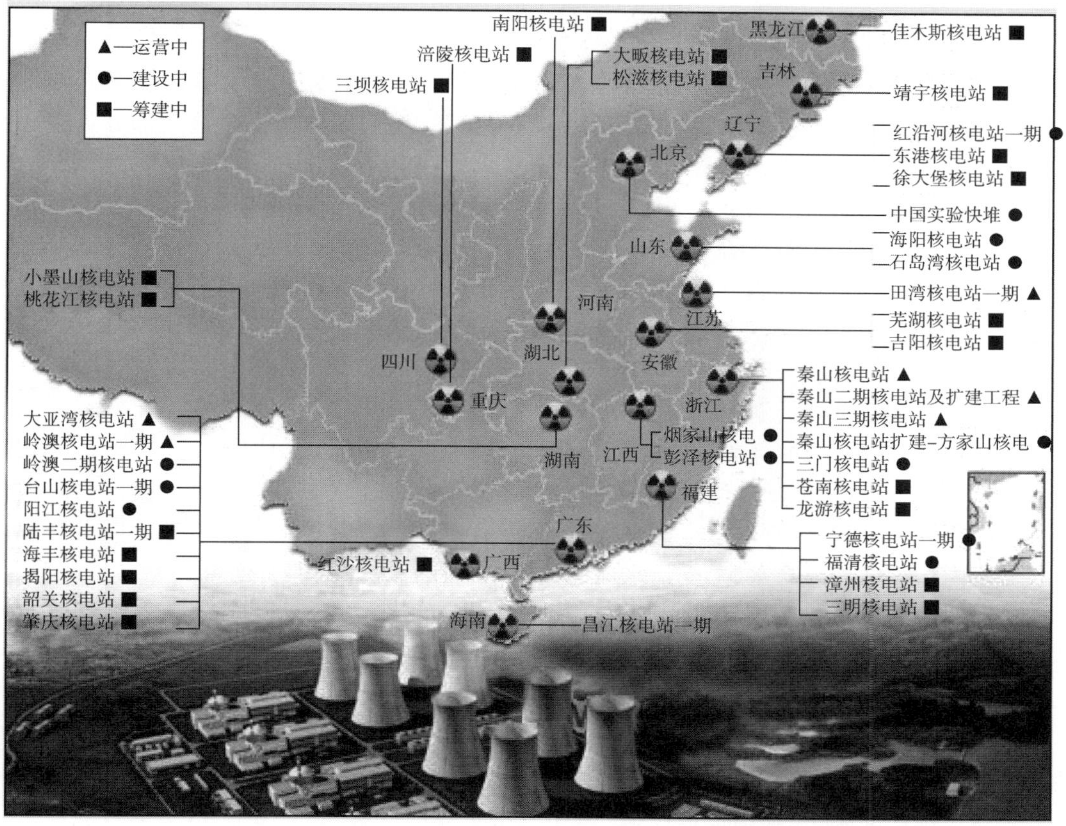

▲—运营中
●—建设中
■—筹建中
南阳核电站 ■
涪陵核电站 ■
三坝核电站 ■
大畈核电站 ■
松滋核电站 ■
黑龙江
佳木斯核电站 ■
吉林
靖宇核电站 ■
辽宁
红沿河核电站一期 ●
东港核电站 ■
徐大堡核电站 ■
北京
中国实验快堆 ●
山东
海阳核电站 ●
石岛湾核电站 ●
田湾核电站一期 ▲
江苏
芜湖核电站 ■
吉阳核电站 ■
河南
安徽
湖北
四川
重庆
小墨山核电站 ■
桃花江核电站 ■
秦山核电站 ▲
秦山二期核电站及扩建工程 ▲
秦山三期核电站 ▲
秦山核电站扩建-方家山核电 ●
三门核电站 ●
苍南核电站 ■
龙游核电站 ■
浙江
烟家山核电 ●
彭泽核电站 ●
湖南
江西
福建
大亚湾核电站 ▲
岭澳核电站一期 ▲
岭澳二期核电站 ●
台山核电站一期 ●
阳江核电站 ●
陆丰核电站一期 ■
海丰核电站 ■
揭阳核电站 ■
韶关核电站 ■
肇庆核电站 ■
广东
红沙核电站 ■
广西
宁德核电站一期 ●
福清核电站 ●
漳州核电站 ■
三明核电站 ■
海南
昌江核电站一期

图 4　我国部分拟选核电厂址分布图

（资料来源：中国科易网）

9
6
3
0
厂址数
5
4
7
3
7
100~500
500~1 000
1 000~5 000
5 000~10 000
>10 000
流量/(m³/s)

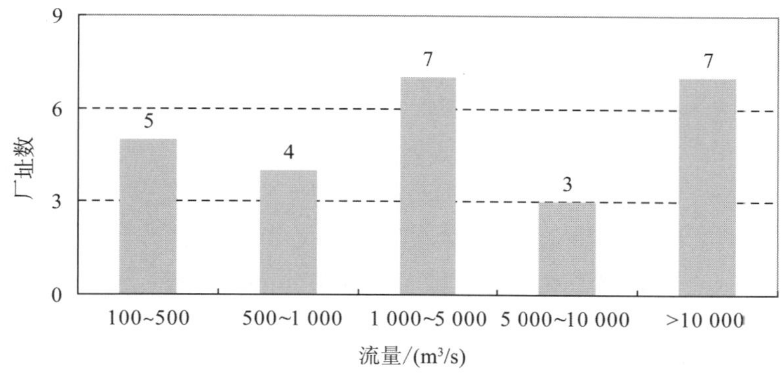

图 5　我国部分内陆滨河核电厂址流量分布

在 4 个滨水库厂址中，水库的库容均在 10 亿 m^3 以上，属于大 I 型水库，可以保证电厂运行的取水要求。同时，水库的入库径流量均在 10 亿 m^3 以上。因此，不管是采取库内排放还是坝下排放方案，核电厂正常运行时排放的液态流出物都将可以得到较好的稀释。

4.3 美国内陆核电厂址液态流出物排放受纳水体水扩散条件

美国大陆以南北向的落基山脉为界，以西是太平洋水系，以东为大西洋水系。太平洋水系地区降水量较少，东部地区是湿润和半湿润地区。美国内陆核电厂绝大部分集中在水资源相对丰富的东部地区。

美国密西西比河是世界第 4 大河，密西西比河汇聚了 250 多条支流，流域面积达 322 万 km^2，占全美国领土面积的 41%，河口处多年平均流量 18 800 m^3/s。密西西比河流域划分成 5 个子流域：密西西比河上游流域、密西西比河下游流域、阿肯色-红白河流域、俄亥俄河-田纳西河流域和密苏里河流域。密西西比河流域的 5 个子流域均有核电厂分布，整个流域建有 20 个核电厂，总装机容量达到 3 093 万 kW，目前，已经有约 1 000 万 kW 的扩建、新建核电机组计划。

中国核能行业协会的《美国内陆核电厂水环境影响的评估》[70]中给出了 16 个滨河核电厂和 11 个滨湖核电厂冷却水源/受纳水体的水文特征数据。从中可以看到，美国内陆核电厂的冷却水源/受纳水体有着多样的水文特征。

美国内陆核电厂冷却水源/受纳水体的流量水平在很大范围内变化[4]：

(1) 有的核电厂建在大河边，例如，Grand Gulf 核电厂和 River Bend 核电厂所在河段的多年平均流量分别为 16 800 m^3/s 和 14 234 m^3/s。

(2) 在统计的 16 个滨河核电厂中，有 7 个核电厂受纳水体的年平均流量小于 500 m^3/s，其中最小的年平均流量为 110 m^3/s（Duane Arnold 核电厂，Cedar 河，记录到最低流量为 14 m^3/s）。

(3) 在统计的 11 个滨湖核电厂中，3 个受纳水体的库容大于 10 亿 m^3，7 个受纳水体的库容介于 1 亿～10 亿 m^3。此外，也有库容较小的情况（Robinson 核电厂所在 Robinson 湖的库容仅 3 800 万 m^3）或者湖泊的来流量或下泄流量很小的情况（Wolf Creek 核电厂所在 Coffey County 湖的库容为 1.37 亿 m^3，但天然径流量仅 0.5 m^3/s，需要从附近河流上的水库调水；North Anna 核电厂所在 Anna 湖的库容为 4.0 亿 m^3，但正常下泄量和最小下泄量分别为 4.84 m^3/s 和 1.12 m^3/s）。

(4) 还有利用城市中水作为冷却水源的特例：Palo Verde 核电厂有 3 个 1 346 MW 的 PWR 机组，该核电厂位于亚利桑那州西南部的沙漠地区，电厂没有从任何自然地表水体抽取冷却水的补给水，而是向凤凰城地区的废水处理厂购买废水流出物（即经污水处理后的中水），用作电厂的冷却水和安全相关补给水（平均每年的购买水量为 6 450 万 m^3）。此外，还利用 640 万 m^3/a 的地下水。电厂没有向任何水体排放冷却水，而是将冷却水排入人造的带内衬的蒸发池。

在美国，可以看到在一条河流上建有多个核电厂的情况，例如：

(1) 美国东部的 Susquehanna 河，全长 710 km，沿岸有 3 个核电厂：上游的 Susquehanna 核电厂（2×1 140 MW BWR），所在河段多年平均流量为 412 m^3/s；Three Mile Island 核电厂位于 Susquehanna 河下游的一个江心岛上，有一个 PWR 机组（786 MW），电厂所在河段的多年平均流量为 975 m^3/s；Peach Bottom 核电厂（2×1 112 MW BWR），在 Three Mile Island 核电厂下游 64 km。电厂所在的河段多年平均流量为 1 070 m^3/s。

（2）Illinois 河是密西西比河的一条重要支流，在 Illinois 河流域有 4 个核电厂。

它们是：Clinton 核电厂（1×1 043 MW BWR）、Dresden 核电厂（2×867 MW BWR）、LaSalle 核电厂（2×912 MW BWR）、Braidwood 核电厂（2×1 150 MW PWR）。其中，有的在小支流上筑坝形成冷却池，有的在 Illinois 河中排放。

美国内陆滨湖核电厂所在的湖泊都是在河流上筑坝形成的。其中，有的是河道型水库[63]，例如：

（1）Arkansas 第一核电厂所在的 Dardanelle 湖是 Arkansas 河的组成部分，水库长 80 km，湖面积为 14 975 ha（1 ha=1 万 m^2），库容 6 亿 m^3，Dardanelle 大坝的多年平均下泄流量为 1 070 m^3/s，记录到的最小下泄流量为 50 m^3/s。

（2）Catawba 河从北卡罗来纳州流入南卡罗来纳州，与下游的 Wateree 河加起来长约 480 km。Catawba-Wateree 水利工程项目共有 11 个大坝和水闸。Catawba 核电厂（2×1 129 MW PWR）所在的 Wylie 湖是该水利工程项目中的第 7 个水库，正常水位下的库容 3.48 亿 m^3，Wylie 大坝下游 Catawba 河的多年平均流量为 124 m^3/s。Catawba 核电厂上游约 45 km 处还有一个 Norman 湖畔的 McGuire 核电厂（2×1 100 MW PWR），Norman 湖在正常水位下的库容为 13.2 亿 m^3，湖坝下游 Catawba 河的多年平均流量为 76.8 m^3/s。

（3）Brown Ferry 核电厂所在的 Tennessee 河段，是一个河道型水库。电厂下游 32 km 处筑坝形成 Wheeler 水库，水库面积 27 140 ha，库容 12.9 亿 m^3。电厂所在 Tennessee 河的多年平均径流量为 416 亿 m^3/a（约 1 319 m^3/s），十年一遇七日低流量（7Q10）为 250 m^3/s。

4.4 我国与美国内陆核电厂液态流出物受纳水体水扩散条件的比较

通过对比分析我国和美国内陆核电厂液态流出物受纳水体水扩散条件，可以得出初步结论，我国和美国内陆核电厂在水弥散条件方面大致相当。并且，从拟选内陆厂址的水动力资料分析，应该说，我国内陆核电厂的各个建设单位在选择厂址时，能注意到尽可能选择水文条件相对较好的厂址。我国内陆地区具备符合核电厂排放管理要求的厂址，水扩散条件不应构成我国内陆核电选址和建设的颠覆性因素。

尽管在收集的资料中，也可以看到极个别省份拟选的厂址水扩散条件相对差一些，也有部分厂址所在河流的丰水期和枯水期流量相差较大。但是对于这些厂址的水扩散能力是否能够达到相关标准要求，还可通过三废处理最佳可行技术应用和优化排放管理等作进一步分析论证。

4.5 本章小结

液态流出物排放受纳水体的水扩散条件是内陆核电厂选址和环境影响评价的重要因素之一。从收集到的我国拟选内陆核电厂址的有关资料来看，我国与美国和法国内陆核电厂所在受纳水体的平均流量和水扩散条件总体相当，部分流域的拟选厂址的水扩散条件还优于美国。因此，我国内陆地区具有符合核电厂排放管理要求的厂址，水扩散条件不应构成我国内陆核电选址和建设的颠覆性因素。对于那些流量较小或者丰、枯水期变化大的内陆厂址的水扩散能力是否能够达到相关标准要求，还可通过三废处理最佳可行技术应用和优化排放管理等作进一步分析论证。

5 美国内陆核电厂液态流出物排放对水影响的实践经验

5.1 放射性液态流出物的排放与辐射影响

（1）评估准则

在美国，联邦法规 10CFR20 要求每个执照持有者使得反应堆运行产生的公众个人总有效剂量当量不超过 1 mSv/a（0.1 rem/a）。联邦法规 40CFR190 公众个人从铀燃料循环过程中受到年剂量的限值为：全身 25 mrem，甲状腺 75 mrem，其他任何器官 25 mrem。这个规定相当于 0.25 mSv/a 有效剂量的剂量约束上限值。

在核电厂放射性流出物控制方面，美国管理委员会（NRC）在联邦法规 10CFR50 的附录 I（1972 年）中给出了放射性流出物排放设计实施可合理达到的尽量低水平（ALARA）原则的剂量约束值。其中有关液态流出物排放的设计目标是：每座轻水反应堆向非限制区域的年排放量，使得任何在该区域的公众个人通过液态途径获得的估算年剂量不能超过全身 3 mrem（0.03 mSv），任何器官的年待积剂量不超过 10 mrem（0.1 mSv）。这个设计目标值相当于 0.03 mSv/（堆·年）[30μSv/（堆·年）] 有效剂量的约束值。

（2）放射性液态流出物排放量

统计了美国 21 个内陆 PWR 核电厂 2005—2009 年期间放射性液态流出物排放量[71]。由于这些电厂的机组数和机组功率不同，将它们归一化到 1 台 1 000 MW PWR 的排放量。从中可以看到：

1）所有这些核电厂 5 年内归一化至 1 000 MW 的裂变产物和腐蚀产物年排放量的平均值为 2.19 GBq/a。其中，最大值为 8.46 GBq/a（Prairie Island 核电厂）。

2）在美国，核电厂的放射性废液处理已经由原先的蒸发处理技术工艺改变为离子交换处理工艺，而且还在不断地改进处理技术。在采用“过滤、絮凝、离子交换＋反渗透技术”的核电厂中，放射性液态流出物中裂变产物和腐蚀产物核素的年排放量可以小于 1 GBq/（堆·a），例如，Comanche Peak 核电厂和 Byron 核电厂多年平均的年排放量分别为 0.20 GBq/（堆·年）［介于 0.07～0.4 GBq/（堆·年）］和 0.487 GBq/（堆·年）［0.35～0.8 GBq/（堆·年）］。此外，在采用“超滤＋反渗透技术”的核电厂中，放射性液态流出物中的裂变产物和腐蚀产物核素年排放量也可相对较小，例如，Wolf Creek 核电厂采用管式超滤＋卷式反渗透技术处理放射性废液，也取得良好的效果，裂变产物和腐蚀产物核素在 2005—2009 年期间多年平均的年排放量为 1.34 GBq/（堆·年）［介于 0.20～3.89 GBq/（堆·年）］。

3）所有 21 个内陆 PWR 核电厂多年平均的归一化 1 000 MW 的液态氚排放量为 25.5 TBq/a（最大值为 44.5 TBq/a）。

（3）放射性液态流出物排放的辐射影响

统计了美国 21 个内陆 PWR 核电厂 2005—2009 年期间由于放射性液态流出物排放造

成的公众最大全身剂量和最大器官剂量。

1）内陆核电厂由于放射性液态流出物所造成的公众个人最大全身剂量，与10CFR50附录I的设计目标值相比，只占很小的份额。与40CFR190规定的剂量约束上限值0.25 mSv/a（250 μSv/a）以及美国平均本底辐射水平3.1 mSv/a（3 100 μSv/a）相比，更可以得出，美国内陆核电厂放射性液态流出物排放的辐射影响是轻微的。

2）North Anna核电厂（2×910 MW PWR）在2007年度由液态流出物排放所致的公众个人最大全身剂量的数值最高为3.11 μSv/（堆·年）。这个剂量值与10CFR50附录I规定的单堆的相应设计目标值30 μSv/a（3 mrem/a）相比，仅占10.4%的份额。这一年的个人最大器官剂量为4.18 μSv/（堆·年）。这个剂量值与10CFR50附录I规定的单堆的相应设计目标值100 μSv/a（10 mrem/a）相比，仅占4.2%的份额。即使是North Anna核电厂的最大值，也只是与美国本底辐射水平3.1 mSv/a（3 100 μSv/a）的涨落相当，不存在可以察觉的影响。

5.2 水环境的辐射监测与评价

（1）核电厂下游饮用水样品监测结果

中国核能行业协会组织的内陆核电影响研究中查阅了美国38个核电厂2009年度的环境监测报告，看到其中20个核电厂下游有公共饮用水源取水点，占美国内陆核电厂的二分之一。归纳和统计核电厂下游饮用水样品的监测结果，有如下主要结论：

1）所有内陆核电厂下游公共饮用水源中均未检出与核电厂运行有关的γ核素，而且所有样品的总β浓度远小于1 Bq/L。

2）尽管美国环境保护局（EPA）规定了饮用水中氚浓度的限值为740 Bq/L，但对于核电厂下游的公共饮用水源，所采用的惯例是，将74 Bq/L的氚浓度作为评价公共饮用水源可接受性的氚浓度准则。在各核电厂的监测报告中给出的所有下游公共饮用水源中的氚浓度，或者低于最低限度要求设定的74 Bq/L的探测限，或者为低于74 Bq/L的某个监测值。例如，Catawba电厂下游有Rock Hill市政供水公司的取水点，位于电厂SSE方向11.7 km的Catawba河段。2009年，该采样点饮用水样品中总β平均浓度为0.077 Bq/L，氚的平均浓度为23.5 Bq/L，而历史上的最高值为2007年的平均氚浓度61.1 Bq/L。

（2）受纳水体中沉积物样品的监测结果

为了了解美国内陆核电厂放射性液态流出物排放的长期累积影响，查阅了美国38个内陆核电厂2009年度环境监测报告中的沉积物样品监测数据。所有的监测结果表明，这38个内陆核电厂放射性液态流出物排放所致的沉积物中吸附、沉积的长期累积效应是轻微的。主要的监测结果如下：

1）在各核电厂受纳水体的沉积物样品中可以检测出与20世纪七八十年代大气核试验有关的^{137}Cs放射性，因为所检测到的^{137}Cs水平与对照点的^{137}Cs检测结果或者与电厂运行前检测到的^{137}Cs检测结果相同。以Wolf Creek核电厂为例，2009年在Coffey County湖的电厂排放池底部沉积物中检测到^{137}Cs的活度为4.64～6.27 Bq/kg干重，而运行前本底调查时该采样点底部沉积物样品中^{137}Cs的活度范围为2.9～35.3 Bq/kg干重。此外，2009年中，邻近John Rodmend水库对照点样品的^{137}Cs活度为5.1 Bq/kg。

2）大多数核电厂受纳水体的沉积物样品中未检出与核电厂运行有关的γ核素，少数内陆核电厂受纳水体的沉积物样品中检出^{58}Co、^{60}Co等核素，但检测出的活度很低，而且局限在排放口下游不足1 km的范围内（河流排放），或者局限于“库中库”的排放池内。例如：Ohio河畔的Beaver Valley核电厂在排放口下游0.32 km和18.9 km处设有沉积物采样点，2009年中，仅在排放口下游0.32 km的沉积物样品中检出与电厂运行有关的γ核素，^{58}Co和^{60}Co，分别为18.9 Bq/kg干重和22.6 Bq/kg干重。

（3）水质问题被列为有“小至中等”重要度影响的特例分析

在NRC已经发布的美国26份内陆核电厂延寿申请的环境意见书中，只看到一个放射性液态流出物排放会产生“小至中等”重要影响的环境问题实例。如前所述，Wolf Creek核电厂的冷却池Coffey County湖的入库年径流量为1 600万m^3（约0.5 m^3/s），因此，电厂需要从附近Neosho河上游的John Redmond水库补水。

1）在2009年度环境检测报告中指出，湖水中的氚浓度水平已经达到平衡，最高值为528 Bq/L，尽管低于美国环境保护局（EPA）饮用水中740 Bq/L的氚浓度限值，但NRC认为Coffey County湖的水质有所下降。

2）在2009年的环境运行报告中，按照每天饮用2 L Coffey County湖水以及每年食用21 kg Coffey County湖中的鱼，推算出个人剂量为0.528 mrem（5.28 μSv/a），远低于10CFR50附录I规定的ALARA设计目标值30 μSv/（堆·年）[3 mrem/（堆·年）]。

3）NRC在对Wolf Creek核电厂的环境意见书（2008年）中关注Coffey County湖中水质下降（氚浓度升高）对周围地区地下水井的影响。监测表明，周围民用水井没有受到Coffey County湖中氚浓度的影响。但NRC认为，未来电厂周围有可能增加民用水井，而电厂尚未考虑这种可能性，因此，NRC将这个问题的环境影响重要度划分为“小至中等”的水平。缓解措施是电厂要建立手段来评估未来新安装民用水井的影响。

4）需要指出的是，2009年电厂下游40.8 km处饮用水样品（Iola市政供水系统在Neosho河的取水口）的β浓度为0.114 Bq/L（3.1 pCi/L），而氚浓度均低于探测下限74 Bq/L（2 000 pCi/L）。

5.3 NRC对美国内陆运行核电厂水环境影响的评估结论[63]

（1）核电厂放射性流出物排放的辐射影响

NRC在1996年版延寿核电厂总体环境意见书（GEIS）的环境问题识别中，将正常运行的环境辐射影响划分为有共性的1类问题，明确指出核电厂正常运行期间放射性流出物排放对公众成员的辐射影响是小的（SMALL）。在2009年版的GEIS中，NRC重申了这样的见解。

NRC按照国际放射防护委员会（ICRP）和美国国家辐射防护委员会（NCRP）的研究结果指出，如果核电厂周围公众成员受到40CFR190剂量限值（即剂量约束上限值，全身25 mrem，甲状腺75 mrem，其他器官25 mrem）的照射，则由于核电厂运行发生癌症的概率仅为$7.7\times10^{-6}\sim1.0\times10^{-8}$的范围。

NRC认为，联邦法规10CFR50附录I给出了核电厂执行ALARA原则的设计目标值，而核电厂放射性流出物的实际排放对公众成员产生的最大个人剂量均远低于核电厂的剂量约束上限值和所要求的设计目标值，因此，其影响的重要度水平属于小影响。

（2）美国内陆核电厂环境问题识别的结论

NRC 在对一个延寿核电厂编写环境意见书时要对该核电厂的环境问题逐个加以评估。经查阅 NRC 对已经批准延寿的 26 个内陆核电厂环境问题的识别结果，这些识别结果分别给在 NRC 对每个核电厂的环境意见书中。从中看到只有 Wolf Creek 核电厂有两个与水有关问题的环境影响重要度属于“小至中等”（前面已经介绍了这两个问题，即干旱期取水的用水矛盾，以及 Coffey County 湖水中氚浓度升高）。其余的内陆核电厂与水体有关的环境问题均属于小影响。

NRC 对环境问题的识别结果，说明美国内陆核电厂实际运行对水环境的影响是很小的。了解这个基本情况，无疑可以增强对我国内陆建设核电厂的信心。

（3）美国内陆核电厂液态氚泄漏事件的评估与经验反馈

从 20 世纪 90 年代开始，不少美国运行核电厂先后发生过氚的泄漏事件，这些事件引起美国公众、媒体和国会议员的高度关注。NRC 分别于 2006 年和 2010 年两次成立工作组，对核电厂地下水污染事件进行调查。调查结果表明，在 39 个内陆核电厂中，有 20 个内陆核电厂在其运行历史中的某个时间发生过氚浓度超过 740 Bq/L（20 000 pCi/L）的泄漏或溢出，即含氚液体通过地下结构及管道泄漏进入地下层。

由于这些含氚管道泄漏均发生在上部的砂石层，加上有上部黏土层和下部黏土层的阻隔，不会到达作为公共饮用水源的含水层，因此，各核电厂泄漏的氚均未弥散到达厂址（电厂资产范围）外，即这些电厂厂外饮用水的地下水井或市政供水系统中的氚浓度均未超出 EPA 的饮用水中氚浓度限值（740 GBq/L）。因此，NRC 得出结论，这些核电厂泄漏氚的水平不会对公众的健康和安全产生威胁。同时，NRC 也要求各核电厂制定地下水保护大纲，采取设计措施防止氚的泄漏，并加强厂址地下水井的监测。

5.4 美国拟新建内陆核电厂水环境影响的评估

中国核能行业协会曾详细分析研究了美国 5 个拟新建核电项目的水环境辐射影响预测，其中 3 个核电项目拟建 AP1000 机组，2 个核电项目拟建 US EPR 机组。5 个拟建核电厂新项目正常运行放射性液态流出物排放所致的最大公众个人剂量均满足 NRC 在 10CFR50 附录 I 中提出的设计目标要求，即能实现可合理达到的尽量低水平（ALARA）原则。其中，4 个核电厂给出的最大全身剂量小于 1 μSv/（堆·年），只有 Shearon Harris 核电厂（拟建 2 台 AP1000 机组）的新建核电项目给出最大公众个人全身剂量的估算值为 20.9 μSv/（堆·年），这是因为电厂所在的 Harris 湖库容为 1.01 亿 m^3，为该水库补水的 Cape Fear 河的多年平均流量和 7Q10 仅分别为 87.9 m^3/s 和 10.8 m^3/s，而且在液态途径计算中用到了保守的水力弥散系数。然而，NRC 仍然在对该项目的环境意见书中指出，该剂量值低于 10CFR50 附录 I 中提出的设计目标要求，是可以接受的。

5.5 本章小结

（1）根据 NRC 网站上检索到的美国内陆核电厂的放射性流出物年度排放报告和年度环境辐射监测报告，可以看到，美国内陆核电厂放射性液态流出物的实际排放产生的环境辐射影响处在美国平均的环境本底辐射水平的涨落范围。

(2) 统计美国21个内陆PWR运行核电厂2005—2009年期间放射性液态流出物的排放量得出，这些核电厂5年内归一化至1 000 MW的裂变产物和腐蚀产物排放量的平均值为2.19 GBq/a（最大值为8.46 GBq/a），多年平均的归一化至1 000 MW的液态氚排放量为25.5 TBq/a（最大值为44.5 TBq/a）。

(3) 统计美国21个内陆PWR运行核电厂放射性液态流出物在2005—2009年期间所致的公众个人最大全身剂量和最大器官剂量。所有的数值均远低于美国NRC在10CFR50附录I中根据ALARA原则制定的设计目标值。在所有的统计值中，最大值为2007年North Anna核电厂的个人最大全身剂量和最大器官剂量，分别为3.11 μSv/a和4.18 μSv/a，占10CFR附录I相应设计目标值的10.4%和4.2%。

(4) 查阅美国内陆38个运行核电厂2009年度的环境辐射监测报告，看到所有内陆运行核电厂下游公共饮用水源中均未检出与核电厂运行有关的γ核素，所有样品的总β浓度远小于1 Bq/L，而且所有下游公共饮用水源中的氚浓度均低于NRC规定的报告水平74 Bq/L［美国环境保护署（EPA）规定饮用水中氚浓度限值为740 Bq/L］。

(5) 在38个美国内陆核电厂中，7年期间有90%的核电厂（34个）受纳水体中的沉积物样品中检测到了微量的放射性核素^{137}Cs，它们主要来自早期大气层核试验和切尔诺贝利核事故造成的大气落下灰的贡献。个别电厂在个别年份沉积物样品中检测到的核素^{137}Cs可能有来自电厂排放的影响，但均没有累积的趋势。初步评价可知，沉积物所致公众个人全身剂量相对于环境本底水平是可以忽略的。

6 主要结论

(1) 我国建立了完备的核电厂液态流出物排放管理制度和水环境影响控制管理体系，从《中华人民共和国放射性污染防治法》直到配套的条例、部门规章和导则、国家标准，对滨海和内陆核电厂液态流出物排放和水环境质量控制指标进行了详细的规定。

(2) 我国在建和拟建核电厂的液态流出物均能满足GB 6249—2011的规定要求，可以保证电厂附近公众受到来自于核电厂运行产生的剂量远低于0.25 mSv的年剂量约束值。核电厂辐射环境影响现状评价表明，秦山7个运行机组液态流出物对周围公众产生的最大个人剂量约为0.14 μSv/a，比公众个人剂量限值低4个数量级，比豁免水平低2个数量级，约为天然辐射本底水平的二万分之一。

(3) GB 6249—2011和GB 14587—2011对内陆核电厂液态流出物规定了非常严格的排放要求，即液态流出物近零排放，使得核电厂排放的受纳水体中的放射性指标满足地表水水体质量标准和生活饮用水标准。

(4) 核电厂正常运行时排放的液态流出物属于解控排放。为了实现核电厂液态流出物放射性近零排放，不影响环境和公众健康，通常采取的主要措施是：采取先进的反应堆和工艺系统设计，从源头上减少放射性产生量；采取最佳可行技术（BAT技术）进行放射性废物处理，减少液态流出物放射性排放总量和排放浓度；采取严格的管理措施，防止意外排放；优化排放口和排放方式，确保液态流出物在受纳水体中快速掺混和充分稀释；以及将厂址受纳水体的稀释扩散条件作为核电厂厂址选择的主要因素之一。

（5）通过对我国长江水系从 1973—2011 年水体中总 α、总 β、^{40}K、^{226}Ra、天然 U、天然 Th 天然放射性核素水平的调查和统计分析得出，我国长江干流、支流及主要湖泊共 10 个分区水体中放射性水平平均值都在同一数量级水平。20 世纪 70 年代以来，核爆产生的 ^{3}H、^{90}Sr 和 ^{137}Cs 放射性水平持续降低。

（6）通过对长江水系沿岸某些 NORM 工业的排放废水及受纳水体中放射性核素的活度浓度数据进行初步分析表明，稀土矿、锗冶炼、石煤矿、磷酸盐等 NORM 工业的排放废水中天然放射性核素的水平较高。综合考虑企业废水的排放量，相关纳污河段会受到一定程度的影响。对于废水直接排入的小水塘、小水沟或矿区内流量较小的河流水体中的放射性污染水平升高比较明显，但汇入长江或其主要支流后，水体中的放射性水平没有明显变化。

（7）液态流出物排放受纳水体的水扩散条件是内陆核电厂选址和环境影响评价的重要因素之一。从收集到的我国拟选内陆核电厂址的有关资料来看，我国与美国和法国内陆核电厂所在受纳水体的平均流量和水扩散条件总体相当。

（8）根据 NRC 网站上检索到的美国内陆核电厂的放射性流出物年度排放报告和年度环境辐射监测报告，统计分析得出美国内陆核电厂液态流出物的实际排放产生的环境辐射影响个人最大全身剂量和最大器官剂量分别为 3.11 μSv/a 和 4.18 μSv/a，约为天然辐射本底水平的千分之一。

（9）新建内陆核电厂通过改进系统设计、增加风险控制措施以及优化应急预案，确保核电厂在严重事故情况下产生的放射性废水被包容和滞留在厂内，不进入水环境，不产生影响环境和公众健康的后果。

附　表

附表 1　长江水系中的总 α 浓度水平（10^{-2} Bq/L）

时间	干流			支流							范围	均值
	上游	中游	下游	川江水系	洞庭湖水系	鄱阳湖水系	太湖和江苏、安徽运河水系	洞庭湖	鄱阳湖	太湖		
1973[11]							7.9			7.9	7.9	7.9
1979[12]	5.1			2.1							2.1～5.3	3.6
1980[12]	5.3			6.3							1.5～11.2	5.7
1983[11]							5.1			4.1	4.1～6.2	5.1
1984[10]	8.3	6.5	7.5	5.9	8.6	4.6	6.2	13.6	3.2	3.7	1.1～27.4	6.9
1984—1986[13]	3.4			6.4							2.8～6.4	4.9
1993[11]							5.9			3.5	3.5～8.3	5.9
2002[14]				1.0	2.1		1.9				0.5～2.7	1.7

续表

时间	干流			支流							范围	均值
	上游	中游	下游	川江水系	洞庭湖水系	鄱阳湖水系	太湖和江苏、安徽运河水系	洞庭湖	鄱阳湖	太湖		
2003[15]			3.9	1.7	1.9		4.9				1.4～5.8	3.1
2003[11]							6.9			6.0	6.0～7.8	6.9
2004[16]			2.7		5.0		2.4			2.4	2.4～5.0	3.4
2005[17]	19.3		0.3	8.3	28.0		18.0				0.1～28.0	14.8
2006[18]	10.0			5.7	15.5	3.0	7.0				2.2～27.0	8.2
2007[19]	12.7			9.4	1.8	4.0	5.0				1.0～33.0	6.6
2008[20]	4.1		2.8	3.4	3.5	10.0	4.0				0.5～10.0	4.6
2008[21]				8.6							1.4～60.0	8.6
2009[22]			5.1				4.8			3.1	1.2～15.0	5.0
2009[23]	4.1		5.0	3.3	5.0	8.0					1.0～8.0	5.1
2010[24]	4.1		3.5	2.8	6.5	6.0					1.0～8.0	4.6
2011[25]	4.0		3.8	2.3	7.0	2.0					1.0～12.0	3.8
均值范围	3.4～19.3	6.5	0.3～7.5	1.0～9.4	1.8～28.0	2.0～10.0	1.9～18.0	13.6	3.2	2.4～7.9	0.1～60.0	
历年均值	7.3	6.5	3.8	4.8	7.7	5.4	6.2	13.6	3.2	4.4		5.8

附表 2　长江水系中的总β浓度水平（10^{-2} Bq/L）

时间	干流			支流							范围	均值
	上游	中游	下游	川江水系	洞庭湖水系	鄱阳湖水系	太湖和江苏、安徽运河水系	洞庭湖	鄱阳湖	太湖		
1965[12]	45.6			13.8							12.0～78.6	32.9
1966[12]	44.0			37.4							32.7～57.6	41.4
1967[12]	43.3			33.2							25.3～68.4	39.2
1968[12]	31.6			20.9							18.0～39.0	27.3
1969[12]	83.3			100.7							74.3～118.5	90.3
1970[12]	33.5			15.9							14.5～37.9	26.5
1971[12]	73.1			23.2							20.1～77.1	53.1
1972[12]	14.6			17.7							12.8～22.6	15.8
1973[12]	47.0			61.4							28.8～78.1	52.8
1973[11]							11.9			11.9	11.9	11.9
1974[12]	5.9			9.0							3.1～10.7	7.2

续表

时间	干流			支流							范围	均值
	上游	中游	下游	川江水系	洞庭湖水系	鄱阳湖水系	太湖和江苏、安徽运河水系	洞庭湖	鄱阳湖	太湖		
1970—1979[46]						25.3					25.3	25.3
1975[12]	5.9			8.4							1.7～11.7	6.9
1976[12]	5.6			11.3							4.0～12.4	7.9
1977[12]	7.7			12.1							4.3～19.5	9.5
1978[12]	6.8			7.3							4.7～9.8	7.0
1979[12]	9.7			8.6							3.6～10.8	9.3
1980[12]	13.1			8.3							3.3～14.4	11.2
1981[49]			10.0				8.9				3.9～10.0	9.5
1981[45]			3.3				4.8			4.8	2.2～5.2	4.1
1982[49]			2.4				2.2				2.2～2.4	2.3
1982[45]			3.1				8.8			8.8	3.0～13.2	6.0
1983[49]			1.9				3.7				1.9～3.7	2.8
1983[11]							10.1			9.2	9.2～11.0	10.1
1983[45]			2.8				4.4			4.4	1.7～5.3	3.6
1984[10]	10.1	9.6	10.7	11.6			11.0			9.1	4.1～29.9	10.6
1984[45]			2.5				6.3			6.3	2.5～7.6	4.4
1980—1989[46]						17.0					17.0	17.0
1984—1986[13]	5.7			6.5							4.8～6.5	5.2
1985[49]			3.4				10.5				3.4～10.5	7.0
1985[45]			2.3				5.1			5.1	2.1～6.3	3.7
1986[49]			8.0				13.1				3.0～13.1	10.6
1986[45]			4.4				4.5			4.5	4.4～4.5	4.5
1987[45]			4.0				7.0			7.0	4.0～7.0	5.5
1988[45]			4.0				7.0			7.0	4.0～7.0	5.5
1993[11]							15.9			9.2	9.2～22.6	15.9
2002[14]				8.0	8.6		21.4				3.3～24.3	12.7
2003[15]			11.0	11.3	9.4		21.3				3.4～24.0	13.3
2003[11]							18.1			15.3	15.3～20.8	18.1
2004[16]			5.0		12.0		10.0			10.0	1.0～12.0	9.0
2005[17]	59.3		0.9	39.5	11.0		19.0				0.7～66.0	26.0
2006[18]	20.0			25.8	18.0	8.0	32.0				3.0～68.0	20.8
2007[19]	8.7			8.9	8.0	8.0	24.0				4.0～24.0	11.5

续表

时间	干流			支流							范围	均值
	上游	中游	下游	川江水系	洞庭湖水系	鄱阳湖水系	太湖和江苏、安徽运河水系	洞庭湖	鄱阳湖	太湖		
2008[20]	8.0		17.0	11.8	6.5	10.0	17.0				6.0～28.0	11.7
2008[21]				6.2							2.8～15.0	6.2
2009[22]			13.2				29.4			14.5	7.9～87.0	21.3
2009[23]	14.9		24.0	13.2	10.0	15.0					4.0～36.0	15.4
2010[24]	9.1		16.5	7.8	14.5	12.0					4.0～18.0	12.0
2011[25]	9.9		19.5	7.8	13.5	5.0					4.0～21.0	11.1
均值范围	5.6～83.3	9.6	0.9～24.0	6.2～100.7	6.5～18.0	5.0～25.3	2.2～32.0			4.4～15.3	0.7～118.5	
历年均值	24.7	9.6	7.7	19.6	11.2	12.5	12.6			8.5		16.2

附表 3　长江水系中的 ^{40}K 浓度水平（10^{-2} Bq/L）

时间	干流			支流							范围	均值
	上游	中游	下游	川江水系	洞庭湖水系	鄱阳湖水系	太湖和江苏、安徽运河水系	洞庭湖	鄱阳湖	太湖		
1983—1984[28]		6.5		6.3							2.5～29.4	6.4
1984[10]	4.1	3.9	4.9	4.8	5.0	6.2	7.4	5.8	5.2	5.7	1.6～12.8	4.9
1984[29]				3.9							0.6～14.7	3.9
1982—1987[30]	7.1	84.4	33.6	22.4	3.8		9.3	3.8		9.3	3.8～84.4	26.8
1984—1986[13]	4.9			5.1							4.8～5.1	5.0
1984—1987[31]		4.7			6.2	6.0			5.5		2.1～56.0	5.6
1985—1987[33]			3.4				6.2			1.9	1.5～25.0	4.8
1985—1987[34]	8.2										2.0～20.1	8.2
1986—1987[35]		6.8		3.9							1.0～25.7	5.4
1986—1987[36]	30.2										2.4～95.3	30.2
1983—1990[37]	10.7	4.9	8.9	8.6				4.4	5.5	1.9	0.8～200.4	8.4
1987[38]		4.9			4.3			4.3			1.4～16.8	4.6
1987[39]	6.4			6.2							0.2～90.0	6.3
1986—1988[40]				5.3							1.0～10.0	5.3
1987—1988[41]			4.3				7.2				1.9～21.2	5.8
2002[14]				8.2	19.5		17.5				3.4～21.0	15.1
2003[15]			6.3	7.9	30.9						2.0～30.9	15.0

续表

时间	干流			支流							范围	均值
	上游	中游	下游	川江水系	洞庭湖水系	鄱阳湖水系	太湖和江苏、安徽运河水系	洞庭湖	鄱阳湖	太湖		
2004[16]			6.7		11.6		11.0			11.0	6.5～11.6	9.8
2005[17]			5.3								2.4～7.4	5.3
2002—2009[42]					7.1			7.1			5.0～8.8	7.1
2006[18]	18.0		7.4	17.4	9.0	7.9					4.6～33.0	11.9
2004—2009[43]							24.0			24.0	6.0～50.0	24.0
2007[19]	17.0			5.4	5.4	12.0					2.5～36.0	10.0
2008[20]	15.5			3.8	6.5	8.7	20.5				1.4～53.8	11.0
2009[22]			7.0				17.6			12.3	6.4～31.0	12.3
2009[23]	12.2			4.1	6.3	25.0					1.8～53.0	11.9
2010[24]	17.9			4.8	6.8	14.5					1.2～79.0	11.0
2011[25]	11.7		24.4	5.2	5.9	12.6					1.1～39.8	11.9
均值范围	4.1～30.2	3.9～84.4	3.4～33.6	3.8～22.4	3.8～19.5	6.0～25.0	6.2～24.0	3.8～7.1	5.2～5.5	1.9～24.0	0.2～200.4	
历年均值	12.6	16.6	10.2	7.3	9.1	11.3	12.9	5.1	5.4	9.3		10.3

附表 4　长江水系中的^{226}Ra浓度水平（mBq/L）

时间	干流			支流							范围	均值
	上游	中游	下游	川江水系	洞庭湖水系	鄱阳湖水系	太湖和江苏、安徽运河水系	洞庭湖	鄱阳湖	太湖		
1979[12]	11.1			20.0							3.6～20.8	15.5
1980[12]	4.9			5.2							0.5～10.2	5.0
1983—1984[28]		4.4		4.2							0.4～8.2	4.3
1984[10]	8.9	7.7	5.4	8.7	3.9	3.0	2.8	3.4	3.9	2.2	0.4～25.7	6.0
1984[29]				5.7							1.0～18.8	5.7
1982—1987[30]	10.6	3.0	10.1	6.1	5.7	3.1	10.7	4.0	3.5	10.7	0.2～17.2	7.0
1984—1986[33]	3.5			4.3							2.3～4.7	3.9
1984—1987[31]		3.6			2.3	2.7			2.4		<1.3～14.4	2.9
1985—1987[33]			9.6				7.3			7.0	2.0～13.0	8.5
1985—1987[34]	5.1										1.1～16.2	5.1
1986—1987[35]		2.2		1.8							<0.8～15.9	2.0
1986—1987[36]	9.9										7.7～12.0	9.9

续表

时间	干流			支流							范围	均值
	上游	中游	下游	川江水系	洞庭湖水系	鄱阳湖水系	太湖和江苏、安徽运河水系	洞庭湖	鄱阳湖	太湖		
1983—1990[37]	4.6	4.2	5.3	4.2				2.5	2.3	7.0	<0.5~58.0	4.4
1987[38]		5.4			2.1			2.5			0.5~22.5	3.8
1987[39]	3.9			4.5							0.5~58.0	4.2
1986—1988[40]				5.4							0.7~26.0	5.4
1987—1988[41]			4.6				5.5				1.9~10.2	5.0
2002[14]				6.0	8.0		12.2				3.8~16.6	8.7
2003[15]			1.2	4.7	8.6		10.1				1.2~14.0	6.2
2004[16]			3.1		9.0		5.3			3.9	2.2~9.0	5.8
2005[17]			10.5		6.0		6.6				5.3~24.0	7.7
2002—2009[43]					10.7			10.7			3.6~29.0	10.7
2006[18]	20.8		3.3	23.7	23.5	6.6	5.2				3.3~97.0	13.9
2004—2009[43]							3.8			3.8	<2.0~8.5	3.8
2007[44]				17.7							5.0~28.0	17.7
2007[19]	5.4			3.0	10.9	9.4	4.6				2.2~13.5	6.7
2008[20]	5.5		4.8	6.7	7.3	4.9	18.2				0.6~23.0	7.9
2009[22]			4.2				2.3			2.2	<2.0~9.9	3.3
2009[23]	5.7		7.4	5.6	3.7	7.8					1.8~9.8	6.0
2010[24]	4.6		6.6	4.9	5.5	12.2					1.2~12.2	6.8
2011[25]	5.9		4.8	6.1	8.7	14.3					1.4~14.3	7.9
均值范围	3.5~20.8	2.2~7.7	1.2~10.5	1.8~23.7	2.1~23.5	2.7~14.3	2.3~18.2	2.5~10.7	2.3~3.9	2.2~10.7	<0.5~97.0	
历年均值	7.4	4.4	5.8	7.4	7.5	6.8	7.1	4.6	3.0	5.3		6.8

附表 5　长江水系中的 U 浓度水平 (10^{-1} μg/L)

时间	干流			支流							范围	均值
	上游	中游	下游	川江水系	洞庭湖水系	鄱阳湖水系	太湖和江苏、安徽运河水系	洞庭湖	鄱阳湖	太湖		
1979[12]	7.2			8.2							1.0~15.0	7.7
1979—1980[27]	9.0	6.1	7.0	10.7	7.5	0.6	7.2	7.9	0.6	7.2	0.5~16.5	6.9
1980[12]	8.9			11.6							5.0~16.0	9.9
1980—1981[27]	6.1			8.9							1.1~11.0	7.5

续表

时间	干流			支流							范围	均值
	上游	中游	下游	川江水系	洞庭湖水系	鄱阳湖水系	太湖和江苏、安徽运河水系	洞庭湖	鄱阳湖	太湖		
1983—1984[28]		3.9		3.8							1.8～7.5	3.9
1984[10]	9.5	8.9	6.9	11.2	12.3	3.8	7.2	9.6	2.4	2.8	0.7～45.1	8.8
1984[29]				2.6							0.2～10.0	2.6
1982—1987[30]	9.3	8.0	8.3	11.2	7.1	1.4	7.8	8.4	1.2	7.8	0.9～15.0	7.6
1984—1986[13]	5.8			6.1							5.8～6.1	5.9
1984—1987[31]		9.8			8.8	5.8			5.8		1.4～15.6	8.1
1986[32]			5.6				4.9				4.9～5.6	5.3
1985—1987[33]			6.8				7.1			3.9	1.1～22.9	7.0
1985—1987[34]	9.3										1.8～28.6	9.3
1986—1987[35]		6.8		8.4							＜0.4～30.2	7.6
1986—1987[36]	29.3										20.5～36.7	29.3
1983—1990[37]	13.4	10.3	7.1	8.0				9.9	5.8	3.9	0.5～86.2	9.0
1987[32]			5.8				4.8				4.8～5.8	5.3
1987[38]		14.1			10.1			9.6			0.5～105.0	12.1
1987[39]	8.9			7.9							＜0.3～63.0	8.4
1986—1988[40]				12.4							1.1～25.6	12.4
1987—1988[41]			6.8				3.7				1.9～9.4	5.2
1988[32]			5.6				5.1				5.1～5.6	5.4
1989[32]			5.6				5.4				5.4～5.6	5.5
1990[32]			5.8				4.6				4.6～5.8	5.2
1991[32]			5.5				5.0				5.0～5.5	5.3
1986—1996[42]			5.5				4.4			3.8	3.0～7.2	5.0
1992[32]			6.0				4.9				4.9～6.0	5.5
1993[32]			5.9				5.2				5.2～5.9	5.6
1994[32]			5.9				5.8				5.8～5.9	5.9
1995[32]			5.7				5.7				5.7	5.7
1996[32]			5.5				5.1				5.1～5.5	5.3
1997[32]			5.8				5.3				5.3～5.8	5.6
1998[26]			6.2				5.0				5.0～6.2	5.6
2000[26]			6.0				4.8				4.8～6.0	5.4
2001[26]			6.1				5.0				5.0～6.1	5.6
2002[26]			5.7				4.9				4.9～5.7	5.3

续表

时间	干流			支流							范围	均值
	上游	中游	下游	川江水系	洞庭湖水系	鄱阳湖水系	太湖和江苏、安徽运河水系	洞庭湖	鄱阳湖	太湖		
2002[14]				6.3	6.1		3.1				1.6～9.9	5.2
2003[26]			5.9				5.2				5.2～5.9	5.6
2003[15]			5.5	6.1	7.3		2.8				1.2～8.6	5.4
2004[26]			5.8				5.2				5.2～5.8	5.5
2004[16]					13.0		7.1				7.1～13.0	10.1
2005[17]					6.0		8.8				6.0～8.8	7.4
2002—2009[43]					4.2			4.2			0.5～9.7	4.2
2006[18]				8.9	12.5	0.8	9.6				0.8～13.0	7.9
2004—2009[43]							1.7			1.7	1.1～3.1	1.7
2007[44]				10.1							1.6～29.8	10.1
2007[19]	54.3			13.7	12.2	1.8	7.5				1.8～94.0	17.9
2008[20]	18.2		5.6	9.8	8.8	5.6	2.6				2.6～27.4	8.4
2009[22]			7.5				6.3			9.0	3.0～11.2	6.9
2009[23]	14.0		5.3	12.1	5.6	10.4					3.1～44.1	9.5
2010[24]	13.7		6.4	9.1	11.3	14.0					1.4～31.6	10.9
2011[25]	15.8		6.9	10.3	9.0	14.0					2.5～39.0	11.2
均值范围	5.8～54.3	3.9～14.1	5.3～8.3	2.6～13.7	4.2～13.0	0.6～14.0	1.7～9.6	4.2～9.9	0.6～5.8	1.7～9.0	＜0.3～105.0	
历年均值	14.5	8.5	6.1	9.0	8.8	6.0	5.5	8.3	3.2	5.0		7.5

附表 6　长江水系中的 Th 浓度水平（10^{-1} μg/L）

时间	干流			支流							范围	均值
	上游	中游	下游	川江水系	洞庭湖水系	鄱阳湖水系	太湖和江苏、安徽运河水系	洞庭湖	鄱阳湖	太湖		
1979[12]	0.8			1.6							0.5～2.2	1.2
1980[12]	1.5			1.4							1.0～2.7	1.4
1983—1984[28]		2.0		3.4							0.4～23.4	2.7
1984[10]	2.0	2.2	1.6	1.4	1.4	0.6	2.8	1.6	0.6	1.6	0.2～10.8	1.6
1984[29]				3.2							0.7～16.8	3.2
1982—1987[30]	1.8	1.7	1.5	1.1	0.9	0.4	5.2	0.7	0.5	5.2	0.2～5.2	1.8
1984—1986[13]	0.4			0.5							0.2～0.6	0.5

续表

时间	干流			支流							范围	均值
	上游	中游	下游	川江水系	洞庭湖水系	鄱阳湖水系	太湖和江苏、安徽运河水系	洞庭湖	鄱阳湖	太湖		
1984—1987[31]		2.6			2.3	2.1			1.2		<0.2～12.0	2.3
1985—1987[33]			1.7				2.0			3.9	0.1～7.9	1.9
1985—1987[34]	1.1										<0.5～4.4	1.1
1986—1987[35]		0.6		0.6							<0.4～4.5	0.6
1986—1987[36]	2.9										1.8～5.7	2.9
1983—1990[37]	5.8	1.6	1.7	3.2				2.0	1.2	3.9	0.1～56.0	3.1
1987[38]		0.5			1.0			2.0			0.3～3.8	0.8
1987[39]	5.8			6.0							0.3～57.0	5.9
1986—1988[40]				1.0							0.2～3.7	1.0
1987—1988[41]			1.7				1.5				<0.3～3.7	1.6
2002[14]				1.9	3.9		2.1				1.2～4.9	2.6
2003[15]			2.5	3.7	3.1		2.9				1.9～5.9	3.1
2004[16]			8.6		4.0		4.8			7.0	2.6～11.0	5.8
2005[17]			2.9		14.0		4.4				0.7～14.0	7.1
2002—2009[43]								2.3			1.1～6.0	2.3
2006[18]	11.0		1.4	7.5		7.0	2.6				1.4～13.2	5.9
2004—2009[43]										2.2	0.5～5.1	2.2
2007[44]				0.7							0.6～1.0	0.7
2007[19]	11.8			8.1	2.7	18.0	2.4				0.6～18.0	8.6
2008[20]	15.3		2.2	9.6	1.6	9.8	1.0				1.0～33.2	6.6
2009[22]			1.5				1.9			1.1	0.7～5.2	1.7
2009[23]	3.8		2.2	3.4	7.2	7.1					1.4～12.8	4.7
2010[24]	5.7		1.8	4.8	2.3	7.4					1.6～12.3	4.4
2011[25]	4.6		1.8	5.8	5.2	6.9					1.8～10.2	4.9
均值范围	0.4～15.3	0.5～2.6	1.4～8.6	0.5～9.6	0.9～14.0	0.4～18.0	1.0～4.8	0.7～2.3	0.5～1.2	1.1～7.0	0.1～57.0	
历年均值	5.0	1.6	2.4	3.4	3.8	6.3	2.8	1.7	0.9	3.6		3.0

附表 7　长江水系中的^{3}H浓度水平（Bq/L）

时间	干流			支流							范围	均值
	上游	中游	下游	川江水系	洞庭湖水系	鄱阳湖水系	太湖和江苏、安徽运河水系	洞庭湖	鄱阳湖	太湖		
1977[47]	10.8										10.8	10.8
1978[47]	13.5	8.9	7.8								7.8～13.5	10.1
1979—1980[48]	14.1	9.7	8.5								6.9～17.7	10.8
1979[12]	10.9			15.1							9.7～15.3	13.0
1980[12]	14.5			19.1							13.6～24.6	16.8
1984[10]	9.0	7.7	8.3	9.9	5.1	7.0	6.8	5.0	6.1	6.6	1.9～19.2	7.7
1984—1986[13]	5.4			6.4							4.9～6.4	5.9
1986—1989[47]				8.0							6.1～11.0	8.0
1991[50]	3.0										2.7～3.5	3.0
1991—1992[50]		0.9									0.8～0.9	0.9
1992[50]	3.2	2.7									1.0～3.7	3.0
1992—1993[50]			2.0								1.1～3.5	2.0
1994[50]		0.8									0.8	0.8
1995[50]	3.7	3.9	3.9								3.1～4.8	3.9
1997[50]	3.7	2.7	3.9								2.7～4.0	3.5
2002[14]							0.6				0.5～0.6	0.6
均值范围	3.0～14.5	0.8～9.7	2.0～8.5	6.4～19.1	5.1	7.0	0.6～6.8	5.0	6.1	6.6	0.5～24.6	
历年均值	8.3	4.7	5.7	11.7	5.1	7.0	3.7	5.0	6.1	6.6		6.3

附表 8　长江水系中的^{90}Sr浓度水平（mBq/L）

时间	干流			支流							范围	均值
	上游	中游	下游	川江水系	洞庭湖水系	鄱阳湖水系	太湖和江苏、安徽运河水系	洞庭湖	鄱阳湖	太湖		
1966[12]	39.7			100.0							32.9～106.2	63.9
1967[12]	104.2			87.0							79.9～123.6	97.3
1968[12]	51.7			74.0							28.9～77.0	60.6
1969[12]	61.2			37.0							24.4～69.6	51.5
1970[12]	139.7			104.3							87.0～193.9	125.6
1971[12]	84.9			99.5							75.9～102.9	90.7
1972[12]	54.6			52.9							36.6～76.6	53.9

续表

时间	干流			支流							范围	均值
	上游	中游	下游	川江水系	洞庭湖水系	鄱阳湖水系	太湖和江苏、安徽运河水系	洞庭湖	鄱阳湖	太湖		
1973[12]	20.5			12.6							11.1～24.4	17.3
1974[12]	21.5			19.2							9.3～36.3	20.6
1970—1979[46]						16.6					16.6	16.6
1975[12]	9.3			12.2							7.0～17.4	10.4
1976[12]	7.9			10.9							7.4～11.8	9.1
1977[12]	11.7			12.0							8.5～15.2	11.8
1978[12]	10.1			10.5							6.7～13.0	10.3
1979[12]	11.8			14.4							9.3～14.4	12.7
1980[12]	9.7			11.5							6.7～14.1	10.4
1981[49]			10.4				16.3				10.4～16.3	13.4
1981[45]			9.1				19.4			19.4	8.1～19.6	14.3
1982[49]			13.3				16.3				13.3～16.3	14.8
1982[45]			6.6				17.8			17.8	5.7～19.2	12.2
1983[49]			7.4				8.8				7.4～8.8	8.1
1983[45]			8.7				13.2			13.2	7.4～14.8	11.0
1984[10]	14.7	16.8	19.8	6.0	9.1	10.9	20.8	8.1	16.8	40.2	1.6～67.4	13.7
1984[45]			8.3				14.5			14.5	8.1～14.8	11.4
1980—1989[46]						7.0					7.0	7.0
1984—1986[13]	2.4			3.7							2.1～3.7	3.1
1985[49]			7.4				10.4				7.4～10.4	8.9
1985[45]			9.3				15.2			15.2	9.3～15.4	12.3
1986[49]			0.7				16.0				0.7～16.0	8.4
1986[45]			7.5				7.5			7.5	7.5	7.5
1987[45]			9.0				15.0			15.0	9.0～15.0	12.0
1988[45]			8.7				14.0			14.0	8.7～14.0	11.4
2002[14]							5.9				1.8～13.0	5.9
2003[15]			3.6				6.1				3.2～10.0	4.9
2004[16]			3.9				6.0			5.4	3.1～6.5	5.0
2005[17]			4.0				5.3				3.1～5.8	4.6
2006[18]			4.7				8.5				4.7～8.5	6.6
2007[19]	8.3			9.5			6.0				2.6～13.0	7.9
2008[20]	1.7		14.5	1.4	4.2	1.5	2.5				0.7～14.5	4.3

续表

时间	干流			支流							范围	均值
	上游	中游	下游	川江水系	洞庭湖水系	鄱阳湖水系	太湖和江苏、安徽运河水系	洞庭湖	鄱阳湖	太湖		
2009[22]			4.6				5.7			8.2	3.4～9.8	5.2
2009[23]	4.3		10.5	2.7	0.8						0.8～10.5	4.6
2010[24]	3.9		7.9	4.2	0.5	6.8					0.5～10.2	4.7
2011[25]	3.2		7.3	2.4	0.5	7.0					0.5～7.3	4.1
均值范围	1.7～139.7	16.8	0.7～19.8	1.4～104.3	0.5～9.1	1.5～16.6	2.5～20.8	8.1	16.8	5.4～40.2	0.5～193.9	
历年均值	30.8	16.8	8.1	31.3	3.0	8.3	11.4	8.1	16.8	15.5		20.7

附表9　长江水系中的^{137}Cs浓度水平（10^{-1} mBq/L）

时间	干流			支流							范围	均值
	上游	中游	下游	川江水系	洞庭湖水系	鄱阳湖水系	太湖和江苏、安徽运河水系	洞庭湖	鄱阳湖	太湖		
1973[45]			83.0								83.0	83.0
1974[45]			10.6								10.6	10.6
1970—1979[46]						2.1					2.1	2.1
1975[45]			36.0								36.0	36.0
1976[45]			2.0								2.0	2.0
1977[45]			7.4								7.4	7.4
1978[45]			13.0								13.0	13.0
1979[12]	1.0			1.3							0.4～2.2	1.1
1980[12]	1.0			0.8							0.4～2.2	1.0
1981[49]			3.7				3.7				3.7	3.7
1981[45]			7.4				20.4			20.4	7.4～25.9	13.9
1982[49]			7.4				7.4				7.4	7.4
1982[45]			11.1				35.2			35.2	3.7～44.4	23.2
1983[49]			7.4				7.4				7.4	7.4
1983[45]			3.7				7.4			7.4	3.7～11.1	5.6
1984[10]	2.3	7.7	7.6	4.8	3.4	3.8	2.7	2.1	2.1	3.8	0.3～27.1	5.0
1984[45]			5.6				13.0			13.0	3.7～14.8	9.3
1980—1989[46]						3.0					3.0	3.0
1984—1986[13]	2.9		5.6								2.9～5.8	4.3

续表

时间	干流			支流							范围	均值
	上游	中游	下游	川江水系	洞庭湖水系	鄱阳湖水系	太湖和江苏、安徽运河水系	洞庭湖	鄱阳湖	太湖		
1985[49]			7.4				7.4				7.4	7.4
1985[45]			3.7				8.3			8.3	3.7～9.2	6.0
1986[49]			11.1				11.1				11.1	11.1
1986[45]			28.0				28.0			28.0	28.0	28.0
1987[45]			20.0				50.0			50.0	20.0～50.0	35.0
1988[45]			10.0				14.0			14.0	10.0～14.0	12.0
2002[14]							3.5				0.5～6.0	3.5
2003[15]			36.0				1.5				0.5～36.0	18.8
2004[16]			21.0								21.0	21.0
2005[17]			7.9				5.5				5.5～15.0	6.7
2006[18]							0.5				0.5	0.5
2007[19]	1.0			2.0			1.2				1.0～2.0	1.4
2008[20]	12.8		1.0	27.7	5.0	27.0	7.0				1.0～92.0	13.4
2009[22]			3.8				2.2			3.8	<0.01～8.9	3.0
2009[23]	14.9		0.5	13.4	7.5						0.5～26.0	9.1
2010[24]	10.0		5.5	7.2	0.5	12.0					0.5～22.0	7.0
2011[25]	8.6		0.5	5.3	5.0	9.0					0.5～18.0	5.7
均值范围	1.0～14.9	7.7	0.5～83.0	0.8～27.7	0.5～7.5	2.1～27.0	0.5～50.0	2.1	2.1	3.3～50.0	<0.01～92.0	
历年均值	6.1	7.7	12.7	7.8	4.3	9.5	11.3	2.1	2.1	18.4		11.9

附表 10　长江水系中的^{210}Po 浓度水平（mBq/L）

时间	干流			支流					范围	均值
	上游	中游	下游	川江水系	洞庭湖水系	鄱阳湖水系	洞庭湖	鄱阳湖		
1984[10]	1.5	1.0	1.0	1.8	1.9	3.2	1.1	3.5	0.1～13.5	1.8

参考文献

[1]《中华人民共和国放射性污染防治法》，2003 年 10 月 1 日．

[2]《放射性废物安全管理条例》，2012 年 3 月 1 日．

[3] 国家质量监督检验检疫总局．电离辐射防护与辐射源安全基本标准．GB 18871—2002，2003 年 4 月 1 日．

[4] 环境保护部，国家质量监督检验检疫总局．核动力厂环境辐射防护规定．GB 6249—2011，2011 年 9 月 1 日．

[5] 环境保护部，国家质量监督检验检疫总局，核电厂放射性液态流出物排放技术要求．GB 14587—2011，2011 年 9 月 1 日．

[6] 国家环境保护局．海水水质标准．GB 3097—1997，1998 年 7 月 1 日．

[7] 卫生部，国家标准化管理委员会．生活饮用水卫生标准．GB 5749—2006，2006 年．

[8] 国际原子能机构（IAEA）．放射性流出物排入环境的管理控制．（IAEA-WS-G-2.3）

[9] 刘新华，张爱玲．内陆核电厂放射性液态流出物“近零排放”的概念及措施．辐射防护，2012，32（3）．

[10] 李振平．长江水系放射性水平调查及评价．北京：原子能出版社，1988.

[11] 张瑞菊．苏州市各类水体中总放射性水平的分析研究．苏州大学硕士学位论文，2006.

[12] 喻登荣．长江嘉陵江重庆段放射性水平及卫生学评价．重庆环境科学，1987（02）：22-30.

[13] 向长兴，谢明义，杨开祥，等．四川省环境放射性水平现状及卫生评价（1981—1989 年）．中国环境放射性水平与卫生评价，1992，229-238.

[14] 环境保护部辐射环境监测技术中心．2002 年辐射环境质量监测数据．2003.

[15] 环境保护部辐射环境监测技术中心．2003 年辐射环境质量监测数据．2004.

[16] 环境保护部辐射环境监测技术中心．2004 年辐射环境质量监测数据．2005.

[17] 环境保护部辐射环境监测技术中心．2005 年辐射环境质量监测数据．2006.

[18] 环境保护部辐射环境监测技术中心．2006 年辐射环境质量监测数据．2007.

[19] 环境保护部辐射环境监测技术中心．2007 年辐射环境质量监测数据．2008.

[20] 环境保护部辐射环境监测技术中心．2008 年辐射环境质量监测数据．2009.

[21] 张秀莲，付晓华，贺良国，等．乐山市江河介质中放射性核素含量调查．职业卫生与病伤，2008，23（6）：331-334.

[22] 王利华，朱晓翔，周程，等．江苏省 2009 年辐射环境监测与评价．中国辐射卫生，2011（2）：205-207.

[23] 环境保护部辐射环境监测技术中心．2009 年辐射环境质量监测数据．2010.

[24] 环境保护部辐射环境监测技术中心．2010 年辐射环境质量监测数据．2011.

[25] 环境保护部辐射环境监测技术中心．2011 年辐射环境质量监测数据．2012.

[26] 杨黎明，吴锦海，汪明侠，等．上海市天然水源中铀含量 19 年连续测定与评价．中国辐射卫生，2006，15（3）：341-342.

[27] 刘玉兰，史忠信．长江水系天然铀水平的调查与评价．北京：原子能出版社，1988.

[28] 余焱，孔玲莉，陈昌华，等．武汉市水体中天然放射性核素浓度调查研究．中国环境天然放射性水平，1995，480-483.

[29] 陈志岳，郑章华，吕静，等．贵州省水体中天然放射性核素浓度调查研究．中国环境天然放射性水平，1995，574-577.

[30] 刘玉兰．我国天然水系中天然放射性核素水平及评价．北京：原子能出版社，1988.

[31] 孙翊如，郑水红，吴向荣，等．江西省水体中天然放射性核素浓度调查研究．中国环境天然放射性水平，1995，415-420.

[32] 吴锦海，汪铭侠，王力，等．1986—1997 年上海天然水源中铀含量监测分析．中华放射医学与防护杂志，1999，19（5）：361-362.

[33] 陆晓东，徐玲琦，沈耀锐．江苏省水体中天然放射性核素浓度调查研究．中国环境天然放射性水平，1995，341-346.

[34] 江铁英，李广通，李玉先，等．云南省水体中天然放射性核素浓度调查研究．中国环境天然放射性水平，1995，588-592.
[35] 湖北省环境监测中心站．湖北省水体中天然放射性核素浓度调查研究．中国环境天然放射性水平，1995，469-472.
[36] 郭立本，程丰民，邢合顺，等．青海省水体中天然放射性核素浓度调查研究．中国环境天然放射性水平，1995，648-650.
[37] 全国环境天然放射性水平调查总结报告编写小组．全国水体中天然放射性核素浓度调查（1983—1990年）．辐射防护，1992，12（2）：143-163.
[38] 湖南省环境监测中心站．湖南省水体中天然放射性核素浓度调查研究．辐射防护，1991，11（2）：136-144.
[39] 张铁柱，谭涪江，吴宇，等．四川省水体中天然放射性核素浓度调查研究．中国环境天然放射性水平，1995，558-563.
[40] 张志勇，孙淑敏，仁学琴，等．陕西省水体中天然放射性核素浓度调查研究．中国环境天然放射性水平，1995，619-622.
[41] 陈淑萍，朱锦秋，王卫宁，等．安徽省水体中天然放射性核素浓度调查．辐射防护，1991，11（4）：295-300.
[42] 吴锦海，汪明侠，袁政安，等．江浙沪地区主要天然水源中铀含量水平的调查．核技术，1992，15（12）：749-752.
[43] 朱玲，姚海云，周滟，等．1995—2009年我国部分湖泊、水库水体放射性水平监测．辐射防护通讯，2010，30（6）：17-20.
[44] 王建军，沈模．地表水环境的放射性水平及U、Th、Ra分配系数研究——以大渡河中游地区为例．资源与人居环境，2008，5（下）：59-61.
[45] 石玉成．南京地区环境放射性水平（1981—1989年）．中国环境放射性水平与卫生评价，1992，146-150.
[46] 曾而康，叶崇开，周文琴．南昌地区环境放射性水平（1980—1989年）．中国环境放射性水平与卫生评价，1992，191-198.
[47] 卫克勤，林瑞芬，王志祥，等．我国天然水中氚含量的分布特征．科学通报，1980（10）：467-470.
[48] 程荣林，任天山．中国水环境中的氚．中华放射医学与防护杂志，1992，12（2）：129-133.
[49] 许纯伟．上海市环境放射性监测报告（1981—1986年）．中国环境放射性水平与卫生评价，1992，137-145.
[50] 任天山，赵秋芬，陈炳如，等．中国地表水和地下水氚浓度．中华放射医学与防护杂志，2005，25（5）：466-472.
[51] Ll. Pujol，JA Sanchez-Cabeza. Natural and artificial radioactivity in surface water of the Ebro river basin（Northeast Spain）. J. Environmental Radioactivity，2000，51：181-210.
[52] Radiological Health Staff. Preconstruction radioactivity levels in the vicinity of the proposed Clinch river breeder reactor project. 1983.
[53] MR Scott，等．密西西比河混合区内的铀．国外水系辐射监测译文集，1983，143.
[54] Radovanovic，等．几条河流的放射生态学研究．国外水系辐射监测译文集，1983，31.
[55] Sztanyik，等．对多瑙河放射性污染所造成的居民照射的评价．国外水系辐射监测译文集，1983，44.
[56] Mansfeld，等．关于放射性核素在河水中的行为和迁移的研究．国外水系辐射监测译文集，1983，132.

[57] OK Hakam, A Choukri, JL Reyss, M Lferde. Determination and comparison of uranium and isotopes activities and activity ratios in samples from some natural water sources in Morocco. J. Environmental Radioactivity, 2001, 57: 175-189.

[58] A Camacho, R Devesa, I Vallés, et al. Distribution of Uranium isotopes in surface water of the Llobregat river basin (Northeast Spain). J. Environmental Radioactivity, 2010, 101: 1048-1054.

[59]《原子能参考资料》编辑组. 氚的来源与防护. 原子能参考资料（核燃料部分）, 1976.

[60]《注册核安全工程师岗位培训丛书》编委会. 核安全综合知识（修订版）. 北京：中国环境科学出版社, 2009.

[61] 全国环境天然放射性水平调查总结报告编写小组. 工业活动对环境天然放射性水平影响的调查研究. 中国环境天然放射性水平, 1995, 120-133.

[62] 孔玲莉，张亮，李莹，等. 湖北、湖南、江西、浙江、安徽省石煤矿区环境介质中天然放射性核素水平调查. 辐射防护通讯, 2006, 26（4）: 30-35.

[63] US NRC. Generic Environmental Impact Statement for License Renewal of Nuclear Plants, Main Report, Draft Report for Comment, NUREG-1437, Vol. 1, Version 1, July 2009.

[64] 环境保护部（国家核安全局），国家能源局，中国地震局，关于全国民用核设施综合安全检查情况的报告，2012 年 5 月 31 日.

[65] 环境保护部（国家核安全局），国家发展改革委，财政部，国家能源局，国防科技工业局. 核安全与放射性污染防治“十二五”规划及 2020 年远景目标. 2012 年 10 月.

[66] 中国核能行业协会. 内陆核电厂环境影响的评估研究报告. 2012 年.

[67] 环保部核与辐射安全中心. 核电厂液态流出物放射性近零排放技术研究报告. 2013 年.

[68] 环保部核与辐射安全中心，等. 核电厂严重事故工况下放射性废液的滞留和包容政策研究报告. 2013 年.

[69] 覃春丽，张爱玲，熊章辉，等. 扩散器在内陆核电厂排放口的应用调研报告. 2013.

[70] 中国核能行业协会. 美国内陆核电厂水环境影响的评估. 2011 年.

[71] 中国核能行业协会. 我国内陆核电厂水环境相关研究报告. 2011 年.

（执笔人： 张爱玲、李静晶、廖运璇；
审稿人： 刘新华）

第六篇

内陆核电厂严重事故工况下确保水资源安全的应急预案研究

目　　录

1　课题背景与日本福岛核事故经验反馈

随着经济的发展，只在沿海建设核电厂已经不能满足电力需求的增长，在内陆建设核电厂成为解决问题的有效途径。为此中国工程院组织核能发展再研究，为推动建设内陆核电厂开展了大量工作，尤其是关注其水资源安全问题。日本福岛事故中有一定数量的放射性废水因泄漏而流入海中，使得我国公众和有关监管部门对我国内陆核电厂严重事故工况下的水资源安全问题更加关注。为消除公众疑虑并为政府有关部门决策提供有力支持，中国工程院和中国核能行业协会安排了一系列研究课题，“内陆核电厂严重事故工况下确保水资源安全的应急预案研究”就是其中之一。

需要指出的是，除了自然条件明显好于日本外，我国已运行和拟建的核电厂与日本福岛第一核电厂在设计历史阶段、堆型、安全屏障、安全设计等诸多方面均有很大不同，类似日本福岛这样的灾难性事故在我国核电厂是极不可能发生的。

1.1　研究背景

中国工程院组织的核能再发展研究项目下设的四个课题组，尤其是核安全课题组特别关注福岛核事故后的我国核安全的问题，特别关注内陆核电厂严重事故工况下水资源的安全问题。开展这些研究课题的出发点是要回答有关高层领导和决策部门关于“兜底方案”的问题，并尽可能消除公众对建设内陆核电厂水资源安全的疑虑。考虑到“兜底方案”不是技术用语，所以将这方面的重点放在内陆核电厂严重事故工况下确保水资源安全的应急预案研究内。

中国核能行业协会也组织开展内陆核电厂水环境影响的评估，为推动内陆核电建设，全面且深入地评估内陆核电厂对环境的影响，启动了内陆压水堆核电厂环境影响的评估，这方面的研究包括：内陆核电厂排放口下游浓度控制实施细则、内陆核电厂大气环境辐射影响的评估、内陆核电厂严重事故环境风险评估和内陆核电厂严重事故工况下确保水资源安全的应急预案研究等内容。

需要指出的是，福岛第一核电厂事故机组为20世纪60年代设计、70年代投入运行的早期沸水堆型核电厂堆型，其设计和安全标准满足当时的要求。福岛沸水堆核电厂属于两回路设计，一回路冷却剂与外部环境仅设置一道屏障。而我国的压水堆核电厂都属于典型的三回路设计，相比沸水堆多了一道屏障。特别是在最外层屏障——安全壳的设计上，我国的核电厂有着更明显的优势。另外，我国拟建的核电厂堆型均满足三代核电厂的安全要求，无论是引进的AP1000堆型，或者是自主研发的“华龙一号”，都充分吸取了美国三哩岛核事故、前苏联切尔诺贝利核事故和日本福岛核事故的教训，借鉴了国内外运行核电厂的大量经验反馈以及研究成果。在此基础上采取的设计大大降低了堆芯熔毁和放射性物质大量释放的概率，可以满足我国《核安全规划》中提出的“‘十三五’及以后新建核电机组力争实现从设计上实际消除大量放射性物质释放的可能性”的要求。

国内专家普遍认为国内内陆核电厂严重事故工况下对水资源安全可能带来的风险是极小的。然而，针对这种风险制定切实可行的应急预案，可以进一步提升公众对于内陆核电厂的信心。基于上述基本分析，本报告针对内陆核电可能修建的核电厂堆型，提出了内陆核电厂严重事故工况下确保水资源安全的应急预案。

本报告首先从总体上论述拟建堆型的设计特点。介绍相应的严重事故预防与缓解理念及严重事故管理导则的设计方法，从而说明如何在设计中实际上消除大规模放射性释放。

重点针对机组第三道安全屏障——安全壳的非能动设计与功能以及严重事故后的作用展开说明，阐明堆型在严重事故条件下对放射性废液的包容功能。

最后作为纵深防御的应急策略，介绍安全壳贯穿件发生泄漏的情况下，堆型对放射性废水的滞留和包容能力。并提出为确保水资源安全和环境安全，可能采取的措施和方案。

1.2 日本福岛核事故产生污水量的估计

福岛核事故发生后，东京电力公司不得已向福岛第一核电厂的反应堆中注入了包括海水在内的大量非常规用水用于冷却堆芯[1]。这些冷却用水自然而然地受到了放射性物质的污染，其总量以十万吨计，几乎都泄漏至汽轮机厂房内，而且存在向环境泄漏的风险。

至 2011 年 12 月 13 日，经由事故后建成的两套净化装置处理的污水总量约 189 610 t，其中包括堆芯循环水 80 534 t。放射性积水水位维持在目标值 O. P. 3000，即积水总量能够承受大雨以及长时间的净化设施停运所带来的影响[2]。

1.2.1 污水水体的构成分析

福岛核事故后污水水体的构成如图 1 所示。

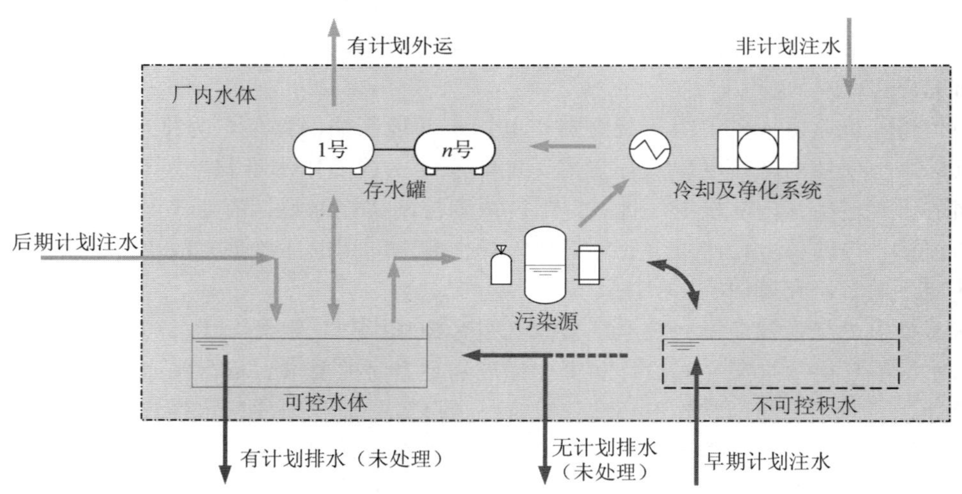

图 1 福岛核事故后污水水体的构成

早期计划注水：事故发生后，临时冷却及净化系统尚未建立前，进行的应急注水；

非计划注水：降雨、台风及其他自然因素引入厂区的注水；

后期有计划注水：临时冷却及净化系统尚未建立前，进行的应急注水；

无计划排水（未处理）：早期计划注水后，由于封堵不利，泄漏的未经处理的水体；

有计划排水（未处理）：早期计划注水后，由于厂内储水设施未建成，为了给高放废水提供足够的存储空间，不得已向环境排放的未经处理的水体；

有计划外运：厂内储水设施及临时冷却及净化系统建立后，进行的废水转移（非排放）。

1.2.2 福岛核事故污水产量

根据福岛第一核电厂目前建立的厂内储水设施的规模估计，其厂内水体约 200 000 t；

1～4 号机组，厂内储水设施中地下储水设施容量 2 800 t，纯净水回收贮存设施145 200 t；

5 号及 6 号机组，低放废水储水设施 12 200 t，大型浮船 1 000 t。

福岛事故的早期计划注水包括：1～3 号机组堆芯注水（约 100 000 t）、1～4 号机组乏燃料水池注水（约 14 109 t）；

非计划注水：暂无法估计；

后期有计划注水：暂无法估计；

无计划排水（未处理）：约 1 000 t；

有计划排水（未处理）：大于 11 500 t；

有计划外运：暂无法估计。

1.2.3 初步调研和分析结论

根据对现有资料的分析，福岛事故之所以产生近 20 万 t 的放射性废水，最主要原因是事故后应急堆芯冷却系统及水体净化系统未建立，导致堆芯必须依赖于持续注水进行冷却，而持续注水又不能及时得到净化并进行循环使用，导致厂区受污染水体持续增加。

当厂外电恢复，事故后应急堆芯冷却系统及厂内水体净化系统建立并稳定运行后，福岛第一核电厂厂内的放射性废水水量增势明显放缓，至 2012 年年底有十几万吨。

截至 2013 年 3 月，福岛第一核电厂已有约 36 万 m^3 放射性废水，其中 1～4 号机组反应堆厂房储存约 8 万 m^3，其他厂房储存约 4 万 m^3，其余 24 万 m^3 贮存于数百个地面储水罐和 7 个地下储水池中。地下储水池每个长 60 m、宽 53 m、深 6 m，由三套防水层覆盖，已经被多次报道发生污水泄漏事故。

这些放射性废水主要来源是事故初期向反应堆不间断注入的大量冷却水。东电将这些从反应堆流出的污水收集之后采用铯吸附装置处理，去除放射性铯（但是仍含有其他放射性物质），再将淡水和浓缩盐水分离。淡水用于反应堆的循环冷却，浓缩盐水储藏在储水箱中。但是反应堆厂房每日流入约 400 m^3 地下水，使得放射性污水量还在不停地增加。东电计划增加污水的储存能力，抽取地下水使地下水位下降，还计划采用新的污水净化装置。但是新装置仍然不能去除放射性氚，因此净化之后的污水是否能向海洋排放还不确定。

因此，我们最关心的放射性污水来源，主要还是事故初期注入的大量冷却水（包括淡水和海水），还有一部分来自于流入的地下水。

2 拟建核电厂的安全特征和水资源安全的应急准则

2.1 设计的特点和安全特征

2012 年 10 月 24 日国务院常务会议再次讨论通过了《核电发展中长期规划（2011—

2020)》。这次会议明确指出，新建核电机组必须符合三代安全标准。目前，可供我国内陆核电项目选择的堆型有AP1000和华龙一号。AP1000是引进的三代核电技术方案，华龙一号是中核集团和广核集团联合开发的具有自主知识产权的三代核电厂堆型，具体分为中核集团和广核集团两个版本，两个版本的华龙一号采用了相同的概念设计，具体系统配置稍有不同，但这些差异不影响其安全性能，严重事故后废液的产生和存贮能力也相当。本报告中的华龙一号以中核集团版本为基准开展研究。

AP1000和华龙一号两种堆型均满足《核安全规划》中对于堆熔概率和放射性物质大规模释放概率提出的概率安全目标要求，并且有完善的严重事故预防和缓解措施。

下面简要地说明两种堆型的主要特点：

(1) 采用非能动安全技术或者能动安全技术与非能动安全技术相结合

AP1000采用的非能动安全技术主要包括：非能动的应急堆芯冷却；非能动的余热排出；非能动的安全壳冷却；非能动的主控室可居留系统增压供气；非能动的安全壳隔离系统。

华龙一号除了采用之前版本的CP1000已实施的严重事故预防和缓解措施（稳压器快速卸压、非能动氢气复合器、安全壳过滤排放、压力容器高位排气等），还增加了二次侧非能动余热排出系统、非能动安全壳热量导出系统以及能动与非能动相结合的堆腔注水冷却系统。

采用上述非能动安全系统，可以保障核安全三项基本功能，即停堆、余热排出和放射性包容。

(2) 双层安全壳设计

AP1000和华龙一号均采取单堆布置和双层安全壳设计，大大增强了安全壳对事故工况下释放的放射性物质的包容功能。例如：

1) AP1000的钢制安全壳不仅有非能动的安全壳冷却功能，并且对于LOCA（失水事故)、主蒸汽管道断裂事故产生的峰值压力和峰值温度有足够的设计裕量。

2) 华龙一号安全壳自由体积达到89 000 m^3，与二代改进型的安全壳自由体积约50 000 m^3以及福岛第一核电厂1～3号机组安全壳的总体积（1号机组，6 030 m^3；2～3号机组，7 400 m^3）相比，对事故工况下释放的放射性物质的包容功能大大增强[3-5]。

还需要指出的是，AP1000和华龙一号均采用安全壳内置换料水箱设计方案。这种设计方案使得一旦发生严重事故，可以在安全壳内实现堆芯的闭式循环冷却。

2.2 福岛后《通用技术要求》的相关要求

福岛事故发生后，国家核安全局会同有关部委对运行和在建核电厂开展了核安全检查，国家核安全局依据检查结果对各核电厂提出改进要求，于2012年6月发布了《福岛核事故后核电厂改进行动通用技术要求》(简称通用技术要求)，作为核电厂后续改进行动的指导性文件。

《通用技术要求》规范了各核电厂共性的改进行动，明确我国核电厂在实施福岛后改进措施过程中所采用技术的统一性问题。

AP1000和华龙一号的在内陆核电项目建设，完全可以满足福岛核事故后改进行动的要求，例如：

（1）内陆核电均选择“干厂址”条件。AP1000 和华龙一号在防洪设计方面采取一系列措施，可以应对超设计基准洪水事件，例如，所有安全停堆设备均置于反应堆厂房内；所有安全厂房 0 m 标高以下的通道均采用防水封堵；所有的地下贯穿件、地下廊道均采用防水封堵。

（2）设置应急补水泵，保证 72 h（3 d）的运行需求以及相应的应急补水水源。移动补水装置和移动电源贮存可防高于设计基准洪水 5 m 以上的洪水。

（3）设置多样的和多重的应急电源，应对长时间全厂断电事件，包括：为中压和低压电源配置移动电源接口；通过配置移动式应急电源为实施应急措施提供临时动力，以为恢复厂内外交流电源提供时间窗口；移动式应急电源自身所带燃料应保证至少 4 h 的满功率连续运行，并可通过燃料补充功能实现不少于连续 72 h 运行的需要。

2.3 严重事故工况下内陆核电厂水资源安全的应急原则

日本福岛事故发生后，严重事故工况下核电厂水资源安全问题受到前所未有的关注，虽然内陆核电厂与滨海核电厂无论从应急取水和排水等方面都面临着同样的水资源安全问题，但由于地理位置的不同，内陆核电厂周边水体往往涉及河流、湖泊和地下水等，一旦核电厂因严重事故发生大量放射性非受控释放，将导致极其严重的后果，为保证在严重事故工况下确保周边水资源安全，需要确定内陆核电厂的应急原则。在严重事故条件下，电厂的设计要满足内陆核电厂应急取水和受控排放的要求，以有效防止大量放射性废液的释放。

根据严重事故后应急取水的要求，内陆水源能够为电厂提供安全、可靠的应急供水，满足事故后电厂的用水需求，针对严重事故后产生的废液，要满足四层次的原则——“可存贮”“可封堵”“可隔离（与地表水体）”和“可处理”。

（1）可存贮——核电厂应在发生严重事故后，将事故废液有效贮存在厂内安全可靠的贮水设施内。

（2）可封堵——对于某些极端外部事件可能造成厂房泄漏的情况，提供封堵手段，使事故后放射性废液可以滞留在安全壳厂房或厂区。

（3）可隔离（与地表水体）——综合上述保护措施和其他临时阻水手段，实现严重事故产生的放射性废液与核电厂周边地表水体及地下水之间实现有效的实体隔离。

（4）可处理——对于严重事故产生的放射性废液，设置严重事故废液应急处理设备，具有能够净化至内陆放射性废液排放限值的能力，并可在事故发生后及时运抵现场投运处理。

3 拟建核电厂的严重事故预防和缓解措施

3.1 严重事故预防措施

事故预防是事故处理的首要任务。核电厂有关事故预防的基本设计思想是：设置纵深防御设施和措施以及建立防止放射性物质释放的多道实体屏障。

为阻止放射性物质向外扩散，AP1000和华龙一号均采用了三道实体屏障和事故预防阶段的纵深防御措施，贯彻纵深防御原则以确保反应堆的三个安全功能。为确保安全功能的实施，核电厂安全设计坚持了单一故障准则。

以华龙一号为例，为保证实现三个安全功能，所设置的功能子项以及相对应的系统及措施如下[3]。

3.1.1 确保停堆

在事故发生后，及早停堆是最为有效的干预手段。一旦停堆成功，堆功率迅速转入衰变热水平，即使失去二次侧排热能力，短期内也不会有严重后果。一般来说，不能停堆有两类可能，一类是控制保护信号系统的多重故障造成停堆信号阻断，或停堆断路器拒动；另一类是控制棒驱动机构故障造成控制棒不能插入堆芯。

为防止第一类停堆故障，系统设计中采用4个冗余的测量仪表通道和8个停堆断路器，满足单一故障准则。一旦该系统完全失效，还可采用手动停堆方式干预，即操纵员按动手动停堆按钮确认停堆；若手动不能停堆，切换到手动插棒方式，逐组手动下插控制棒；切断控制棒驱动机构供电母线，或强行拉开停堆断路器，造成失电落棒。

对于第二类由控制棒机构故障引起的不能停堆，则必须用紧急注硼的化学手段停堆。为了应对这一问题，华龙一号专门增加了应急硼注入系统（REB）。该系统在如下情况下确保反应堆处于次临界状态：

（1）在发生主蒸汽管道破裂事故时，确保堆芯次临界；

（2）在发生未能紧急停堆的预期瞬态事故（ATWS）工况下，确保反应堆安全停闭；

（3）在发生任何要求停堆事件且其他硼化水源（内置换料水箱、化容系统）不可用时，应急硼注入系统实现堆芯硼化。

应急硼注入系统包括两个独立的系统，每个系列的容量为100%。在一个系列出现故障时，另一系列仍能保证100%的注入能力，满足单一故障原则。

此外，安全注入系统（RSI）也可以在反应堆冷却剂管道破裂、主蒸汽管道破裂、蒸汽发生器传热管破裂及弹棒等假想事故时向堆芯注入含硼水。安全注入系统包含中压安注、低压安注和安注箱注入三个子系统。其中中压安注和低压安注子系统各包括两个系列，单独一个系列就能完成上述功能。安注箱注入子系统包含3台安注箱。系统设计满足单一故障准则。

3.1.2 防止重返临界

在事故后正常停堆的情况下，有可能出现停堆深度不足的危险，如主蒸汽管道破裂事故情况下的重返临界、意外硼稀释事故等。为了防止出现重返临界的危险，主要的措施包括注入浓硼水和控制降温速率等。注入浓硼水可以由应急硼注入系统（REB）和安全注入系统（RSI）来完成。降温速率控制则由事故处置规程来完成。

3.1.3 维持冷却剂装量

维持冷却剂装量是预防严重事故的重要条件。在冷却剂压力边界没有被破坏的情况下，反应堆冷却剂系统（RCS）能够包容冷却剂，维持冷却剂装量。其中，稳压器是控制和调节冷却剂装量和一回路压力的重要部件。稳压器压力和水位控制由稳压器喷淋、稳压器电加热元件、稳压器安全阀、反应堆保护系统（RRP）、化学和容积控制系统（RCV）等相关系统和部件组成。化学和容积控制系统通过其上充、下泄的功能维持稳压器在相应功率下的整定液位。稳压器喷淋、稳压器电加热元件、稳压器安全阀可以通过开启、关闭实现对系统压力的调节。

在冷却剂压力边界遭到破坏的情况下，安全注入系统（RSI）可以注入冷却水维持冷却剂装量。安全注入系统包含中压安注、低压安注和安注箱注入三个子系统。其中中压安注和低压安注子系统各包括两个系列，单独一个系列就能完成上述功能。安注箱注入子系统包含 3 台安注箱。系统设计满足单一故障准则。

3.1.4 维持堆芯冷却剂流量

在事故情况下，维持一定的堆芯冷却剂流量，是排出堆芯热量、确保堆芯冷却的重要保障。为了确保堆芯在事故情况下的冷却，核电厂设计有安全注入系统（RSI）。安全注入系统包含中压安注、低压安注和安注箱注入三个子系统。中压安注和低压安注子系统能够不断向一回路注入大量冷却水，以补偿冷却剂的流失，维持堆芯冷却剂流量，从而保证堆芯的冷却。

3.1.5 维持热阱

维持热阱是反应堆从事故状态转入最终安全状态的保障。事故后不同的情况下可选用不同的措施来维持热阱，如一回路充排冷却过程、二次侧降温降压过程及余热导出等。

（1）二次侧降温降压过程

蒸汽发生器的排热能力很强，而且二次侧降温降压过程不致带来放射性释放和不利的安全壳工况的后果，因此在一次侧完好的事故情况下，应启动二次侧降温降压过程。在一次侧破口较小的情况下，二次侧降温降压过程有助于反应堆冷却剂系统尽快降压以减少从破口流出的冷却剂，同时可使安全注入系统及早自动投入。二次侧降温降压过程主要包括两个部分，即蒸汽发生器供水和排汽。事故情况下的供水任务主要由辅助给水系统（TFA）完成，排汽任务主要由蒸汽旁路系统完成。

为满足单一故障准则，辅助给水系统由两个冗余的供水系列组成，电动泵子系统系列包括 2 台 50%容量的电动泵，汽动泵子系统系列包括 2 台 50%容量的汽动泵。蒸汽旁路系统包括通向凝汽器的旁路系统（TSC）和通向大气的旁路系统（TSA）。

在发生全厂断电事故且叠加辅助给水系统汽动泵系列失效时，二次侧非能动余热排出系统（PRS）将自动投入运行，导出堆芯余热及反应堆冷却剂系统各设备的储热，在 72 h 内将反应堆维持在安全的停堆状态。

（2）一回路充排冷却过程

在二次侧快速降温降压过程完全失效或一次侧有破口的情况下，一回路充排冷却过程能有效地提供堆芯冷却。一回路充排冷却过程本质上是制造一个主系统边界破口，形成可控的失水，同时对一回路系统进行注水，维持堆芯热阱。

一回路充排冷却过程可以通过开启稳压器安全阀进行排汽，然后使用安全注入系统（RSI）注水来完成。在华龙一号设计中，特别增加了快速卸压系统。该系统与稳压器相连，共包括两个快速卸压系列，每个系列由一台电动闸阀和一台电动截止阀组成。快速卸压系统能够迅速降低一回路系统压力，便于安全注入系统迅速投入，有效冷却堆芯。

（3）排出余热

事故后长期的堆芯余热导出需要通过余热排出系统（RHR）来完成。余热排出系统设计满足单一故障原则。反应堆冷却剂从热段引出后，分成 2 条管线，经 2 台并联布置的余热排出泵，然后进入 2 台并联布置的余热排出热交换器，最后经返回管线返回到反应堆冷却剂系统的冷段。

3.1.6 维持安全壳完整性

在事故后，维持安全壳完整性是防止大量放射性物质外逸的关键。通过对结构体及内部包容物环境条件的有效控制，可维持安全壳的完整性。控制措施主要有安全壳隔离系统、安全壳喷淋系统（CSP）、非能动安全壳热量导出系统（PCS）。

为了防止事故工况下放射性流体通过贯穿件漏出安全壳，所有流体管道在安全壳的区段均设有隔离阀，根据需要，安全壳分两个阶段实施隔离：

A 阶段隔离：随着安注信号的启动，那些除反应堆冷却剂泵运行所需要的管线、稳压器和蒸汽发生器取样管线及余热排出系统的工艺管线以外的其他管线均被关闭。

B 阶段隔离：随着反应堆冷却剂泵的停止，由安全壳高压信号实施完全隔离。

A 阶段和 B 阶段安全壳隔离也能手动启动。

安全壳喷淋系统（CSP）的主要作用是：在发生引起安全壳压力和温度上升的事故（反应堆冷却剂系统失水事故或安全壳内主蒸汽管道破裂事故）时，将安全壳内的温度和压力保持在可接受的范围内；在必要时可在喷淋水中添加化学药剂，以降低安全壳内大气的放射性水平（主要是吸收放射性碘）。安全壳喷淋系统由两个相同且独立的系列组成，每个系列都能完全保证喷淋功能。

非能动安全壳热量导出系统（PCS）在核电厂发生导致安全壳压力温度上升的事故时，无需操纵员干预，将安全壳内热量带到壳外换热水箱中，并最终排向大气。即使发生全厂断电，该系统利用自然循环也可实现安全壳的长期排热，达到事故后给安全壳降温降压的目的。本系统用于在超设计基准事故工况下安全壳的长期排热，包括与全厂断电和喷淋系统故障相关的事故。系统设置 3 个各 1/3 相互独立的系列组成。

3.1.7 电源和水源供应

为了保障预防措施的可用性，电源供应和水源供应是最重要的因素。核电厂设计中也提供了各种形式的动力供应和水源支持。

（1）电源供应

核电厂设计有可靠的电源供应。常备厂用设备和应急厂用设备可以由两个厂外电源供电：正常时由工作电源供电，工作电源故障时由备用电源供电。应急厂用设备在厂外电源丧失时，可以由厂内应急电源供电。应急交流负荷由应急柴油发电机组供电的 6.6 kV 和 380 V 交流系统供电，应急直流负荷由直流电源系统供电，需要不间断供电的交流负荷由交流不间断电源系统供给。应急柴油发电机组有两台，且彼此独立。此外，当机组失去全部厂内外电源时，厂区附加柴油发电机组还可以给所需的核辅助设备供电。

（2）水源供应

为了在正常运行和事故工况下把从安全有关构筑物、系统和部件传来的热量输送到最终热阱，核电厂设置了重要厂用水系统（WES）和设备冷却水系统（WCC）。重要厂用水系统有两个独立且实体隔离的回路，每个系列中有两台100%容量的泵。设备冷却水系统回路包括两个独立的安全系列和一个公用环路，每个安全系列在事故工况下都能提供100%的应急冷却能力。

为了确保事故工况下重要系统的水源充足，核电厂设计了多样化的供水措施。例如，辅助给水系统（TFA）由辅助给水池供水，通过启动除氧器装置，或将给水池与冷凝水抽取系统相连，可以向辅助给水池补水；消防水分配系统也可以向辅助给水池补水，并提供最后的给水备用水源。

3.1.8 小结

上述内容简要描述了华龙一号的严重事故预防措施。同样，AP1000 作为三代堆型，在严重事故预防方面也具有等效的相关考虑和系统设计。在实施相关预防措施后，这两种堆型的堆芯损伤频率（CDF）均小于 1×10^{-6}/（堆·年），很好地满足了 URD 和 EUF 的要求，也满足《核安全与放射性污染防治“十二五”规划及 2020 年远景目标》的要求。

3.2 严重事故缓解措施

3.2.1 基本安全原则及事故处置策略

根据《核动力厂设计安全规定》（HAF 102—2004）中的要求，除了设计基准事故外，在设计中还必须考虑核动力厂在特定的超设计基准事故包括选定的严重事故中的行为。

虽然压水堆核电厂发生严重事故的概率极低，但是一旦发生严重事故，会导致堆芯损坏，若不采取相应的缓解措施，作为核电厂最后一道屏障的安全壳的完整性会受到破坏，并且会导致大量放射性向环境不可控地释放，对公众的安全造成严重威胁。

AP1000 和华龙一号均设置了完善的严重事故缓解措施，即便发生了堆芯损毁的严重事故，这些缓解措施仍然可以缓解事故后果，将放射性气溶胶、废水包容在安全壳内，避免公众受到放射性危害。相比福岛核电厂早期的沸水堆型，这两种拟建堆型在严重事故缓解方面有了质的提升。

3.2.2 事故缓解策略

（1）防止高压熔堆

为了防止严重事故工况下高压熔堆的发生，华龙一号设置有一回路快速卸压系统。稳压器快速卸压系统由稳压器的上部引出一根 DN150 管道，随后此根管道分成两个系列，每个系列由一台电动闸阀和一台电动截止阀组成，阀门后的管道为 DN300，两个系列都排放到稳压器安全阀的排放环上，最终通过稳压器排放管排放到稳压器卸压箱。在每个系列电动闸阀的前部设置一个水封，以确保在正常运行工况下形成水封并防止氢气的泄漏。

在正常、扰动及设计基准事故期间，快速卸压阀处于关闭状态，由稳压器安全阀实现系统的超压保护。在严重事故工况下，快速卸压阀执行排放卸压功能，在控制室由操作员根据相关的严重事故处理规程手动开启阀门，完成反应堆冷却剂系统的快速卸压，从而避免高压熔堆的发生以及安全壳的直接加热。每一系列阀门排量为三组稳压器安全阀排量的总和。

为了防止运行过程中快速卸压系统的误开启，在主控室对快速卸压系统的开启操作设置行政隔离。

（2）可燃气体控制

设置完善的可燃气体控制系统是缓解严重事故的重要措施。当安全壳内的氢气浓度达到一定比例后，在条件（温度、压力、氧气浓度等）合适的情况下，可能会发生氢气燃烧或者迅速爆燃从而造成与安全有关的设备和系统的局部损坏，甚至损坏安全壳的结构，致使安全壳的完整性丧失，导致大量放射性物质进入环境。而安全壳消氢系统就是用于在超设计基准事故工况下将安全壳大气中的氢气浓度减少到安全壳限值以下，从而避免发生由于氢气爆炸而导致的第三道屏障——安全壳的失效。

安全壳消氢系统由完全独立的非能动催化氢复合器组成，根据氢气的产生和聚积情况在安全壳室内布置一定量的复合器，用于超设计基准事故工况，限制安全壳内的氢气浓度在爆炸限制以下。当安全壳内氢气浓度达到一定限值时，氢复合器自动工作，将安全壳内氢浓度控制在安全范围之内。

该系统相对独立，与其他系统没有接口，工作原理为：氢复合器的金属外壳可引导气流向上通过氢复合器，在壳体的下部装有一个插入很多平行的竖直不锈钢板的框架，在这些不锈钢板上涂满活性催化剂。含氢气混合物在催化剂作用下发生氢氧化学反应，并释放出热量使复合器下部的气体密度降低，进而加强了气体对流，以使大量的含氢气体进入与催化剂接触，以此来保证高效的消氢功能。

（3）安全壳过滤排放

在发生堆芯熔穿压力容器的严重事故下，由于堆芯熔融物与混凝土相互作用（MCCI）产生不凝结气体导致安全壳内压力缓慢升高，会造成安全壳晚期失效和放射性裂变产物释放的风险。为了缓解 MCCI 对双层安全壳完整性造成的威胁并控制放射性裂变产物释放，华龙一号设置了安全壳过滤排放系统，通过主动卸压使安全壳内压力不超过承载限值，同时通过安装在卸压管线上的过滤装置对排放气体的放射性物质进行过滤，对放射性裂变产物进行可控排放。

过滤排放系统主要设备为 2 台安全壳外隔离阀、文丘里水洗器、金属过滤器、限流孔板和爆破膜。当安全壳压力值高于其设计压力时，根据严重事故管理导则（SAMG）手动开启安全壳外隔离阀启动本系统。

安全壳内气体经过安全壳外隔离阀后进入文丘里水洗器，文丘里水洗器内的文丘里管淹没在含有重量浓度为 0.5％的氢氧化钠和 0.2％硫代硫酸钠的除盐水中，文丘里水洗器可以高效地去除气体中的大部分气溶胶，并吸附排放气体中的碘。经过文丘里水洗器过滤后的气体通过金属纤维过滤器进行下一步的过滤，将少量难滞留的气溶胶和由于化学溶液表面的气泡破裂而产生的极小粒径的水滴进行过滤。滞留在文丘里水洗器中的气溶胶和碘的衰变热通过混合液体的蒸发导出文丘里水洗器。金属纤维过滤器引出的排出管线上设有限流孔板、爆破膜。安全壳外隔离阀打开后，系统内压力快速上升，与安全壳内压力趋于平衡，当系统压力达到爆破膜整定值时，爆破膜破裂。经过过滤后的气体通过电厂烟囱排向大气。同时采用辐射监测仪对排放气体进行监测。安全壳压力降低后，运行人员手动关闭安全壳外隔离阀关闭本系统。系统关闭后，运行人员通过设备间屏蔽墙后的手轮将废液返回管线上阀门的开启，将废液有选择地通过相应管道自流到安全壳内。

（4）反应堆堆腔注水防止压力容器失效

保持反应堆压力容器下封头的完整性，将熔融堆芯物质滞留在反应堆压力容器内是缓解严重事故的重要措施。当反应堆堆芯超过一定温度，堆芯燃料元件及堆内构件开始熔化，并形成熔融物质聚积到压力容器下封头，可能将下封头熔穿进入安全壳，并与地坑混凝土发生反应，使安全壳温度升高、压力增大，并形成放射性气溶胶弥撒于安全壳内。堆腔注水冷却系统用于在发生堆芯熔化事故时，向反应堆堆腔注入冷却水来冷却压力容器外壁，保持压力容器下封头的完整性，从而将堆芯熔融物滞留在压力容器内。

堆腔注水冷却系统分为能动和非能动两个子系统。能动部分设置两台泵，将内置换料水箱内的水注入反应堆堆腔；非能动部分设置一个专门用于堆腔淹没的高位水箱，水箱内的水在重力作用下注入反应堆堆腔。

在反应堆压力容器下封头保温层的底部布置多个向上的喷淋管，电站正常运行时喷淋管端部有端塞封住；堆腔注水冷却系统投入时，冷却水顶开端塞，直接注入保温层与压力容器的环腔中，以迅速冷却并淹没下封头。

在堆腔接近主管道标高的位置，设置有若干水（汽）排放孔管，管口设置盖板。注入的冷却水通过反应堆压力容器外壁与保温层内壁之间的环形区域向上流动，经过此排放通道，在汽和水的作用下自动冲开盖板，冷却水返回到内置换料水箱。

（5）非能动安全壳冷却

非能动安全壳热量导出系统用于在超设计基准事故工况下安全壳的长期排热，包括与全厂断电和喷淋系统故障相关的事故。非能动安全壳热量导出系统也月于严重事故工况（如果超设计基准事故发展到堆芯明显恶化的严重事故），因此本系统作为严重事故的对策。在电站发生超设计基准事故（包括严重事故）工况时，将安全壳内压力和温度降至可接受的水平，以保持安全壳的完整性。

非能动安全壳热量导出系统考虑设置三个独立的系列，各三分之一。

非能动安全壳热量导出系统采用非能动技术，发生全厂断电时，在没有操作员干预的情况下，系统自动投入运行，采用自然循环实现安全壳的长期排热。在无需操作员操作的情况下，安全壳非能动排热功能至少维持 72 h，72 h 后可以考虑其他补水手段。

（6）二次侧非能动余热排出

二次侧非能动余热排出系统（PRS）设计为应对全厂断电事故叠加辅助给水系统泵失效的事故工况。系统投入运行后，在不超过规定的燃料设计限值和冷却剂压力边界设计条件的前提下，导出堆芯余热及反应堆冷却剂系统各设备的显热。在规定时间内将反应堆维持在安全状态。

PRS 设置三个系列，与三台蒸汽发生器相匹配，三个系列彼此独立，每个系列的设计容量均为 50%。

3.3 严重事故管理导则

严重事故管理导则（SAMG）能够为严重事故管理提供有效的指导。AP1000 和华龙一号的 SAMG 综合利用现有的严重事故预防和缓解措施来控制事故进程、缓解事故后果，并考虑事故处理过程中的正面效应和负面影响。SAMG 是针对严重事故的重要措施之一，它能够显著增强电厂处理严重事故的能力。

AP1000 和华龙一号的系统设计不同，但其 SAMG 基本框架是一致的，对其中具体策略的考虑，根据堆型特定的设计特点进行了策略优先级、系统应用等方面的调整。SAMG 主要分为两个部分：主控室应用部分和技术支持中心（TSC）使用部分。主控室应用部分主要是应对快速发展的严重事故以及对事故的早期处理。技术支持中心部分包含了对整个严重事故过程细致的控制，主要策略包括：一回路卸压、一回路注水、二回路冷却、控制安全壳内氢气燃烧、维持安全壳内压力范围等一系列措施[6-7]。

通过严重事故管理导则的引入，综合利用严重事故专用设施及其他可用设施，有效地将熔融堆芯和安全壳维持在可控稳定状态，实现事故后对放射性裂变产物的包容。

4 典型严重事故场景下的废水量估算

本章节主要是确定严重事故情况下可能产生的放射性废水的总量，为后续章节的应急预案分析提供基础。在最有可能发生的严重事故情况下，放射性废液产量有限且均包容在安全壳内，不会外泄到环境造成危害。本章节估算的放射性废水产量有一定的保守性。

4.1 AP1000 废水量估算[8]

AP1000 核电厂在事故后能高置信度地维持反应堆压力容器和钢安全壳的完整性，在事故后 72 h 内可通过非能动安全系统的自动投运和 IVR 的保护，在无需人员干预条件下，通过自然循环将堆芯余热由钢安全壳向环境释放，从而保证反应堆冷却在安全壳内实现闭式循环，并将事故废液滞留在壳内，避免类似福岛核电厂事故形成数十万吨废液的后果。

4.1.1 壳内事故废液总量

本节预测了 AP1000 型核电机组在严重事故工况下可能产生的污水量。AP1000 机组在发生严重事故后，安全壳内主要水源仍可能由于堆芯损伤而导致其沾污并成为放射性事故废液，这些壳内主要水源包括以下几类（见表 1）。

表 1 AP1000 严重事故工况（闭式循环冷却）下放射性污水来源和水量

序号	来源	水量/m^3	备注
1	反应堆冷却剂主回路（RCS）	243.6	
2	堆芯补水箱（CMT）	70.8	2 台，共 141.6 m^3
3	安注箱（ACC）	48.1	2 台，共 96.2 m^3
4	安全壳内换料水箱（IRWST）	2 132.3	
5	硼酸贮存箱	277	执行纵深防御功能水源
6	乏燃料系统（SFS）装料池	417	执行纵深防御功能水源

通过计算可知，安全壳内主要水源总量合计为 3 307.7 m^3，即发生严重事故导致堆芯

损坏并沾污壳内全部水源，将产生约 3 300 m^3 的高放射性严重事故废液。

4.1.2 壳内泄漏废液增量

AP1000 钢安全壳在事故后可高置信度地维持完整性，但从事故情景假设的保守角度，还考虑了 AP1000 在严重事故工况下出现非闭式循环冷却的事故场景。假使核电厂发生极不可能的安全壳少量泄漏情况（例如安全壳部分安全壳贯穿件及小管道由于外部事件和电厂事故影响产生泄漏），AP1000 还可依靠厂内增设的移动式柴油发电机供电，由增设的移动泵（流量约 20 m^3/h）向安全壳提供冷却补水，保证壳内冷却水量和堆芯衰变热的导出。此外，AP1000 核电厂还设有余热排出泵（流量约 400 m^3/h）可在辅助柴油发电机可用的情况下执行纵深防御功能，通过堆腔注水管线（DVI）向壳内补充冷却水。

即使考虑安全壳内事故废液少量泄漏这一极端情况，假设安全壳由此产生的泄漏失水流量约 20 m^3/h。假设 72 h 内由于人员不便干预，泄漏点在 72 h 后才得以封堵，封堵前仅能依靠补水维持壳内水装量，事故废液水量将由于泄漏多增加约 1 440 m^3，使事故废液总量达到约 4 740 m^3。

4.1.3 壳内冷却水裕量

通常对于核电厂发生事故的应急响应时间可考虑 6 h，6 h 后需实现补水，而 AP1000 由于自身非能动设计，可在人员不干预情况下自动投入安保设施实现堆芯和安全壳的冷却。即使如此，由于 AP1000 自身安全壳内的合理布局，即使再保守假设安全壳内 72 h 内连续发生事故废液少量泄漏（流量约 20 m^3/h）且人员不干预，安全壳内剩余冷却水量仍可剩余 1 860 m^3，满足保持堆腔淹没的最少水装量（1 685 m^3）要求，保证堆芯不会出现裸露。

4.2 华龙一号废水量估算

华龙一号在设计上吸取了典型核事故的教训，通过各种途径提高其安全性能。但由于认识的局限性和极端外部环境的出现，核电厂的安全还是可能受到挑战。

根据国内外的经验，可能造成严重事故的外部事件主要包括全厂断电（SBO）、强烈地震以及地震引发的洪水与火灾等，“9・11 事件”之后还提出了飞机撞击与恐怖袭击的影响。这些外部事件与内部事件都可以引起核电厂堆芯不能得到冷却，造成堆芯熔化的事故。

具体到本课题，尽管不少极端情况下都可能造成堆芯熔毁，但是这些事故情形下产生的废水数量可能反而很有限。例如在全厂断电条件下，假定非能动二次侧冷却失效导致堆芯熔化，快速泄压失败，堆腔注水冷却失效，非能动安全壳冷却系统失效。在很短的时间内堆芯就发生损毁，熔融物落到下封头。但由于诸多系统失效，安全壳内聚集的废水量很少。

给出包络的事故场景和严重事故条件下的高放废液数量很难，根据课题研究需要，本节对典型严重事故条件下的废水量给出了较为保守的估算。

4.2.1 安全壳内存贮的水量估算

在核岛内部，可能引发水淹或者放射性废液聚积的主要事件如下：

（1）高能或中能管道破裂或裂纹；

（2）固定防火系统的喷洒；

（3）安全壳喷淋系统的喷淋；

（4）最大容积水箱的水可能排空到房间，同时由补给水系统带来的额外水量。

根据以上可能的事件，结合华龙一号的设计，假定在大破口事故叠加全场断电情况下，为了维持堆芯冷却，安全壳内的所有系统中的水完全注入堆芯，并最终汇集在安全壳内。结果详见表 2。

表 2　华龙一号（闭式循环冷却）安全壳内废水量估算

安全注入系统（RSI）			
水源	数量	单个体积/m^3	总体积/m^3
IRWST	1	2 949.13	2 949.13
安注箱	3	45.5	136.5
安全壳喷淋系统（CSP）			
水源	数量	单个体积/m^3	总体积/m^3
化学添加箱	1	15	15
化学和容积控制系统（RCV）			
水源	数量	单个体积/m^3	总体积/m^3
容控箱	1	10.6	10.6
反应堆硼和水补给系统（RBM）			
水源	数量	单个体积/m^3	总体积/m^3
硼酸储存箱	2	140	280
应急硼注入系统（REB）			
水源	数量	单个体积/m^3	总体积/m^3
硼酸注入箱	2	50	100
堆腔注水冷却系统（CIS）			
水源	数量	单个体积/m^3	总体积/m^3
非能动堆腔注水箱	1	2 200	2 200
总计			5 691.23

可以看出，如果不考虑事故条件下外部应急补水，安全壳内的最大可能废水量约为 5 700 m^3。在真实严重事故情景下，这些系统并不会同时运行，实际中的水量要远小于该数值。

4.2.2　应急补水的水量估算

在福岛后通用技术要求中，对福岛后改进行动中应急补水及相关设备设置提出了技术要求，主要内容包括二回路或者一回路应急补水、乏燃料水池应急补水等措施的技术要求。

对于二回路应急补水和一回路应急补水，均要求设备能够满足事故后至少 72 h 的运行需求，且需在停堆 6 h 内完成应急补水措施的所有准备工作。对于乏燃料水池应急补水，流量应考虑乏燃料水池最大基准热负荷对应的沸腾蒸发损失。

通用技术要求中的应急补水是为了保证堆芯和乏燃料水池的冷却，防止衰变热不能及时导出而导致堆芯融毁。对于华龙一号，在发生严重事故后，由于设置了完善的严重事故预防和缓解措施，特别是非能动安全壳热量导出系统，当堆芯的状态稳定后，将通过自然循环的方式导出衰变热，只需要维持安全壳内的水位即可。根据计算，事故后 3 天需要向非能动安全壳热量导出系统注入约 1 500 m^3 的水。但是这些水并不会进入安全壳内，也不会带有放射性物质。

对于乏燃料水池，则需要通过补水来维持衰变热导出。根据华龙一号的设计，乏燃料水池最多可以容纳 20 个循环的乏燃料组件。假设应急供水水源温度为 40 ℃。事故发生时，反应堆刚刚完成最新一次换料并进入稳定运行，此时乏燃料池的衰变热为 4 MW。3 天时间内乏池的补水总量约为 400 m^3。

作为保守的假设，还考虑了安全壳内滞留的放射性废水泄漏的情形。由于华龙一号双层安全壳的设计和贯穿件的密封，极不可能出现安全壳内放射性废水直接排放到环境的情形（详见后续章节的描述）。这里姑且假定某个小管道阀门失效，壳内的放射性废水从该阀门进入夹层空间。由于外层 APC 壳的一体化设计，夹层内对废水具有较好的滞留和贮存功能，0 m 以下的建筑空间约为 3 000 m^3。随着泄漏水量的增加，夹层内水位不断上升，当水位淹没发生泄漏的小管道后，内外压力差减少，泄漏量将逐渐减少。作为估算，假定从安全壳内泄漏的总水量约为 3 000 m^3。而泄漏的水量则需要安全壳外的应急补水来弥补，保证安全壳内的水位。

假定应急补水的流量为 20 m^3/h，72 h 内的补水总量约为 1 500 m^3，7 天的补水量约为 3 400 m^3。这个数量与上述泄漏量基本一致。

4.2.3 总水量的估算

通过以上两节可以看出，在严重事故条件下，华龙一号可能产生的放射性废水量约为 5 700 m^3。极端情况下，考虑安全壳贯穿件泄漏和乏燃料水池热量导出的需要，3 天时间内需要应急补水量约为 1 900 m^3，总计约 7 600 m^3 的放射性废水。

4.3 小结

对于我国内陆核电项目可供选择的堆型 AP1000 和华龙一号，已经完成了严重事故场景分析，归纳起来：

（1）AP1000 和华龙一号均有足够的严重事故预防和缓解措施，可以保持安全壳完整性，实现堆芯闭式循环冷却，在这种场景下，两种堆型在安全壳内的放射性污水量分别估计为 3 300 m^3 和 6 000 m^3。

（2）进一步考虑了由于安全壳贯穿件或小管道泄漏而需要应急补水，尽管这种事故场景属于极小的剩余风险。由于 AP1000 和华龙一号的设计均考虑了吸取福岛核事故的教训，可以使得严重事故发生后 3 天内恢复闭式循环冷却。对于 AP1000 和华龙一号，假定应急补水率为 20 m^3/h，应急补水总量约为 1 500 m^3。

综合上述考虑，AP1000 和华龙一号的《应急预案》中考虑的放射性污水量分别约为

5 000 m^3 和 7 600 m^3。

必须指出，这些考虑了需要应急补水得出的数值是在极端保守情况下的一个假想值，仅用来评估机组对放射性废液的包容能力。

5 拟建核电厂对放射性废液的包容功能

5.1 AP1000 对放射性废液的包容[8]

福岛核事故由于其发生事故初期全厂断电后未能及时补充壳内冷却，造成安全壳超压后引入大量外界水维持冷却，形成开式冷却循环，导致大量高放二次沾污废液的产生，为后续事故应急与救援带来了巨大的困难，也对周边水资源造成了一定程度的污染。由此可见，在核电厂发生事故情况下，努力实现闭式循环冷却具有十分重要的意义。

5.1.1 壳内存贮

基于第 4.1.1 节分析，在严重事故情况下，AP1000 核电厂将在钢安全壳内产生约 3 300 m^{3}事故废液，并由其在壳内维持堆芯的自然循环冷却。按照事故的正常缓解措施，反应堆堆芯衰变热将通过钢安全壳导出最终实现通过大气带走衰变热的自然长期冷却，同时在严重事故废液应急处理设备抵达现场准备就绪之后，可考虑对壳内严重事故废液建立闭式循环处理的通道，将壳内严重事故废液送往在现场安置就位的移动式废液应急处理设备，再将净化后的废液送回壳内维持堆芯长期冷却。严重事故废液闭式循环处理的方式将大大降低事故废液的产生量，减少受沾污冷却水量，为减少事故后二次废物、降低人员辐照提供有力保障，应作为 AP1000 核电厂严重事故后事故废液处理的优先处理原则。

5.1.2 壳外存贮

AP1000 放射性废液的壳外存贮主要考虑的是 4.1.2 节提到的壳内废液泄漏这一极端情况。假设安全壳由此产生的泄漏失水量约 20 m^3/h，其可通过增设的移动泵补水保证壳内足够的冷却水装量和壳内衰变热的导出。再保守假设安全壳内 72 h 内连续发生事故废液少量泄漏且人员不干预，其泄漏总量达到约 1 440 m^3。

而针对安全壳少量泄漏出的事故废液，假设来自贯穿安全壳的贯穿件或取样等小口径工艺管线，则所有事故废液将在抗震 I 类的核辅助厂房内通过地面疏水地漏，最终收集在底层放射性废液疏排系统（WRS）的地坑所在区域内。上述安全壳少量泄漏废液还可通过安全壳外的厂区内设置的其他废液应急滞留措施进行有效滞留与储存。核电厂可在厂区事故废液临时存贮设施和废液应急处理设备准备就位后，通过临时泵和管线自核辅助厂房底层地坑转出送处理和厂内存贮，以防止事故沾污的放射性废液非受控释放至周边环境，对核电厂周围水资源和居民造成危害。

AP1000 可考虑的主要滞留设施类型可分为以下三类。

（1）厂址废液贮存罐滞留

我国内陆核电厂设计中考虑到在正常运行期间也存在不宜直接排放液态流出物的时段，在厂内设有临时液态流出物的贮存措施。通常在厂区设置有一定数量的大型废液贮存罐（单机组配置废液厂区贮存罐总容积约 2 400 m³，全厂址该类贮存罐总容积可达近 10 000 m³），这些地上设置的废液贮存罐可考虑按照抗震类物项设计，以满足事故后利用临时接管连接输送，作为严重事故后废液临时贮存设施的需要，同时日常维护时依靠运行人员定期巡检对罐体进行检漏，以保证其投入事故应急使用的可靠性。

考虑到 AP1000 核电厂非能动安全设施的设计大大提升了钢安全壳的可靠性，严重事故发生后首选的放射性沾污废液滞留方式应为壳内贮存，以有效减少放射性沾污废液的大量产生，利用电厂已建厂区废液贮存罐提供初期事故废液的应急滞留，同时在厂区内可预留一定的空间，以后续扩容建设贮罐，不仅能够满足全部事故废液的贮存需要，还为电厂在发生严重事故时提供了可采取灵活应对措施的条件。

（2）厂区废液滞留池

通过在厂区内设置具有抗震能力的废液滞留池，为核电厂严重事故废液提供必要的转移、收集和贮存能力。废液滞留池可采用混凝土结构，其总容积应考虑能够储存 AP1000 壳内滞留沾污废液以及发生概率极低的安全壳少量泄漏事故废液总量。废液滞留池日常应由运行人员采用防渗涂层定期加以防护，以防池体泄漏。该类滞留池在核电厂正常运行期间应配有疏水排空措施，上部需适当考虑预防外部雨水等侵入的防护措施，以免非正常积水影响事故情况下的储水容量。

（3）现有厂房滞留

福岛第一核电厂在事故后利用二回路、汽轮机厂房、集中式固体废物处理厂房等现有厂房设施滞留了大量放射性废水。AP1000 安全壳厂房按照抗震 I 类设计具有较高冗余度，可完全容纳事故后壳内产生的全部 3 300 m³ 事故废液，而同样按照抗震 I 类设计的核辅助厂房等毗邻安全壳厂房，事故后也具有可靠的完整性，其场坪标高以下的厂房空间（除厂房内储水罐容积外）还具有近 3 000 m³ 容量，在极不可能发生的安全壳少量泄漏出现时，成为泄漏废液的包容滞留场所，提供后备的废液应急滞留能力。

5.2 华龙一号对放射性废液的包容

5.2.1 安全壳的包容能力

华龙一号在设计中高度重视放射性包容功能，力争“在不能完全消除堆芯熔毁的情况下，要能实质地避免发生大规模的放射性环境释放”。通过双层安全壳和相关系统的设计，最大限度地降低外部事件对电厂安全的影响：无论（核电厂）外面发生什么事情，安全壳里面的系统不受影响。同时最大限度地降低可能发生的事故对外部环境的影响：无论安全壳里面发生什么事情，外面环境不受影响。提升政府和公众对核电安全的信心。

华龙一号在设计中充分考虑了应对商用大飞机撞击，设计了外部屏蔽厂房。由外层安全壳以及包围燃料厂房、电气厂房的防护壳体彼此相连而成，它与其他核岛厂房共用同一块混凝土底板，外部屏蔽厂房简称为 APC 壳。外部屏蔽厂房还能在厂址出现龙卷风飞射物、外部爆炸以及轻型飞机撞击等其他外部事件时为内部厂房提供屏蔽作用。

内层安全壳是包容核蒸汽供应系统（NSSS）的主要物项，在所有可以想象的情况下提供对环境有效的辐射防护，这些情况包括导致安全壳内压力和温度急剧升高以及气态裂变产物释放的一回路冷却剂管道完全断裂的事故（LOCA 事故）。当发生设计基准事故和预想的严重事故时，内层安全壳为避免出现环境辐射提供了有效的防护。

内外层安全壳之间有 1.8 m 净距的环形空间，并维持负压以收集任何从内层安全壳泄漏的物质，这将进一步防止放射性物质向外泄漏。

可见，安全壳的一体化设计，在对核岛厂房提供极佳的防护功能的同时，可以有效地对放射性物质（包括放射性废水）起到包容和隔离的作用。

基于第 4.2.1 节分析，在严重事故情况下，华龙一号将在安全壳内产生约 5 700 m^3 事故废液。按照事故的正常缓解措施，堆芯衰变热通过压力容器下封头传递给冷却水，冷却水蒸发后通过在非能动安全壳冷却系统的换热器上凝结，将热量传递到非能动安全壳热量导出系统，并最终通过非能动安全壳热量导出系统的自然循环带出安全壳。在这样的闭式循环情况下，放射性废液集中在安全壳的密闭空间内。经过分析计算，华龙一号反应堆厂房 0 m 平面以下空间约为 7 000 m^3，能够有效包容壳内产生的废液。

5.2.2 壳外厂房的存贮能力

福岛第一核电厂在事故后利用二回路冷凝器、汽轮机厂房、集中式固体废物处理厂房等厂内现有厂房设施滞留了大量放射性废水，而华龙一号核岛反应堆厂房周边厂房和汽轮机厂房等毗邻安全壳厂房，在事故后也有可提供一定的应急滞留事故废液的能力。

图 2 给出了华龙一号核岛主要厂房的平面图，图 3 给出了相应的三维剖面图示。可以看出，由于一体化的设计，除了较高的平面，反应堆厂房完全被核岛其他厂房包围：核岛上部是电气厂房，两侧是安全厂房，下部则是燃料厂房。周围厂房的底层标高（−12.5 m）均明显低于反应堆厂房的底层标高（−8.9 m），这也从布置上保证了严重事故条件下，从反应堆厂房泄漏出的废液，可以很容易地被封堵在相邻厂房内，不会直接排放到环境。

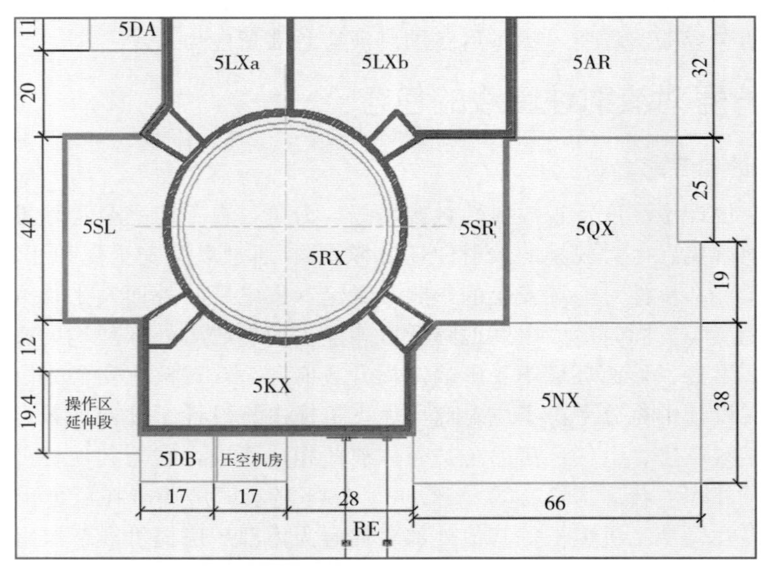

图 2　华龙一号核岛厂房平面图

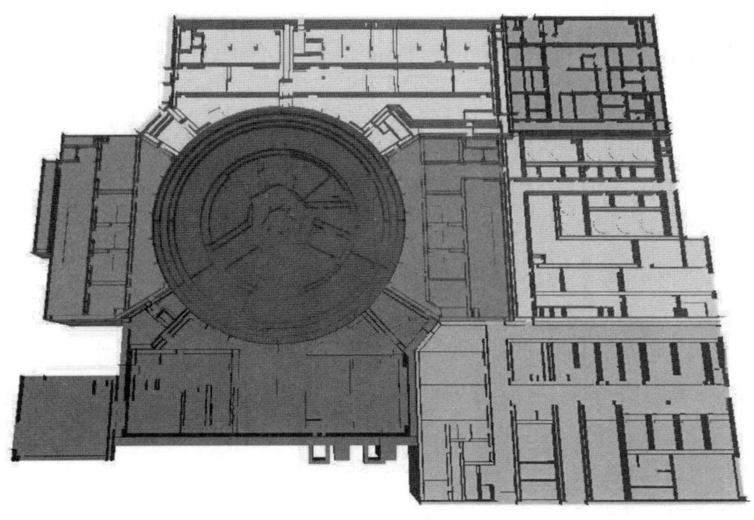

图 3　华龙一号核岛厂房三维图

相关厂房的主要信息如表 3 所示。可以看出，在 0 m 平面以下，核岛各个厂房均有相当数量的空间，总体积在 61 000 m^3 左右。假定设备和墙体等占据 50%的空间，则反应堆厂房相邻的安全厂房、电器厂房、燃料厂房仍大约有 30 000 m^3 的自由容积，可供紧急情况下用于存贮和滞留事故产生的放射性废液。

表 3　华龙一号核岛主要厂房自由容积（0 m 以下）

厂房分类	厂房代码	面积/m^2	底标高/m	总体积/m^3	分类合并/m^3
反应堆厂房	RX	1 520	−8.9	13 528	13 000
安全厂房	SL	955	−12.5	11 938	61 000
	SR	955	−12.5	11 938	
电器厂房	LX	1820	−12.5	22 750	
燃料厂房	KX	1184	−12.5	14 800	
核辅助厂房	NX	2324	−12.5	29 050	53 000
核废物厂房	QX	1692	−8.8	14 890	
运行服务厂房	AR	1074	−8.8	9 451	

除了相邻的厂房，华龙一号的核辅助厂房也有将近 30 000 m^3 的建筑体积。核废物厂房与运行服务厂房在 0 m 以下同样具备可观的废液贮存能力。

如采用厂房滞留，须在收集事故废液前，由运行人员提前进行防渗涂层保护处理。此外，由于事故废液放射性水平高，滞留过后的现有厂房将被严重沾污，后续退役、拆除前的厂房去污清洁难度也非常高，对人员辐照影响也会较大。日本福岛第一核电厂在事故突发后，迫于安全壳破裂事故废液大量产生且厂内并无任何预先设置的应急废液滞留设施的情况，才考虑采用厂址内原有厂房进行临时滞留废液的，今后在核电厂厂区应急滞留措施完备的前提下，还应尽量慎用该滞留方式。

在实际工程中，为防止事故后废液严重沾污厂房，导致后续工作困难的问题出现，可充分利用各厂房底层的备用房间及非安全相关系统房间优先用于废液收集，或在备用房间内设置备用储槽。华龙一号堆型若在内陆地区建设，将考虑对底层的厂房布局进行调整，进一步保证严重事故条件下放射性物质与水体的隔离，保证水资源的安全。

5.2.3 其他存贮能力

（1）冷却塔的集水池利用

对于华龙一号内陆核电厂冷却塔集水池的利用，其设计容积为循环水系统每小时流量的 20%。根据华龙一号的排热量、循环水量、温升等，考虑国内不同地域厂址的气温不同，20%循环水量范围是 30 000～36 000 m^3，也即冷却塔集水池的水容积范围为 30 000～36 000 m^3。但需要说明的是，冷却塔属于常规民用建筑，不属于核安全级建筑物，在发生 SL-2 级地震情况下可能会发生坍塌或泄漏情况。

（2）重要厂用水系统冷却塔补水池的利用

根据 HAD 102/09 中的规定，对于热阱无通向用不尽天然水体或大气通路的厂址，必须有随时可用的水源，其容量应能满足接受反应堆停止发电后 30 天所输出的热负荷。

因此重要厂用水系统冷却塔补水池的容量必须满足重要厂用水系统 30 天的补水量，其容量约为（25～40）$\times 10^4$ m^3。

重要厂用水系统冷却塔补水池为抗震 I 类构筑物。

（3）淡水厂清水池的利用

通常核电工程用淡水由淡水厂承担。淡水厂中具有较大容积的储存水池为二次加压泵房前的生产水调节水池（不含冷却塔补水用量）和生活饮用水调节水池。根据室外给水设计规范 GB 50013 的要求，这两种水池的有效容积，应为淡水厂最大日处理规模的 10%～20%。由于不同核电厂区的建设规模不同，其淡水厂的最大处理规模也不尽相同，同时设计者采用的调节水池的百分比也不相同。

以福清核电淡水厂为例：福建福清核电工程共建设 6 台机组，其淡水厂总供水规模为 26 000 m^3/d。其生产用水和生活饮用水的调节水池的有效容积约为最大日处理规模的 17%。即两种水质共 4 座调节水池总的有效容积约为：4 420 m^3。

无论是核岛内的厂房或者常规岛中的设施，当事故条件下用于贮存放射性废水时，都必须有完善的规程和预案。解决废液的输运、人员的防护等问题。在内陆核电厂建设过程中，需要将严重事故条件下确保水资源安全的相关预案纳入核电厂的应急计划中，并对方案进行更深入和细致的分析和安排。

5.3 小结

以上较为详细地论述了 AP1000 和华龙一号的安全壳以及周边厂房对放射性废液的包容能力。

在严重事故条件下，两种类型的电厂的堆芯衰变热均通过压力容器下封头带入安全壳，两种类型电厂的安全壳通过不同机理将这些衰变热最终释放到环境。正常情况下，这是一个闭合的循环，最终的放射性废液均会包容在安全壳内。

极端的情况假设安全壳存在向其他厂房的泄漏，同时向安全壳内补充注水。在这种情况下泄漏出的放射性废液将积存在安全壳周围的其他厂房。通过分析计算，认为对于这两种类型的电厂，抗震的核岛厂房在 0 m 以下有足够的空间能够包容这些放射性废液，不会进入地下水和环境，使事故条件下的放射性物质释放达到尽可能低，减少对环境的影响。

6 放射性废液的封堵和隔离

我国拟建的内陆核电项目均将厂址选择在地震活动性水平很低的地区，且均为基岩厂址，场地极限安全停堆地震动水平都不大于 0.2g，而上述可供选择的两种堆型的 SL-2 级抗震设计标准均为 0.3g，因此，在我国内陆核电厂，极不可能发生类似福岛第一核电厂因超设计基准地震造成核安全相关厂房破损而导致放射性污水外泄的事故。理论上，电厂通过安全壳和辅助厂房等实现放射性废液的包容后，通过一定处理措施进行净化，可重新注入安全壳和反应堆系统进行冷却注入，形成闭式循环。然而，作为加强纵深防御的更进一步的层次，考虑了极端情况下对放射性废液的封堵和隔离。

6.1 放射性废液的封堵

日本福岛核事故中，2 号机组厂房内的放射性污水通过地震产生的约 20 cm 长的裂缝进入取水口附近的电缆竖井，并最终流入大海。东京电力公司先后投注了混凝土、木屑、碎报纸等进行封堵[11]。最终投注水玻璃（硅酸钠溶液）后，泄漏完全封堵。该经验反馈表明，水玻璃是有效的封堵阻水剂。

需要指出，水玻璃化学灌浆材料作为阻水剂应用的历史悠久，尤其是在地下工程施工中的应用。由于地下工程的环境是复杂多变的，南北方土壤酸度等条件差异很大，因此需要根据不同厂址的地下环境研制不同种类的综合性能良好的水玻璃浆材（国内外目前将水玻璃应用于工程时，都是根据具体地质条件配制水玻璃浆材）。

各内陆电厂在运行前可根据厂址条件，准备一定数量的阻水剂，当严重事故的纵深防御应用到极其不可能发生的该层次时，用来实现放射性废液的封堵。

6.2 放射性废液的隔离

福岛核事故中，由于电站设计特点所限以及各种因素的叠加，最后造成了放射性废液的泄漏外流。东京电力公司采取了一系列的拦截措施，在 2 号机组放射性废液外流入海的进水道拦沙网增设防泄漏钢板，在拦沙网放置装满沸石的沙袋，以便吸收放射性物质，尽量减少放射性物质向近海的扩散。

该经验反馈可以成功应用到我国拟建内陆核电厂。结合内陆核电厂的厂址特点，在电厂取水口和排水口设置过渡段，过渡段与主要水体之间设置隔离装置。严重事故发生后，当厂房本身不能实现放射性废液的包容时，隔离装置关闭，将放射性废液控制在过渡段内，避免电厂流出物与主要水体的相通，杜绝对自然水体的污染。

另外，内陆核电厂现场可以配备一定数量的放射性物质抑制剂，以备在紧急情况下适用。

7 放射性废液的处理

完成了放射性废液的存贮、封堵和隔离，对电厂周围水体已经不会造成实质性影响。放射性废液的处理作为一个更高层次的要求，将会进一步降低严重事故废液对工作人员的放射性影响。

7.1 放射性废液监测

放射性废液处理的一个前提条件是放射性废液放射性的监测，国内在建核电厂的放射性废液排放系统中，放射性监测是不可或缺的环节[10]，对于严重事故后的放射性废液处理，也应有相关考虑。目前拟建三代核电厂堆型的安全壳内均设置了放射性监测装置，严重事故后只要电力未受影响或已经恢复即可进行放射性监测。对于安全壳失效的极不可能的严重事故，可以对废液滞留的相邻厂房或临时废液存贮设施内的废液进行取样监测或者设置便携式放射性测量装置。监测结果将作为选择废液处理方式的依据。

7.2 福岛废液处理方案

对于福岛第一核电厂 1～4 号机组汽轮机厂房积存的高放射性污水，东京电力公司最开始采用了美国和法国的处理设备，组成了高放射性积水处理设施，其组成包括油分离器、铯吸收装置（美国 Kurion 公司）、放射性去污装置（法国 Areva 公司）、除盐装置（反渗透膜处理）。美国 Kurion 公司的铯吸收装置采用沸石作吸收剂。法国 Areva 公司的放射性去污装置采用化学絮凝以及气浮法和多浮选法工艺。这套装置中的除盐部分采用反渗透和蒸发冷凝工艺，其中，反渗透膜可以使氯浓度从 6 000 ppm 减少到 20 ppm，蒸发装置可以使氯浓度从 12 000 ppm 减少到 1 ppm。全套积水处理设施的可用率可达到 83%，设计的去污因子可以达到 10^6，该设施于 2011 年 6 月 17 日投入运行。

后来，TEPCO 又采用第二套铯吸收装置（SARRY），由日本 Toshiba 公司和美国 Shaw 公司提供，该装置由油分离过滤器、铯吸收塔以及介质过滤器组成，于 2011 年 8 月 19 日投入运行。

福岛两套废液处理装置应用流程如图 4 所示。

按照 TEPCO 的情况报告（2013 年 3 月 5 日），上述两套装置去污因子的水平为：

第一套装置，对于 ^{134}Cs 和 ^{137}Cs 的去污因子分别为 1.2×10^4 和 9.7×10^3；

第二套装置，对于 ^{134}Cs 和 ^{137}Cs 的去污因子分别为 3.5×10^4 和 3.4×10^4。

7.3 福岛经验反馈

福岛事故的废液处理方法为内陆核电厂的放射性废液处理提供了良好的经验反馈。

对于内陆核电厂，废液处理的策略如下：

（1）最可能发生的严重事故情况下，放射性废液包容在安全壳内。在这种情况下可建立闭式处理循环，并辅以临时废水处置设施；

（2）在极不可能发生的安全壳泄漏情况下，放射性废液处理后的清水作为壳内严重事

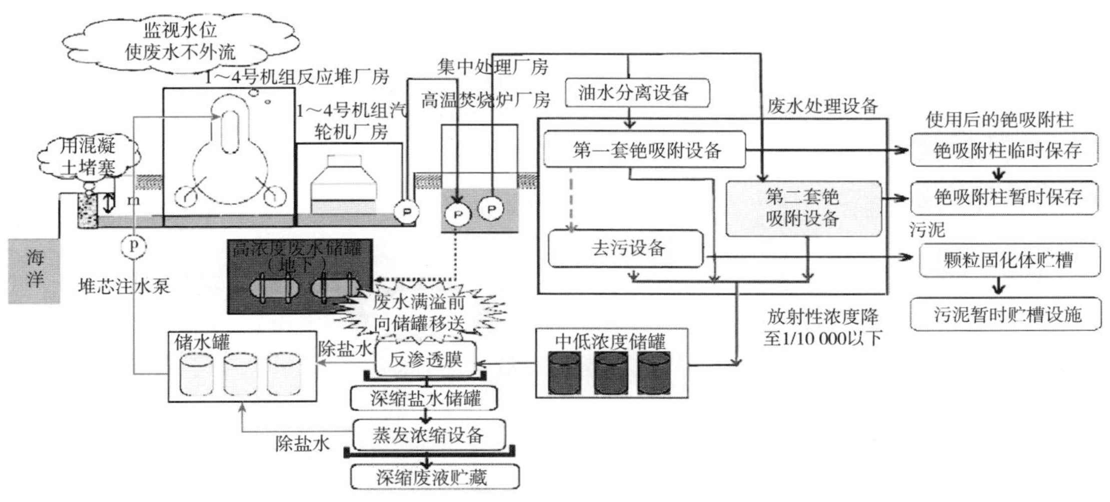

图 4　福岛第一核电厂事故后高放废水处理系统简化框图[12]

故缓解所需水源，争取循环利用；

（3）严重事故中产生的高放射性污水中大部分是半衰期较短的放射性核素，因此，可经过一定时间的衰变后再进行处理，届时主要留存的放射性核素将主要是^{134}Cs 和^{137}Cs。

对放射性废液处理，可选择的工艺有：

（1）除油：通过油水分离装置将放射性事故废液中的油分离，为后续离子交换等介质提供良好的处理水质条件。

（2）无机离子吸附（除 Cs）：第一级采用 Cs 选择性吸附性能高的专用无机离子吸附剂，既有效降低 Cs 浓度，又避免吸附过量导致二次废物放射性水平过高；第二级可采用核电厂通常使用的 Cs 吸附介质“沸石”来进行 Cs 分离处理[13-14]。

（3）采用絮凝沉淀技术：向事故放射性污水中添加化学絮凝剂，使其中尚未被处理的腐蚀产物和胶体进行有效的絮凝，凝聚成为更大絮体后沉淀/吸附分离[9,15]。

（4）反渗透（RO）：事故放射性废液的水质复杂，在含有大量盐类情况下采用反渗透工艺，能够有效降低经放射性净化之后液体中的含盐量。

（5）干燥浓缩：可与 RO 技术配合使用，针对 RO 除盐产生的浓液进行干燥浓缩，以减少二次废物体积。

7.4　国内放射性废液处理装置的研发

在日本福岛核事故发生后，国家能源局组织实施了“在运、在建核电厂应对超设计基准事故安全技术研发计划”，其中包括了《核事故放射性废水应急处理技术及工艺研究》的项目，具体由清华大学核能与新能源技术研究院承担。该项研究始于 2012 年 8 月，计划 3 年内完成样机试制。

中国核电工程有限公司在完成华龙一号设计的同时，针对福岛事故的需求也积极开展了移动式放射性废液处理装置的研发工作，预计 2015 年完成样机研制工作。单台移动式放射性废液处理装置的处理能力预计为 3～5 m^3/h，处理后的液态放射性流出物满足 GB 6249—2011《核动力厂环境辐射防护规定》的相关要求。待工艺成熟后，核电厂严重事故条件下一旦需要投入运行，可迅速进行较大规模的生产和组装，根据核电厂的实际需求，对产生的放射性废液进行处理。

8 结论

我国拟建内陆核电厂 AP1000 和华龙一号具备完善的严重事故预防与缓解措施，因此发生严重事故的概率是极低的［10^{-7}/（堆・年）量级］。业界专家也普遍认为，内陆核电厂严重事故对水资源安全可能带来的风险是极小的。然而，为提升公众对于内陆核电厂的信心，本报告针对内陆核电可能修建的 AP1000 和华龙一号核电厂堆型，提出了内陆核电厂严重事故工况下确保水资源安全的应急预案。该应急预案从纵深防御的角度确定了“可存贮”“可封堵”“可隔离”和“可处理”的原则。通过福岛核电事故经验反馈，以及针对 AP1000 和华龙一号的设计特点进行了论证，认为：

(1) AP1000 和华龙一号与福岛核电厂堆型不同，并且设计理念经过几十年的更新，具备完善的严重事故预防与缓解措施，不太可能发生类似福岛的造成大量放射性释放的事故。

(2) AP1000 和华龙一号在严重事故后废水预计产量在几千立方米左右，这些废水最可能发生的情况是在安全壳闭式循环，带出衰变热。即便考虑一部分泄漏补水，严重事故后产生的放射性废水总量也仅保持在不到一万立方米的水平。

(3) AP1000 和华龙一号的安全壳厂房和相邻的抗震厂房具备很大的容积实现放射性废液的包容。此外，还可以综合利用厂区其他滞留池、废液灌等措施，容量完全能够满足放射性废液贮存的需要。

(4) 进一步纵深考虑厂房裂缝、放射性废液泄漏出厂房的情况。根据福岛经验反馈，对封堵已有水玻璃等阻水材料，后续工作中对特定电厂可进行论证；对于放射性废液的隔离可设置过渡段连接取排水口与主要水体，在事故工况下可实现隔离。

(5) 对于放射性废液的处理，福岛已有两套运行的处理设备成功处理废水的经验。国内相关科研单位也在进行设备的研发，近期会完成样机试制。放射性废液处理从技术上不存在瓶颈。

综上所述，AP1000 和华龙一号从堆型方面考虑对严重事故工况下确保水资源安全不存在缺陷。对特定电厂的可存贮、可封堵、可隔离和可处理的能力，建议如下：

(1) 针对特定厂址，应通过研究厂址条件，明确适用的阻水剂，当严重事故的纵深防御发展到极其不可能发生的该层次时，用来实现放射性废液的封堵。

(2) 特定厂址应研究适用的“过渡段”方案，最终确定的“过渡段”方案应能实现事故后核电厂与主要自然水体的隔离。

(3) 日本福岛有应用美国和法国设备成功处理放射性废水的经验，但作为核电大国，我国也应大力支持自主设备的研发。最终研发成型的设备，建议由国家核应急组织统一布置和调配使用。

参考文献

[1] 日本政府核应急指挥部．日本政府在国际原子能机构和安全部长级大会上的报告——东京电力公司福岛核电厂事故，2011.

[2] Tokyo Electric Power Company. Summary of radioactive accumulated water treatment system. June 9. 2011.

[3] 中国核电工程有限公司．ACP1000 总体设计方案报告，A 版．2012.

[4] 中广核工程设计有限公司．ACPR1000＋研发项目严重事故预防和缓解措施总体研究报告，A 版．2010.

[5] 林诚格，等．非能动安全先进压水堆核电技术．北京：原子能出版社，2010.

[6] Westinghouse Electric Company. Framework for AP1000 Severe Accident Management Guidance. April, 2006.

[7] 中国核电工程有限公司．ACP1000 严重事故导则．2013. 12.

[8] 核能行业协会．内陆核电厂严重事故工况下确保水资源安全的应急预案研究．2013 年 3 月．

[9] 骆欣，等．共沉淀法在水处理中的应用研究进展，中国给水排水，2013. 10.

[10] 汪萍，等．浅谈核电厂事故工况下放射性废液处理和排放系统的能力，21 世纪初辐射防护论坛第九次会议．2011.

[11] 李冰，等．福岛第一核电厂事故后放射性废液的泄漏/排放及辐射影响评估，21 世纪初辐射防护论坛第九次会议．2011.

[12] 余少青，等．日本福岛核电厂事故后高浓度放射性废水处理系统介绍及其应用启示．辐射防护，2013. 09.

[13] 李永青，等．放射性废水处理方法及国内外处理状况．中国环境科学学术年会论文集，2009.

[14] 杨腊梅，等．放射性废水处理技术研究进展．污染防治技术，2007. 08.

[15] 朱蕙．放射性废水的处理．水处理技术，1988. 04.

（**执笔人：**赵　博、马如冰；
审稿人：周如明）

第七篇

放射性废物中等深度处置

目　　录

1 引言

1.1 放射性废物处置

放射性废物是核能和核技术利用的必然产物，放射性废物安全管理事关人体健康和环境安全，事关核能和核技术利用事业的健康发展。放射性废物主要来自核燃料生产、反应堆运行、乏燃料后处理、核技术利用以及核设施退役、核试验等过程。放射性废物按其物理形态，分为气载废物、液体废物和固体废物三类；根据放射性废物的特性及其对人体健康和环境的潜在危害程度，分为高水平放射性废物、中水平放射性废物和低水平放射性废物三类。

放射性废物管理包括放射性废物的预处理、处理、整备、运输、贮存和处置在内的所有的行政和技术活动，通常把有潜在利用价值的放射性污染设备和材料的管理、退役与环境整治也包括在放射性废物管理的范围内。放射性废物管理涉及废物从“产生”到“处置”生命周期的全过程，处置是放射性废物管理链的终点，又是放射性核素向环境迁移，进入生物链的起点。放射性废物管理目标是以优化方式对放射性废物进行全过程管理，使当代和后代人的健康和环境不受危害，不给后代增加不适当的负担，保证核工业和核科学技术可持续发展。

放射性废物管理遵循如下原则：①保护人类健康；②保护环境；③超越国界的保护；④保护后代；⑤不给后代留下过度的负担；⑥建立国家法律框架；⑦控制放射性废物的产生；⑧废物的产生和管理各步骤之间的相互依赖；⑨废物管理设施安全[1]。放射性废物管理以安全为目的，以处置为核心。

放射性废物处置通常是指把放射性固体废物放置在经批准的、专门的设施内，预期不再回取。是通过工程屏障（通常包括废物体、包装容器、缓冲/回填材料、处置单元）和天然屏障构成的多重屏障系统，来实现对放射性废物的包容和隔离，使其对人类和环境的影响减小到可接受的程度。其要点是：①被处置的对象为符合处置要求的废物体或废物包；②需要按审管要求在指定的场址上建设一个处置设施；③废物处置必须经过审管部门批准；④处置意味着不打算回取废物；⑤处置系统的功能是保证废物与人类环境长期隔离。这里所说的隔离包括限制废物包中的放射性核素向环境释放和保护废物不受环境过程的影响两重含义在内。所要求的隔离期限取决于废物中主要核素的半衰期及放射性活度浓度。

通常，按照放射性废物的潜在风险对放射性固体废物实施分类处置，不同类型的放射性处置在不同深度的设施中，也有的国家采用在同一处置库中处置多种类型废物。国际原子能机构推荐对极短寿命废物实施贮存衰变处置、对极低放废物实施填埋处置、对低放固体废物实施近地表处置，对中放废物实施中等深度处置，对高放废物实施深地质处置（如图 1 所示[2]）。对于不同类型处置设施的深度，并没有严格的定量界线，而是一个范围，甚至有交叉。如近地表处置设施，通常是指处置深度在地表到几十米的范围内，中等深度处置的深度，是指在几十到几百米的范围内，地质处置深度通常大于几百米。

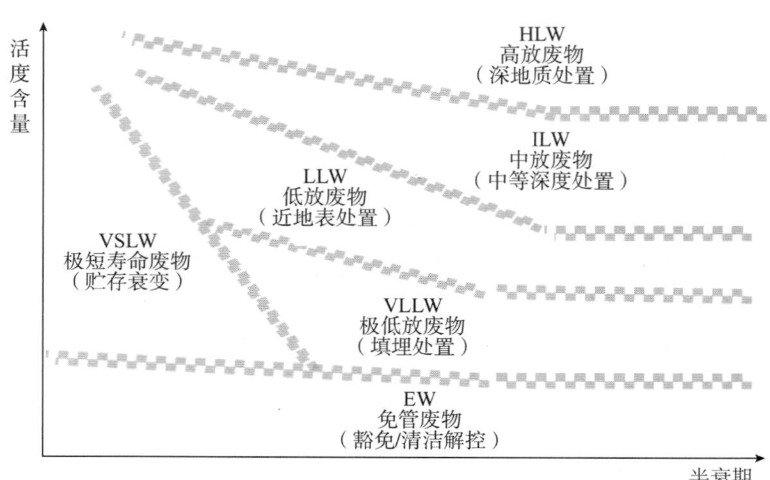

图1　放射性物质的分类处置

1.2　我国放射性废物处置现状

1.2.1　放射性废物分类

我国现行的《放射性废物的分类》国家标准（GB 9133—1995），按物理性状将放射性废物分为气载废物、液体废物和固体废物。按放射性活度水平，将废物分为豁免废物、低水平放射性废物（以下简称低放废物）、中水平放射性废物（以下简称中放废物）、高水平放射性废物（以下简称高放废物）。放射性气载废物和液体废物按照放射性浓度水平分为不同的等级，放射性固体废物首先按其所含核素的半衰期长短和发射类型分为五类（分为半衰期小于或等于 60 d，半衰期大于 60 d、小于或等于 5 a，半衰期大于 5 a、小于或等于 30 a，半衰期大于 30 a，α 废物），然后按其放射性活度浓度分为不同的水平。

我国《放射性污染防治法》规定，低、中水平放射性固体废物实行近地表处置，高放和 α 废物实行深地质处置。

1.2.2　低中放废物处置

从 20 世纪 80 年代起，中国启动有关放射性废物处置工作。1983 年，原核工业部科学技术委员会成立了放射性废物处理处置专业组[3]。

低中放固体废物处置场的场址预选工作开始于 20 世纪 80 年代初，由原核工业部组织实施。按照当时核设施的分布，处置场选址工作主要集中在华南、华东、西北及西南等地区。按照区域，在经过场址筛选和现场调查的基础上，分别推荐了候选场址。

1992 年，国务院颁布了《关于我国中、低水平放射性废物处置的环境政策》（以下简称“45 号文”），明确了低中放废物处置的环境政策。该文件要求，在低中放废物相对集中的地区陆续建设国家低中放固体废物处置场，分别处置该区域或临近区域内的低中放固体废物。该政策文件的颁布对低中放废物处置场的选址、建造等工作产生了积极的推动作用。1998 年和 2000 年分别建成了西北低中放固体废物处置场和广东北龙低中放固体废物处置场。这两个低中放固体废物处置场于 2011 年 2 月获得运行许可证。位于四川的飞凤山低中放固体废物处置场正在建设中。

西北低中放固体废物处置场运行许可证的有效期从开始接收低中放固体废物到关闭批准文件生效前。广东北龙低中放固体废物处置场运行许可证的有效期为从开始接收废物到关闭批准文件生效前。按照许可文件，处置场营运单位每 10 年需进行一次定期安全分析，并将评价结果报送国家核安全局审查。在处置单元关闭前一年，营运单位应向国家核安全局提交关闭阶段的申请文件及其支持性材料。辐射环境监测表明，这两个处置场的试运行未对周围环境的放射性水平造成影响，迄今为止未发生任何辐射事故。

按照《中华人民共和国放射性污染防治法》的要求，有关部门正在组织编制放射性固体废物处置场所选址规划，已完成规划的起草工作，正待有关部门审查批准。其原则是统筹规划，分步实施，确保安全，经济便利。根据核电发展及低中放固体废物产生量随时间和区域的分布，统筹规划全国低中放固体废物区域处置场的区域划分、处置场的场址、处置场的容量、处置场建设计划等。在统筹规划的基础上，制定阶段性的实施方案，使全国处置场的数量、各个区域处置场的处置能力与该区域的废物处置需求相适应。规划的目标是，2020 年前，完成华南、华东、西北、西南和北方地区 5 个区域处置场选址及首期工程建设，规划容量 100 万 m^3。在选定的场址建造区域处置场时，根据所在区域的低中放废物产生量，分不同阶段进行建设，逐步扩充处置能力，实现处置资源的有效利用。低中放废物处置的安全性主要包括处置的安全性和运输的安全性。在确保安全的前提下，综合考虑运输的安全性、经济性和便利性，合理安排各区域处置场的覆盖范围[4]。

当前我国低中放废物处置面临的突出问题是，部分地区低中放废物处置场选址困难，核电建设与处置场建设不配套。由于缺乏适宜的处置场，秦山核电基地、江苏核电等电厂的低中放固体废物不能及时处置，部分废物的贮存期已超过了国家规定的 5 年贮存年限，存在一定的安全风险。

1.2.3 高放废物地质处置

高放废物是一种放射性强、毒性大、核素半衰期长、发热的特殊废物。高放废物在所有放射性废物中只占很小体积，却包含了 99%的放射性活度，对其进行安全处置难度极大，面临一系列的科学、技术、工程、人文和社会学挑战。如何安全处置高放废物已引起国际社会的广泛关注，并成为确保核能可持续发展必须面对的关键问题之一。目前，深地质处置是国际上公认的安全处置高放废物可行的处置方式，我国颁布的《放射性污染防治法》也明确规定“高水平放射性固体废物实行集中的深地质处置”。所谓深地质处置，即把高放废物放置在距离地表深约 500～1 000 m 的地质体中，通过工程屏障（废物体、包装容器和缓冲/回填材料等）和天然屏障（地质体）使之永久与人类的生存环境隔离。这种处置高放废物的地下工程一般称为高放废物地质处置库。

安全地处置高放废物的最大难点在于如何使高放废物与人类生存环境可靠地隔离；如何评价高放废物处置库在一万年的时期内的长期稳定性和安全性等。同时，整个处置过程前人从未经历过，缺乏实际工程经验。因此，对该类废物的处置是一项极其复杂的系统工程，它具有长期性、复杂性、艰巨性、综合性和探索性等特点，主要表现在[5]：

(1) 安全评价期极长。国际上一般认定的安全评价期为 1 万年（美国现在要求一百万年）。这是世界上迄今为止要求安全评价期最长的工程，缺乏可借鉴的前人经验，因此，具有很大的探索性和极端的不确定性。

（2）研究开发难度大，周期长。高放废物地质处置库不同于一般的地下工程，其设计与建设须以突破一系列关键科技和工程难题为前提和支撑。从目前国际上的实践经验来看，从高放废物处置库场址预选到建成处置库一般需要 50 年左右时间。

（3）研究开发投资大。投资数额视各国具体情况而定，如美国尤卡山处置库，从选址到建成整个处置库的周期内的总预算是 578 亿美元，拟处置 9.4 万 t 乏燃料。国际上乏燃料处置的平均单位成本约 66.3 万美元。

中国高放废物深地质处置研究始于 1985 年。在原核工业部组织下制定了初步的研究发展计划，安排了工程、地质、化学、安全等四个领域的研究工作。建立了模拟地质处置中化学环境的研究试验装置；建立了一系列研究试验方法和分析方法；初步开展了地质处置的安全分析研究；开展了高放废物处置设施场址预选和选址研究，对华东、华南、西南、内蒙古和西北等 5 个预选片区进行比较，重点研究了西北预选区的场址特征。

2006 年，国家原子能机构、科技部和原国家环境保护总局联合颁布了《高放废物地质处置研究与开发规划指南》。该指南提出中国高放废物地质处置研究的总目标是选择地质稳定、社会经济环境适宜的场址，在 21 世纪中叶建成国家高放固体废物地质处置设施，通过工程屏障和地质屏障的包容、阻滞，保障国土环境和公众健康在长时间内不会受到高放废物的不可接受的危害[6]。

该规划指南将研究开发和处置设施工程建设划分为三个阶段：试验室研究开发和处置设施选址阶段（2006—2020）、地下试验阶段（2021—2040）、原型处置设施验证与处置设施建设阶段（2041—21 世纪中叶）。2020 年前后，完成各学科领域试验室研究开发任务（前期），初步选出处置设施场址，完成地下实验室的可行性研究，并完成地下实验室建造的安全审评。2040 年前后，完成地下实验室研究开发任务，初步确认处置设施场址，完成处置设施预可行性研究报告，完成原型处置设施可行性研究和安全审评。21 世纪中叶，完成原型处置设施验证实验，最终确认处置设施场址，完成处置设施可行性研究和处置设施建造的安全审评，建成处置设施，通过处置设施运营的安全审评[6]。

《核电中长期发展规划（2005—2020 年）》明确提出了 2020 年建成我国高放废物地质处置地下实验室的目标。

1.3 长寿命中放废物和废放射源处置是当前亟须解决的问题

中放废物，尤其是含长寿命核素较多的中放废物处置是当前我国亟须解决的问题。我国《放射性污染防治法》规定，低中放废物实施区域近地表处置，但正如 IAEA 在相关安全要求和安全导则中指出的那样，一个具体的处置设施所能接收的废物，需要在安全评价的基础上确定。近地表处置设施可以接收废物中长寿命核素活度浓度限值取决于处置设施的设计和管理控制措施（如监护控制期）。因此审管部门一般会按照处置设施的场址条件、工程屏障特性等，确定处置设施具体可接收废物的限制条件。一些国家采用单个废物包平均 400 Bq/g（单个废物包 4 000 Bq/g）作为长寿命 α 废物核素的接收限值，对于长寿命的 β、γ 核素，如 ^{36}Cl，^{14}C，^{63}Ni，^{93}Zr，^{94}Nb，^{99}Tc 和 ^{129}I，允许接受的活度浓度可以更高一些

(最高到几万 Bq/g)[2]。

我国目前已运行或正在建造的中低放废物处置场，都位于地表或半地下，处置深度较浅，处置设施关闭后容易受到自然现象和人为活动的干扰。含长寿命核素较多的中放废物，核素活度浓度相对较高，核素半衰期长，在近地表处置设施所要求的 300～500 年安全隔离期后，废物的放射性水平仍较高，处置在现有的近地表处置设施无法保证其长期安全。如进行地质处置，安全是有保障的，但存在处置成本高，已产生的废物不得不长期贮存等问题。

当前，我国核设施运行和退役已产生了部分长寿命中放废物，一些新建核电厂采用的废物处理技术，也将会产生放射性水平较高的中放废物，这些废物有相当部分不满足现有近地表处置设施接收要求，无法及时处置，我国急需解决长寿命中放废物处置问题。在 2012 年 5 月召开的《乏燃料管理安全和放射性废物管理安全联合公约》审议会上，国际同行已指出，我国应确定这些废物的处置路线，及时处置长寿命中放废物。

废放射源的最终处置，是我国放射性废物处置面临的一个难点问题。我国已积存数万枚废放射源，由于没有处置出路，不得不长期贮存。废放射源集中贮存库已成为一类新的危险源。虽然近年来，我国已陆续开展了废放射源处置的科研工作，包括废放射源的分类、废放射源的整备和近地表处置场废放射源接受限值等，但距实施废放射源处置还有一定的距离。

2　国际上中等深度处置进展

国际上，中等深度处置是指处置深度在地下几十到几百米范围内。与近地表处置相比，中等深度处置可大大减少地表作用（如地表剥蚀）的影响，降低人为闯入的概率（如图 2 所示)，其长期安全不依赖于监护控制，增加了对废物的隔离能力，因此适用于处置含有较多数量的长寿命放射性核素、需要比近地表处置设施具有更高包容和隔离能力的放射性废物。与近地表和地质处置类似，中等深度处置结合了工程和天然屏障系统的安全功能，通过这些屏障系统在一定时间和空间范围内实现对放射性核素的包容和隔离作用，达到保护人类健康和环境安全的目的。

近年来，IAEA、法国、日本、美国已在开发专门的长寿命废物中等深度处置技术。瑞典、芬兰、韩国等国家采取低放废物和中放废物在一个处置库进行处置的策略，处置层到地表的距离都在几十米到上百米，属于中等深度处置范畴。

2.1　IAEA

2009 年，IAEA 发布了新修订的《放射性废物分类》安全导则。该导则的一个显著特点是从放射性废物长期安全的角度对放射性废物进行分类，将废物类别与处置方式直接对应，具体分类如图 1 所示。在分类导则中，明确指出对中放废物推荐采用中等深度处置。

IAEA 近年来制定或修订了几个重要的放射性废物处置的安全要求和安全导则，如《放射性废物处置安全要求》《放射性废物处置安全全过程系统分析和安全评价》(the safety case and safety assessment for the disposal of radioactive waste)、《放射性废物近地表处

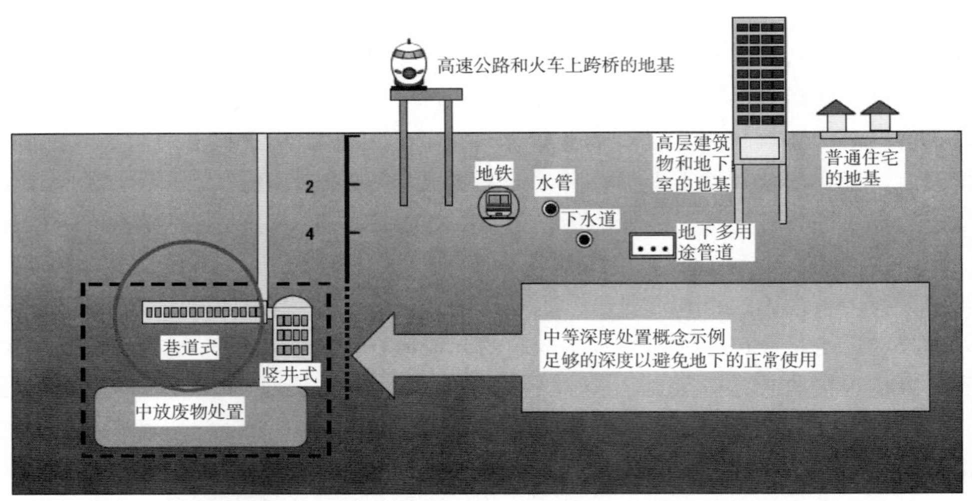

图 2　处置深度与人为活动影响深度示意图

置设施》《放射性废物地质处置设施》。在《放射性废物处置安全要求》《放射性废物处置安全全过程系统分析和安全评价》中都要求在处置设施计划、选址、建造、运行、关闭阶段对处置设施的场址适宜性、工程屏障的牢固性、关闭后的辐射影响和不确定性进行全面论证和评价。

近年来，IAEA 组织召开几次中放废物处置、放射性废物中等深度处置研讨会。2008 年在韩国召开了放射性废物中等深度处置研讨会，法国、瑞典、日本等国家的代表分别介绍了其中等深度处置的研发状况，会议围绕国家的放射性废物管理战略、中等深度处置方案、中等处置的安全概念、现有和计划的中等深度处置设施、面临的挑战五个方面进行了交流和讨论。

2011 年，IAEA 启动了中放废物处置的安全问题研究工作，目前已召开了两次技术会议，形成了安全报告草案。

IAEA 支持非洲开发了废放射源钻孔处置方案，完成了处置概念开发、安全评价等一系列工作[7]，出版了《放射性废物钻孔处置设施》安全导则。

此外，IAEA 还出版了《长寿命低放和中放废物的处置方案》报告。

2.2　瑞典

瑞典在福斯马克（Forsmark）核电厂附近建造的瑞典最终处置库（SFR，Swedish Final Repository），是专门为处置低中放废物开挖的岩洞处置设施。该处置库位于波罗的海海底以下 60 m 深处的片麻岩和花岗岩中，海水深约 5 m，按处置深度分类属于中等深度处置。

SFR 处置库采用巷道式和筒仓式相结合的结构，处置设施主要由四个处置巷道、一个立式筒仓、一个地下服务设施和两个运输巷道组成，如图 3 所示。设计废物处置容量为90 000 m^3，足够容纳瑞典 12 个核电厂反应堆产生的低中放废物。4 个水平巷道和立式筒仓都由混凝土建造而成，其中巷道主要用来处置活度较低、半衰期较短的低中放废物。4 个巷道中，BLA 巷道用于处置低放废物，允许处置废物包最大表面剂量率为 2 mSv/h；巷道 BTF-1 用来处置焚烧灰及反应堆容器盖等大件废物，可接受废物包最大表面剂量率为 10 mSv/h；巷道 BTF-2 用来处置脱水的废树脂；巷道 BMA 用来处置中放废物，主要为固化的高辐射水平废树脂，采用远距离遥控操作，可接受废物包的最大表面剂量率为 100 mSv/h。立式筒仓建于岩洞中，岩洞和筒仓壁间的空隙充填膨润土，用来处置活度较高、半衰期长的低中放废物，可接受废物包最大表面剂量率为 500 mSv/h，用远距离控制桥式起重机装卸废物[8]。

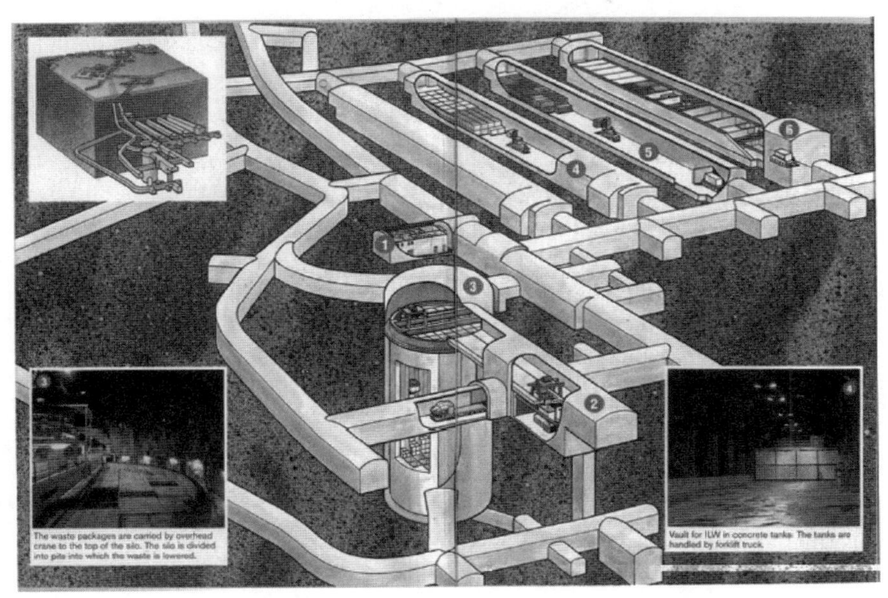

图 3　瑞典 SFR 低中放废物处置设施示意图

1—控制室；2—桥式吊车；3—筒仓；4—BTF 处置巷道；5—BLA 处置巷道；6—BMA 处置巷道

SFR 处置库从 1988 年开始接受废物，监测结果表明，由于采用遥控操作，运行期间工作人员的受照剂量远小于审管部门规定的限值，而且也没有发现放射性核素向环境释放。这说明该处置方式能满足放射性废物处置的安全要求，同时也说明这种处置技术是成熟的。

为了解决核电厂退役废物的处置问题，瑞典考虑对 SFR 处置库进行扩建，再建造 8 个处置巷道（如图 4 所示），扩容 12 万 m^3，目前已完成初步设计和环境影响评价，预计 2013 年申请建造许可，2020 年投入运行。

SFR 处置场建设投资 7.4 亿瑞典克朗，运行费用 4200 万瑞典克朗/年，处置废物收费标准为 2 300～4 500 美元/m^3。SFR 经费主要来自瑞典核电厂按发电量每年建立的基金。

2.3　法国

法国将低中放废物按其所含长寿命放射性核素的活度浓度水平又分为短寿命低中放废物、长寿命低放废物和长寿命中放废物，分别采用不同的处置方式，如短寿命低中放废物采用近地表处置、长寿命低放废物采用中等深度处置（约 15～200 m）和长寿命中放废物

图 4　SFR 处置库扩建示意图

采用地质处置，法国的放射性废物分类及处置方式见表 1，不同放射性废物整备后的体积见表 2[9]。

表 1　法国放射性废物分类及处置方式

<table>
<tr><td>极低放废物（VLLW）</td><td rowspan="4">极短寿命废物</td><td colspan="2">极低放废物</td></tr>
<tr><td>低放废物（LLW）</td><td rowspan="2">短寿命低中放废物
（近地表处置）</td><td>长寿命低放废物
（中等深度处置）</td></tr>
<tr><td>中放废物（ILW）</td><td>长寿命中放废物
（地质处置）</td></tr>
<tr><td>高放废物（HLW）</td><td>高放废物
（地质处置）</td><td></td></tr>
<tr><td></td><td>$T_{1/2}<100$ d</td><td>$T_{1/2}<31$ a</td><td>$T_{1/2}>31$ a</td></tr>
</table>

表 2　法国不同类型放射性废物整备后的体积　　（m^3）

废物类型	2007 年	2020 年	2040 年
极低放废物	231 688	629 217	869 311
短寿命低中放废物	792 695	10 009 675	1 174 193
长寿命低放废物	82 536	114 592	151 867
长寿命中放废物	41 757	46 979	51 009
高放废物	2 293（乏燃料 74）	3 679（乏燃料 74）	5 060（乏燃料 74）
总体积	1 152 533	1 804 142	2 251 449

其中长寿命低放废物主要包括含镭废物和石墨废物，含镭废物主要来自于冶金加工，体积约为 7 万 m^3，而石墨废物主要来自于气冷堆运行和退役过程中更换和拆除的慢化剂材料，体积约为 10 万 m^3，此外还有一些废放射源和沥青固化废物等也属于此类废物，体积约为（3～4）万 m^3，主要来源及分布如图 5 所示。法国国家废物管理机构（Andra）负责此类废物的处置，计划将其处置在低渗透性的黏土岩中，其中含镭废物处置在地下 15

m 左右的浅地层，而石墨废物则处置在地下 200 m 的中等深度，如图 6 所示。目前正在开展相关的选址工作，预计 2013 年完成选址，2019 年开始运行[9-10]。

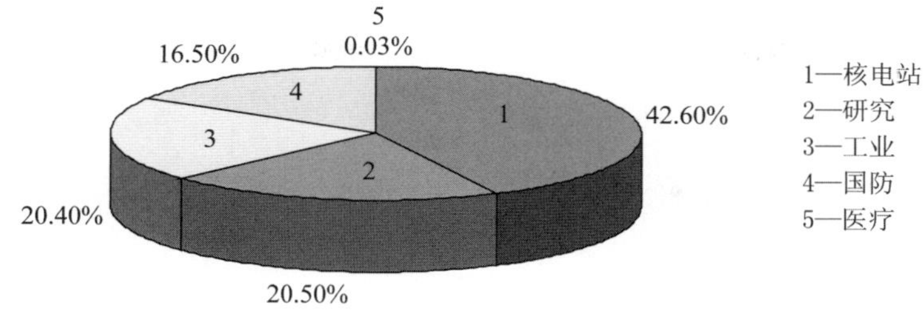

图 5　法国中等深度处置废物的分布

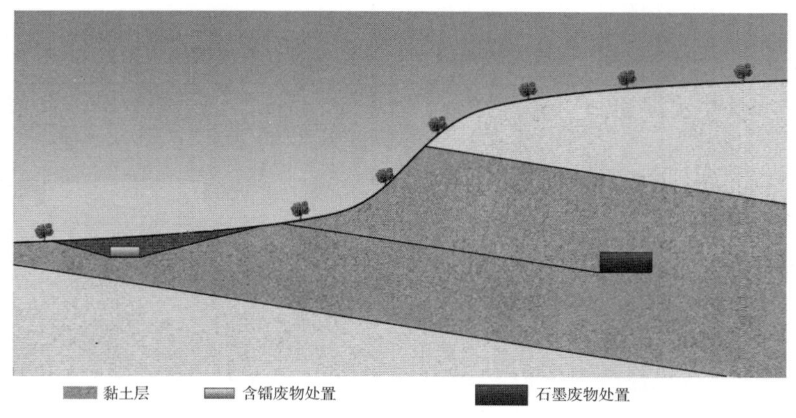

图 6　法国中等深度处置概念

2.4　美国

美国 1995 低放废物政策法修正案[11]对低放废物采取排除法定义。该法将低放废物定义为：除乏燃料、高放废物和副产品之外的放射性废物。根据低放废物的危害大小和处置要求，又将其分为 A、B、C 和超 C 类四种类型，A、B 和 C 三种类型的废物可近地表处置，其中对 C 类废物的要求最严格，要求采取专门的措施防止无意闯入。当低放废物中放射性核素浓度大于 C 类的限值时，则归属于超 C 类废物。对于超 C 类废物，现行的法规要求实施地质处置。美国低放废物的分类见表 3 和表 4[12]。

美国能源部（DOE）将其管理的放射性废物分为高放废物，超铀废物和低放废物。对高放废物和超铀废物要求进行地质处置，其中超铀废物是指每克重量中含半衰期超过 20 年的 α 发射体超铀同位素大于 100 nCi（3.7×10^6 Bq/kg）的废物。

表 3　美国低放废物（LLW）分类（短寿命放射性核素）

放射性核素	半衰期/a	活度浓度限值/（Bq/m^3）		
		Ⅰ	Ⅱ	Ⅲ
半衰期小于 5 年的放射性核素	<5	2.6E+13	—	—
^{3}H	12.3	1.5E+12	—	—
^{60}Co	5.3	2.6E+13	—	—
^{63}Ni	92	1.3E+11	2.6E+12	2.6E+13
^{63}Ni（在活化金属中）	92	1.3E+12	2.6E+13	2.6E+14
^{90}Sr	28	1.5E+09	5.6E+12	2.6E+14
^{137}Cs	30	4.0E+10	1.6E+12	1.7E+14

注："—"表示无活度浓度限值。

表 4　美国低放废物（LLW）分类（长寿命放射性核素）

放射性核素	半衰期/a	活度浓度限值/（Bq/m^3）
^{14}C	5.73E+03	3.0E+11
^{14}C（在活化金属中）	5.73E+03	3.0E+12
^{59}Ni（在活化金属中）	8.0E+04	8.1E+12
^{94}Nb（在活化金属中）	2.0E+04	7.4E+09
^{99}Tc	2.12E+05	1.1E+11
^{129}I	1.7E+07	3.0E+09
半衰期大于 5 年的 α 放射性核素		3.7E+06（Bq/kg）
^{241}Pu	1.52E+01	3.5E+6（Bq/kg）
^{242}Cm	163（d）	2.0E+7（Bq/kg）

1984—1989 年，美国能源部在内华达州试验场址对部分放射性废物进行了大孔径钻孔处置（GCD），主要处置两类放射性废物：①不符合近地表处置接收标准，即比活度较高的低放废物；②少量超铀放射性废物。钻孔直径为 3 m，深度为 36 m，其中处置区域占用 15 m，用于放置废物货包，其余 21 m 为处置回填区，一般用当地冲积层岩土回填，钻孔底部距地下水位约 200 m。

该场址共有 13 个钻孔，其中 4 个钻孔（如图 7 所示）用来处置超铀废物，共处置活度约 1.22×10^{13} Bq 的 ^{239}Pu（大约 60 000 kg 的超铀废物货包）。1989 年，美国能源部委托圣地亚（Sandia）国家实验室对该场址进行安全评价。2000 年圣地亚国家实验室提交了最终的安全报告，主要的评价结果表明，在内华达试验场址利用钻孔设施处置超铀废物是非常理想的，处置系统可以长期有效隔离放射性核素，达到保护人类健康的目的[13]。

美国正在研究对核电厂产生的活化金属废物、废放射源和 DOE 产生的部分超铀废物［即美国放射性废物分类中的超 C 类废物（GTCC）］进行中等深度处置，预计需要处置的废物量约 12 000 m^3，总活度约 160 MCi。其中活化金属废物 2 000 m^3，活度 160 MCi；废密封源体积 2 900 m^3，活度 2 MCi；其他废物（含超铀废物）6 700 m^3，活度 1.3 MCi[13]。

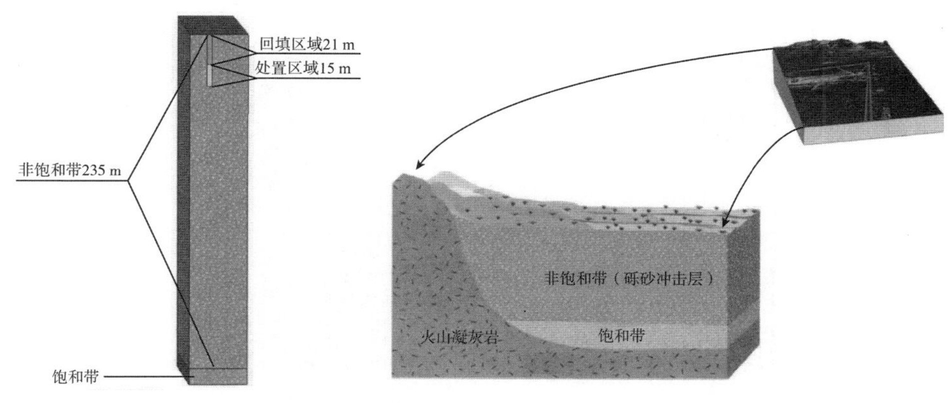

图 7　美国内华达州试验场址钻孔处置示意图

考虑的处置方式是钻孔处置。

美国能源部已完成了 GTCC 废物处置环境影响初步评价。评价结果显示，如果将预计产生的 12 000 m^3GTCC 废物全部采用大口径的钻孔在汉福特场地处置，则产生的公众附加剂量不会超过 0.048 mSv/a，比处置在强化工程屏障的近地表处置设施要低 1 个数量级[14]。能源部估算了不同处置方案所需经费，具体见表 5。

表 5　美国超 C 类废物处置费用估算　（百万美元）

处置方案	建造经费	运行经费	总经费
WIPP（地质处置）	14	560	570
中等深度钻孔	210	120	330
强化工程屏障近地表沟式	88	160	250
强化工程屏障地表窖式	360	160	520

从表 5 中可以看出，中等深度钻孔处置的费用比在有强化工程屏障的沟式处置设施中要稍高一些，但明显低于窖式强化工程屏障和地质处置库中处置的费用。

2.5　日本

日本的低放废物定义与美国相似，即除高放废物外其他的放射性废物都属于低放废物。根据不同的处置方式又将其分为以下四类[15]（如图 8 所示）：①可在无工程屏障的近地表处置设施中处置的低放废物，即极低放废物；②可在有工程屏障的近地表处置设施中处置的低放废物，主要是核电厂反应堆运行及维护过程中产生的低放废物；③可在有工程屏障的中等深度处置中处置的低放废物，即含长寿命放射性核素浓度较高的低放废物；④地质处置的低放废物，即含超铀核素较多的低放废物，也称为超铀废物（TRU），目前该方案正在讨论中。日本各低放废物处置设施放射性核素活度浓度限值见表 6。

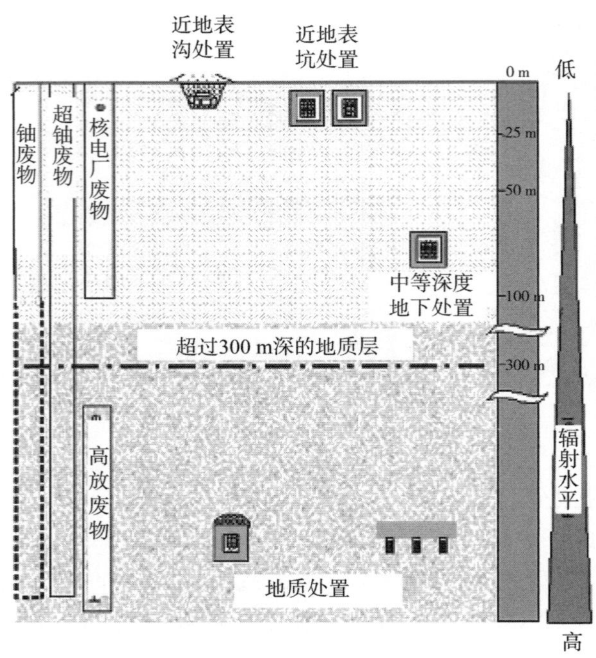

图 8　日本放射性废物处置概念

表 6　日本各低放废物处置设施的活度浓度限值

核素	低放废物浓度限值/（Bq/kg）		
	中等深度处置	近地表处置（有工程屏障）	近地表处置（无工程屏障）
^{14}C	1.0E+13	1.0E+08	
^{36}Cl	1.0E+10		
^{60}Co		1.0E+12	1.0E+07
^{63}Ni		1.0E+10	
^{90}Sr		1.0E+10	1.0E+03
^{99}Tc	1.0E+11	1.0E+06	
^{137}Cs		1.0E+11	1.0E+05
α 核素	1.0E+08	1.0E+07	

日本中等深度处置设施处置的低放废物主要是指核电厂运行、堆芯拆除和退役、后处理厂运行和退役以及铀浓缩和燃料组装过程中产生的含长寿命放射性核素（如^{14}C等）浓度大于近地表处置场接收限值的废物，估计废物量将近 20 000 m^3。根据日本原子能委员会的报告，中等深度处置设施的要求是：①处置深度应大于人类正常活动的深度，通常距地表 50～100 m，且处置区域无自然资源；②所选场址地质和水文条件合适；③提供足够的工程和天然屏障系统；④需要几百年有组织的控制。

从2001年开始，日本核燃料有限公司（JNFL）在据东京约700 km的Rokkasho进行了初步的场址调查，面积约7.5 km^2，目的是为了确定在该区域实施放射性废物中等深度处置的可行性。2002—2005年对该场址开展了地质条件和地下水方面的详细调查（如图9所示），通过详细的场址调查，基本探明了场址区域岩石圈中的裂隙分布、地下水流动和地球化学特性等，从而为安全审评收集了比较详细的数据。此外还对围岩在巷道开挖过程中扰动带位移的变化进行了测量，从区域地质条件稳定性方面确定该区域是否适合建设中等深度处置设施[15]。

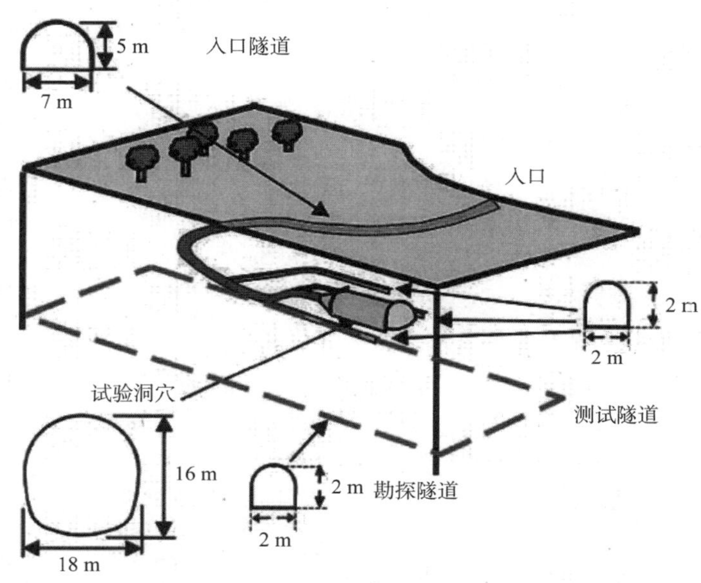

图9　日本中等深度处置场址调查示意图

日本中等深度处置设施的概念设计如图10所示，采用类似瑞典SFR处置库水平巷道结构，多重工程屏障系统由废物包（金属容器）、填充物（低扩散性）、膨润土（低渗透性）和回填材料组成，处置设施周围的岩石圈则构成天然屏障，从而为放射性废物的安全处置提供足够的包容和隔离能力，将其辐射危害降低到可接受的水平。

为了推动中等深度处置的可行性研究，日本政府于2005财年启动了处置设施的示范试验，2007财年开始在一个实体地下环境中建造全尺寸的模拟试验装置，试验的主要目的是确定施工方法和流程，以确保工程屏障达到预期质量。从2008年开始，先后开展了地层缓冲层震动密实的建造、低扩散层的建造、喷涂法建造侧层缓冲层、填充材料的建造、振动密实法建造侧面缓冲层等现场试验。结果表明，施工具有可行性，并达到了质量目标[16]。

2.6　南非

南非原子能公司（NECSA）计划开发一种区域性的中等深度钻孔处置设施，对非洲

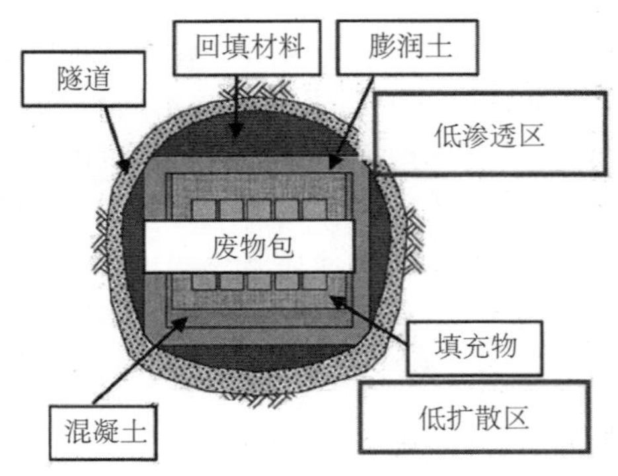

图 10 日本中等深度处置工程屏障概念设计

国家产生的废放射源进行集中处置，该钻孔处置概念设计的钻孔直径为 260 mm，为小孔径钻孔处置，其中内部套筒直径为 160 mm，底部浇注水泥底座。废放射源处置容器为不锈钢材料，其直径为 114 mm，高为 230 mm，厚度约为 3 mm。将废放射源放置于不锈钢封装管中，把封装管盖焊接密封后，将整个封装管用水泥固定在处置容器内，构成一个废物包。然后将废物包放入钻孔中，并用水泥浆对废物包周围及上下进行回填。单个废物包及其周围的回填材料组成一个处置单元，高为 1 m，一个处置单元完成后处置下一个废物包（如图 11 所示）。废物处置完后，上层封堵区先用水泥浆浇注，然后取附近的岩土封堵。在南非拟定了两个处置场址，其中在 Vaalputs 场址，其概念设计是将废放射源处置在距地表 45 m 深的非饱和区，而 Pelindaba 场址则是处置在距地表 100 m 深的饱和区[17]。

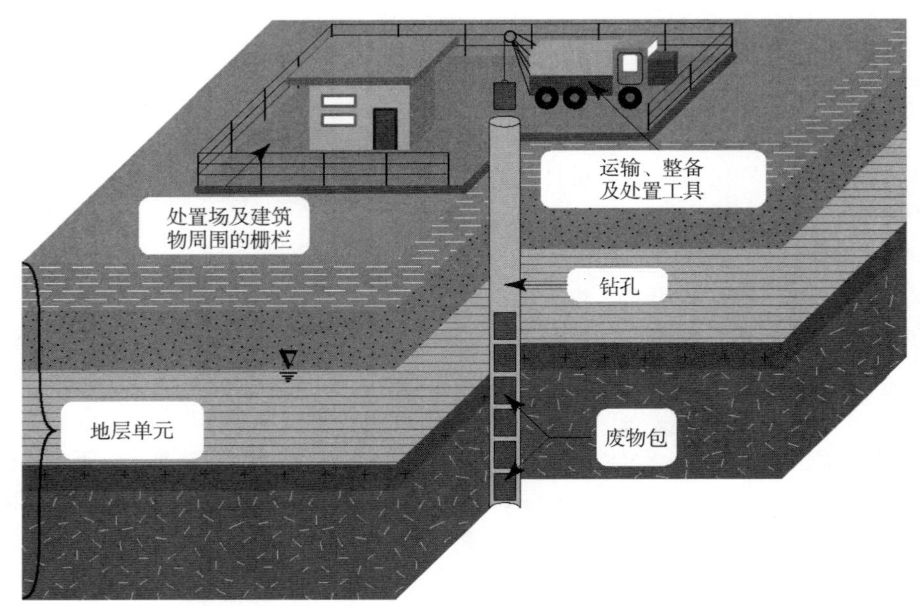

图 11 南非原子能公司（NECSA）开发的放射源的钻孔处置概念设计

IAEA 已组织专家根据南非上述两个场址的真实数据，对放射性废物中等深度处置概念设计进行了一般性安全评价。评价结论认为利用钻孔设施处置废放射源是一种安全有效的方式，该设施可将放射性核素长期隔离，使其衰变到可以忽略的水平[18]。

此外，埃及也计划采用中等深度的钻孔处置方式对废放射源进行处置，目前正与美国圣地亚国家实验室合作进行选址工作。

2.7 小结

(1) 国际上，一些国家已建造或正在开发处置深度在地表下几十到上百米范围的处置设施，用于处置长寿命核素含量较多的中放废物。IAEA 的废物分类安全导则，已明确提出对中放废物要实行中等深度处置，这些废物主要有石墨废物、活化的反应堆堆芯构件、活化的金属废物、中放废物的固化体、废密封源等。

(2) 中等深度处置的工程概念主要有水平巷道式、竖井式和钻孔式三类。法国和日本采取的是水平巷道式，其中日本处置概念中处置层距地表的距离为 50～100 m，法国在几十到 200 m 之间。其工程屏障由废物包（金属容器）、填充物（低扩散性）、膨润土（低渗透性）和回填材料组成，处置设施周围的岩石圈则构成天然屏障，从而为放射性废物提供更高的包容和隔离能力，以保证其辐射危害降到可接受的水平。美国中等深度处置工程概念是大口径钻孔结构，IAEA 已协助南非开发了专门处置废放射源的钻孔处置概念。

(3) 中等深度处置可以大大降低废物受地表自然作用过程的影响，减少人类和动植物入侵的概率，延迟废物到人类环境的迁移时间，其安全性能要优于近地表处置。瑞典、芬兰、韩国等中等深度处置工程实践以及美国的超 C 类废物中等深度处置环境影响评价、南非废放射源钻孔处置概念安全评价结果表明，与近地表处置相比中等深度处置具有较高的安全性，而且处置场关闭后的长期安全性不依赖于人为的监护控制。

(4) 中等深度处置在经济上是合理的。对于含长寿命核素含量较多的放射性废物，如石墨废物，美国的超 C 类废物，按照美国、英国等国家的现行法律，需要实施地质处置，据估算，地质处置的费用在（80～100）万美元/m^3，远远大于瑞典中等深度处置的费用（小于 1 万美元/m^3）。表 7 给出了几个典型处置设施的费用比较。

表 7　放射性废物不同处置方式的费用比较

处置方式	示例	运行时间	占地表面积	建造费用（单位容量）	处置费用（单位废物）	控制方式
近地表	法国奥布	1992 年	90 万 m^2	267 美元/m^3	1 600 美元/m^3	主动/被动
中等深度	瑞典福斯马克	1988 年	很小	1 510 美元/m^3	4 500 美元/m^3	以被动为主
（深）地质	日本（H12 估算）	2020 年以后	很小	50 万美元/m^3	25 万美元/m^3	被动

(5) 中等深度处置已有良好的工程实践。瑞典、芬兰等国的低放废物处置设施都是采用中等深度处置，这些设施已有超过 20 多年的运行历史，可处置废物的表面剂量率最高可达 500 mSv/h，其用于处置核电厂运行产生的固体废物，如高浓度的树脂废物，也将用于处置核电厂退役产生的废物，如反应堆活化金属废物等。日本的研究结果表面，中等深度处置设施工程屏障建造技术是成熟的，可以保证工程屏障系统的质量。

3　我国开展中等深度处置的必要性分析

3.1　我国现行的放射性废物处置标准与国际标准不完全一致

我国现行的低中放废物处置标准主要是《放射性废物的分类》（GB 9133—1995）和《低、中水平放射性废物的浅地层处置规定》（GB 9132—88）。其中《低、中水平放射性废物的浅地层处置规定》目前已完成了修订报批稿的审查，名称更改为《放射性固体废物近地表处置设施安全要求》（以下简称 GB 9132 修订报批稿）

GB 9133—1995 是以 IAEA 1994 版放射性废物分类导则为蓝本的，将放射性固体废物按其所含寿命最长核素的长短分为四种（小于 60 d，大于 60 d 且小于等于 5 a，大于 5 a 且小于或等于 30 a，大于 30 a），每种又根据分放射性核素含量分为不同的级别。另将 α 废物作为专门的一类。如对于含有半衰期大于 30 a 的放射性固体废物，按其放射性比活度水平分为三级，第Ⅰ级为低放废物（比活度小于或等于 4×10^{6} Bq/kg），第Ⅱ级为中放废物（比活度大于 4×10^{6} Bq/kg，且释热率小于或等于 2 kw/m^{3}），第Ⅲ级为高放废物（比活度大于 4×10^{10} Bq/kg，且释热率大于 2 kw/m^{3}）。这里的比活度是指废物中所含所有放射性核素的比活度。对于含有半衰期大于 5 a，小于或等于 30 a 放射性核素（包括^{137}Cs）的废物，中放废物是比活度大于 4×10^{6} Bq/kg，小于或等于 4×10^{11} Bq/kg 的废物。可以看出，与含有半衰期大于 30 a 核素的废物相比，只含小于或等于 30 a 核素中放废物的上限值要低一个数量级[19]。

《低、中水平放射性废物的浅地层处置规定》（GB 9132—88）指出，适合于浅地层处置的废物必须满足下列条件之一：①半衰期大于 5 a、小于或等于 30 a，比活度不大于 3.7×10^{10} Bq/kg 的废物；②半衰期小于或等于 5 a，任何比活度的废物；③在 300～500 a 内，比活度能降低到非放射性固体废物水平的其他废物。

GB 9132 修订报批稿规定了近地表处置设施的辐射防护要求、废物特性、场址、设计和建造、运行监护等方面的要求，但没有规定可以接收废物限值要求[20]。

我国上述法规标准与 IAEA 的放射性废物分类安全导则不完全一致，主要存在两点差异：第一，IAEA 的放射性废物分类导则（2009 版），是从处置安全角度对废物进行分类的，即不同类别的废物对应不同的处置方式，而我国的 GB 9133 主要是从放射性废物作业对操作人员的潜在危害角度来分类的，没有将废物类别与处置方式直接联系起来。第二，IAEA 的废物分类导则中提出，中放废物需采取中等深度处置，即处置深度在几十到上百米的处置方式，我国现有法规中，要求对低、中放废物进行近地表处置，即没有明确近地表处置的处置深度，也没有引入中等深度处置的概念。虽然 IAEA 废物分类导则也指出，从处置角度分析，低放废物和中放废物不存在明显的定量边界，中等深度处置与近地表处置的处置深度都是一个范围，没有明确的定量界线，但如果将长寿命核素含量较多的中放废物处置在地表或半地下方式的处置设施中，则就比 IAEA 的要求低。

建议对我国放射性废物分类和相关的处置标准进行细化或补充，明确地上或半地下、深度在几十到上百米深度（即 IAEA 所称的中等深度处置）所能处置的废物类别。

3.2 在现有的近地表处置设施中处置长寿命中放废物是不安全的

GB 9133 中，对于含有半衰期大于 5 a 小于或等于 30 a 核素的固体废物，中放废物的上限值为 4×10^{11} Bq/kg，对于含有半衰期大于 30 a 核素的固体废物，中放废物的上限值是 4×10^{10} Bq/kg。当前，近地表处置设施通常可接收少量的长寿命核素废物，但对可接收的长寿命核素的活度做了限制。

按照《放射性废物安全监督管理条例》等法规标准的要求，低、中水平放射性固体废物处置设施关闭后应满足 300 a 以上的安全隔离要求。低中放废物近地表处置场关闭后通常要进行一段时间的主动（一般是几十年到上百年）监护控制，监护期满后，处置设施场址可以有限制或无限制地开放使用。也就是要求，300 a 安全隔离期满后，处置设施对人类和环境的潜在危害应是可以忽略的。对于短寿命核素（小于 30 a）为主的废物，安全监护期满后放射性水平已很低，其对人类和环境的潜在危害几乎可以忽略。但对以长寿命核素为主的废物，尤其是半衰期几千上万年的废物，其放射性衰变是微乎其微的，几乎可以忽略不计，300 a 安全隔离期满后，这些废物的潜在危害与处置时相比几乎不变化。虽然近地表处置设施监护期满后，屏障系统对废物仍具有一定的包容隔离能力，但工程屏障的包容隔离能力已经退化或者消失，处置设施的安全性已大大降低。我国现有的近地表处置设施是地上或半地下式，场址监护期满后，容易受到人为活动的侵扰。国家环境保护部门已对处置设施可接收的长寿命核素活度做了限制。

处置设施可接收的长寿命核素废物的活度浓度限值取决于废物特性、场址条件等因素，需要在安全评价的基础上，统筹考虑社会、经济条件确定。一些国家采用平均 400 Bq/g（单个废物包 4 000 Bq/g）作为近地表处置设施长寿命 α 核素的接收限值，对于长寿命的 β、γ 核素废物，如 ^{36}Cl，^{14}C，^{63}Ni，^{93}Zr，^{94}Nb，^{99}Tc 和 ^{129}I，允许接收的活度浓度可以更高一些（最高到几万 Bq/g）[2]。按照我国的《放射性废物的分类》国家标准，长寿命中放固体废物的上限值达 4×10^{10} Bq/kg，比其他国家近地表处置设施允许接收的长寿命的 β、γ 核素废物高约 3 个数量级。虽然我国近地表处置设施中可接收的长寿命核素量是以核素活度形式给出的，但平均到处置设施上，长寿命核素的活度浓度基本是在低放废物范围内。也就是说，在我国现有的近地表处置中处置长寿命中放废物是不安全的，审管部门也不允许。

3.3 我国没有长寿命中放废物处置设施

如 3.2 节所述，我国现行《放射性废物的分类》国家标准中规定的半衰期大于 30 a 的长寿命废物的上限值比一些国家近地表处置设施可接收废物的限值高出 3 个数量级，对这部分中放废物在现有的近地表处置设施中是不安全和不允许的。但是，我国当前已经产生了相当数量的这类废物，并且随着核设施运行和退役工作的进展，还将会产生大量的这类废物，具体的废物源项和产生量估算详见 3.4 节。对于这些中放废物需要处置在深度几十到上百米的设施中，但目前我国还没有建造这类处置设施的计划，也没有开展相关的技术研发工作。

3.4 需要中等深度处置的主要废物源项

当前，我国核设施运行和退役中产生的长寿命中放废物主要有研究堆运行和退役产生的石墨废物、废放射源、活化金属废物以及核燃料循环设施产生的少量 α 废物。

（1）石墨废物

石墨废物主要是生产堆和部分研究堆中的石墨砌体、石墨套管，其主要污染核素是长寿命的^{14}C、^{3}H 和^{36}Cl，以及少量的铀和超铀核素。国际上已有调查数据表明，此类废物中^{14}C 的活度浓度在 10^{6}～10^{9} Bq/kg 范围内，一座石墨反应堆运行和退役约产生 2 kt 石墨废物，其中^{14}C 含量较高的中放废物约占总质量的 60%～70%[21]，废物整备包装后体积约增加 1.5～2.5 倍，一座石墨反应堆总计产生约 2 000 m^3 的石墨中放废物。若 2020 年前共有 5 座研究堆、生产推退役，据此估算将产生约 1 万 m^3 的石墨中放废物。

（2）反应堆活化金属废物

反应堆堆芯等活化金属废物是中等深度处置的另一个重要废物来源，如反应堆堆芯构件、控制棒、压力容器大盖等，污染核素主要是长寿命的^{14}C 和^{63}Ni。这类废物污染水平超出了近地表处置设施的接收限值，其材质主要是各类金属，具有潜在的商用价值，在近地表处置无法保证其长期安全性。一座反应堆总体重量在千吨数量级水平，经整备后形成的废物包重量约增加一倍，体积约 2 000 m^3。若 2020 年前共有 5 座研究堆、生产推退役，据此估算将产生约 1 万 m^3 的反应堆活化金属废物。

（3）中放废液固化体

我国早期核设施运行和退役产生了大量的中放废液，这些废液中有相当一部分含有较高浓度的长寿命核素，其中部分中放废液中长寿命核素的浓度接近中放废液的上限值。按目前积存的中放废液中有三分之一经固化后需要进行中等深度处置、废物固化的体积包容率为 30%计，估算的废物体积约 1 万 m^3。

（4）废放射源

国家废源集中贮存库和核工业废源贮存库已集中收贮了近 10 万枚的废旧放射源。按照正在征求意见的《废放射源分类标准》，需要进行中等深度处置的废放射源是指在 300～1 000 a 内可衰变为豁免水平的废放射源，据此估算目前两个废源集中贮存库中有 3 万余枚需要进行中等深度处置[22]。考虑到全国各省市核技术利用废物库中贮存的放射性源，估计 2020 年前需要进行中等深度处置的废放射源超过 5 万枚。

（5）其他

包括目前积存的 α 废物和核电厂产生的高活度废树脂等，体积不是很大，约几百到上千立方米。

据此粗略估算，2020 年左右，我国需要进行中等深度处置的长寿命中放废物体积约 3 万 m^3，废放射源 5 万余枚。

长远考虑，未来需要进行中等深度处置的废物还包括：①核电厂和研究堆退役产生的含长寿命核素的活化金属废物，高活度的废树脂等；②高温气冷堆产生的石墨废物；③乏燃料后处理产生的中放废液固化体和其他中放固体废物。若只考虑目前运行和建造的近 50 台核电机组，以及乏燃料后处理，则预计需要中等深度处置的废物量将达到 20 万 m^3

左右。

3.5 开展放射性废物中等深度处置的可行性初步分析

无法近地表处置设施处置的石墨废物、废放射源、活化金属废物的处置可考虑三种方案，一是强化现有近地表处置设施的工程屏障措施或是延迟其关闭后的监护控制期；二是开发中等深度处置设施；三是进行地质处置。上述三种方案中，强化工程屏障的近地表处置不能从根本上保证此类废物处置的长期安全，尤其是在考虑未来人类闯入等可能的情况后，延长关闭后的监护期，还会给后代带来不必要的负担。地质处置虽然能保证这些废物的长期安全，但考虑到我国地质处置的研发进展和处置费用，目前也不太现实。中等深度处置，由于处置深度在地表下几十到上百米，未来人类闯入的可能性大大减少，有利于保证处置的长期安全，其处置安全性主要依赖于处置设施自身的安全性，而不是关闭后的监护，可显著减少后代的负担。从经济性看，瑞典 SFR 处置库 2 000 a 左右处置成本为 6 000 美元/m^3，根据法国等国家的预测，中等深度单位体积废物处置费用至少比地质处置低一个数量级。

中等深度处置设施处置层在地表下几十到几百米范围内，结构形式多为巷道式、筒仓式或钻孔式，单纯从地下工程的设计和建造角度看不存在过多的技术难点，我国已有多项数百米深地下工程设计建造经验可供借鉴。

处置长期安全性是中等深度处置的首要问题，当前日本、美国已对其中等深度处置工程或处置概念进行了安全评价或环境影响评价，国际原子能机构也已协助南非对废放射源中等深度钻孔处置概念进行了安全评价。评价结果均表明，中等深度处置对公众造成的剂量远低于辐射防护标准规定的限值，其长期安全性是有保障的。

从公众易接受性角度看，中等深度处置设施位于地下几十到几百米，地表占地面积远少于近地表处置设施，公众更容易接受。

3.6 开发中等深度处置设施的紧迫性

我国部分早期核设施正在退役，两个生产堆和部分研究堆都是石墨堆，目前已面临石墨废物和反应堆活化金属废物无法处置的问题。个别堆芯活化金属废物中^{63}Ni 的污染水平超过近地表处置设施的接收限值，无法实施处置。

国家废源集中贮存库和核工业废源贮存库由于贮存有大量的废放射源，特别是有部分高活度的废放射源，已成为一个新的危险源。由于没有明确的处置路线目前只能长期贮存，长久下去，安全风险和经济代价都将不断加大。

如何处置长寿命低中放废物已成为国际同行对我国放射性废物管理的重点关注问题之一。2012 年召开的《乏燃料管理安全和放射性废物管理安全联合公约》第四次审阅会上，多个国家的代表对我国如何解决此问题给予了高度的关注，将其列为我国放射性废物管理面临的挑战之一。

从技术研发角度，中等深度处置和地质处置一样都是依靠自身的固有安全性来实现对放射性废物的长期包容隔离，其长期安全性不依赖于关闭后的长期监护。开发中等深度处置设施，可为地质处置技术研发积累宝贵的经验。

3.7 对我国中等深度废物处置设施的初步考虑

我国中等深度放射性废物处置设施的开发应充分借鉴国际社会的经验，充分考虑中等深度处置废物和处置方式的特点。

（1）废物类别。中等深度处置设施主要用于处置以长寿命核素为主的废物，如石墨废物、反应堆堆芯活化金属废物、后处理厂中放废液固化体、废放射源等。

（2）场址。鉴于当前我国需要中等深度处置的废物主要来自于早期核设施退役，主要分布在西北和西南地区。与西南地区相比，西北地区人口密度小，降雨量少，社会经济条件有利于废物处置。建议优先在西北地区选择中等深度处置设施场址，从场址研究程度、易于公众和社会接受角度出发，建议优先考虑西北处置场、商业后处理厂、高放废物地质处置北山预选场址附近区域。

（3）工程概念。中等深度处置主要有水平巷道式、竖井式和钻孔式三类工程概念，考虑到中等深度处置的废物有相当一部分是反应堆堆芯构件、废放射源，其中反应堆堆芯构件有一部分是异形件，废放射源处置时通常需要将其密封在封装管中，建议采用水平巷道与钻孔相结合的方式，处置深度在几十到上百米。

（4）处置容量。基于我国需要中等深度处置废物量的初步估算，建议处置设施的处置规划容量为 20 万 m^3，首期工程容量为 4 万 m^3。首期工程主要用于处置 2020 年左右产生的废物。

（5）进度安排。鉴于中等深度处置设施的急迫性、国际上已有成功的经验可供借鉴、我国在放射性废物处置方面也已积累了相当的经验，建议立即启动中等深度处置科研和工程前期工作，在 2020 年左右建设中等深度处置设施。

4 建议

放射性废物的安全处置已成为核能和核技术利用可持续发展的重要影响因素。虽然我国已在低中放废物处置方面取得了显著的进展，高放废物地质处置技术研发也在有序推进，但目前仍存在一些不足，长寿命中放废物不能及时处置是其中的问题之一。

我国现有的近地表处置设施均为地上或半地下式，不宜也不允许处置含显著长寿命的中放废物。若采用地质处置，不但经济代价大，而且废物也得不到及时处置。为了有效推进含显著量长寿命核素中放废物的安全处置，建议如下：

（1）开发处置深度几十到上百米的处置设施，即 IAEA 推荐的中等深度处置，对含显著量长寿命核素中放废物进行相对集中处置。

我国《放射性污染防治法》规定，对低、中放废物实施近地表处置，对高放废物进行深地质处置，没有中等深度处置的概念，但近地表处置与地质处置之间的范围较大，处置深度在几十到上百米的处置方式，可以看做是近地表处置的适度扩充。我国的处置政策与 IAEA 推荐的中放废物实施中等深度处置没有实质性的矛盾，都是需要依据废物的潜在风险确定处置深度。

我国现有的近地表处置设施均位于地上或半地下，容易受到自然或人为活动的干扰，在这样的处置设施中处置含显著长寿命核素的中放废物是不安全的，也是不允许的，应立即开发中等深度处置设施。初步估算的长寿命中放废物在 20 万 m^3 左右，建议对全国的长寿命中放废物实施相对集中处置。

为避免歧义和便于国际交流，对现行放射性废物分类、处置标准和相关的技术规范予以完善。

（2）将中等深度处置研究开发和工程实施列入国家相关规划和计划，立即启动中等深度处置设施的科研和工程前期工作，力争在 2020 年左右建设中等深度处置设施，对早期核设施退役产生的石墨、活化金属废物以及废放射源及时予以处置。

（3）按照如下路线开展中等深度处置设施的研发工作：

1）进行废物源项调查。对已产生的废物进行调查，获取需要处置的废物量、废物放射性和其他特性。以核电中长期发展规划、退役规划、核技术利用发展规模为基础，通过类比方法预测未来需要处置的废物量、废物特性。并以此为基础，确定处置规划容量。

2）建立标准。明确中等深度处置设施的辐射防护目标、处置设施选址、设计建造、安全和环境影响评价的相关要求，首要的是确定可接受废物的限值。

3）进行工程概念开发和经济分析。包括处置深度、工程屏障、处置工程结构，并进行经济分析。

4）梳理需要研究的重点问题并进行专题研究。如处置条件下废物和工程屏障的稳定性、放射性核素的释放和迁移特性、安全评价技术等。

5）场址初选。考虑到放射性废物处理处置选址困难的现状，建议在西北地区核设施相对集中的地区进行选址。

6）编制中等深度处置设施项目建议书。

（4）规范放射性废物处置的安全评价工作。

安全分析和环境影响评价报告是许可审批的必要条件。现行的法规要求分选址、建造、运行和关闭四个阶段进行许可，但缺乏安全评价的内容和深度的明确要求。IAEA 已发布了放射性废物处置设施安全全过程系统分析和安全评价的导则，推荐对处置设施进行全过程、系统的安全评价，美国等国家也要求对处置设施进行全系统性能评价。建议我国以处置设施安全评价格式和内容等文件形式，对处置设施各阶段安全评价的要求予以规范。

参考文献

[1] International Atomic Energy Agency，The Principles of Radioactive Waste Management，Safety Series No. 111-F，IAEA，Vienna（1995）.

[2] International Atomic Energy Agency. Classfication of radioactive waste. Vienna：IAEA，2009.

[3] 陈式．我国放射性废物治理的历史回顾和展望．放射性废物安全通论．北京：原子能出版．2006.

[4] 中华人民共和国第二次《乏燃料管理安全和放射性废物管理安全联合公约》国家报告．北京：2011.

[5] 潘自强，钱七虎．高放废物地质处置战略研究．北京：原子能出版社，2009.

[6] 国防科学技术工业局，等．高放废物地质处置研究开发规划指南．北京：2006.

[7] International Atomic Energy Agency. Generic post-closure safety assessment for borehole disposal of disused sealed sources（Draft）. Vienna：IAEA，2007.

[8] 罗上庚．放射性废物的冰海岩洞处置．放射性废物管理与核设施退役，2012（6）．

[9] ANDRA. National inventory of radioactive materials and waste. Paris，ANDRA，2013.

[10] Gonnot F M. French National Management Strategy and Approach for Low-level Long-lived Radioactive Waste. ：IAEA International Workshop：Disposal of Radioactive Waste at Intermediate Depth，Gyeongju，Korea 2008.

[11] Unite States of American. Public Law 99-240. Low Level Radioactive Waste Policy Act Amended 1985. 1985.

[12] USNRC. Federal Code 10CFR61. Licensing Requirements for Land Disposal of Radioactive Waste. 1983.

[13] Cochran J. Greater Confinement Disposal Project. Sandia National Laboratory，2005.

[14] U. S. Department of Energy. Draft environmental impact statement for the disposal of greater-than-class-C（GTCC）low-level radioactive waste and GTCC-like waste. Washington，2011.

[15] Takahiro Nakajima，Yoshihiro Akiyama，Kenji Terada，et al. Demonstration Test of Cavern-Type Disposal Facility and Its Progress-10116. Proceeding of WM2010 Conference，March 7-11，2010，Phoenix，AZ.

[16] Kenji TERADA，Yoshihiro Akiyama，Nobuaki ODA，et al. 地下洞穴型处置设施示范试验的现状．放射性废物管理与核设施退役．2012（5）．

[17] International Atomic Energy Agency. Generic post-closure safety assessment for borehole disposal of disused sealed sources（Draft）. Vienna：IAEA，2007.

[18] Moore B A，Yucel V，Vivier J J P，et al. Borehole disposal of spent sources：Improving safety assessment methodologies through international evaluation. Tucson，AZ：2002.

[19] GB 9133—1995，放射性废物的分类．

[20] GB 9132，低、中水平放射性固体废物近地表处置要求（修订报批稿）．2010.

[21] GeorgeTowler，James Wilson，Laura Limer，et al. Optimization of deep geological disposal of graphite wastes. Quintessa Limited. September，2011.

[22] 中核清原环境工程技术有限责任公司，废放射源的分类标准研究（草稿）．北京：2009.

（执笔人：孙庆红；
审稿人：潘自强）

第八篇

利用快堆嬗变次锕系核素的战略研究

目　录

1 分离-嬗变概述

1.1 分离-嬗变概念

核能的开发利用和人类的其他生产活动一样都会产生废物，特别是放射性废物。放射性废物的安全处理、安全处置，特别是高水平和 α 放射性废物的安全处置，关系人类健康、社会与环境安全，已成为影响核能大规模可持续发展的几个关键问题之一。2003 年 6 月 28 日，我国颁布的《中华人民共和国放射性污染防治法》提出了高放废物与 α 废物集中深地质处置和低中放废物区域性近地表处置的基本要求。地质处置是国际普遍认同的处置高放废物的方法，在深几百米或上千米的稳定地层中，采用工程屏障和天然屏障相结合的多重屏障隔离体系将高放废物和 α 废物与人类生物圈长期安全隔离。

高放废物主要指乏燃料后处理产生的高放废液及其固化体，如实行一次通过策略，则高放废物也包括乏燃料。高放废物的体积虽然不足核燃料循环所产生的放射性废物体积的百分之一，但其放射性活度却占核燃料循环总放射性活度的 99%以上。由于高放废物具有放射性强、释热率高、半衰期长和毒性大等特点，应采取措施使它们长期（几万年甚至几十万年）与人类生存环境完全、可靠地隔离，长期风险可控。

为解决高放废物长期放射性影响，早在 20 世纪 70 年代就提出了分离-嬗变概念（简称 P&T），即通过化学分离把高放废物中的次锕系元素和长寿命裂变产物分离出来，再制成燃料元件或靶件送往反应堆或加速器中，通过核反应使之嬗变成短寿命核素或稳定元素。这样，最终要放到地质处置库中的放射性废物将在相对短（比如几百年至几千年数量级）时间内，衰变到天然铀矿石的当量放射性毒性水平。高放废物的分离-嬗变是实现高放废物最小化的一种工程技术可行的有效途径。通过分离-嬗变可以极大减少高放废物中锕系元素和长寿命裂变产物的含量，降低高放废物的毒性和危害，减少需要深地层处置的废物量，消除公众对高放废物长期处置安全性的忧虑。《中华人民共和国放射性污染防治法》提出了高放废物与 α 废物集中深地质处置和低中放废物区域性近地表处置的基本要求。

分离-嬗变是一种尚处于研究阶段，旨在减少高水平放射性废物（简称高放废物）地质处置负担的核技术。高放废物的长期放射性毒性主要来自钚、次锕系元素（minor actinides，MA；主要包括 Np、Am、Cm 等的同位素）、长寿命裂片产物核素（long-lived fission products，LLFP；主要包括 ^{99}Tc、^{129}I 等）的贡献。分离-嬗变是相互衔接的两个环节。分离-嬗变是减少高放废物地质处置长期性风险的中间技术，而不是后者的替代方案。实际上，锕系元素的完全循环是不可能的，环节多及流程的复杂性使得在实施 P&T 过程中，MA 及 LLFP 会或多或少地损失掉，并且不可避免地会产生二次废物[1]，最终还是有相当数量的高放废物需要进行地质处置。因此，在乏燃料后处理时，在后处理流程中进行长寿命核素的分离，要求去污因子达到一定水平，使高放废液中的长寿命核素的量低于某个水平，把这种高放废液固化后再进行地质处置。分离出的长寿命核素需进行嬗变。由于嬗变的效率有限，含长寿命核素的靶件或组件经过一定时间辐照后，还需要进行后处理，分离出剩余的长寿命核素，在这一过程中也会产生需要固化处理的高放废液。分离-嬗变需要多次循环。

1.2 分离目标

分离是实施嬗变的基础。同时，分离-嬗变效果的最终衡量指标是系统循环过程中产生的高放废物的量及其放射性毒性下降到当量水平的时间。

分离-嬗变对象如何确定是首先要考虑的问题。自 20 世纪 70 年代提出分离-嬗变概念以来，嬗变对象已大致确定了一个范围。嬗变对象的确定涉及放射性半衰期、放射性毒性、该核素进入环境后会不会形成单价离子、环境中有没有该核素的天然稳定同位素作稀释剂、多长时间作为截止时间等方面的综合考虑。截止时间是衡量深地质处置库保证完整性的时间，在截止时间后可假设深地质处置库部分失去完整性，如贮存在其中的高放废物的放射性毒性此时已下降到某个当量水平，则这种完整性散失带来的潜在放射性危害可接受。截止时间如取 1 千年，如果某种放射性核素在 1 千年内就衰变到相对低的水平，则这种放射性核素就可以不作为嬗变对象。放射性半衰期和放射性毒性水平是主要衡量因素。但由于放射性毒性可采用不同的指标来衡量，另外，放射性核素进入环境在生物圈中的迁移行为和影响评估有较大不确定性，研究也不够充分，这导致嬗变对象中各放射性核素的重要度排序在不同时期可能有所变化。

在确定了嬗变对象之后，需考虑把这些核素从乏燃料中分离出来的相关要求。分离产生的高放废液中不可避免地有这些核素的剩余物，这种高放废物经固化整备后将放置到高放废物地质处置库中。因此，需根据某些定量指标要求来确定嬗变对象的分离目标。

根据人类古迹推测，地球上人造结构的完整性可以保持数百年。随着人类科技水平的提高，以及作为一种需要长期管理的特殊设施，高放废物地质处置库保持完整性的时间有可能达到千年甚至万年时间尺度。作为分离-嬗变的总体目标，要求系统产生的需地质处置的高放废物应在地质处置库失去完整性之前，毒性水平就已下降到规定水平。因此，取什么时间来界定，用什么类型毒性的规定水平来衡量成为确定分离目标的关键。时间定的越长，所要求的去污因子就越小。当前，用当量天然铀矿的放射性毒性水平作为参考水平是一种常用的做法。

1.3 嬗变装置

在嬗变对象及分离目标确定后，要考虑嬗变的方法及装置。核素的嬗变需要粒子辐照场。光子及亚原子粒子束轰击靶原子核，可引起核反应，将一种原子核转变（嬗变）为另一种原子核。中子在物质中的穿透能力强，与原子核反应无需克服库仑势垒，因此各种能量的中子都可引起核反应。对于同一类核反应，不同核素、不同的中子能量，反应截面（概率）相差很大，这就为选择性嬗变提供了可能。中子可通过现有的裂变反应堆、未来的聚变反应堆，以及加速器驱动的次临界系统（Accelerate Driven Sub-critical System，ADS）等获得，是可用于工程规模嬗变的唯一的轰击粒子。当前，选择用于放射性核素嬗变的反应堆设施主要包括热中子堆（如轻水堆）、快中子堆和 ADS 等。嬗变设施不同，其中子能谱和通量等中子物理参数就有差别，因此对放射性核素嬗变的效果及相应的限制条件等也就不同。

1.3.1 热堆嬗变

在轻水堆中嬗变高放废物，最早是由 ORNL 的 Steinberg 于 20 世纪 60 年代提出。从那以后，各国科学家利用轻水堆提供的热中子谱对次锕系元素、裂变产物的嬗变进行了研究。对于次锕系元素如 Np、Am、Cm 等的同位素，热中子能量范围内的裂变截面与俘获截面之比$\frac{\sigma_f}{\sigma_c}$很低，次锕系核素捕获一个中子后生成的新核素虽然具有较高的热中子裂变截面和$\frac{\sigma_f}{\sigma_c}$比值，但其半衰期很短，来不及裂变就衰变成了半衰期较长、且$\frac{\sigma_f}{\sigma_c}$值很低的核素，不利于嬗变。并且在辐照过程中会进一步产生如^{238}Pu 等核素，使废物的放射性增强，中子谱硬化，不利于多次循环使用。

热堆中嬗变 MA 对反应堆设计和堆芯性能的影响有下面几点[2]：

(1) 要求燃料中^{235}U 的富集度增加；

(2) 燃耗反应性损失减少；

(3) 多普勒系数绝对值减小；

(4) 慢化剂温度系数更负；

(5) 空泡系数向不利方向变化。

在轻水堆中嬗变 MA 的主要问题有[2]：

(1) Am 在压水堆中循环很困难，因为^{242}Am 的共振自屏很强，早期辐照试验表明，在含 Am 燃料外围区的燃耗非常大以至于燃料脆化；

(2) 会产生质量数更大的 MA 核素，对后处理不利。

对于长寿命裂变产物，轻水堆所提供的热中子谱对其中半衰期较长且热中子截面相对较大的核素如 Tc、I 的同位素有较好的效果，可将^{129}I、^{99}Tc 转化为稳定同位素^{130}Xe 和^{100}Ru。但由于 I 和 Tc 的中子俘获截面不够大，所以它们的嬗变过程十分缓慢，半嬗变期在几十年以上。对于衰变期较短且热中子吸收截面较小的核素如^{90}Sr 等，效果则更不明显。

简而言之，轻水堆不适用 MA 全面的嬗变，较适合 LLFP 的嬗变。

1.3.2 ADS 嬗变

由中能强流质子加速器与次临界反应堆构成的新型核能系统，简称 ADS。加速器驱动的次临界核能系统是利用中能强流质子加速器反散裂靶产生的散裂中子源（外中子源）驱动次临界反应堆，以维持其链式反应，保持一定的中子水平，以获得稳定的功率输出。ADS 由加速器、结合件、次临界反应堆组成。

加速器用于加速强流质子，可采用直线加速器或回旋加速器。预期质子能量达到 1～1.5 GeV、质子束流达到 10～50 mA。

结合件是指连接加速器和次临界堆的部件，由质子束窗和散裂靶构成。散裂靶分固体靶和液态金属靶，材料选择已基本形成共识。固体靶用金属钨，液态靶用铅-铋共熔体。结合件除结构材料有大的技术难题外，还有散裂靶设计和制造涉及的物理和热工问题。散裂靶在强流质子轰击后，能量沉积使靶体发热，要把这一沉积热量导出是很困难的工程技术问题。

对于次临界反应堆，在发展过程中探索过各种堆型，包括压水堆和重水堆等热中子反应堆，但都被弃了。现在核能界形成共识，要实现加速器驱动的次临界核能系统的工程技术目标，只能使用快中子反应堆（简称快堆）。快堆的冷却剂采用液体金属钠或铅-铋共熔体，或气（氦气）的设计方案。

ADS系统中的反应堆将工作在次临界状态，通过加速器束流强度改变来实现功率水平的转换和调节，可以减少操作失误引起瞬发临界的可能性，从临界安全的观点，具有固有的安全性。ADS次临界反应堆中的中子能谱比较硬，对于MA的嬗变是有利的，嬗变效率相对比较高。嬗变能力可用支持比来量度，ADS的支持比代表一座加速器驱动的次临界核能系统可以嬗变多少座同等功率压水堆乏燃料中的次量锕系核素，按当前的设计研究结果，支持比一般为10左右，比快堆的嬗变支持比略高。不管采用何种嬗变设施，MA的嬗变都需要多次循环，因而单次循环中嬗变设施的嬗变效率或能力并非最关键的因素，还要考虑设施的稳定运行能力、可用因子等，另外还要考虑多次循环时涉及的燃料制造、乏燃料后处理等工程技术可行性问题。

ADS在加速器、结合件、次临界反应堆等方面都存在较大的工程技术难题，尚处在研究试验阶段，谈论工程应用还为时尚早。

1.3.3 快堆嬗变

快堆的中子能谱比热堆硬，中子通量较高，是当前可用于MA嬗变的成熟和现实技术。采用快堆嬗变MA是国际上研究、设计最多的技术路线。

美国DOE曾于1990年提出了利用ANL和GE开发的一体化金属燃料快堆ALMR/IFR嬗变锕系废物的建议，并计划将EBR-Ⅱ改造成锕系废物嬗变炉。当时的建议认为，从2005年开始每年建成一组总电功率1.4 GW的ALMR用于嬗变锕系核素。建成后，美国现有轻水堆产生的锕系废物不再增加，且到2045年可全部焚毁（裂变掉）积存的废元件中的锕系核素。按照这个方案，可大大减少美国核废物深地层埋藏处置的数量，并可极大地缩短核废物安全贮存的时间要求。

美国阿贡国家实验室（ANL）在21世纪初开展了热功率1 000 MW和2 000 MW钠冷先进焚毁装置（Advanced Burner Reactor，ABR）的设计研究。法国于20世纪90年代初提出了SPIN计划，对利用快堆嬗变核废物开展了一系列实验研究，并开展了用超凤凰快堆嬗变锕系废物的研究和锕系废物分离的研究。2010年前后，法国开始第四代工业示范钠冷反应堆（Advanced Sodium Technological Reactor for Industrial Demonstration，ASTRID）项目的研发。ASTRID为采用混合氧化物（MOX）燃料的电功率600 MW的钠冷池式快堆，该项目旨在实现次量锕系核素嬗变的工业应用示范，并将作为辐照试验平台。该项目预计于2020年建成。

日本于1988年提出了研究开发P&T技术的OMEGA计划，开展了利用氧化物快堆、金属燃料快堆和加速器散裂中子源次临界装置等嬗变核废物的研究，开展了分离回收锕系核素和长寿命裂变产物的工艺研究。日本开展了快堆堆芯设计研究，为嬗变研究设计了多种快堆堆芯方案。PNC对于电功率1 GW、氧化物燃料快堆设计方案的研究表明，当MA装载量为堆芯重金属（HM）装载量的5%时，每个周期（456FPD）嬗变速率为11.5%，焚毁约180 kg MA，约相当于6个电功率1 GW轻水堆年卸料中MA的重量。对于电功率1 GW、金属燃料快堆设计方案的研究表明，当MA装载量为堆芯重金属（HM）装载量的5%时，每年嬗变速率约为14%，每年可焚毁约329 kg MA，约相当于12个电功率1 GW轻水堆年卸料中MA的重量。

钚和所有的次锕系核素在快堆中都可裂变，可选择采用快堆嬗变超铀元素。钚和次锕系核素在快堆中多次循环的限制因素相对少。快堆的工程技术已比较成熟，国际上有建造和运行快堆实验堆和快堆核电厂的实践和经验。快堆的嬗变效率比较高，是当前可用于工程规模嬗变的现实装置，受到发展核能国家的重视。

1.3.4 行波堆

"行波"概念1958年由S. 范博格提出[3]。行波反应堆概念的提出也已有20多年的历史。最初由俄罗斯人于1988年提出[4]。2006年成立的美国泰拉能源（TerraPower）公司，其目标是"开发经济可持续的核能系统，极大降低现有系统的核扩散风险，提供新的核废物解决方案"，为此目标，结合行波堆原理和特点，泰拉能源公司完成了两个行波堆的方案设计：第一代泰拉能源反应堆（The First TerraPower Reactors，TP-1）和泰拉能源概念核电厂（TerraPower Reactor Plant，TPRP）。从行波堆原理、概念方案和技术目标看，行波堆是一种快中子反应堆。行波堆的设计是基于正在开发和更高指标要求的燃料、材料工艺和技术。行波堆是快堆的一种特别设计。考虑到当前燃料、材料技术限制，泰拉能源公司近期修改了TP-1设计，修改后的TP-1实际上是使用金属燃料的驻波堆。

行波堆的主要特点是利用快中子谱反应堆的增殖特性实现可转换材料的原位即时增殖和焚烧，采用大的初装料量和特殊的堆芯设计，可以在一定时期内（比如40～60 a）不换料，从而减少对燃料循环系统的配套要求。如采用一次通过方式，行波堆对提高铀资源利用率的作用有限，且其利用率水平与其燃料的卸料燃耗水平直接相关；对于常规设计快堆及其燃料循环系统，通过多次循环，铀资源的利用率能够达到比较高的水平（50%以上）。如果采用同样的燃耗水平设计，在一次通过的方式下，行波堆和常规设计快堆的天然铀资源利用率基本一样。对于单位能量的乏燃料产生量，主要取决于燃料燃耗的深度，燃耗越深则燃料在堆内产生的能量越多，归一到单位产能的乏燃料卸出量就越小。行波堆设计最大燃耗很高，归一到单位产能上的乏燃料卸出量要小一些。假定常规设计快堆的设计燃耗也按行波堆能达到的燃耗水平设计，则常规快堆的乏燃料的卸出量也将明显下降。

行波堆乏燃料中MA含量将比压水堆、常规快堆乏燃料大很多。另外，行波堆乏燃料中还含有大量的铀和一定量的钚。发展行波堆也需要发展相应的燃料循环系统。目前，还未见有关行波堆用于MA嬗变的研究报道。

1.3.5 国内嬗变研究项目概况

关于ADS嬗变研究，国家科技部在"九五"和"十五"期间启动了ADS研究项目(973项目)，由中国原子能科学研究院、高能物理研究所等联合承研，开展了基础研究、设计研究、材料研究、加速器关键技术研究和启明星实验装置研制等。当前，中国科学院战略性先导科技专项"未来先进核裂变能——加速器驱动（ADS）嬗变系统"已立项实施。国务院近期又发布了2020年重大基础研究设施发展规划，提出建成液态金属冷却的ADS实验装置的工程目标。

关于快堆嬗变技术研究，国家科技部在"十一五"启动了863重点项目"先进核燃料循环与核安全技术研究”和“快堆嬗变技术研究”，提出了我国先进燃料循环的技术路线图，研制了含镎嬗变实验组件；在“十二五”启动了863主题项目“快堆MOX燃料元件辐照考验技术研究”，目标是掌握在中国实验快堆中的辐照考验技术。“十五”、“十一五”在科技部863计划和国防科工局核能开发项目中支持开展了高放废液分离技术研究，建立了高放废液分离流程，完成了生产堆高放废液分离技术设备流程台架试验。总体看，利用上述研发平台开展MA分离-嬗变的研究工作不多，投入不大，离突破分离-嬗变关键技术的目标还较远。

2 具备分离-嬗变功能的燃料循环模式及典型国家的选择

2.1 具备分离-嬗变功能的燃料循环模式

分离-嬗变是核燃料循环的目的之一，也是先进燃料循环的主要特征。实施分离-嬗变需基于燃料循环系统。国际上对燃料循环模式，特别是考虑了分离-嬗变要求的燃料循环模式进行了研究。比较有代表性的是经济合作发展组织核能署（OECD/NEA）在2006年报告中建议的四种燃料循环模式。

图1模式对于后处理与快堆同步发展、压水堆与快堆匹配发展的国家最为有利。该模式的系统环节相对少，各环节的技术路线较好衔接，是可持续发展模式。该模式采用钚与MA不分离的后处理策略，利用快堆进行钚和MA的多次循环，利用快堆嬗变MA。

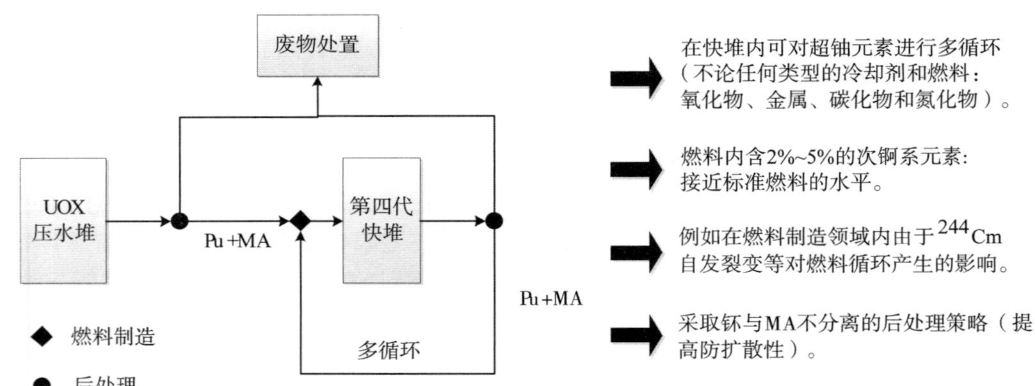

图1 NEA建议的燃料循环模式一

图2模式适合压水堆发展规模已较大、运行堆年已较多、压水堆乏燃料积累量多的国家。这种模式的特征是在压水堆中进行钚的循环，采用专用嬗变系统进行钚和MA的循环。原则上这种模式要求压水堆乏燃料后处理、专用嬗变装置、专用嬗变装置的乏燃料后处理设施同步建设。这种模式对应的核电情景以压水堆为主，并采用少量的嬗变装置进行嬗变，因而铀资源利用率有限，且需要设计专用嬗变装置以及开发相应的燃料制造和后处理工艺。该模式利用ADS嬗变MA。

图3模式也是适合压水堆发展规模已较大、运行堆年已较多、压水堆乏燃料积累量

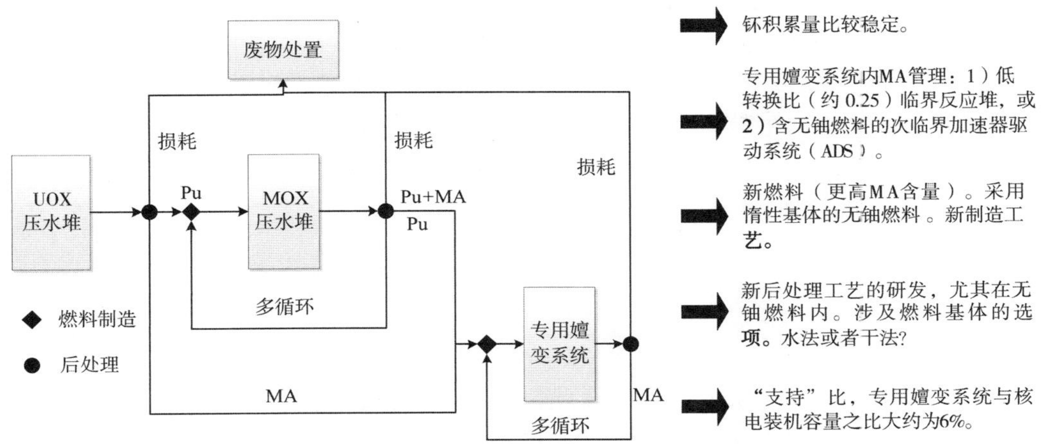

图 2　NEA 建议的燃料循环模式二

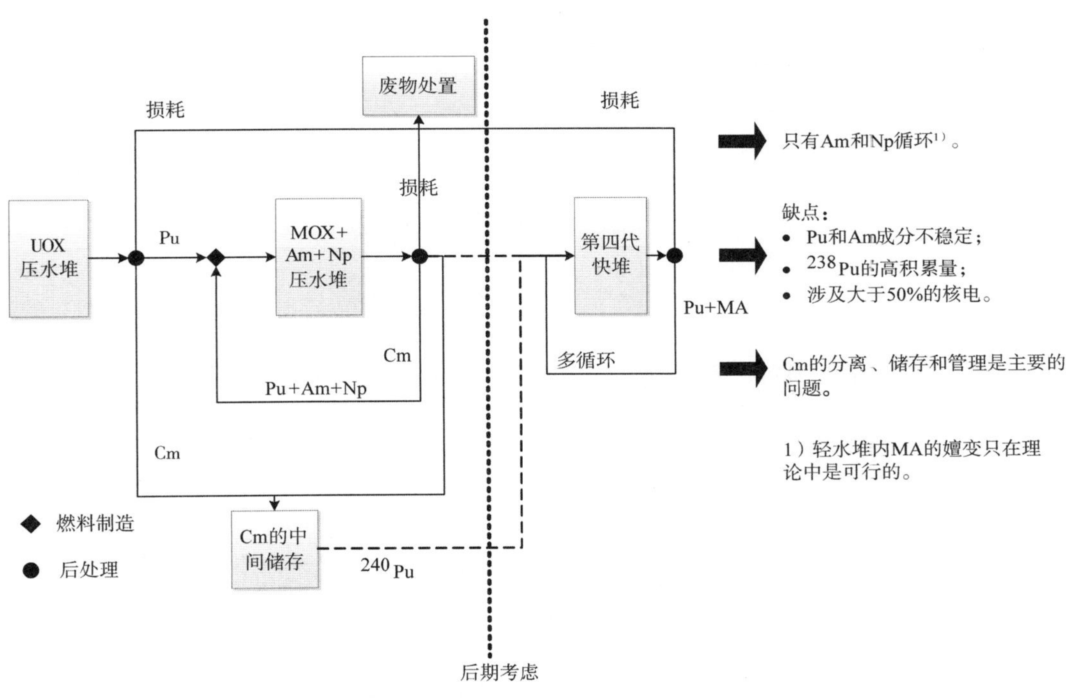

图 3　NEA 建议的燃料循环模式三

多，且已有压水堆乏燃料后处理设施的国家。该模式与模式二的不同点在于，期望在压水堆中除进行钚的循环外，还进行 Am 和 Np 的循环，对 Cm 的同位素进行中间贮存，因此在后处理压水堆乏燃料时，需要同时分离钚和 MA。该模式明显有分阶段的特征，采用已有的压水堆乏燃料后处理设施进行 MA 分离，并利用现有压水堆进行部分 MA 嬗变，把利用快堆进行 MA 和钚一起循环往后延，作为第二阶段来实施。这种模式的主要问题是采用压水堆进行 MA 嬗变的工程技术可行性以及嬗变的效果有多大，还有就是钚及 MA 的中间贮存问题。该模式中将涉及超过50%的压水堆核电机组需要进行技术更新。该模式先用热堆嬗变部分MA核素，然后用快堆嬗变全部MA核素。

图4模式适合压水堆核电规模不大，乏燃料积累量不多，不准备发展快堆的国家。通过后处理分离出钚和MA，然后在如ADS之类的专用装置中多次循环，减少系统中超铀的总量，分离出的回收铀也不再利用，这种模式基本不考虑铀资源的充分利用，且较适合核能发展规模逐渐缩小的情景。该模式利用ADS嬗变MA。

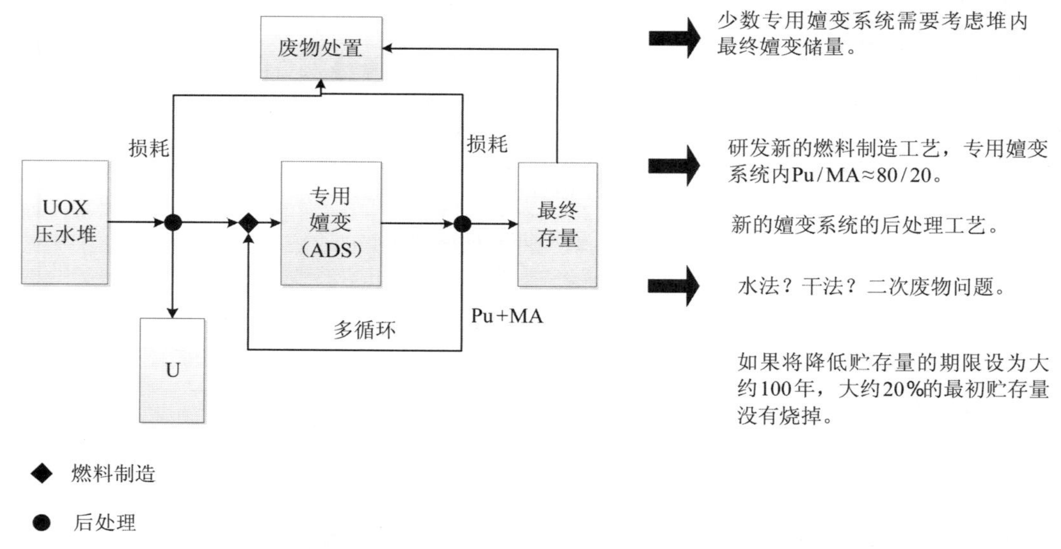

图4　NEA建议的燃料循环模式四

2.2　主要发展核能国家的嬗变策略

本节介绍美国、俄罗斯、法国、英国、日本、印度和韩国等主要发展核能国家的燃料循环策略，特别是MA嬗变的策略。各国家的燃料循环策略或其变化反映出该国对核能系统的可持续性、环境友好性、防扩散、经济性和安全性等维度的目标要求侧重或变化。从这几个国家的策略看，都选择采用快堆进行MA嬗变，且大都采用MA与钚一起循环的策略。

2.2.1　美国嬗变策略

美国为了防扩散，曾长期选择“一次通过”的燃料循环方式。美国核电规模大、运行堆年多，热堆核电厂乏燃料累积已近7万t。长期的军工科研生产也产生了大量放射性废物，其中高放废物玻璃固化体有4 667 t，另外属于海军部门的反应堆也产生了乏燃料2 333 t。为此，美国在20世纪90年代就开始设计、建造尤卡山地质处置库，设计容量为7万t。2010年3月，尤卡山处置库的许可申请被撤销，至今未获得投入使用的许可，该计划目前处于停止状态。

美国在2005年制定了先进燃料循环计划（Advanced Fuel Cycle Initiative，AFCI）。其主要目标是：减少核废物的环境负担、改进燃料循环的防扩散功能、提高核燃料资源的利用率。AFCI 计划分成一次通过、先进热堆循环和锕系元素循环等几个阶段。在先进热堆循环阶段侧重嬗变，在锕系元素循环阶段嬗变和增殖并举。这种策略符合美国目前已经积累了大量乏燃料的现状以及有大量热堆核电厂的现实情况，可达到未来依靠快堆及燃料循环实现核能可持续发展的战略目标。从 AFCI 计划的路线图可以看出，美国的燃料循环模式类似于 NEA 提出的燃料循环模式三。

美国于 2006 年 2 月曾提出 GNEP 倡议。该倡议否定了卡特政府的核燃料“一次通过”的核能政策，恢复包括后处理和快堆在内的核燃料闭式循环技术路线。希望通过实施 GNEP 计划，使需要地质处置的高放废物体积降低 50 倍左右，从而使美国在 21 世纪只需一座地质处置库。随后美国提出了 2020 年建成 2 500 t/a 后处理厂和示范嬗变快堆的建议计划。美国提出恢复快堆发展的主要目的是利用快堆嬗变 MA，从而降低高放废物的量和毒性，满足地质处置要求[5]。

2.2.2 法国嬗变策略

法国是核电比例最高的国家。法国选择闭式燃料循环策略。在发展燃料循环技术的国家中，法国的后处理技术和快堆技术都相对成熟、先进。法国政府的政策声明中曾多次阐述法国燃料循环政策。

在 2010 年国际会议上，法国代表介绍了核电厂反应堆和燃料循环发展路线图，或叫法国核能发展远景，如图 5 所示。法国计划 2020 年建成示范快堆，2040 年实现第四代核能系统应用。为此，在 1990 年建成的 1 000 t/a 轻水堆后处理厂的基础上，计划 2020 年建成 MOX 燃料制造厂和氧化物燃料的先进后处理厂，2040 年建成 2 000 t/a 后处理能力的处理压水堆和快堆乏燃料的先进后处理厂，并采用 UREX+1A 流程。计划 2020 年建成的嬗变用示范快堆 ASTRID 及燃料循环发展路线图如图 6 所示。法国的燃料循环策略类似于 NEA 提出的燃料循环模式二。

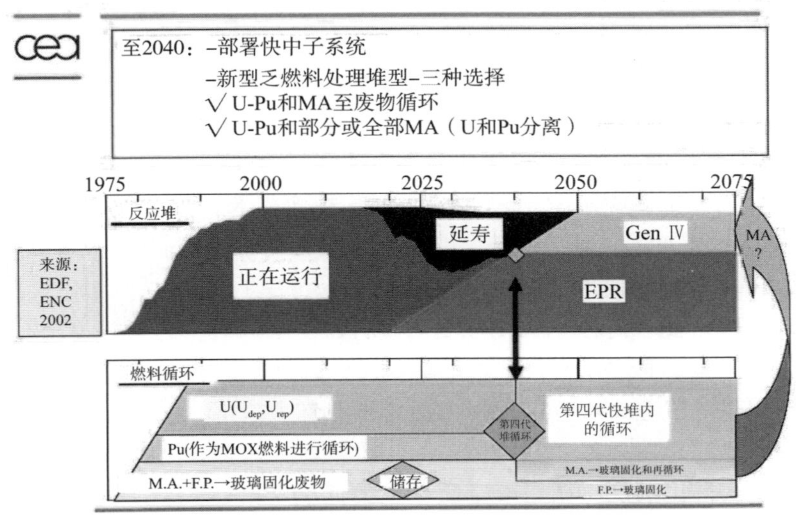

图 5　法国核能发展远景

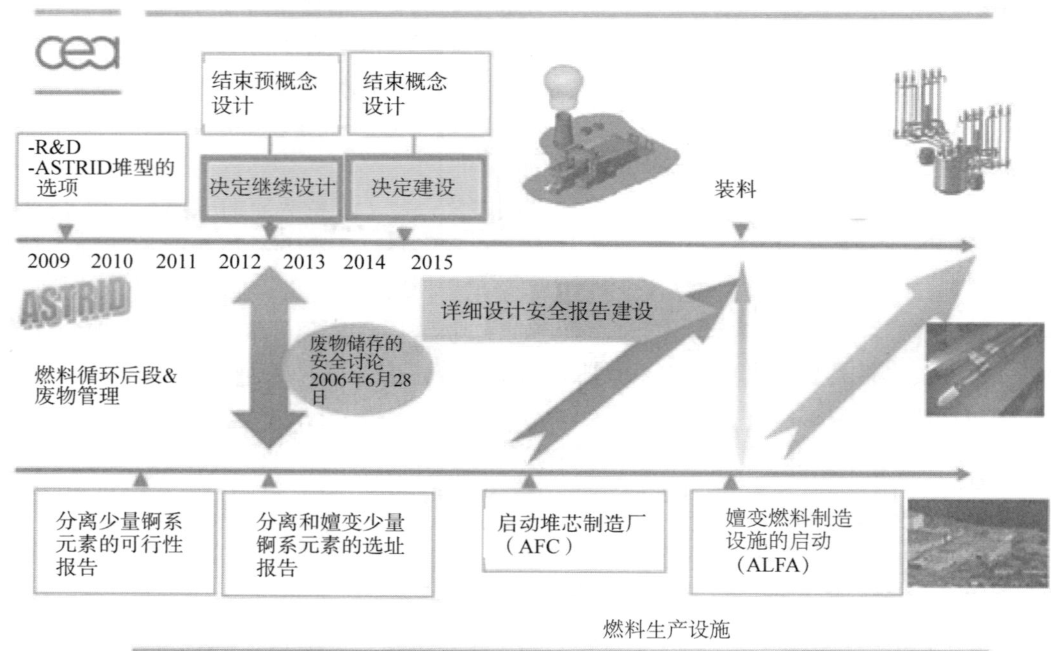

图 6　ASTRID 快堆及燃料循环 3 发展路线图

从法国的核能发展愿景和燃料循环策略看，法国选择快堆进行 MA 的嬗变。

2.2.3　俄、日、印、韩等国家的嬗变策略

俄罗斯一直坚持走基于快堆的闭式燃料循环路线，并制定了相应的快堆及其燃料循环发展计划，提出了分别基于 BN800 和 BN-C 系列快堆的燃料循环方案。俄罗斯的燃料循环策略类似于 NEA 提出的燃料循环模式一。俄罗斯没有明确提出采用什么装置进行 MA 的嬗变。俄罗斯的基本观点是 MA 嬗变属于燃料循环的一部分，出于核能可持续发展目标开发的闭式燃料循环系统自然具备 MA 嬗变的功能和能力。俄罗斯闭式燃料循环系统是围绕快堆的循环系统，可推断其选择快堆进行 MA 的嬗变。

在 2011 年日本福岛核事故前，日本一直坚持闭式燃料循环路线，曾制定分成四个阶段的研发计划，计划通过研究确定燃料循环技术路线和方案：阶段一（1999—2000）：评价各种技术方案，制定研发计划；阶段二（2001—2005）：评价与优化快堆及燃料循环系统，筛选出几个最有希望的快堆及燃料循环系统概念方案；阶段三（2006—1010）：开展快堆及燃料循环技术研发（简称 FACT 项目）；阶段四（2011—2015）：提出有竞争性的快堆及燃料循环系统方案。日本已有压水堆乏燃料后处理厂，且部分压水堆乏燃料运到国外处理，日本有相当量的工业钚库存，规划把部分工业钚做成 MOX 燃料，在热堆核电厂中使用。日本的燃料循环策略类似于 NEA 提出的燃料循环模式二，但因在热堆中循环利用钚未能有效实施，实际上其燃料循环策略已变成类似于 NEA 提出的燃料循环模式一。关于 MA 的嬗变，日本一直选择在快堆中实施，从日本快堆及其燃料循环发展路线图还可看出倾向采用 MA 和钚一起循环的策略。

印度一直坚持发展闭式燃料循环技术。由于印度的铀资源较少，而钍资源比较丰富，提出了铀、钚循环和钍、铀循环相结合的燃料循环策略。在第一阶段发展铀、钚燃料循环系统。印度的燃料循环策略类似于 NEA 提出的燃料循环模式一。印度的核电发展情景中，2052 年核电装机容量目标为 275 GW，热堆仅占较小一部分，其他都是快堆。这种情景必须基于增殖快堆及其燃料循环系统。印度更关注核燃料的增殖，认为 MA 的嬗变不紧迫，从实施策略上倾向于 MA 和钚一起循环。

韩国是 GIF 的成员国，根据美国的提议，制定了金属燃料快堆的研发计划，与美国合作开展金属燃料、干法后处理、钠冷快堆等技术研发。韩国的燃料循环策略类似于 NEA 提出的燃料循环模式一。韩国发展快堆及其燃料循环的主要目的是 MA 嬗变、以及钚的循环利用。从技术上初步判断，选择金属燃料和干法后处理工艺，有利于实现超铀整体循环。

3　我国嬗变策略研究

3.1　我国核能发展技术路线

核能和核燃料循环发展技术路线是确定嬗变技术路线的前提和基础。我国核能发展采用“热堆、快堆、聚变堆”三步发展路线。第一步发展热堆核电厂满足当前和未来一段时期核电发展的需要；第二步发展快中子增殖堆核电厂及配套的核燃料循环系统，实现裂变核能的可持续发展。根据中国工程院、中国科学院有关战略咨询研究，建议的我国核能技术发展方向和路线图如下：

（1）实施热中子堆、快中子堆、聚变堆三步走的发展道路

在 2030—2040 年间，初步具备快中子堆核能系统（包括快堆核电厂和配套燃料循环设施）产业化发展的条件。

（2）热中子堆核电堆型技术的发展

热中子堆核电产业发展堆型，以发展压水堆堆型为主，实施由二代改进机型向三代核电机型发展的道路，在第三代积累经验后，尽快转向以第三代核电为主力机型。

（3）核燃料循环技术

争取 2025 年开始实施由开放式循环向闭合循环发展，实现压水堆乏燃料的后处理，回收钚做成燃料，放到快堆中使用；争取 2035 年前后，开始实现快堆燃料循环的闭合，2040 年前后具备实现快中子堆增殖系统的产业化发展。

基于上述核能和核燃料循环发展路线，利用快堆进行 MA 嬗变将是自成体系的选择。

3.2　基于快堆嬗变的情景分析

先进核燃料循环主要内容是铀钚循环和超钚元素循环，主要技术方案是利用快堆进行核燃料增殖和次锕系核素嬗变，以实现核资源最大化利用和核废物最小化处置。

快堆可以将占天然铀资源中 99％以上的^{238}U 充分利用起来，这是核能界已经达成的共识。但是，铀、钚在反应堆内循环一次，即便是在快堆中，其利用率也是有限的。要想

大幅度提高利用率，就必须将乏燃料进行后处理，回收铀、钚等，并再做成燃料返回到反应堆中再次进行辐照，多次循环。实际应用中，由于燃料燃耗水平的限制，以及乏燃料后处理和燃料再制造过程中有一定的丢失率，即使多次循环，U 和 Pu 都不可能百分之百地利用。另外，由于经济成本、辐射安全、反应堆安全等方面的限制，循环的次数也会有限制。燃料循环模式决定了铀资源利用率上限水平，反应堆及燃料循环技术发展水平决定了达到一定利用率所需要的循环次数。

一座百万千瓦级压水堆每年产生 20～30 kg 的 MA，与燃料初始富集度、燃耗水平等相关，且随乏燃料贮存冷却时间变化。如在乏燃料卸料初期 MA 为 20 kg，随着乏燃料贮存冷却时间增加，MA 的量也在增加，主要是^{241}Pu 衰变成^{241}Am，贮存冷却 10 年后，约有 13.2 kg^{237}Np、18.1 kg^{241}Am 和 3.3 kg^{243}Am。我国核电仍处于发展初期，核电的装机规模较小，运行堆年不多，累积的乏燃料也较少。当前，乏燃料中工业钚和 MA 的积累量不大，另外，由于工业规模的后处理设施还未建成，因此，一段时间内没有实施嬗变的需求和前提。但我国核能发展规模目标大、速度比较快，乏燃料的增长速度和积累总量都将出现快速增长。利用快堆能否实现 MA 的有效嬗变？整个核能系统中 MA 的总量能否得到有效控制？这是我国如选择利用快堆嬗变需要回答的首要问题。

第一种情景：发展压水堆以及压水堆乏燃料后处理，并发展快堆，但暂缓发展快堆乏燃料后处理。压水堆乏燃料中回收的工业钚和 MA 一同为快堆提供初装料，以及提供快堆运行所需的换料，快堆卸出的乏燃料采取暂存方式，即如图 7 所示燃料循环情景。假定压水堆发展到 200 GW 规模。因约 10 座压水堆乏燃料中的工业钚才能支持一座百万千瓦级快堆的初装料，因而快堆的增长规模有限。从图 8 和图 9 可见，不发展快堆乏燃料的后处理，快堆的装机规模不能有效增长，进而全部核电的装机规模增长空间有限。另外，在这种情景下，整个核能系统中的 MA 总量得不到有效控制。

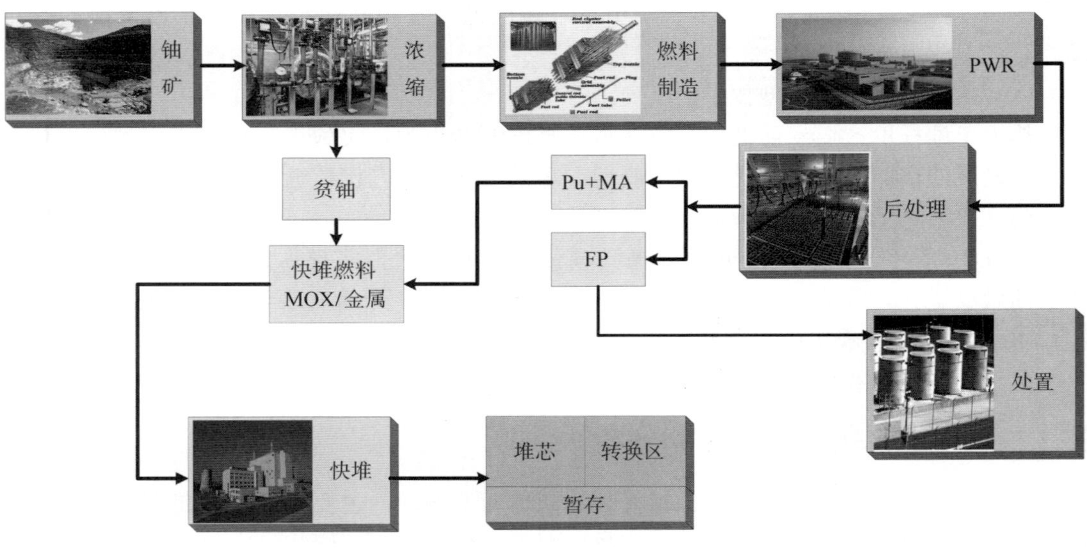

图 7　核燃料循环情景一

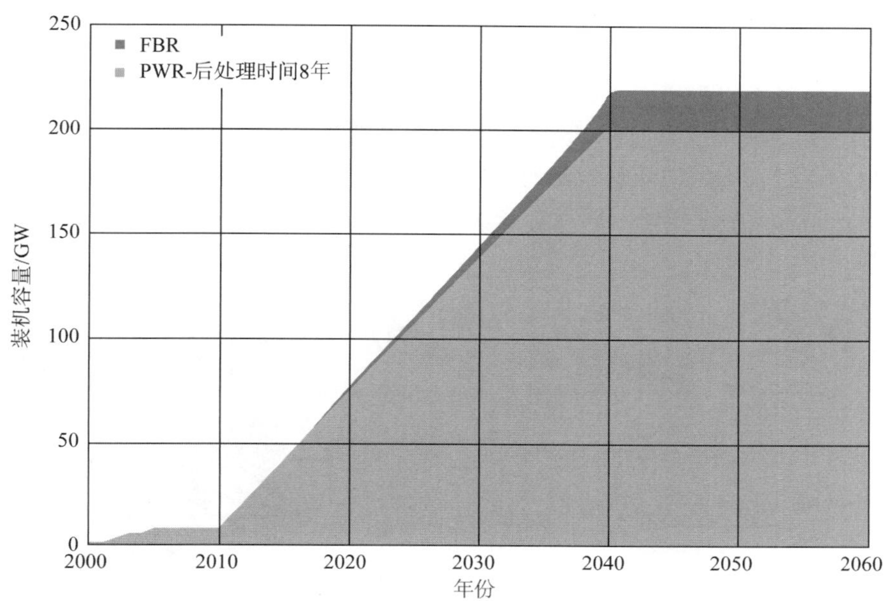

图 8　压水堆和快堆装机容量增长情景一

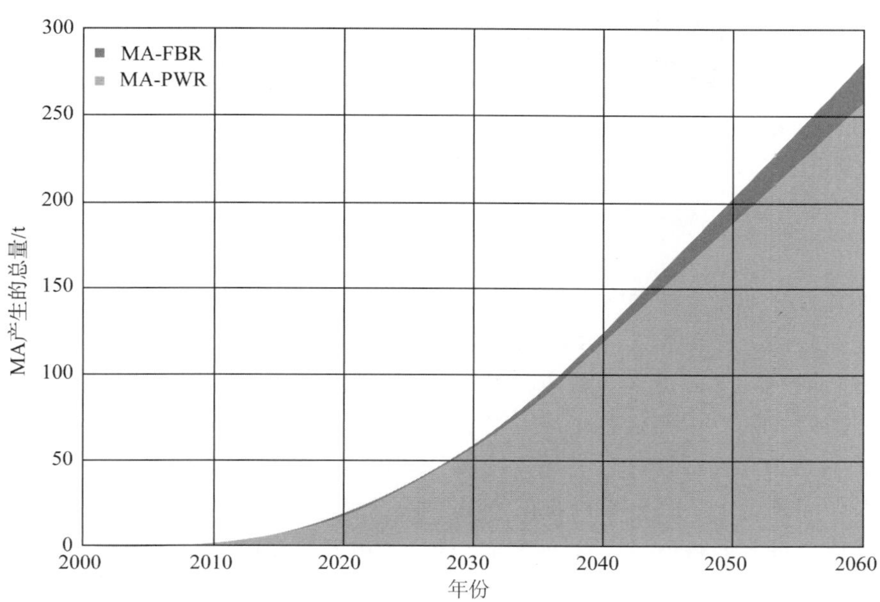

图 9　MA 总量随时间变化情景一

从图 9 可见，在这种核燃料循环情景下，整个核能系统的 MA 总量得不到有效控制。由于快堆规模相对小，可进行 MA 嬗变的装置就少，整个核能系统中 MA 总量随时间还是快速增长。图 9 还反映出另外一个事实，如压水堆核电厂的总装机规模达到一定水平，不管是用快堆还是用 ADS 来实施 MA 嬗变，嬗变装置数量太少是实现不了 MA 总量控制目标的。

第二种情景：发展压水堆以及压水堆乏燃料后处理，并发展快堆及快堆乏燃料后处理。压水堆乏燃料中回收的工业钚和 MA 一同为快堆提供初装料[6]，快堆乏燃料中回收的工业钚和 MA 除为快堆提供初装料外，还为快堆提供运行所需的换料。同时快堆转换区增殖的钚也用于新建快堆的初装料或运行所需的换料。核燃料循环情景如图 10 所示。在这种情景下，快堆装机容量的增长情景如图 11 所示。这种燃料循环情景类似于 NEA 建议的燃料循环模式一。

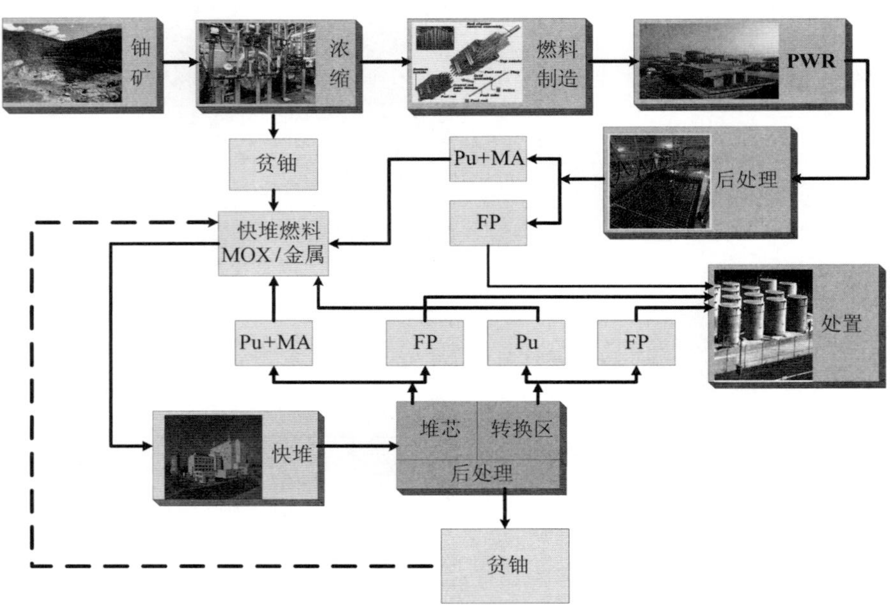

图 10　核燃料循环情景二

在后处理时分别回收钚和 MA，在快堆燃料中均匀添加一部分 MA，或采用超铀整体循环，直接回收铀、钚和 MA，并做成快堆的燃料，再把含 MA 的燃料放到快堆中，可有效实现 MA 的嬗变。实际上，在快堆燃料辐照过程中 MA 也起到一部分燃料的作用。快堆燃料中添加的 MA 在辐照过程中只能嬗变掉一部分，快堆卸出的乏燃料中还会有相当部分的 MA 没有烧掉，需要通过后处理，再次分离出来，重新做成燃料，返回快堆中使用。在闭式燃料循环系统中，会有相当量的 MA 储存在使用添加 MA 燃料的快堆堆芯中，部分在压水堆或快堆乏燃料中，以及经过后处理分离出来暂存而未被使用的部分（可定义这部分为库存量）。假设快堆核电厂从 2020 年开始应用，初期采用 Pu 循环，燃料中不添加 MA；从 2040 年开始，快堆核电厂已发展到一定规模，采用 Pu 和 MA 一起循环，利用快堆进行 MA 的嬗变，并假定快堆燃料中 MA 最大添加量不超过 5%，如后处理分离出的 MA 量小于全部快堆燃料量的 5%，则减少快堆燃料中 MA 的添加比例。在这种情景下整个核能系统中 MA 的总量变化趋势如图 12 所示。

从 2040 年开始，因压水堆乏燃料和快堆乏燃料后处理出来的 MA 库存量大，快堆燃料中可按大的比例添加 MA，核能系统中 MA 开始有一部分从库存量转移到快堆堆芯燃料

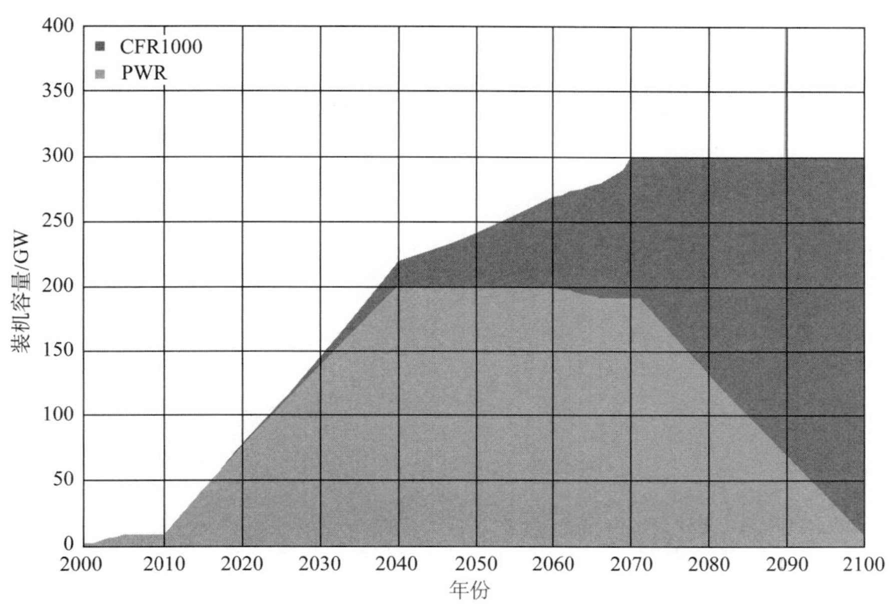

图 11　压水堆和快堆装机规模增长情景二

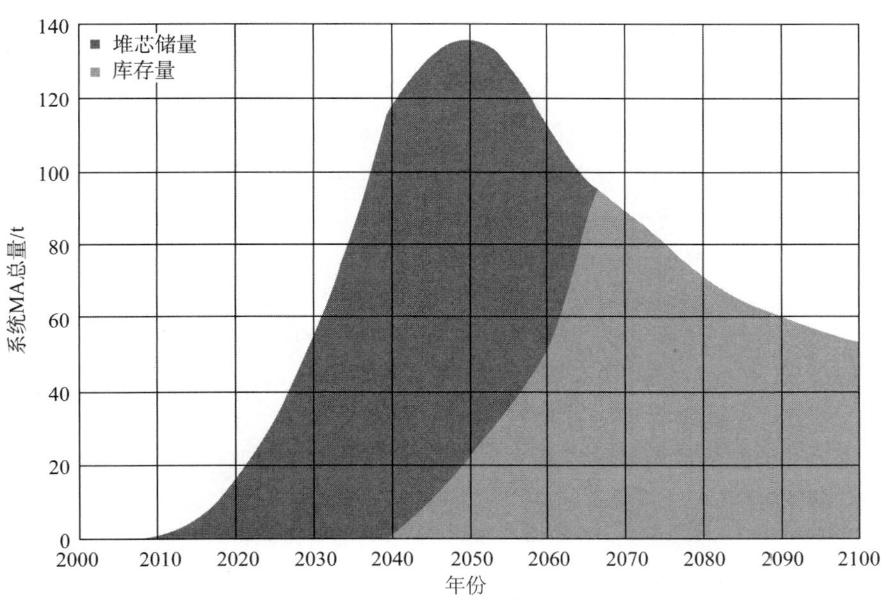

图 12　核能系统中 MA 的库存量和在反应堆堆芯中存量

中，MA 总量增速放缓。

从 2050 年开始，快堆的嬗变量能力将大于压水堆及快堆自身产生的 MA 产量，核能系统中 MA 总量开始下降。

到 2065 年，库存的 MA 可全部转移到快堆堆芯燃料中，且 MA 总量继续下降。此后，可通过降低快堆燃料中 MA 的添加比例，或仅部分快堆使用含 MA 燃料的方式，实现分离出的 MA 可全部添加到快堆燃料中，保持接近零库存。

至 2100 年，核能系统中 MA 总量控制在 60 t 以下，此后 MA 总量将下降得越来越慢，最终达到约 40 t 的水平，这些 MA 基本上都在投运的快堆电厂堆芯燃料中，从而有效实现了 MA 的总量控制目标。

4 快堆嬗变技术特点

4.1 快堆嬗变中子学特性

反应堆裂变中子具有 2 MeV 左右的平均能量。在热堆中，中子首先经过与慢化剂原子核的碰撞而被慢化成热中子，最后被各种材料的原子核所吸收，其中核燃料吸收中子可能引起新的裂变反应。热堆中引起新的裂变反应的主要是热中子。

快堆中，不包含慢化剂材料，快堆的中子学特性与热堆有所不同。快堆的燃料可以采用铀-钚氧化物燃料、碳化物燃料、金属燃料及氮化物燃料等。液态金属是快堆使用最多的冷却剂[7]。由于在快堆中没有慢化剂，因此热中子较少，裂变反应主要由快中子引起，并且在热堆中十分关键的热中子吸收截面高的材料不显得那么重要，所以快堆堆芯的材料选择中，反应截面这一因素的限制不那么苛刻。快堆对结构材料的主要要求是：在高温下运行可靠；耐高中子注量率辐照的能力；与燃料及冷却剂有好的相容性及低的中子俘获等。

在快堆燃料中添加 MA，且快堆使用含 MA 的燃料后，反应堆的物理、热工和安全等特性会有变化，需要考虑 MA 嬗变对反应堆特性的影响。钚和所有的次锕系核素在快堆中都可裂变，另外在快中子场中 Am 和 Cm 等转换为 Cf 的概率比在热堆中降低两个数量级。从中子学角度，钚和次锕系核素在快堆中多次循环无原理性限制。

快堆堆芯中添加少量 MA 对堆芯性能造成的影响从根本上来说取决于 MA 的核特性，主要是中高能区的俘获和裂变截面值，以及其缓发中子的份额。主要 MA 核素的裂变反应为高能阈反应，阈值在 0.1～1 MeV 之间（^{243}Cm 和^{245}Cm 除外，乏燃料中它们的份额较小，而且是比^{239}Pu 还要好的裂变材料），MA 在高能区（指大于 0.1 MeV，下同）的裂变性能要比^{238}U 好（阈值低，裂变截面大）。在中低能区（指 100 eV～0.1 MeV 之间，下同）MA 的俘获截面要大于^{238}U，且在^{238}U 俘获共振较为显著的 10 eV～0.01 MeV 能区，MA 的俘获共振比^{238}U 弱。有效裂变中子数与裂变截面的特点密切相关，主要 MA 核素的裂变效果要比^{238}U 好（阈值低，且 η 值较大）。主要 MA 核素的缓发中子份额 β_{eff}与堆芯中其他主要核素的对比如图 13 所示。可以看出与^{238}U 相比主要的 MA 核素的缓发中子份额是相当小的。为此，使用 MA 替换^{238}U 会导致堆芯 β_{eff}减小。

快堆中使用含 MA 燃料后，一方面堆芯能谱有所硬化，低能中子减小；另一方面，^{238}U的装量又有所减小，综合的结果是堆芯的多普勒反馈显著减弱。

基于一个百万千瓦级快堆堆芯设计方案的嬗变研究结果表明：

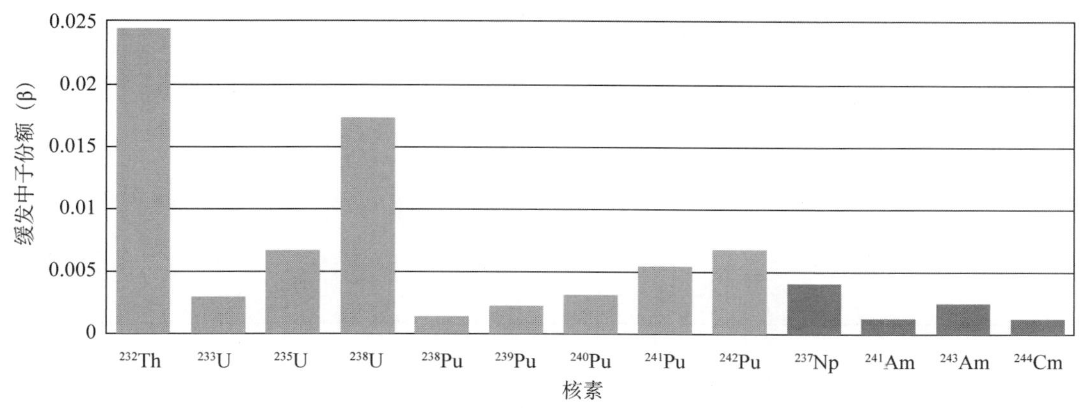

图 13　不同核素的缓发中子份额对比

（数据来自 ENDF/B-VII.0）

（1）MA 核素的添加会导致多普勒效应的迅速下降；

（2）对 MA 核素进行单种核素的添加研究（即每次只添加一种 MA 核素对其影响进行研究），^{237}Np、^{241}Am、^{243}Am 和^{244}Cm 等四个核素分别在添加量（质量分数）为 10%的情况下，多普勒效应下降到之前的 74%左右；

（3）^{243}Cm 和^{245}Cm 的添加会对多普勒效应带来较大的影响，在添加量 10wt%的情况下，多普勒效应只有之前的 44%。

对于俘获截面的分析可知，MA 核素的共振俘获明显弱于^{238}U，用 MA 核素替代贫铀后，MA 核素的共振俘获不足以弥补所替代的贫铀中^{238}U 的共振俘获。另外，MA 核素的添加会对堆芯中子注量率 ϕ 和共轭中子注量率 ϕ^* 的能量分布产生影响，研究结果表明会使得能谱硬化，由于各主要 MA 核素的共振能区的能量要明显地低于^{238}U，因此，从共振俘获的角度，能谱的硬化会在原多普勒效应（即添加 MA 核素前的多普勒效应）的基础上引入一个正向反馈，使得多普勒效应下降。

在所讨论的主要 MA 核素中，^{243}Cm 和^{245}Cm 核素相对小很多的共振俘获截面以及较低的共振能区的能量，使得^{243}Cm 以及^{245}Cm 的添加对多普勒效应的影响更大，多普勒显著减小，另外这两个核素在高能区的裂变截面较为可观，更不利于堆芯的负反馈设计。

MA 核素添加带来的能谱硬化效应同时造成其他一些核素的多普勒负反馈的减小，主要是^{239}Pu、^{240}Pu、^{241}Pu 和结构材料核素。除了俘获截面变化的影响外，由裂变截面、散射截面以及反应堆泄漏的变化也带来多普勒效应的变化。总的来说，^{238}U 量的减小，以及中子注量率 ϕ 和共轭中子注量率 ϕ^* 的能谱硬化，由此产生的^{238}U 负反馈的减小是快堆燃料中添加 MA 后整体多普勒反馈减小的最为重要的原因。

乏燃料中 MA 各核素的质量分数如表 1。如按这种成分比例添加 MA 到燃料中，则由于其中^{237}Np 所占的比例比较大，对多普勒效应带来的影响与仅添加^{237}Np 所带来的影响相近。

表 1　MA 成分组成

核素	质量分数/%
^{237}Np	56.2
^{241}Am	26.4
^{243}Am	12.0
^{243}Cm	0.03
^{244}Cm	5.11
^{245}Cm	0.26

基于一个百万千瓦级快堆堆芯方案的计算分析表明，与在燃料中添加 MA 后对多普勒效应的影响相比，MA 的添加对燃料密度变化带来的负效应的影响小得多。随着 MA 添加量的增加，多普勒效应减小很多而燃料密度效应的变化则相对较小，如图 14 多普勒效应和燃料密度效应比较所示。

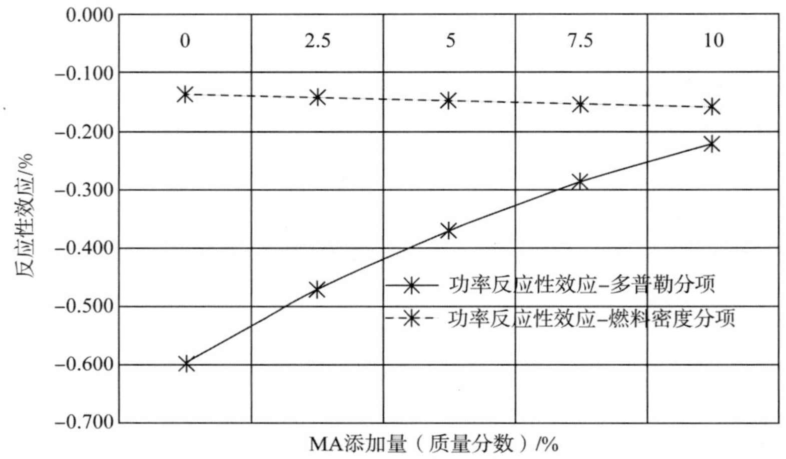

图 14　多普勒效应与燃料密度效应比较

对于采用金属燃料的快堆，其堆芯中子能谱比采用 MOX 燃料的堆芯要硬，堆内的中子平均能量更高，因此，即使不添加 MA 核素，金属燃料堆芯的多普勒效应等负效应都会有较大程度的降低。在添加 MA 核素后，金属燃料堆芯的主要负反馈多普勒效应还会进一步降低，其降低幅度略低于 MOX 燃料堆芯。

因此，在快堆中引入 MA 后，与安全相关的动态特性朝不利方向发展，多普勒反馈减小，有效缓发中子份额减小，冷却剂的空泡反应性趋正，有利因素是燃耗反应性损失降低。因此，如在快堆燃料中均匀添加次锕系核素，要把燃料中 MA 的添加量限制在安全限值内。当前研究表明，对于中等功率和大功率快堆，氧化物燃料中均匀添加次锕系核素的含量应低于 2%～5%（MA/重金属 HM）；对于金属燃料，应低于 5%～10%（MA/重金属 HM）。图 15 给出了使用 MOX 燃料的大型快堆，当 MOX 燃料中添加不同比例 MA 后，多普勒效应、有效缓发中子份额等的相对变化[8]。

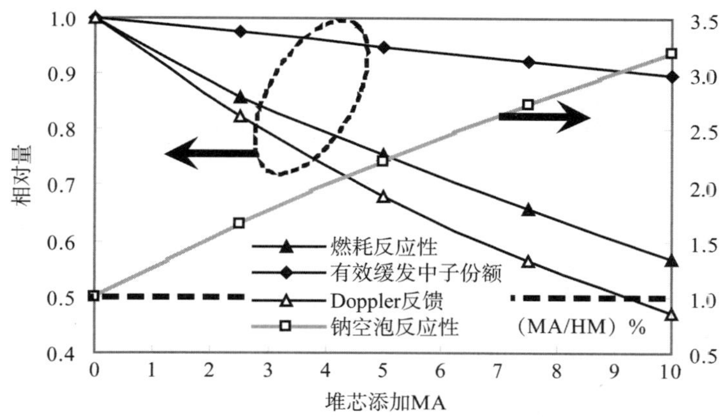

图 15　大型快堆 MOX 燃料堆芯中添加 MA 后的反应堆动态参数变化

4.2　快堆含 MA 燃料研发现状

由前节可知，如采用快堆嬗变 MA，当快堆燃料中 MA 比例不太大时，快堆本身并不需要专门设计，关键问题变成含 MA 燃料的设计、制造等。

快堆燃料主要分为：氧化物燃料、金属燃料、碳化物燃料以及氮化物燃料等。这些类型的燃料都可以添加一定比例的 MA。对于添加 MA 的燃料，在有些文献中以添加 MA 的基体材料来分类，分为含易裂变材料的基体，含可转换材料的基体以及不含重核的惰性基体。一般都以 MA 及燃料的组合形式分类：MA 均匀添加的燃料，在快堆燃料制造时直接将 MA 均匀添加到快堆燃料芯块中；MA 非均匀添加的燃料，即 MA 制成辐照靶件的形式。

不同的添加模式也可以认为是快堆嬗变 MA 的两条不同技术路线。均匀添加 MA 的燃料可以像快堆常规燃料一样使用，在全堆芯燃料区装载，但燃料中 MA 添加的含量需要严格控制，以满足燃料的各方面特性不发生大的改变，同时确保堆芯的设计不超过各种设计和运行限值。含 MA 的非均匀材料一般作为辐照靶件在堆芯内布置，该种靶件组成形式可以有多种选择，并且单个靶件的 MA 含量比较高，可以在堆芯内合适的位置实现较高的嬗变效率。但含 MA 靶件在堆芯活性区内布置会降低堆芯的经济性，同时带来一定的安全问题，故靶件装载数量比较有限。

在快堆燃料材料中添加 MA，将使得燃料的物理性能、热工性能和辐照性能等都有所改变。含有 MA 的嬗变燃料材料，是快堆嬗变的关键技术，也是快堆嬗变研究中最基础的内容。

添加 MA 的燃料是反应堆燃料研究的一个新课题，当前基本处于实验室研究开发、堆内辐照测试实验阶段。对于包含不同的原子点阵和化学性形态的许多种类的燃料，国际上都进行了 MA 核素添加的尝试和测试。并且对一些与传统方法不同的燃料制造技术已经进行了一些探索。燃料的堆内辐照实验是材料性能检验的最有效方式，辐照后检验的结果将提供有价值的信息。美国、欧盟、日本、俄罗斯等开展了添加 MA 的燃料材料相关研究工作，目的是验证一些基本的性能和极端情况下的性能特点。含 MA 燃料用于大规模的工业实践，目前还缺乏足够的应用实例。

经过几十年的研究，已经积累了一些技术和经验，表2列出了国际上1980年至今有关添加MA燃料的主要实验研究情况。添加MA的燃料材料，当前基本上仅发展到实验室规模。混合氧化物燃料的研究最为深入和系统，是当前快堆嬗变燃料的主要选择。另外，由于MA核素的放射性、化学毒性等特殊原因，还有很多工艺技术细节问题有待解决。

表2 国际上1980年至今含MA燃料的辐照实验研究概况[9]

应用方式	实验名称	用于辐照实验的反应堆装置	燃料组成	辐照目的	实验状态
快堆均匀嬗变燃料	Superfact	Phénix	(U，Pu，Np) O_{2-x} (2% Np)，(U，Pu，Am) O_{2-x} (2%Am)	6%～7%燃耗下的辐照性能	完成（1984—1992）
	TRABANT 1	HFR	(U，Pu，Np) O_{2-x} (5%Np)	11%～12%燃耗下的辐照性能	完成（1994—2000）
	Am1	Joyo	(U，$Pu_{0.30}$，$Am_{0.05}$) $O_{1.95-1.98}$，(U，$Pu_{0.30}$，$Np_{0.02}$，$Am_{0.02}$) $O_{1.95-1.98}$	寿期初的辐照性能	完成（2001—2008）
	Am1	Joyo		5%和10%燃耗下的辐照性能	暂停
	GACID	Monju	(U，Pu，Am) O_{2-x}	全尺寸燃料棒辐照	设计中
	GACID	Joyo	(U，Pu，Am，Cm) O_{2-x}	10%或更深燃耗下的辐照性能	暂停
	GACID	Monju	(U，Pu，Am，Cm) O_{2-x}	全尺寸燃料棒辐照	待定
	METAPHIX 1	Phénix	U-19Pu-10Zr	2.4%燃耗下的辐照性能	完成（2003—2004）
	METAPHIX 2	Phénix	U-19Pu-1.2Np-0.6Am-0.2Cm-1.4Nd-0.2Y-0.2Ce-0.5Gd-10Zr U-19Pu-3Np-1.6Am-0.4Cm-10Zr U-19Pu-3Np-1.6Am-0.4Cm-OSC	6.6%燃耗下的辐照性能	完成（2003—2006）
	METAPHIX 3	Phénix		10%燃耗下的辐照性能	完成（2003—2008）

续表

应用方式	实验名称	用于辐照实验的反应堆装置	燃料组成	辐照目的	实验状态
燃料区非均匀嬗变靶件	EFTTRA T2，T2bis，	HFR	基体：$MgAl_2O_4$，Al_2O_3，$Y_3Al_2O_5$，CeO_2	惰性基体的中子辐照损伤	完成（1996—2006）
	EFTTRA T3，T4，T4ibs，T4ter	HFR	（T2+MgO+Y_2O_3）+UO_2	惰性基体的中子辐照损伤和裂变产物的微观结构	完成（1997—2006）
	Matina 1，1A	Phénix	基体：$MgAl_2O_4$，Al_2O_3，$Y_3Al_2O_5$，MgO，TiN，W，Nb，V，Cr 燃料（MgO，$MgAl_2O_4$）+UO_2	惰性基体的中子辐照损伤和裂变产物的微观结构	完成（1994—2009）
	Matina 2-3	Phénix	MgO，（Zr，Y）O_2 MgO+UO_2	惰性基体的中子辐照损伤和裂变产物的微观结构	2009年完成辐照，待检验
	Themhet	Siloé	$MgAl_2O_4$+UO_2	惰性基体的中子辐照损伤和裂变产物的微观结构	完成（1997—1999）
	Ecrix-H	Phénix	MgO+AmO_2	惰性基体的中子辐照损伤和裂变产物的微观结构	完成（1998—2009）
	Ecrix-B	Phénix	MgO+AmO_2	惰性基体的中子辐照损伤和裂变产物的微观结构	2008年完成辐照，待检验
	CAMIX	Phénix	$AmZrYO_2$	25%燃耗下的辐照性能	2009年完成辐照，待检验
	COCHIX	Phénix	MgO+$AmZrYO_2$	25%燃耗下的辐照性能	2009年完成辐照，待检验
	Helios (partially)	HFR	（Am，Zr，Y）O_2，MgO+$Am_2Zr_2O_7$，（Am，Zr，Y）O_2+Mo	惰性基体的中子辐照损伤和裂变产物的微观结构	2010年完成辐照，待检验
转换区非均匀嬗变靶件	Superfact-high MA content	Phénix	（U，Np）O_{2-x}（45%Np）（U，Am，Np）O_{2-x}（21%Np，19%Am）	4%～5%燃耗下的辐照性能	完成（1984—1992）
	Marios	HFR	（U，$Am_{0.15}$）O_{2-x}	燃料肿胀且有氦气释放	设计中
	Diamino	OSIRIS	（U，$Am_{0.15}$）O_{2-x}	燃料肿胀且有氦气释放	设计中

续表

应用方式	实验名称	用于辐照实验的反应堆装置	燃料组成	辐照目的	实验状态
ADS 中使用的燃料及靶件	Futurix-FTA metal alloys	Phénix	Np-1.6Am-0.4Cm-10Zr	辐照性能	2007—2009 年完成辐照，待检验
	Futurix-FTA oxide	Phénix	(Pu，Am) O_2 + MgO	辐照后的微观结构变化	2007—2009 年完成辐照，待检验
	Futurix-FTA cermet	Phénix	(Pu，Am) O_2 + Mo (Pu，Am，Zr) O_2 + Mo	瞬态下的 CERMET 燃料性能	2007—2009 年完成辐照，待检验
	Futurix-FTA nitride	Phénix	(Pu，Am，Zr) N (U，Pu，Am，Np) N	辐照性能	2008 年完成辐照，待检验
	Helios (partially)	HFR	(Am，Pu，Zr，Y) O_2 (Pu，Am) O_2 + Mo	微观结构发生宏观分散	2010 年完成辐照，待检验
	CONFIRM	HFR	(Pu，Zr) N	ADS 氮化物燃料的性能	2007—2009 年完成辐照，正在检验
	Bora-Bora	BOR-60	PuO_2 + MgO (Pu，Zr) N	氮化物 CERCER 燃料的辐照性能	完成 (1997—2008)

关于含有 MA 燃料的制造工艺，国际上的趋势是朝着简化制造流程方向发展，采用密闭环境，并尽可能采用远程操作。另外在粉末制备阶段，需要考虑手套箱以及各种容器的沾污等造成的有害辐射，特别是高能的 α 射线会与介质发生（α，n）反应造成次级中子辐射。

含 MA 燃料组件的运输及贮存，尤其是含 Cm 的材料处理，需要额外考虑辐射屏蔽，以满足操作人员不会受到过量的辐照。

5 基于快堆嬗变的路线图

5.1 总体思路

采用快堆嬗变 MA 相对于其他嬗变技术路线有优势，主要表现在：

（1）整个核能系统环节少；

（2）可采用常规设计的快堆，运行工况不用改变；

（3）快堆含钚燃料的制造生产线等可兼容含 MA 燃料的制造；

（4）从实施快堆嬗变工程角度，研发重点集中在含 MA 燃料技术方面。

对于燃料类型和后处理工艺路线，在快堆较小规模发展阶段，拟采用氧化物燃料和先进水法后处理工艺；如进入快堆大规模发展阶段，拟采用金属燃料和干法后处理工艺。另外，从嬗变角度，在后处理时 MA 与钚是分别分离还是一起分离并无原则要求，但要求一起进行循环，因此，从嬗变角度拟采用超铀循环。图 16 给出了采用超铀循环的先进核能系统组成示意图[10]。

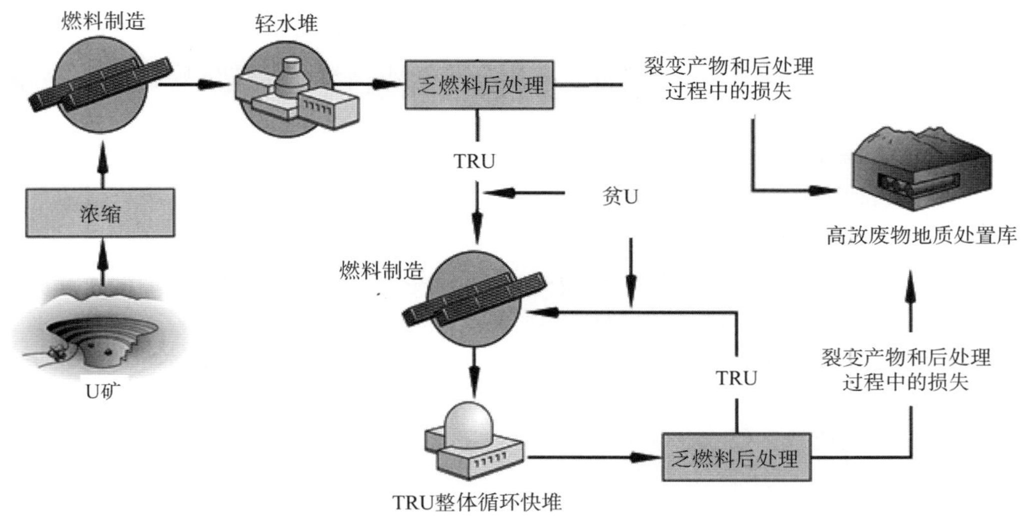

图 16　采用超铀循环的先进燃料核能系统示意图

采用快堆嬗变的总体思路是：发展快堆核电厂，在实现与压水堆核电厂匹配并提高我国核电总装机规模的同时，根据后处理厂的分离能力，选定一种快堆核电厂型号，确定一定数目的快堆核电厂机组，并采用全部或部分使用含 MA 燃料的策略，以实现对整个核能系统产生的 MA 进行有效总量控制。

5.2　“三步走”的路线图

根据我国快堆、后处理、快堆燃料等的发展战略和路线图，在我国实施快堆嬗变可分成“三步走”：第一步为研发阶段，时间直至 2030 年，主要是基于中国实验快堆、后处理中试厂、核燃料后处理放化实验实施、MOX 燃料实验线等，开展超铀元素分离工艺、含 MA 燃料制造工艺、辐照考验等技术研究；第二步为示范应用阶段，时间从 2030 年开始，主要是基于示范快堆、工业规模 MOX 燃料生产线、工业规模后处理厂等，开展示范快堆批量使用含 MA 燃料运行实践；第三步为规模实施阶段，根据商用后处理厂的 MA 或超铀分离能力，选择推广建造的几座快堆电厂，全部使用含 MA 燃料运行。

（1）研发阶段（2011—2030）

利用我国已建成的压水堆乏燃料后处理中试厂、中国实验快堆、核燃料后处理放化实验设施，以及正在建设的 MOX 燃料实验生产线等，完成实验规模的 MA 嬗变技术和工艺研究，掌握分离-嬗变的关键技术，获得工程应用数据和经验。

首先，根据已有条件，先开展单个次锕系核素的分离和嬗变实验研究，积累数据。

其次，开展超铀分离回收工艺验证，为商用后处理厂实施超铀分离回收提供技术和工艺。

再者，开展含超铀燃料制造工艺研究，在实验快堆中辐照考验研究，为在快堆中实施超铀循环提供技术。

之后，完成在 60 万 kW（CFR-600 型号）核电厂使用的含 MA 混合氧化铀钚燃料（MOX）设计和研制，为示范应用解决最为关键和最主要的问题。这包括含 MA MOX 燃料试验组件在中国实验快堆中辐照考验，以及含 MA MOX 燃料组件在 CFR-600 型号第一个机组中的随堆考验。

该阶段主要研发内容包括：

1）高放废液中次锕系元素的分离试验研究；

2）含 MA 的 MOX 燃料元件研制；

3）含 MA 燃料的辐照考验研究和对反应堆安全影响的实验研究；

4）含 MA MOX 乏燃料的后处理技术研究；

5）CFR-600 型号核电厂使用的含 MA MOX 燃料试验组件的研制和辐照考验；

6）含 MA MOX 燃料组件在 CFR-600 型号第一个机组中的随堆考验研究。

（2）嬗变示范应用阶段（2030—　　）

我国快堆核电厂将包括多个型号，如 60 万 kW CFR-600 型号、百万千瓦级的 CFR-1000 型号等，各型号满足不同的用户需求。作为嬗变装置的快堆可采用我国快堆核电厂 CFR-600 型号。CFR-600 设计型号的用户要求之一是嬗变。美国、法国、韩国等都倾向采用 60 万 kW 功率规模的快堆进行嬗变。CFR-600 型号第一个机组规划在 2025 年前建成。与此配套，在 2025 年左右建成 200 t/a 压水堆乏燃料后处理厂，建成 20 t/a 快堆 MOX 燃料制造厂。

选择 CFR-600 型号的快堆核电厂机组，用含 MA 的 MOX 燃料替换常规 MOX 燃料，获取大量使用含 MA 的 MOX 燃料的快堆核电厂的运行数据和经验，完成工业规模嬗变的示范应用。

该阶段主要研发内容包括：

1）CFR-600 型号反应堆使用含 MA 的 MOX 燃料的安全性研究；

2）CFR-600 型号快堆堆芯从 MOX 燃料过渡到含 MA MOX 燃料的燃料管理；

3）含 MA MOX 燃料元件破损监测技术研究；

4）含 MA MOX 乏燃料工程化后处理技术研究。

（3）规模实施阶段（约 2040 年后）

第三步为规模实施阶段。我国在 2025 年前建成 60 万 kW 示范快堆第一个机组，之后根据核电发展需求，预计将小规模推广建设几座 CFR-600 型号的快堆核电厂。在 2030—2035 年期间，将建设百万千瓦级的快堆电厂。在规模实施阶段，根据我国商用后处理厂 MA 或超铀的分离能力，先在 CFR-600 型号的快堆电厂使用含 MA 燃料，如分离出的 MA 还有富余，在一部分百万千瓦级快堆电厂中部分使用含 MA 燃料，逐步实现核能系统中 MA 总量有效控制。

6　结论和建议

基于我国核能和核燃料循环发展路线，我国拟选择快堆嬗变的技术路线，且应作为我国 MA 嬗变的主线。随着我国实验快堆和乏燃料后处理中试厂的相继建成，以及混合氧化铀钚燃料（MOX）研发取得阶段性成果，我国已具备一定的 MA 嬗变研究实验条件，也为研究、设计工业示范规模的嬗变装置建立部分基础。当前，我国示范快堆项目已得到相关部门的批准，计划在 2023 年建成。因此，现阶段更应重视快堆在 MA 嬗变方面的重要作用，加大研发投入，做好示范应用的顶层设计。

近几年，有关嬗变研发的投入集中在中国科学院战略性先导科技专项“未来先进核裂变能——加速器驱动（ADS）嬗变系统”，对快堆嬗变研发工作重视不够、投入不足，将会影响基于快堆及其燃料循环系统实现高放废物安全处理处置战略目标的实现。因此，重视快堆嬗变的作用和地位，加强利用快堆嬗变技术研究，并在发展快堆及其燃料循环系统示范工程中为满足嬗变需求做好顶层设计等是一项十分紧迫的和必要的任务。

建议：

（1）重视快堆及其燃料循环系统在高放废物嬗变中的战略地位和主导作用

我国核电现有规模小、运行历史较短，乏燃料积累量不多。但我国是世界上在建核电规模最大的国家，预计 2020 年建成核电 5 800 万 kW，在建 3 000 万 kW，设想 2050 年核电规模将达到 2 亿～4 亿 kW。为此，我国选择闭式燃料循环路线，以降低核电大规模发展对铀资源供给的需求，并实现废物最小化，这就需要发展快堆及其燃料循环系统，采用压水堆和快堆组合发展，实现核能大规模可持续发展目标。对照国际上提出的多种嬗变策略，结合我国的情况，我们认为采用快堆作为嬗变装置、采用超铀循环，增殖和嬗变同时进行的方案，可使核能系统的组成环节相对少，且所有相关系统正按实验规模、工业示范规模在分步发展。如未来专门采用 ADS 进行嬗变，虽能发挥一定作用，但整个核能系统组成会变复杂，对燃料制造和后处理也增加了负担。

当前，中国科学院战略性先导科技专项“未来先进核裂变能——加速器驱动（ADS）嬗变系统”已立项实施。国务院近期又发布了 2020 年重大基础研究设施发展规划，提出建成液态金属冷却的 ADS 实验装置。我们认为，作为一种可能的嬗变技术途径，进行研究是必要的，也可为未来工程实施储备一套方案。但现在的问题是，对快堆及其燃料循环系统在嬗变中的作用、重要性等重视不够，建议高度重视快堆及其燃料循环系统在高放废物嬗变中的战略地位和主导作用，应坚持把它作为嬗变的主流技术途径。并建议国家有关部门组织研究制定快堆发展的路线图和长期规划，研究制定快堆电厂在嬗变方面的用户需求，研究制定用快堆嬗变 MA 的示范应用和规模实施方案的顶层设计。

（2）加大对快堆嬗变技术研发投入，尽快支持开展基于中国实验快堆、后处理中试厂等的嬗变实验研究

在核能开发利用之初，我国就选择了闭式燃料循环的发展路线。多年来在反应堆、后处理和燃料方面开展研发，形成了较好的研发基础。2010 年和 2011 年，核燃料后处理中试厂和中国实验快堆相继建成，标志着我国中试规模的两个核燃料循环的关键技术环节取

得突破，形成了研究设计、设备制造、设施建设等方面的大部分能力，在国内形成了基本配套的工业基础，培养了一支专业技术队伍，建成了相关技术研发设施并具备了必要的研发条件。在燃料制造方面，国内已经具备很好的二氧化铀燃料制备工业，MOX 燃料研发也取得了阶段性成果，制备出了模拟芯块。每年 500 kg 的快堆 MOX 燃料芯块实验线已经建成，MOX 燃料元件和组件实验线正在建设。

有关快堆嬗变的研究目前仅得到国家科技部在“863”渠道、国防科工局核能开发渠道的少量支持。建议加大分离嬗变研发阶段的支持力度，设立分离-嬗变研发专项，利用已有的和新建的平台尽快开展高放废物分离-嬗变实验研究。对后处理中试厂技术改造进行综合考虑，满足开展 MA 中试规模分离的要求；对 MOX 燃料实验线进行功能拓展，满足基于 MOX 燃料实验设施研制含 MA MOX 燃料的技术要求，尽快突破和掌握快堆嬗变的关键工程技术。

参考文献

[1] IAEA. Evaluation of Actinide Partitioning and Transmutation, IAEA Technical Report Series 214 [R]. Vienna, Austria: IAEA, 2004.

[2] 周培德. MOX 燃料模块快堆嬗变研究 [D]. 北京：中国原子能科学研究院，2000.

[3] Feinberg S M. Discussion Comment. Rec. of Proc. Session B-10, ICPUAE, United Nations, Geneva, Switzerland (1958).

[4] Feoktistov L P. The safety is the key moment of revival of nuclear power. Progress in Phys. Sciences, 1993.

[5] Mujid Kazimi, The future of the nuclear fuel cycle. ISBN 978-0-9828008-1-2, 2010.

[6] 赵金坤，等. 中国 1 000 MW 快堆核电站（CFR-1000）方案设计 [R]. 中国原子能科学研究，2009

[7] 苏著亭，等. 钠冷快增殖堆 [M]. 北京：原子能出版社，1990.

[8] 胡赟. 钠冷快堆嬗变研究 [D]. 北京：清华大学，2009.

[9] Pillon S. Actinide-Bearing Fuels and Transmutation Targets. Comprehensive Nuclear Materials, 2012, 3: 109-141.

[10] GNEP Technical Integration Office. 2007. Global Nuclear Energy Partnership Technology Development Plan. GNEP-TECH-TR-PP-2007-00020, Rev 0, GNEP Technical Integration Office, Idaho National Laboratory.

（执笔人：周培德、杨　勇、胡　赟、王事喜、张　坚、张　强；
审稿人：徐　銤）

第九篇

核安保研究

目　录

进入21世纪以来，尤其是“9·11事件”之后，以各种恐怖袭击为代表的非传统安全威胁更加严峻。一旦恐怖主义组织掌握大规模杀伤性武器，尤其是与核相关的武器，并实施攻击，对人员、社会、环境和经济造成的后果不堪设想。目前国际社会关注的核恐怖活动主要包括使用放射性物质散布装置（脏弹）、袭击核设施和非法获取核材料制造简陋核爆炸装置、盗窃核武器三类。因此，核材料与核设施、其他放射性物质及设施和相关活动的安保也成为各个国家关注的重要问题之一，随着2010年、2012年和2014年在美国华盛顿、韩国首尔和荷兰海牙三届核安全峰会（Nuclear Security Summit）的召开，国际社会对日益严峻的核恐怖主义威胁达成了政治共识，为各国强化核安保措施和行动指明了方向，同时也进一步促进了我国核安保工作。

自20世纪50年代以来，我国对核材料一直实施严格的管控，形成了一套行之有效的核安保管理体系。我国建立了核安保组织管理机构，陆续出台了《中华人民共和国核材料管制条例》及其实施细则、《核电站安全保卫规定》等一系列核安保相关法规和技术文件，对核设施实行全面的安全保卫，对核材料和放射源的生产、使用、运输、储存实施许可管理，对核相关出口实施了严格管控，并在实践中初步形成了一套管理办法和技术措施，在核材料与核设施及其他放射性物质的安保方面发挥了重要作用，实现了我国几十年来在核材料与核设施安保方面持续保持良好的记录。

近年来，我国政府持续加大对核安保事业的投入，不断完善核安保法规体系，努力加强核安保人力资源建设，着力提高核安保管理水平。2011年，成立了国家核安保技术中心承担国家核安保、核材料管制、核进出口管理技术支持和核安保国际合作与技术交流等工作。

尽管如此，与核能先进国家相比，我们在核安保法规建设、核安保技术研发、人员和资金投入方面仍有差距。为适应我国当前核能发展的需要，在核安保领域，我们还有许多工作要做。

1　核安保概述

1.1　基本概念

1.1.1　核安保（Nuclear Security）

核安保（Nuclear Security），其主要作用是通过采取管理和技术措施保护生产、使用、储存及运输中的核材料、其他放射性物质、相关固定设施及敏感信息等，防止丢失、偷窃、非法转让、未经授权的接触核材料或其他放射性物质，防止对核设施及其他放射性物质相关设施和活动的蓄意破坏。并在发生上述情况时，及时采取应对措施。国际原子能机构（International Atomic Energy Agency，IAEA）将核安保定义为，防止、侦查和应对涉及核材料和其他放射性物质或相关设施的偷窃、蓄意破坏、未经授权的接触、非法转让或其他恶意行为[1]。

1.1.2　核安保文化（Nuclear Security Culture）

核安保文化是指那些确定安保问题应因其重要性而需要受到关注的组织和工作人员的

特征和态度，即为保证核安保的有效执行，相关组织和人员实施核安保工作应具备的属性和特征，包括具备的能力、持有的态度、采取的方法方式等[2]。

1.1.3 核安保措施（Nuclear Security Measure）

核安保措施是指为防止、侦察和应对涉及核材料、其他放射性物质及相关设施的偷窃、破坏、非法接触与转让或其他恶意行为在核安保组织机构、规章制度、文化建设、技术措施等方面进行的监督、管理或采取的行动。其技术措施主要包括实物保护、核材料衡算与控制。

1.1.4 核安保对象

核安保的保护对象包括核材料、其他放射性物质、相关固定设施及运输工具、敏感信息及其他相关物项，其涉及范围包括对生产、使用、储存及运输中的核材料或其他放射性物质实施的偷窃、破坏等行为。

1.2 核安保形成与发展过程

1.2.1 核安保产生的背景

1.2.1.1 三哩岛、切尔诺贝利、福岛事件的影响

三哩岛、切尔诺贝利、福岛事件是核能发展史上最严重的三次安全事故，对核能的发展产生了一定的消极影响，但同时更多的国家针对事故的产生进行了深刻的分析与反省，采取了谨慎的发展态度，并对核安全保持了密切的关注。

安全文化是在切尔诺贝利事故之后，IAEA 提出的概念，并将其作为人类从事核能利用或其他风险工作的基本原则和行为基础。切尔诺贝利事故的根本原因为安全文化的缺乏；三哩岛事故原因中同样也有安全文化不足的因素；福岛事故除地震、海啸等客观因素外，对事故的严重程度没有足够认识，灾前和灾后忽视安全隐患和疏于管理是造成此次事故并导致事故扩大的重要原因，也是安全文化不足的表现。

同样，核安保理念的形成与恐怖威胁的产生、发展及各大型恐怖事件的影响有着密切的关系。随着威胁形势的发展变化，人们逐渐认识到威胁存在的可能性，通过预先采取一定的措施，预防、应对、减缓事故发生及可能带来的后果，促进了核安保及安保文化的发展。同时，核安全及安全文化的形成与发展过程，为核安保的发展提供了借鉴，使得核安保能够快速引起各国的重视，推进核安保工作的快速开展。

1.2.1.2 国际恐怖主义形势与潜在核威胁、放射性威胁的影响

2001 年 9 月 11 日美国遭受的恐怖袭击，证实了恐怖分子为了达到他们的目的可以使用非常残暴的手段。其实在“9・11 事件”之前，1995 年 3 月在东京地铁使用沙林毒气的化学袭击和多次发生的民用设施遭到炸弹袭击之类的恐怖事件，就已经提醒国际社会警惕逐步升级的大规模恐怖行动的威胁。

虽然此类行为尚未涉及核材料或其他放射性物质，但信息技术的进步加上放射性物质的容易获得，已经增加了恐怖分子或其他犯罪组织得到必要的材料、部件和专门技术来制造核爆炸装置或放射性散布装置的可能性。另外，从 20 世纪 90 年代东西方冷战结束后，核材料流失比较严重，从 IAEA 的记录显示从 1995—2011 年就有 2 100 多起涉及核材料和

其他放射性物质的非法贩卖及其他擅自活动的事件。在威胁形势越发严峻的情况下，国际社会对核安保引起了前所未有的重视，提高了核安保意识，并逐步达成国际社会的共识。

1.2.2 核安保发展过程

1.2.2.1 “9・11事件”前的核安保发展阶段

随着核能、核技术的广泛应用，核材料与核设施安全风险上升，而一些国家和地区对核材料与核设施缺乏有效的保护，核材料与核技术流失现象严重。IAEA数据显示，全球涉及核材料及其他放射性材料遗失、盗窃和非法获取事件，平均每年超过百起。这些材料一旦流入黑市，落入极端分子之手，极有可能造成灾难性的后果。

为了确保核材料安全，防止非法贩卖核材料和其他放射性物质活动，IAEA自20世纪70年代初便向各成员国提供实物保护培训，并相继发布了《核材料实物保护的建议》和《核材料实物保护公约》，制订了核材料安保计划，以援助和支持各成员国开展建立和加强核安保的国家努力。

出于对原子能威力的充分了解，美国一直要求在全球范围内防止核扩散。早在1946年美国就提出了防止核扩散的“巴鲁克计划”，但由于该计划是在确保美国核垄断的前提下提出的防止扩散建议，因此遭到了当时苏联的强烈反对而未获成功。20世纪70年代开始美国等国家开始发展实物保护技术，当时美国的原子能委员会就颁布了一系列关于核材料的管制导则，包括核材料的控制措施、实物保护导则等。1975年美国成立了核管制委员会（Nuclear Regulatory Commission，NRC），主要管制美国境内的商用核材料。NRC发布了美国联邦法规中关于核材料管制的部分，具备法律效力，并发布了一系列关于核材料与核设施安保的管理导则和指导文件。

1.2.2.2 “9・11事件”后核安保作用强化阶段

进入21世纪以来，尤其是“9・11事件”之后，以各种恐怖爆炸为代表的非传统安全威胁形势严峻，在非法转移核材料、恐怖袭击、恶意爆炸等活动日趋猖獗的形势下，产生了“核恐怖主义”的概念，为了应对挑战，国际社会对核安保给予了极大的关注。

联合国先后通过1540号决议和《制止核恐怖主义行为国际公约》等，就全球范围内防止核恐怖主义行为达成共识；IAEA先后制定了多个“核安保计划”，发布了一系列核安保建议、实施导则和技术导则，为在世界范围内实现使用、贮存、运输中的核材料或其他放射性物质及相关核设施的有效安保的全球努力做出贡献；各涉核国家都积极开展实物保护、核材料衡算与控制等核安保措施，为确保核材料、核设施安全提供保障。

“9・11事件”大大改变了人们对于核设施可能所受外部攻击的认识，公众对于核设施安全的担心从由内部引起的核事故，转向了在恐怖袭击下的核设施安全问题。在公众的关注下，在相关组织机构的推动下，在主要核大国的共同努力下，逐步形成了完整的核安保体系。

1.2.2.3 核安保峰会之后的全球共建核安保阶段

随着威胁形势的日益严峻，2010年、2012年、2014年先后举行了三届核安保峰会，议题均围绕防止核恐怖袭击及强化核安保作用。

2010年华盛顿核安保峰会明确了防止核恐怖主义是全球性挑战，国际社会应在防止核恐怖主义、保证核材料安全等方面采取积极行动，共同抵御威胁；2012年首尔核安保峰会主要议题包括建立全球核安保体系，强化高浓铀和分离钚的防范措施，关注放射源安保、信息安保、运输安保，研究核安全与核安保的协同作用，打击非法贩运，发展核法证学，推广核安保文化等。2014 年 3 月在荷兰海牙举行第三届核安保峰会，以“加强核安全、防范核恐怖主义”为主题，在国家核安保责任、加强核安保国际合作和构建全球核安保框架等方面寻求共识。

核安保不是一个国家或一个组织就能完成的，需要全球通力合作，两年一届的核安保峰会既构筑了国际社会对日益严峻的核恐怖主义威胁的政治共识，也为各国强化核安保措施和行动指明了方向，并为开展相关国际合作奠定了基础，标志着核安保进入全球合作共建核安保阶段。

1.3 核安保组成及主要特征

1.3.1 核安保体系组成

核安保体系由组织机构、法规标准、监督管理、技术措施和贯穿全局的核安保文化组成，各部分互相补充和协调，促进核安保的有效执行。

核安保在其发展和执行过程中，需要不同部门及相关人员的相互协作，各自承担不同的角色和任务，同时为了能够更加合理、有效地执行核安保，促进各单位或人员之间的协调工作，需要良好有序的组织、计划、培训、执行和维护程序。

1.3.2 核安保的目标和作用

1.3.2.1 核安保目标

国家核安保制度的总体目标是通过核安保措施，保护人员、财产、社会和环境免于遭受因涉及核材料或其他放射性物质的恶意行为而造成的不可接受的放射性后果[3]。具体包括：

（1）防止擅自转移相关设施和相关活动中使用的核材料、放射性物质；

（2）防止核材料、核设施、其他放射性物质、相关设施和相关活动遭到蓄意破坏；

（3）迅速采取措施，查找并追回丢失、失踪或被盗的核材料、放射性物质、重新实施监管控制；

（4）减轻或最大限度地减少蓄意破坏的影响及所造成的放射后果。

1.3.2.2 核安保作用

核安保的作用就是通过建立、健全国家核安保法规体系，设立负责核材料与核设施安全的管理机构，采取实物保护、核材料衡算与控制等防范与应对措施，对核材料的生产、储存、使用、运输等活动实施监管，防止和处理针对核材料、其他放射性物质或相关设施的偷窃、蓄意破坏、未经授权的获取、非法转让等恶意行为，以及防范恐怖分子获取核材料、破坏核设施等以保证公众的健康和安全。

1.3.3 核安保主要技术措施

核安保主要技术措施包括实物保护、核材料衡算与控制等。

（1）实物保护

实物保护是指为防止或阻止个人或团伙抢劫、盗窃、非法转移核材料，或破坏核设施、核材料所采取的方法和措施，包括固定场所的核材料实物保护和运输中的核材料实物保护。

实物保护系统包括探测、延迟和反应三个要素。探测是使用基于不同技术的周界及室内探测设备发现异常事件，并经过视频等复核方式确认报警事件；延迟是通过周界围墙、栅栏、锁、门、可临时布置障碍等不同的延迟元件，拖延敌人入侵的进程；反应是指反应力量接到报警并赶到有效地点截住敌人，并能够在截住敌人后成功战胜并制止敌人的行为。

（2）核材料衡算与控制

核材料衡算与控制可以有效地控制核材料的数量和移动，及早发现和阻止核材料的丢失与失窃。

核材料衡算为了确定在规定区域内核材料的数量以及在规定的时间周期内这些数量所发生的变化而进行的活动。核材料衡算的要素包括：确定衡算区域、记录的保存、核材料测量、编制和提交衡算报告、核实核材料衡算信息的正确性。

核材料控制是指通过控制和监视措施防止核材料丢失，或者当核材料丢失时或者丢失不久可以及时探测到，是保证核材料安全的重要措施。具体内容包括控制区的选择、核材料的分类，核材料的分级、接近控制及监视、日常管理审查、收发控制等，具体措施包括封隔、监视、封记等。

实物保护、核材料衡算与控制的技术特点见表1。

表 1　核安保主要技术措施

主要特征	核安保主要技术措施		
	实物保护	核材料衡算	核材料控制
保护对象	核材料，核设施	核材料	核材料
措施	探测报警与摄像复核监视、延迟和反应力量	统计、记录、实物盘存、材料平衡差（MUF）	控制和监视
保护范畴	偷窃、非法转移核材料，放射性破坏	核材料的偷窃、非法转移	核材料的偷窃、非法转移、未授权的接触
时效	实时发现	事后发现	实时、近实时发现
防范敌人类型	外部敌人，内部敌人，内外勾结敌人	外部敌人，内部敌人，内外勾结敌人；主要针对内部敌人	外部敌人，内部敌人，内外勾结敌人；主要针对内部敌人

1.3.4　核安保制度的持久性保持

国家应拨付必要的资源包括人力和财力资源，以确保核安保制度得以持久保持并长期有效。

积极推广核安保文化也是保持核安保制度持久有效的举措。核安保文化是指个人、组织、机构为了支持和加强核安保工作采用的方法、应有的态度和所采取的行为的集合，是支持和增加核安保的一种工具。核安保文化可以为整个核安保系统功能的运行提供保证，可以显著提高核安保措施的有效执行。通过推广核安保文化，将“确信威胁是真实存在的”“核安保是重要的”理念深入核安保从业人员的心中，建立起核安保从业人员的“主动认知威胁”的能力。

1.3.5 核安保、核安全与核保障的关系

核安保关注可能对核材料、其他放射性物质及相关设施与活动造成危害的蓄意行为，主要采取实物保护、核材料衡算与控制等措施。对于偷窃及非法转移等行为通过采取对策找回丢失的材料；对于恶意破坏则通过采取有效的应对措施制止其行动以免引起放射性释放，而一旦发生放射性后果其后期处理则属于核安全对策的范围。

核安全则是关注由于人的疏忽、无意的失误、设备故障、自然灾害等引发的事件，是为实现正常的运行工况，防止事故或减轻事故后果，保护工作人员、公众和环境免受不当的辐射危害而采取的一系列措施。核安全的主要理念是减小事故发生的可能、缩小事故影响范围、减轻对人员和环境的危害后果，措施主要包括提高核反应堆、放射性废物管理和其他燃料循环设施的安全以限制辐射泄漏，控制放射源以及通过辐射应急反应措施减轻事故的实际或者潜在后果等。

IAEA 核保障，也称为国际核保障，就是在当事国与机构签订的保障协定的约束下，当事国有义务确保由机构本身、或经其请求、或在其监督和管制下提供的特种可裂变材料及其他材料、服务、设备、设施和情报不致用于推进任何军事目的。采用核材料衡算为主、封隔和监视为辅，以及根据附加议定书规定采取的其他加强措施，及时探知当事国是否将核材料用于发展核武器或任何核爆炸装置或其他未知目的。此外，对当事国是否存在未申报的核材料、核设施和核活动作出结论。

核安保（Security）、核安全（Safety）和核保障（Safeguards）分别从防止蓄意破坏、实现正常运行和防止核扩散三个方面为核能的健康发展打下基础。三者各有侧重，又有关联，构成了通常所说的“3S”架构。

核安保、核安全与核保障的防范对象与技术措施见表 2。

表 2 核安保、核安全与核保障的防范对象与技术措施对比

主要特征	核安保	核安全	核保障
防范对象	破坏核设施、盗窃核材料、核恐怖主义等恶意行为	危害核设施安全运行的人的疏忽、自然灾害、设备故障或安全生产事故等	无核武器国家不将核材料用于发展核武器或任何核爆炸装置
主要措施	实物保护、核材料衡算和控制、打击核走私	在核设施选址时考虑地震等自然灾害因素，设计上采取多重防泄漏设计，采取更具安全性的技术，制定完善的操作流程	核材料衡算、核材料封隔与监视等

2 国际核安保研究现状

2.1 国际社会与IAEA的核安保体系框架

2.1.1 IAEA的核安保工作机构

IAEA作为核领域全球性组织机构，在核安保体系研究方面一直给各个国家提供技术支持，通过“核安保计划”支持各国建立、维护持久有效的核安保制度。

IAEA秘书处的核安全和安保司（Department of Nuclear Safety and Security）下设核安保处（Division of Nuclear Security），主要负责统筹IAEA的核安保计划，对IAEA核安保活动的规划、实施、评价起着主导作用。

2012年5月，IAEA成立了核安保导则委员会，面向所有成员国开放，目前已有54个国家参加。每个成员国可以派一名正式委员和一名候补委员参加该委员会。该委员会的主要职责是对核安保系列文件编制进行规划、编制、审查和核准。

2.1.2 国际法律文书

2.1.2.1 与核安保有关的国际法律文书框架

在过去几十年中，国际社会和IAEA通过了一系列法律文书来处理有关辐射防护、核不扩散、核与辐射的安全与安保、实物保护、核运输和紧急援助等问题。在这些文书中，含有多项防止、探知和应对涉及核材料和其他放射性物质的犯罪或擅自行为的内容条款。

与核安保相关的国际法律文书主要分为两类：一是具有法律约束力，主要是为了约束缔约方承担具体义务而缔结的公约、条约或协定等；另外一类是供各国参考的指导性建议，包括行为准则、原则声明以及国际标准或技术文件。

国际法律文书主要包括：

（1）《不扩散核武器条约》

1968年开放供签署，并于1970年3月5日生效。1995年，缔约各方同意无限期延长该条约。除印度、以色列和巴基斯坦外，联合国的所有成员国均已成为该条约的缔约方。主要规定包括：有核武器的缔约国承诺不向任何接受方转让核武器或其他核爆炸装置，不协助任何无核武器国家取得核武器；无核武器国家承诺不接受核武器或其他核爆炸装置的转让、不制造或以其他方式取得核武器；每个无核武器国家同意接受国际原子能机构对其所有和平核活动中的特种可裂变材料实施保障，以此作为一种核实其履行条约义务情况的手段。

（2）《不扩散核武器条约出口国委员会（桑戈委员会）导则》

（3）《核供应国集团导则》

（4）区域性核不扩散和军备控制条约

除了不扩散条约的支持外，全球有几个区域也为建立旨在防止在这些区域出现核武器的专门体制做出了努力。目前，这些条约中有涉及打击涉及核材料的犯罪或擅自行为方面的内容，包括《拉丁美洲和加勒比地区禁止核武器条约》《南太平洋无核区条约》《东南亚无核武器区条约》《非洲无核武器区条约》等。

(5) 原子能机构保障协定及其附加议定书

IAEA 的保障体系包括一套内容广泛的技术措施，包括衡算、封隔和监视等，借助这些措施独立地核实各国有关其核材料和核活动的申报单的正确性和完整性。由国际保障提供的对各国核活动的详细监督，可以确认所有的相关材料都仅用于其预定目的，为防止犯罪或擅自行为做出重要贡献。

(6)《核材料实物保护公约》及其修正案

1980 年 3 月开放签署，1987 年 2 月 8 日生效。该公约目的是保护核材料在国际运输中的安全，防止未经政府批准或者授权的集团或个人获取、使用或扩散核材料，并在追回和保护丢失或被窃的核材料，惩处或引渡被控罪犯方面加强国际合作，对公约范围内的犯罪建立普遍管辖权，防止核武器扩散。

修订案于 2005 年在公约缔约国大会上通过，名字修改为《核材料和核设施实物保护公约》，其适用范围由核材料的国际运输扩展到核材料的安全使用、储存、运输以及核设施的安全运行，并新增了保护核材料和核设施免遭蓄意破坏的条款。

(7)《及早通报核事故公约》

1986 年 9 月 26 日通过，1986 年 10 月 27 日生效。该公约基于切尔诺贝利事故建立，目的在于确保各国及早提供有关核事故的相关信息，以便能尽量减少跨境的放射学后果。该公约是用于应对可能由犯罪或擅自行为引起的放射性紧急情况的核安保框架的一部分。

(8)《核事故或辐射紧急情况援助公约》

1986 年 9 月 26 日通过，1987 年 2 月 26 日生效。该公约旨在建立一个在发生核事故或辐射紧急情况时提供援助的国际机制，尽量减少此类事件的放射学后果。该公约成为应对非法核贩卖、蓄意破坏活动引起的可能后果的核安保框架的一部分。

(9)《制止核恐怖主义行为国际公约》

该公约于 2005 年 4 月经联合国大会通过，并于 2007 年 7 月 7 日生效。依据这一公约，各缔约国有义务将涉及核材料或其他放射性物质的行为定位刑事犯罪，此类行为包括非法和故意拥有、使用、威胁、尝试或参与涉及放射性物质的活动以图造成死亡、严重人身伤害或财产损失等。该公约的一个重要特点是它覆盖了放射性散布装置。放射性散布装置会产生核爆炸，涉及放射性物质的散布，可致使人员和财产受到污染。

(10)《放射源安全和安保行为准则》

放射源可被用于制造放射性散布装置，存在危害公众健康与安全的隐患。2003 年通过的 GC (47) /RES/7 号决议，认可了该行为准则中提出的目标和原则。该行为准则补充了用于辐射安全和放射源管理的现有国际标准，为各国提供了关于放射源管理活动的指导。

(11)《放射源进出口导则》(2005 年)

(12) 联合国安全理事会第 1540 号决议

该决议于 2004 年 4 月 28 日由联合国安理会通过，该决议处理“核武器、化学武器和生物武器及其运载工具的扩散”问题。要求“各国均应按照本国程序，通过和实施适当、有效的法律，禁止任何非国家行为者，尤其是为恐怖主义目的而制造、获取、拥有、开发、运输、转让或使用核武器、化学武器和生物武器及其运载工具，以及企图从事上述任何活动、作为同谋参与这些活动、协助或资助这些活动”。

（13）联合国安全理事会第1373号决议

2001年9月28日，联合国安理会通过第1373号决议，目标是防止为恐怖主义分子提供资金。该决议指出“恐怖主义的行为方法和做法违背联合国的宗旨和原则，因此有意识地资助、策划和煽动恐怖行为也违反联合国的宗旨和原则。”

2.1.2.2 IAEA核安保系列丛书

IAEA核安保系列丛书旨在对处理与防止和侦查涉及核材料和其他放射性物质及其有关设施的盗窃、破坏、擅自接触和非法转移或其他恶意行为提供建议与技术支持。这些出版物符合并补充了国际法律文书里面有关核安保方面的内容。

核安保系列刊物分为核安保基本法则（Nuclear Security Fundamentals）、建议（Recommendations）、实施导则（Implementing Guides）和技术导则（Technical Guidance）四个等级。

（1）核安保基本法则

核安保基本法则主要包括核安保的目标、概念以及原则，并为核安保建议提供基础。目前已经发布了1个基本法则，即《国家核安保制度的目标和基本要素》（No. 20）。

（2）建议

核安保建议部分提出了成员国在实施核安保基本法则时应当采用的良好实践，目前已出版3项，包括《核材料和核设施实物保护的核安保建议》（No. 13）、《关于放射性物质和其相关设施的核安保建议》（No. 14）、《关于脱离监管控制的核材料和其他放射性物质的核安保建议》（No. 15）。

（3）实施导则

实施导则在更加广泛的领域进一步详细阐述这些建议，并提出其实施措施，目前已出版10项，包括《核安保文化》（No. 7）、《内部威胁的预防和保护措施》（No. 8）、《放射性物质运输的安保问题》（No. 9）、《设计基准威胁的制定、利用和维护》（No. 10）、《放射源的安保问题》（No. 11）、《主要公共事件的核安保系统和措施》（No. 18）、《建立核电项目核安保基础设施》（No. 19）、《脱离监管的核材料和其他放射性物质的探测系统和措施》（No. 21）、《放射性犯罪现场管理》（No. 22-G）、《核信息安全》（No. 23-G）。

（4）技术导则

技术导则在具体领域或活动中就如何使用实施导则提供详细措施和指导，其出版物包括参考手册、培训指南和服务指南等。目前已经出版9项，包括《边境监控设备的技术和功能规格》（No. 1）、《核法证学支持》（No. 2）、《对公共邮政运输的国际邮件进行放射性物质的监测》（No. 3）、《防止核电厂遭受破坏的工程安全问题》（No. 4）、《放射源和放射性装置的识别》（No. 5）、《打击核材料和其他放射性物质的非法贩卖》（No. 6）、《核安保教育规划》（No. 12）、《核设施关键区域的识别》（No. 16）、《核设施的计算机安保》（No. 17）。

IAEA不断地完善和补充核安保系列丛书，计划再发布20多项实施导则和技术导则，包括《设施内核材料的衡算和控制》《新型核电站的核安保》《核设施用于核安保的核材料衡算与控制》《核安保探测技术体系》等。

2.1.3 IAEA 核安保建议

IAEA 建议各成员国设置核安保组织保障机构，建立相应的核安保法规体系，遵循纵深防御、均衡保护等核安保基本原则建设技术和管理措施，同时加强监督管理和文化建设。目前，IAEA 已建立了一系列公约、保障协定、技术导则等规范和协助相关成员国建立核安保体系框架。无论是处于监管控制下的核材料和其他放射性物质，还是脱离监管控制的核材料和其他放射性物质，IAEA 均提出了相关的核安保建议。

2.1.3.1 处于监管控制下的核材料和其他放射性物质的核安保建议

（1）设计基准威胁的制定、利用和维护

设计基准威胁是对设计和评价实物保护系统时所针对的潜在敌人的动机、意图和能力的全面描述。基于设计基准威胁建立的实物保护系统，减少了在确定实物保护要求方面可能存在的随意性，促使保护资源得到有效分配。

制定、利用和维护设计基准威胁由国家负责，可以由一个主管部门负责，也可以由几个主管部门共同负责，情报组织、核设施营运单位应参与。设计基准威胁的制定、维护和修订都是以威胁评估为基础，首先通过可靠的信息渠道收集、整理威胁信息，然后进行信息的分析总结，归纳外部敌人以及内部敌人的特征和属性，编制完成设计基准威胁文本。

设计基准威胁经相关部门发布或批准后执行。在执行过程中需要保持持续的威胁信息收集、整理和分析，并定期进行威胁评估。当威胁形势发生变化或者有重大案件发生时，应及时进行重新评估，确定已有设计基准威胁的适宜性，并依据评估情况进行修订。

（2）核材料和核设施实物保护的核安保建议

实物保护的对象包括使用、贮存及运输中的核材料以及核设施，分为固定场所实物保护和运输中核材料的实物保护。实物保护的目的是防止以制造核爆炸装置为目的进行核材料擅自转移，并防止核设施或者核材料运输过程中遭到蓄意破坏引起放射性危害。核材料和核设施实物保护应基于设计基准威胁，体现分级保护和纵深防御的原则。

根据核材料的种类、同位素、数量和辐射等不同对核材料进行分级保护，分为Ⅰ级、Ⅱ级和Ⅲ级；对于核电厂、研究堆和铀转化、浓缩、后处理、贮存等核燃料循环设施，根据遭受蓄意破坏引起放射性后果超过国家所规定的不可接受的放射后果的范围，分为一级、二级和三级。实物保护系统的探测、延迟、反应、出入控制等措施随着核材料和核设施级别的提升进行加强。

对于运输期间核材料的实物保护，首先对单个运输工具所载核材料的总量进行汇总，确定相应的保护级别。根据分级方案，确定运输方案和保护措施。一般措施包括减少核材料在运输期间的总停留时间；采用的路线避开自然灾害区、内乱区或有已知威胁的区域；在“需要知晓”的基础上保护运输作业信息的机密，包括详细的时间表和路线信息等；采用加锁、加封的货包、容器并固定在车辆上；在装运前对运输工具进行搜查，以确保没有进行任何窜改；配备足够的警卫和应急反应力量处理核安保事件；对于Ⅰ级核材料的运输，应当建立一个运输控制中心，以随时了解核材料货物运输的当前位置和安保状况，并维持与运输货物和应急反应力量之间不间断的安全双路语音通信。

（3）关于放射性物质和其相关设施的核安保建议

放射性物质包括核材料、密封源、非密封的放射性物质和放射性废物。相关设施指的是核设施或放射性物质设施。在放射性物质的制造、供应、接收、持有、贮存、使用、转让、进口、出口、运输、维护、回收、处置等活动中均应考虑安保措施[4]。

对使用和贮存中的放射性物质需要建立安保系统，应基于放射性物质的分类进行分级保护，同时进行安保管理。

安保系统应当实现探测、延迟和反应的功能。探测可以通过目视观察、视频监视、电子传感器、衡算记录、封记和其他干扰指示装置以及工艺监测系统等手段实现；延迟措施一般通过多重屏障或其他物理手段如门锁、罐笼、栓系等实现；同时要求在探测和复核，确定危险情况之后立即进行反应。

安保管理措施包括出入控制、人员可信赖度分析、信息资料保护、制订安保计划、培训和资格认证、衡算、事件报告等。

（4）放射性物质运输的安保问题

对于运输过程中的放射性物质，基于可能产生的放射后果采取不同级别的安保措施。基于所运输的单一货包放射性物质的放射性水平由低到高，共分为四个安保级别，分别是审慎管理实践、基本安保级别、加强安保级别和额外的安保级别。产生放射后果可能性很低的物质只需实施审慎管理实践，产生放射后果可能性有限的物质需采取基本安保措施，产生放射后果可能性较高的物质需采取加强的安保措施。如每个货包为 10D（其中包括 1 类源和 2 类源）或对所有其他放射性核素而言，每个货包为 3000A_2 时，采取加强型安保级别，在某些情况下，鉴于设计基准威胁、对主要威胁的评估或正在运送的物质的性质，各国可以考虑在加强型安保级别的基础上，增加一些额外的措施。

随着安保级别的增加，采取的保护方法更加严格。保护方法包括遏制、探测、延迟和反应等措施，还包括制定安保计划和应急预案、人员可靠性审查、信息保护、移动车辆跟踪、实时通信联络等。

（5）放射源的安保问题

放射源放射性不同，对于敌对分子具有的吸引力也不同。根据放射源的放射性将其安保级别分为 A、B、C 三级，每个级别对应不同类别的放射源，达到的保护目标也不相同，采取的威慑、探测、延迟、响应措施以及安保管理也有所差别。

根据放射源的 A/D 值对放射源进行分类，对 1 类（A/D≥1 000）、2 类（1 000＞A/D≥10）、3 类源（10＞A/D≥1）分别应至少满足 A、B、C 级别的安保措施，对于 4 类源（1＞A/D≥0.01）、5 类源（0.01＞A/D 并且 A＞豁免值）适用《国际电离辐射防护和辐射源安全的基本安全标准》中描述的措施即可[6]。

放射源安保措施包括采用电子入侵探测设备和电子篡改侦查设备，并设置视频复核监视系统，实现连续的监视、复核；采用迅速、可靠、多样的通信手段等；建立至少由两层屏障（例如围墙、隔离罩）组成的延迟系统；建立有一定规模、装备、训练有素并可做出立即反应的反应力量，能够遏制入侵敌人的行动；设置人员、车辆、物品的出入控制与核查，保护敏感信息，建立安保事件报告系统等管理措施。

（6）内部威胁的预防和保护措施

内部威胁可以来自设施的任何职位，从最高领导到最低层员工都有可能是潜在的威胁力量。内部威胁利用其出入权限，以及对设施的了解，可以绕过专用的实物保护要素或规定，有更多的机会选择最薄弱的目标和最好的时机来实施或企图实施恶意行为。鉴于内部威胁作案的严重性，应考虑其属性和特征，并在设计基准威胁中予以反映。

防止潜在内部威胁的措施包括预防措施和保护措施。预防措施目的是要排除可能的敌手和最大限度地减少内部威胁试图实施恶意行为的可能性，包括身份核实、可信度评估、对不常来的工作人员和访问者进行陪同和监督、增强员工核安保意识、控制保密信息的知悉范围、实施员工满意度调查等。

保护措施的目的是探测、延迟恶意行为并在恶意行为开始后对其做出响应，以及缓解或最大限度地减轻其后果。借助安保技术措施、人员监视或监测运行流程能够探知恶意行为，包括核材料控制与衡算、双人规则、出入控制、设备防篡改等。通过设置多层次的实体屏障或程序性屏障，将会使内部威胁的行为进展由于需要各种工具和技能而变得难度增大。

设施运行人员和安保人员要能对进行内部威胁的恶意行为做出响应。运行人员对恶意行为做出响应是为了扭转这一行为、缓解或最大限度地减轻恶意行为的后果，而安保人员则是要对付并制止内部威胁。

（7）核设施的计算机安保[8]

核设施计算机安保的保护对象包括核设施内部的计算机、设备、仪器仪表和控制装置，不仅包括台式计算机、主机系统、服务器、网络装置，而且还包括嵌入式系统和可编程逻辑控制器等低层次部件。

核设施计算机安保的目标是保护电子数据或计算机系统的机密性、完整性和可用性，防止敌对分子通过计算机信息收集策划实施恶意行为或者损坏、瘫痪安保系统核心计算机等。应将针对计算机系统的攻击或利用计算机系统攻击的威胁纳入设计基准威胁。

在计算机安全管理方面，国家应该建立关于计算机安全及敏感信息保护的法律、规章框架和监管框架。所有的核设施应当制定计算机安全策略，把计算机安保作为设施安保的一部分，同实物保护、人员安保、信息安保系统协同考虑。同时应建立完整的计算机管理系统并积极推广计算机安全文化、加强计算机安全培训。

在计算机安全实施方面，首先要制定可执行、可实现、可审核的计算机安全策略和计算机安全计划，该计划至少包括组织与责任、固定资产管理、风险与漏洞评定、系统安全设计与配置管理、运行安全程序和人员管理方面的内容。

核设施计算机安保措施应该体现纵深防御的策略，以确保预测、预防、应对针对关键数字资产的网络攻击，以及在受到网络攻击后减轻后果和恢复系统的功能。对计算机安保设备或系统进行分类、按照物理或者逻辑的概念进行“区位”分组，然后进行分级保护。安全级别由 5 个级别构成。5 个级别的安全措施包括通用措施和级别措施，通用措施适合所有级别，级别措施逐步加强。比如，对于核电厂中的典型系统来说，反应堆保护系统采取 1 级安保措施，过程控制系统和出入控制系统采用 2 级安保措施。

计算机安保措施包括技术控制措施、运行控制措施和管理控制措施。技术控制措施是非人因机制的措施，用硬件、固件、运行系统或实用软件等实现，包括访问控制、审计、身份认证等。运行控制措施通常为人因机制的措施，包括敏感数据载体控制、员工信任审查、实物保护和应急准备功能的可持续性发展、培训等。管理控制措施主要包括系统和设备采购、服务合同管理以及安保系统评估和风险管理等。

2.1.3.2 脱离监管控制的核材料和其他放射性物质的核安保建议

(1) 脱离监管控制的核材料和其他放射性物质的核安保建议

对于脱离监管控制的核材料和其他放射性物质的安保，目标是采取措施防止这些材料和物质滋生犯罪行为或未经授权的行为。

首先应该建立探测系统，通过仪器警报和信息警示，实现对脱离监管控制的核材料或其他放射性物质的侦查，并对仪器警报和信息警示进行初步评定，以迅速确定是否发生了核安保事件。若确认发生了核安保事件，应立即做出响应，首先通报主管部门，然后组织人员对核材料或其他放射性物质进行查找、鉴别、分类、表征，回收、扣留或查封这种物质并将其置于监管控制之下。同时收集、分析涉及这种物质的犯罪行为或未经授权行为有关的证据，包括采取核法证学措施等，随后逮捕并起诉或引渡受到指控的犯罪嫌疑人。确保脱离监管控制的核材料和其他放射性物质处于受控状态，相关犯罪行为被制止，犯罪嫌疑人得到惩处。

(2) 核法证学支持

"核法证学"(Nuclear Forensics) 是对截获的非法贩卖的核材料或放射性物质及其任何相关材料进行分析，查明非法活动中所用核材料或放射性物质的来源的过程，以确定涉及这些材料的源头和途经路线，并最终有助于起诉责任人[10]。

核法证学和核法证解读在打击核材料与放射性物质非法贩卖方面已成为日益重要的工具。核法证分析领域是一门新兴学科，迄今仅限于少数的国家实验室和国际实验室开展了核法证学领域的工作，这是因为所需设备的投资费用大，同时也缺乏专业人才。

核法证学行动包括事件响应、核法证学实验室取样与分发、核法证分析、传统法证分析和核法证解读过程。

(3) 打击核材料和其他放射性物质的非法贩卖

鉴于非法贩卖和盗窃核材料可能导致核扩散并可能造出核装置、放射性散布或照射装置，因而侦查和应对这种行为的措施是核安保计划的重要组成部分[11]。非法贩卖既包括核材料和其他放射性物质的非法跨境转移，也包括在一国境内的犯罪或擅自行为。

执法机构为侦查和应对涉及核材料和其他放射性物质的犯罪或擅自行为，需要使用辐射探测设备。辐射探测设备包括固定门式辐射监测器、个人辐射探测器、手持式 γ/中子搜寻探测器、手持式放射性核素识别仪等。

接收到情报或者探测设备报警之后，首先核实报警的准确性，然后评定危害并定位来源，根据危害的程度决定是否启动应急程序，根据来源确定进入司法程序。若确定为非法源，应展开调查，如启动传统法证学、核法证学调查等，并依法起诉罪犯，追踪被非法贩卖的材料等。

2.1.3.3 核安保文化与教育培训

(1) 核安保文化

核安保文化是支持和加强核安保手段的个人、组织、机构的特性、态度和行为的综合[12]。核安保文化旨在确保核安保措施的实施因其重要性而受到应有的关注，并通过推广核安保文化促成更有效的核安保。

核安保文化最终取决于个人，包括政策制订者、监管者、管理人员、雇员个人，以及在某种程度上包括一般公众成员。

核安保文化的基础是使那些在规范、管理或运行核设施或活动中要发挥作用的人，或者甚至是那些可能要受到这些活动影响的人都有一种认识，即“威胁是确实存在的”以及“核安保是重要的”。

核安保的有效性取决于所有工作人员的行为，包括保持警惕性与质疑的态度、明确个人的责任、遵守相关的工作程序以及对个人和集体行为坚持高标准等。另外，健全的管理系统，包括清晰的安保政策、明确的责任分配等也是有效核安保文化的一项基本特征。

（2）核安保教育培训

人力资源开发包括教育和培训，目标是确保核安保的知识和技能的可持续性。国家应该结合对核安保领域的专家和专门人才的要求及所需的人数的评估，制定国家核安保教育培训计划。可以通过在大学开设学位教育的形式，也可以通过短期培训班的形式。

持有核安保学位的员工，可以比较深入地掌握核安保主要领域，即预防、探知和响应涉及核材料和其他放射性物质的恶意行为的知识。可以担任国家核安保主管部门或与核有关公司的核安保管理人员，按照他们所选定的专业，他们应该有能力针对本国的核设施的情况、评价恶意行为的风险，并推荐最佳的核安保措施；有能力设计实物保护系统、评价系统的有效性，安排核材料运输的安保，协调响应力量；有能力编制国家的核响应预案；有能力参与犯罪现场的处理和协助起诉等。

持有核安保培训证书的员工，可以比较扎实地掌握核安保主要领域的知识，有能力将这些知识应用到预防、探知和响应涉及核材料和其他放射性物质的意外事件中、有能力有效地执行国家核安保体制的任务。

2.2 美国核安保体系与现状研究

2.2.1 组织机构与职责分工

美国设立了独立的核安全监管机构，分别负责民用和军用核材料与核设施的监管。一个是于 1975 年组建的美国核管制委员会（NRC），另一个是于 2000 年成立于美国能源部（Department of Energy，DOE）的国家核安保署（National Nuclear Security Administration，NNSA）。NRC 监管的范围包括商用核电厂、研究堆、试验堆、核燃料循环设施、医疗学和工业用放射性同位素、放射性废物的处理处置及运输等[13]，而 NNSA 则关注国防、军用核材料、核设施的安全与安保工作，确保美国核部件、核材料的安全[14]。

NRC 致力于商用领域的核管制和核安保工作，在工作中与能源部（Departments of Energy，DOE），运输部（Department of Transportation，DOT），国防部（Departments of Defense，DOD）、联邦调查局（Federal Bureau of Investigation，FBI），中央情报局（Central Intelligence Agency，CIA），国土安全部（Department of Homeland Security，DHS）及其内部的联邦应急管理局、运输安保局、国内核探测办公室，各个州政府，地方法律执行部门等展开密切的合作，共同致力于防止核恐怖袭击及核威胁事件的发生。NRC 下设的核安保与事故响应办公室（Office of Nuclear Security and Incident Response）主管

核安保和核事故响应，通过实施安保项目和制定突发事件处置预案防止核材料、核设施、高放射性核废物及其他放射性材料被偷窃或者袭击，保证公众的安全与健康。

NNSA 的任务是执行能源部的核安保任务，确保美国核武器、核部件、核材料储存的安全可靠。“9·11 事件”之后，DOE 和 NNSA 加强了核设施和武器库的安全可靠性和实物保护能力，并通过升级现有的安保措施，防止核材料被偷窃或核设施被破坏。

2.2.2 法规标准体系

美国与核安保相关的法规标准体系包括四个层次：第一层是国家法律；第二层是联邦法规（Code of Federal Regulations，CFR）；第三层是 NRC 发布的民用管理导则（Regulatory Guidelines，R. G.）；第四层是 NRC 下属部门或相关研究机构编制的 NUREG-SERIES 技术参考文件。

2.2.2.1 国家层面的法规与法令

《原子能法》（The Atomic Energy Act of 1954）是为了促进核能的研究、开发和利用，推动核能事业的发展，保护资源、环境和公众健康而制定的法律。原子能法是发展核能事业的基本法，也是美国对原子能的和平利用和军事用途管理的根本依据。美国国会参众两院于 1954 年批准并公布，共有 303 条，分成 20 章。原子能法的第 2 章第 11 节及第 14 章，涉及核安保要求和相关措施的规定[15]。

2005 年通过的《能源政策法 2005》（Energy Policy Act of 2005），经总统签署成为法律，在这部法律中“标题 VI-核事宜（TITLE VI-NUCLEAR MATTERS）”的“子标题 D-核安保（Subtitle D-Nuclear Security）”的第 651 节至第 657 节规定了核设施、核材料及其在转运过程、核安保人员管理等几个方面所应遵循的事项。

涉及核安保的其他国家层面的法规与法令包括：《能源重组法》（Energy Reorganization Act of 1974）、《核废物政策法》（Nuclear Waste Policy Act of 1982）、《低放射性废物政策修订法》（Low-Level Radioactive Waste Policy Amendments Act of 1985）、《有害性材料运输法》（Hazardous Materials Transportation Act）等。

2.2.2.2 联邦法规

《美国联邦法规》（Code of Federal Regulations，CFR）是美国联邦政府执行机构和部门在“联邦公报”中发表与公布的一般性和永久性规则，具有普遍适用性和法律效应。联邦法规中关于核能的部分由 NRC 发布，其第 10 篇“能源”的第 1 章共分为 1～199 节，其中第 11，25，26，70.51，71，73，74，76，95，110 节等是关于核设施出入权限控制、实物保护、核材料控制与衡算、数据安全、放射性材料运输以及出入境控制的相关内容[16]。

（1）第 11 节——接触、管理特种核材料资格的审定标准和过程

（2）第 25 节——人员出入授权控制

（3）第 26 节——岗位健康要求

（4）第 70.51 节——材料的平衡，盘存与记录要求

（5）第 49、71、171、178 节——放射性材料的运输

（6）第 73 节——核设施和材料的实物保护

（7）第 74 节——特种核材料的材料控制与衡算

(8) 第 76 节——气体扩散厂的审查认证

(9) 第 95 节——设施涉密批准和国家安保信息及机密数据的保护

(10) 第 110 节——核设备与材料的进出口

2.2.2.3 管理导则

NRC 发布民用管理导则（Regulatory Guidelines，R. G.），分为 10 个部分，适用于核安保的导则分布在第 5 部分，即 R. G. 5：核材料与核设施的保卫，共 80 篇，主要内容见表 3。

表 3 NRC 发布的核安保导则

序号	题目	版本	出版日期	修订
5.7	保护区、要害区和材料存储区域的出入控制	1	1980-05	2010-01
5.18	核材料控制计算错误限制的概念和原则	—	1974-01	
5.20	安保和监视人员的培训、装备和资格审定			
5.21	利用 γ 射线进行铀-235 浓缩的非破坏性分析	1	1983-12	
5.26	材料平衡区和物项控制区的选择	1	1975-04	
5.32	与运输车辆的通信	1	1975-05	
5.33	不明材料量的统计评价	—	1974-06	
5.43	设施安保武装职责	—	1975-01	2011-09
5.44	周界入侵报警系统	3	1997-10	2010-01
5.51	核材料控制与衡算系统的管理审视	—	1975-06	
5.52	固定设施（非核电站）的战略特种核材料实物保护方案计划的标准格式和内容	3	1994-12	2011-09
5.53	非破坏性分析的认定，校准和误差估计方法	1	1984-02	
5.54	核电站核安保应急预案的标准格式和内容	—	1978-03	
5.55	核燃料循环设施核安保应急预案的标准格式和内容	—	1978-03	2011-09
5.56	运输核安保应急预案的标准格式和内容	—	1978-03	2011-09
5.61	固定设施的实物保护升级规则需求的目的和范围	—	1980-06	2011-09
5.62	安保事件报告	1	1987-11	
5.63	途中经过美国港口转运的核材料实物保护	—	1982-07	2011-09
5.65	要害区出入控制、实保设备保护、门禁控制	—	1986-09	2010-01
5.66	核电站出入授权项目	2	2011-10	
5.68	防止车辆在核电站里面恶意使用	—	1994-08	
5.71	核设施的计算机安保	—	2010-01	
5.73	核电站人员的疲劳管理	—	2009-03	
5.74	安全/安保接口管理	—	2009-06	
5.75	核电反应堆设施安保人员的培训和资格审定	—	2009-07	
5.79	安保信息的保护	—	2011-04	
5.80	用于材料控制和特种核材料衡算的压力敏感和扰乱指示装置封记	—	2010-12	

2.2.2.4　技术参考文件

NUREG-SERIES是由美国核管理委员会下属部门及相关研究机构等编制的技术文件，属于建议性的参考文件，内容涉及监管决策分析报告、研究结果、事故调查报告以及其他技术和管理信息，文件类型包括 NUREG 文件、NUREG/CR 文件、NUREG/CP、NUREG/BR、NUREG/KM、NUREG/IA 等[17]。

NUREG 文件是 NRC 下属部门负责编制的关于员工的信息和文档，包括招聘材料以及其他关于 NRC 的一般信息；NUREG/CR 文件是委托各种研究机构编制的技术文档、管理信息文档等；NUREG/CP 是由 NRC 或承包商编制的会议论文集；NUREG/BR 是由 NRC 编制的出版物，内容涉及 NRC 相关程序的摘要、大纲等；NUREG/KM 是由 NRC 编制的关于重大事件信息的分析报告、摘要等；NUREG/IA 是源自国际协议的出版物。

2.2.2.5　其他

DOE 作为美国军用核材料的使用及监管机构，发布的法规分为政策、命令、通知、细则、导则和技术标准等六种形式，前四种是必须遵守的管理要求，后两种提供非强制性的技术指导。政策规定了基本原则与准则，为确立具体要求搭建框架；命令确立了具体的管理目标和要求，规定了相关人员的责任；通知是临时性的命令，有一定的有效期限；细则对命令进行补充，确定对联邦工作人员的程序性要求和对核设施营运单位的预期要求，并对如何实施命令中的要求做出更详细的规定；导则是实施相关要求的可接受的方法，提供补充资料，包括经验教训、良好实践、详细说明、实施措施建议等；技术标准为能源部工作人员及核设施营运单位就满足有关要求的可接受的方法提供详细的指导。美国能源部近几年发布的主要核安保法规见表 4。

表 4　DOE 发布的核安保政策、命令、导则与标准

代号	名称	类别	发布日期
P 4701 A	保障与安保大纲	政策	2010-12-29
O 470.4 B	保障与安保大纲	命令	2011-07-21
O 470.3 B	分级安保保护政策	命令	2011-10-05
O 471.6	信息安全	命令	2012-11-23
O 472.2	人员安全	命令	2011-07-21
O 473.1	实物保护	命令	2012-02
O 474.2	核材料控制与衡算	命令	2012-11-19
O 475.2 A	信息安全	命令	2011-02-01
O 410.2	核材料管理	命令	2009-08
M 473.1-1	实物保护项目手册	导则	2002-11
M 460.2-1A	放射性材料运输实践手册	导则	2002-09
M 470.4-4	信息安保	导则	2007-06
DOE-STD-1194-2011	核材料控制与衡算	标准	2011
DOE-STD-1171-2009	保障和安保功能认证标准	标准	2009

2.2.3 美国的核安保应对措施和建设情况

美国高度重视核安保技术研究。DOE 的桑迪亚、洛斯阿拉莫斯和劳伦斯利弗莫尔等国家实验室是美国核安保工作最为重要的技术支撑单位，在实物保护、核材料衡算与控制等核安保技术方面做了几十年的研究工作，掌握了实物保护系统有效性评价、保护目标分析、设计基准威胁分析与界定、内部威胁防范、实物保护运输、核材料衡算、核材料控制等基础理论与技术，拥有实物保护出入控制、复核监视、入侵探测、核材料储存监测等关键设备的研发能力。近些年随着信息技术和形势的发展，在防止恐怖主义威胁、计算机安保和信息安全方面也开展了有效的研究工作。储备了一批核安保技术人才，当有重大事件发生时，能够及时地做出评估和处置对策。

此外，针对核材料及放射源的监管，NRC 和 DOE 共同建设、维护的“核材料管理与保障系统（NMMSS）”记录了美国国内所有放射源和特种核材料的盘存和交易的历史信息和进出口信息，保证所有材料处于受控状态下。国内所有设施向该系统报告数据，同时生成 DOE 和 NRC 所需的关于核材料衡算与控制、核材料管理的报告。

2.2.3.1 管理措施

（1）研究并推广核安保文化

目前 NRC 并没有独立的核安保文化论述。不同于 IAEA 的核安保文化和核安全文化有不同的表述，NRC 不希望每个部门有不同的文化声明。核安全文化是 NRC 核材料监管所应遵循的文化价值导向，包括了执行核安保任务应该具有的价值导向。但是两者也有不同之处，安全问题的本质是透明的，基于安全概率分析，而安保问题涉及蓄意行为，是保密的，并且采用基于威胁的判断。两者有不同的侧重方向，NRC 也在积极探索核安全文化同 IAEA 核安保文化的接口。

NRC 积极倡导的核安全文化特质包括：

1）领导的安全价值观和行动——领导人在做出决定的时候和日常行为中要展示他们对安全一贯的承诺。

2）问题确定和解决——及时发现可能影响安全的问题，充分评估，并及时解决和纠正。

3）个人责任——所有人对安全都负直接责任。

4）工作流程——按照标准的流程计划，控制工作步骤，才能保证安全。

5）持续学习——要持续学习核安全方法与知识。

6）良好的工作环境——要提供一个有安全感的工作环境，员工不必担心报复、恐吓、骚扰或歧视。

7）充满尊重感的工作环境——信任和尊重的理念要渗透整个组织。

8）质疑的态度——每个人避免自满并不断挑战现有的方法和流程，以发现潜在的可能会导致错误的行动。

（2）制定健全的突发事件处置预案

制定突发事件预案是为了在突发事件发生之前做好准备，防患于未然。突发事件预案可以在紧急情况发生的时候简化决策过程，并采用合适的手段迅速识别、评估，做出反应。三十多年来，NRC 要求所有核设施，核材料持照者做好应急预案和事故响应预案并定期检查。商用核电厂至少每 2 年要进行一次的大规模演习，相关的联邦、州和地方机构要参与其中。NRC 和 FEMA（联邦应急管理局，隶属于 DHS）评估这些演习，以确保应急准备方案和应急响应的技能是有效率的，并纠正演习中发现的不足之处。

（3）核设施现场人员安保措施

在核电厂和一级核燃料循环设施现场，目前实施了四项措施，以保证出入现场人员的安全可靠，这是防止内部威胁的重要举措。

1）出入授权措施

NRC 要求控制人员进入核设施现场。新员工和承包商员工在允许其独自出入核电厂和一级核燃料循环设施保护区之前，必须对他们进行评估和背景调查。评估和调查的内容包括毒品，酒精记录，心理评估，与前雇主的关系，教育背景，犯罪记录（通过 FBI）及信用记录，并重点关注那些懂得利用电子（网络）技术影响核设施安保、应急系统正常工作的人。

2）员工健康保证措施

心理或身体不健康会影响员工完成职责的能力，所有出入设施保护区的人员都应该保持健康的工作状态。NRC 要求运营人对其员工进行随机的毒品和酒精测试，此外 NRC 还要求核设施运营人对工人的工作时间进行控制，并制定疲劳评估程序。如果员工感觉到疲劳可以提出报告，运营人经过评估后相应地减轻其工作量。

3）行为观察措施

NRC 要求核电厂和一级燃料循环设施持照人必须执行员工行为观察措施。这项措施由设施内部经过专门行为观察培训的人员进行。如果个人看起来有特定的异常行为，就有可能会对公共安全造成危害。员工在工作中有负面情绪或者出现异常行为时，可以对其进行心理咨询服务。

4）内部审查项目

内部威胁利用其出入权限，以及对设施的了解，可以绕过专用的实物保护要素或规定，有更多的机会选择最薄弱的目标和最好的时机来实施或企图实施恶意行为。内部审查项目在于确保可以独自出入核电厂和一级燃料循环设施的人员不会成为内部威胁。

（4）核安保基线视察制度

NRC 的安保基线视察制度是确保核电厂等核设施按照核安保法规运行的一个重要措施。NRC 邀请相关专家对核设施的安保工作进行现场的、独立的检查评估，包括厂房条件、技防建设、安保效果测试等。“9・11 事件”之后，NRC 根据当前面临的新的威胁环境发布了一系列加强核安保的命令，要求核电厂必须实施新增的安保措施。NRC 在开展安保基线视察项目的时候就会评估这些新增的安保措施是否得到有效的执行。

安保基线视察项目检查的内容包括出入授权及出入控制、实物保护策略、反应力量训练、装置性能测试与维护、人员可靠性、信息安全、计算机网络安全、核材料控制与衡算、应急响应等内容。

视察员全年检查核设施的安保执行情况。视察员书面记录检查结果并反馈给核设施运营人，加强核设施的安全管理，并进行后续检查，以确保核设施运营人做出必要的整改。如果在视察过程中发现重要的安保问题，NRC 可以要求运营人及时整改，甚至可以采取执法行动，包括民事处罚等，确保重大问题得到解决。

同时 DOE 发布了一系列“视察员导则”用于指导视察员正确、合理地开展视察工作，包括《实物保护系统视察员导则》《材料控制和衡算视察员导则》《保密与信息控制视察员导则》《保卫力量视察员导则》等。

2.2.3.2　技术措施

（1）核设施建设实物保护系统

实物保护就是通过探测、延迟、反应等手段遏制偷窃或非法转移核材料、破坏核材料核设施的恶意行为。核设施包括核反应堆，燃料循环设施，乏燃料储存库和处理设施等。

联邦法规 10 CFR 73“核设施和核材料的实物保护”规定了核设施和核材料实物保护的要求和技术要点，包括威胁评估、实物保护区域划分、入侵探测、报警确认和武装响应环节。

（2）核材料运输实物保护

NRC 和交通部（DOT）共同监管负责运输的安全。NRC 制定运输要求、运输容器的设计要求等。一旦核材料上路，交通部负责核材料的安全运输。

联邦法规 49 CFR 100～185 及 10 CFR 71 规定了核材料运输要求，运输容器认证，车辆监视系统设置等内容。

NRC 规定的运输实物保护技术的特征包括：

NRC 规定核材料运输需要采用通过认证的，结构坚固的容器包装；事先制定好安全的运输路线，并同当地政府协调保护；对运输信息和计划进行严格保密；确保运输车辆和控制中心通信正常；在人口稠密地区进行军队护送等措施确保核材料运输的安全；在反应部队到达之前，要有安保措施保护货物不被劫持、破坏。

隶属于美国 NNSA 的安全运输办公室（OST）负责核武器或组件，浓缩铀或钚等的安全可靠运输，通过采用特种改造过的高安全车辆和武装人员押送确保运输安全。安全运输办公室还设置了一个国家级的运输和应急控制中心，该中心提供 365 天 24 小时的实时状态和位置监控、通信。该中心与美国联邦和各州的响应组织保持联系以响应紧急事件。

（3）核材料控制与衡算

核材料控制，即通过控制和监视措施防止核材料丢失，或者当核材料丢失时或者丢失不久可以及时探测到。

目前 NRC 不再拥有核材料，但依旧通过执行核材料监管程序，确保用于和平目的的核材料安全，不被未经授权的人获得。联邦法规 10 CFR 74“特种核材料的控制与衡算”规定了低战略意义、中等战略意义及战略意义特种核材料的控制措施。NRC 颁布的管理导则中，也涉及了核材料控制中具体问题的指导，包括控制区的选择、接近控制及监视、日常管理审查、收发控制、扰乱指示装置封记、人员可信度保证等。

DOE 直接拥有特种核材料，同时对涉及国家安全的核材料进行监管。根据核材料的数量、种类、吸引力，进行核材料分类和确定控制区域的分级。不同级别的特种核材料需要不同级别的控制措施才能满足核材料控制要求。

核材料衡算是通过使用统计和记录的方法对设施内每个区域的特种核材料的数量维持可知的状态，通过实物盘存，核材料平衡核实材料数量或者在材料丢失后可以及时发现，特别是防止内部敌人盗窃作案。

核材料衡算与控制是防止、探测内部作案的重要手段，同时也是响应 IAEA 核不扩散协定的技术措施。

（4）实兵对抗演习

实兵对抗演习是核安保视察项目中重要的组成部分，从 1991 年开始，就定期进行实兵对抗演习。实兵对抗演习可以评估核设施抵抗设计基准威胁的能力，协助 NRC 评估核设施的安保能力。

一个完整的反应武装实战安保检查要持续几个星期。它包括桌面演习和假设突击型对手与核设施安保队伍之间的模拟作战。

在反应武装实战安保检查过程中，敌人武装在对抗安保力量的过程中试图到达并破坏安保关键系统。核设施的核安保队伍则要竭力避免安保关键区域遭到破坏。在反应武装实战安保检查过程中，除了安保人员在场之外，许多机构参与其中，观察整个实战过程，包括联邦、州和地方执法机构。此外，突发事件处置的主管部门、核设施方及 NRC 人员都在现场参与检查。

法律规定，NRC 开展反应武装实战安保检查工作，每个厂区至少每三年一次。从检查中找到安保的薄弱环节可以指导 NRC 更好地开展工作。

（5）开展计算机网络安保与信息安保技术研究

“9·11 事件”后，NRC 要求各核设施加强计算机系统的安保。2002 年，NRC 首次将计算机网络攻击加入到核电厂必须应对的敌手攻击类型。2007 年，NRC 将计算机安保威胁加入到了实物保护系统设计基准威胁的设计要求里。2009 年，NRC 发布了 10 CFR 73.54“数字计算机和通信系统、网络的保护”，该法规适用于核动力反应堆许可证持有单位。2010 年 NRC 又发布了 RG 5.71“核设施计算机网络安保计划”导则，给计算机系统免受网络袭击提供了保护方法，指导运营单位满足 10 CFR 73.54 的要求。在 NRC 的基线视察项目中增加了“信息技术（网络）安保”的内容，并于 2013 年 1 月开始视察。

根据 10 CFR 73.54，NRC 要求核动力反应堆许可证持有单位必须证明，已经采取了保护措施，确保数字计算机、通信系统及网络免受攻击，包括安全相关及对安全功能重要的系统、安保功能系统、应急响应准备系统、场外通信系统、对安全和安保重要的支持系统和设备。

NRC 的信息安保措施保护的内容包括受限的机密信息，有关国家安保体系的信息及其他敏感未授权披露的信息。只有获得批准，获得知悉权的人才能看到相应的信息。NRC 有专门的信息安保导则指导信息分类和保密方法，防止敏感信息被恐怖分子或敌人获得。

（6）放射源的安保

放射源广泛应用于工业、科学研究、医疗行业中，考虑到放射源可被用于放射性散布装置或放射性爆炸装置，存在安全隐患。

在 2005 能源政策法的要求下，由 NRC 牵头成立了放射源保护和安全任务组，该组由 14 个联邦机构和 2 个州组织的专家组成，对涉及放射源被偷盗、制造放射性散布装置的潜在恐怖主义威胁进行评估并提供保护建议，每四年向国会和总统提交报告。

该工作组的任务主要包括研究 1 级、2 级高风险放射源（如铯-137）使用替代技术，另一方面采取措施保证放射源的安全。

对于危险放射性源，NRC 和 DOE 按照 IAEA 发布的《放射源安全与安保行为准则》中建议的内容进行安保措施的加强，并成为第一个按照准则中的建议进行高风险放射源进出口控制的国家。

2009 年 NRC 建立了国家源材料跟踪系统（NSTS），跟踪超过 70 000 份的高危险放射源在它们整个生命周期的中的使用和转移情况。

2.3 其他国家核安保体系与技术现状研究

2.3.1 英国核安保体系现状

英国的核工业实行军民分管政策。2007 年，英国政府对民用核安保监管机构进行了调整，将民用核安保办公室由贸易与工业部调整到健康与安全执行局[18]。2011 年 4 月，英国政府成立了一个独立的核工业监管机构——核监管办公室，隶属于健康与安全执行局，实施核安保的独立监管。目前，英国贸易与工业部仍然负责制定英国的民用核安保政策，负责起草和修订第一及第二层级的民用核安保法规，负责履行英国政府在核安保领域的国际义务及相应政治承诺。核安保相关行政命令、通知、导则等文件主要由核监管办公室负责制定并发布。

英国已经发布的涉及核安保相关内容的法律主要有《原子能法》（1954 年）、《核装置法》（1965 年）、《核工业法》（1965 年）、《职业健康与安全法》（1974 年）、《核材料犯罪法》（1983 年）、《反对恐怖主义犯罪及安保法》（2001 年）和《能源法》（2004 年）。为了进一步加强核安保立法工作，2003 年，英国政府在《反对恐怖主义犯罪及安保法》的基础上制定并发布了《核工业安保条例》。

2.3.2 法国核安保体系现状

法国工业部为法国核工业的主管部门，在工业部下，法国设置了原子能委员会（CEA）。原子能委员会通过其核与敏感材料保护与控制处，对防止核材料被盗窃的情况负责。对于防止核设施被蓄意破坏方面，原子能委员会和核安全与辐射总局（DGSNR）共同研究制定措施。20 世纪 80 年代，法国设立了核安全与辐射防护研究院（IRSN），核安全与辐射防护研究院受国防部、工业部、科技部、国土整治与环境部及卫生与就业部共同领导，其职责之一是负责核安保方面的研究、审评与鉴定工作。

法国核安保的法律基础为 1958 年颁布的 58-1371 号法律《加强重要设施保护法》。依照该法，法国先后出台了《核材料保护和控制法》（80-572 号法律）、《关于核材料保护和控制法令》（81-512 号法令）、《国防领域内核材料控制与保护法令》（81-558 号法令）、《关于适用于必须申报的核材料的控制、密封、监视和实物保护措施的部级命令》等多部法规。1979 年法国批准了《核材料实物保护公约》，并制定了 89-433 号法律，作为对 80-572 号法律的补充，目的是使法国国内法与国际公约相一致。最近几年，法国政府进一步加大了核安保监管力度，在 2010 年先后发布了有关核材料持有者的许可申请程序的命令、研究核材料和核设施保护措施的程序的命令、定义实物保护措施的命令和批准核材料运输方法的条件的命令，并于 2011 年发布了核材料保护和控制的新的监管框架，在 2012 年专门成立工作组着手起草有关放射源安保的法规。

2.3.3 俄罗斯核安保体系现状

俄罗斯政府2007年颁布了政府令，批准了《核材料、核装置、核材料存放室的实物保护条例》。俄罗斯建立的国家实物保护体系包括管理核目标行为的俄罗斯执法机关，参与创建、完善、落实和保障实物保护的俄罗斯执法机关，监管实物保护的俄罗斯执法机关等。在该体系内各部门分工合作，如原子能署的职责为：根据核材料实物保护构想，履行中央国家机关和通信枢纽的职能，在国际原子能机构和其他国际组织范围内，就承担俄罗斯联邦义务方面履行国家主管机关职能；确定实物保护体系内使用的技术设备的认证发放办法等。俄罗斯生态、工艺和原子监督局在其职权范围内：在利用原子能方面，发挥国家安全调控机关的作用；对受监督的核目标的实物保护情况实施国家监督和管控；制定、批准和落实实物保护方面的条令条例；在原子能利用领域（其中包括实物保护），确定许可证生效条件；采取俄罗斯联邦法律规定的限制性、预见性、预防性措施，禁止和（或）制止公民和法人违反有关规定，以及消除违法行为造成的后果等。此外，联邦安全局、铁路运输署、河海运输署以及核设施营运单位在核安保方面都要承担相应的职责。

2.3.4 日本核安保体系现状

日本核安保监管体系在福岛核事故以后发生了很大的变化。为了改变核监管体系暴露出的多头监管、责任不清、效率低下等问题，日本政府对其核监管体系进行了大刀阔斧的改革。其改革主要遵循以下两个原则：独立监管和统一监管。首先，为了保持监管部门的独立性，成立了核监管局，核监管局是隶属于环境省的委员会体制的独立机构，由1名主席和4名委员组成，主席和委员均为国会同意后由首相任命。其次，为了保证核监管的统一性，核监管局集核安保、核保障、核安全、放射性监测和放射性同位素监管等职责于一身，日本核能安全组织、日本国家原子能机构和国家放射科学研究院等机构为核监管局履行监管职责提供必要的支持。

日本《原子能基本法》是原子能相关法律的核心，为相关法律的制定奠定了基础，该法第五章为核燃料控制，其内容体现了核安保的基本思想。1988年日本批准加入了《核材料实物保护公约》，在国内与之对应的法律主要为《核原料、核燃料及反应堆管理法》，该法对核安保的某些领域做出了相关规定，为了适应新形势，日本政府于2012年对该法进行了修订。同时，日本还将IAEA推荐的《放射性材料安全运输管理条例》纳入本国的法律中。

2.3.5 韩国核安保体系现状

2011年6月，韩国国会通过了《建立和运行“核安全与核安保委员会”的法案》，决定成立核安全与核安保委员会（NSSC），作为一个独立的部长级政府机构，负责核安全、核安保及核保障等领域的政府监管工作。韩国核不扩散与控制研究院（KINNC）为NSSC的核安保政府监管工作提供技术支持。

韩国《原子能法》是韩国原子能相关法律的核心，从1995年起政府要求每5年应修订《原子能法》以适应各方面的变化。韩国1975年加入《不扩散核武器条约》，1982年加入《核材料实物保护公约》，1999年加入《全面禁止核试验条约》，为了履行国际义务和满足国内核材料管理的要求，2003年韩国专门颁布了《核设施保障监督和实物保护法》，另外，韩国政府还出台了《实物保护与放射性应急法》，对实物保护工作进行了严格规范。

3 我国核安保现状分析

3.1 我国核安保现状分析

随着周边安全环境的变化，我国面临的恐怖威胁形势也越来越严峻，潜在的核与辐射恐怖现实威胁大为增加，境内民族分裂势力与境外敌对势力相勾结，破坏我国社会稳定和民族团结；境外敌对势力向国内渗透发展，国内极端势力活动加剧，传播极端主义思想主张，多次在我国境内制造暴力恐怖活动。

在民族分裂势力、极端势力和个别偏执激进人士等多种威胁共存的情况下，我国境内面临的恐怖威胁、作案形式越来越多样化，对典型的、具有广泛影响的目标袭击已成为恐怖分子开始选择的方式。虽然此类行为尚未涉及核材料或其他放射性物质，但信息技术的进步、核技术的广泛应用，已增加了恐怖分子或其他犯罪组织制造核爆炸装置、放射性散布装置或对核设施进行蓄意破坏的可能性。

我国在核材料管制方面已开展了几十年的工作，在组织管理、法规标准、技术研究、技术人员储备等方面，均已取得了一定的成绩，为目前我国核能的安全、稳定发展奠定了基础。

3.1.1 组织管理机构

由国防科工局（国家原子能机构）负责全国核材料的管制工作（《核材料管制条例》规定由核工业部负责核材料管制，核工业部撤销后，此项职能移交给国防科工局；国家核安全局负责民用核设施核安全监督；移交军队的核材料由军方管理）。

2011年，国防科工局成立了国家核安保技术中心，主要负责国家核安保、核材料管制、核进出口管理有关技术支持、国际交流合作等工作。

3.1.2 法规标准

目前，我国尚未出台专门的核安保法规，仅在《中华人民共和国核材料管制条例》《放射性物品运输安全管理条例》等个别法规中涉及核安保的部分内容。

在国家法律中，《中华人民共和国刑法》《中华人民共和国放射性污染防治法》中对非法买卖、运输核材料以及加强核设施运营单位的安全保卫工作等内容进行了规定。

在国务院行政法规方面，《中华人民共和国核出口管制条例》（国务院令第480号，2006年11月发布）、《中华人民共和国放射性物品运输安全管理条例》（国务院令第562号，2010年1月发布）、《放射性废物安全管理条例》（国务院令第612号，2012年3月发布），对核材料、放射性物品及物质的储存、使用、运输、出口等内容进行了规定。

在部门规章方面，国家原子能机构、国家核安全局、公安部等部门均发布了与核材料管制相关的规定，涉及核安保的内容见表5。

表 5　核安保相关部门规章

序号	名称	发布部门	发布、施行时间
1	中华人民共和国核材料管制条例实施细则	国家核安全局、能源部、国防科学技术工业委员会	1990-09-25
2	核材料制品免于管制的限额规定	中国核工业总公司	1994-03-01
3	核材料国际运输实物保护规定	公安部、国家原子能机构	1994-07-12
4	核材料管制视察规定（核总机发〔1997〕2号）	国家原子能机构	1997-05-16
5	核进出口及对外核合作保障监督管理规定	国防科学技术工业委员会、外交部、对外贸易经济合作部	2002-01-17

在技术导则方面，国家原子能机构和国家核安全局针对核设施实物保护、核材料衡算与控制等技术措施，发布了相关的技术导则，具体见表 6。

表 6　核安保相关技术导则

序号	名称	发布部门	发布、施行时间
1	能源部核材料管制办公室核材料许可证发放和管理补充规定	能源部核材料管制办公室	1992
2	关于核材料许可证的换证程序及换证通知（核总燃发〔1996〕90号）	国家原子能机构核材料管制办公室	1996-05-20
3	核材料账目与报告管理规定（国核管办发〔2007〕1号）	国家原子能机构核材料管制办公室	2007-05-01
4	核材料许可证申请文件编写格式与内容	国家原子能机构	2013-10-18
5	核材料实物盘存管理导则	国家原子能机构	2013-10-18
6	核设施出入口控制导则	国家原子能机构	2013-10-18
7	核设施实物保护系统初步设计专篇的内容与要求	国家原子能机构	2013-10-18
8	核材料调入、调出及内部转移管理导则	国家原子能机构	2013-10-18
9	核材料封记管理导则	国家原子能机构	2013-10-18
10	核材料衡算与控制视察导则	国家原子能机构	2013-10-18
11	低浓铀转换及元件制造厂核材料衡算	国家核安全局	2008-09-01
12	核设施实物保护（试行）	国家核安全局	2008-09-01
13	核设施周界入侵报警系统	国家核安全局	2008-09-01
14	核设施出入口控制	国家核安全局	2008-09-01
15	核材料运输实物保护	国家核安全局	2008-09-01

续表

序号	名称	发布部门	发布、施行时间
16	核设施实物保护和核材料衡算与控制安全分析报告格式和内容	国家核安全局	2008-09-01
17	核动力厂核材料衡算	国家核安全局	2008-09-01

除以上法规标准外，还出版了相关的技术参考文件供各设施单位参考使用，主要包括《核动力厂核材料衡算管理技术报告》（HAFJ0015）、《铀转换及元件制造厂核材料衡算管理》（HAFJ 0016）、《研究单位设施核材料衡算管理技术报告》（HAFJ 0017）、《动力堆核燃料后处理厂核材料衡算管理》（HAFJ 0018）、《铀转换及元件制造厂核材料衡算管理》（HAFJ 0019）等。

另外，我国在积极推进法规标准体系的建设工作，2012 年国防科工局有计划地推进了《核材料许可证申请文件编写导则》《核设施实物保护系统初步设计专篇的内容和要求》《核材料实物盘存管理导则》和《核设施出入口控制导则》共四项导则的发布工作。推进了《核材料管制视察员管理规定》（修订版）、《核材料调入、调出及内部转移管理导则》《核材料封记管理导则》和《核材料衡算与控制导则》的发布工作。正在起草制定《中华人民共和国核安保条例》。

3.1.3 核安保技术能力

我国政府重视实物保护、核材料衡算、核材料控制等核安保技术措施能力建设、科研攻关工作，具备了较好的技术基础。

在实物保护方面，核材料核设施实行分区、分级管理，要求实物保护系统与核设施同时设计、同时建造、同时运行，初步形成了由实物保护系统有效性评价、保护目标分析、设计基准威胁界定等组成的实物保护技术体系；在核材料衡算与控制方面，国防科工局负责全国核材料的管理，建立了国家级、设施级核材料衡算与控制系统；自主研发了实物保护系统有效性评价软件，开展了核设施实物保护系统有效性试评估工作，人员与车辆出入控制设备，爆炸物、核材料检测等核安保专用设备，为核安保系统建设提供了基本的技术保障。

3.1.4 核材料管制视察

定期对核设施运营期间的实物保护、核材料衡算与控制等措施的执行情况，核设施相关的规章制度、文件完整性等进行现场检查和测试；当发生重大安全或核材料事件后，根据情况开展特别视察，查找薄弱环节，确保设施应对突发事件的能力。

3.1.5 老旧核设施安保系统的技术改造

我国部分核设施建于 20 世纪五六十年代，其核安保系统的硬、软件技术指标和功能无法满足当前核安保工作的要求。近年来，国防科工局投入一定的资金，对老旧核设施进行了技术改造，提高了其核安保的能力，确保了核材料与核设施的安全。

3.1.6 核材料和放射源监管

《中华人民共和国核材料管制条例》规定，核材料管制范围是：铀-235，含铀-235 的材料和制品；铀-233，含铀-233的材料和制品；钚-239，含钚-239的材料和制品；氚，含氚的材料和制品；锂-6，含锂-6的材料和制品；其他需要管制的核材料[19]。铀矿石及其初级产品，不属于管制范围。与IAEA、美国①相比，我国核材料管制在铀、钚的基础上，增加了氚、锂，核材料管制类型与范围与国际不同。

制定了《中华人民共和国放射性物品运输安全管理条例》《放射性废物安全管理条例》等法规标准，对加强放射性物品运输安全，放射性废物及废旧放射源的处理、贮存、处置及其监督管理等做出了具体规定。

积极推进国家放射源数据库的建设和应用，强化放射源全寿期管理和监控；加强放射性物质的安全保护工作，提高放射性物质持有单位的防范能力；建立海关辐射探测培训中心，加强海关人员培训；积极开展国际合作，中美共同实施“特大型港口计划”上海洋山港试点项目，对放射源储存中心的安保设施进行升级等。

3.1.7 人力资源建设及储备

建立全方位培训计划和多元化培训模式，从2010年4月以来，共举办各种层次的培训班和研讨会几十次，培训本国核安保从业人员超过500名[20]。2006年，IAEA便与中国合作建立了核保障与核安保联合培训中心，能够为亚太地区国家人员提供核安保方法和技术培训。

2011年成立的国家核安保技术中心，进一步加强了在核安保领域的国内、国际培训力度，强化了从业人员的管理，为核安保人才队伍的建设发挥更大的作用[21]。

3.1.8 核安保国际合作

我国一直支持国际原子能机构在核安保领域发挥中心作用，同该机构签署了核安保合作协议，在核安保法规标准、大型活动核安保、核安保能力建设和人员培训等领域开展了密切合作。

我国严格履行核安保国际义务，采取措施防范非法获取核及其他放射性物质，严格履行《核材料实物保护公约》《制止核恐怖主义行为国际公约》以及联合国安理会第1540号、第1887号等决议规定的义务[22]。

对外提供核安保及核能安全援助，中国同国际原子能机构合作，多次在华举办地区性核安保培训班，为亚太地区10多个国家近百人提供培训。

2011年1月，中美两国政府签署了《中华人民共和国与美利坚合众国关于建立核安保示范中心合作的谅解备忘录》，明确在华合作建立核安保示范中心。2012年3月胡锦涛在首尔核安全峰会上指出，将努力把示范中心建成技术交流和教育培训的地区中心，推动该中心同本地区其他示范中心开展合作互联，共同致力于提升本地区核安保水平。

---

① IAEA在《关于核材料核设施实物保护的核安保建议》（INFCIRC/225/Revision 5）中提出的需要保护的核材料包括：未辐照过的钚、未辐照过的铀-235、未辐照过的铀-233以及辐照过的燃料。美国在1954年颁布的《能源法》中关于特种核材料的解释为：钚、铀-235、铀-233，任何含有上述一种或多种成分的材料，但不包括源材料。

3.2 我国核安保与国际的对比分析

3.2.1 法规标准体系框架与国际基本一致，但尚需进一步推进顶层法律的制定和发布

IAEA通过《核材料实物保护公约》等在核材料的使用、储存、运输及核设施的安全运行方面对各缔约国进行了统一的规定；美、英等国也均发布了国家的上层法律对核安保工作进行的规定，如《原子能法》（美国）、《核工业安保法》（英国）等。我国核安保法规标准体框架虽然与国际基本一致，但目前，我国尚没有涵盖核安保全部领域的专门法规，已经发布的一些国家法律和行政法规文件中只是部分涉及核安保相关内容，相对涉及核安保较多内容的《中华人民共和国核材料管制条例》也是20世纪80年代发布，其深度、广度已无法适应目前核安保形势的需要。我国亟需推进核安保顶层法规的制定和发布，健全我国核安保法律法规体系。

3.2.2 核安保部门规章、技术导则等层次标准文件需要进一步完善和扩充，提升核安保法规标准体系的全面性

IAEA核安保体系文件从核材料和核设施实物保护的核安保建议、放射性物质和相关设施的核安保建议、脱离监管控制的核材料和其他放射性物质的核安保建议、核安保文化、设计基准威胁界定、核设施的计算机安保、内部威胁防范、放射源的安保等方面对核安保进行了比较全面的规定和建议，且计划再发布20多个实施导则和技术导则，对核材料衡算与控制、核安保探测技术体系等方面作出指导。

美国的联邦法规（Code of Federal Regulations，CFR）、R.G管理导则（Regulatory Guidelines，R.G.）、NUREG系列文件对核安保的技术措施、设计基准威胁界定、信息安保、计算机安保、核安保突发事件的处置、内部威胁防范、人员培训和资格认定等方面做出了具体规定和指导。

我国的核安保技术导则文件涉及核设施实物保护、核材料运输、核设施出入口控制、核设施周界入侵报警系统等内容，根据当前形势发展的需要，尚需增加核材料控制、计算机安保、核安保敏感信息保护、人员管理、核安保文化建设等方面的技术导则文件。

3.2.3 需根据威胁形势的发展变化，及时评估现有法规标准的适用性，并及时进行修订

IAEA《核材料和核设施的核安保建议》（INFCIRC/225）目前已经过了五次修订；《核材料和核设施实物保护公约》也于2005年在公约缔约国大会上通过了修订案，其适用范围从核材料扩展到核材料与核设施，从国际核运输扩展到核材料的国内储存、使用与运输，以及针对核设施的蓄意破坏。

美国的联邦法规等也一直不断进行扩充和完善。2002年，首次将计算机网络攻击加入到核电厂必须应对的攻击类型；2003年、2007年，10 CFR 73.1先后两次将防止恐怖主义威胁措施和计算机安保威胁增加到核设施设计基准威胁中；2009年，发布了10 CFR 73.54《数字计算机和通信系统、网络的保护》；2010年NRC发布了RG 5.71《核设施计算机网络安保计划》等。

我国的《中华人民共和国核材料管制条例》《中华人民共和国核材料管制条例实施细

则》等一部分规定还是发布于20世纪八九十年代，需要增加完善核安保相关内容，同时部分规定也需根据当前形势进行适用性评估及修订。

3.2.4 总体技术水平与国际水平尚有一定的差距

随着威胁形势的发展，我国在核安保技术方面开展了一些研究工作，但目前总体技术水平与国际尚有一定的差距，主要体现在以下几方面：

第一，在核安保系统技术研究方面，国外从20世纪70年代开始从事核安保技术研究工作，建立了比较完善的核安保技术体系，实现了实物保护系统量化评估，实物保护有效性评价工具由单条路径、系统薄弱性分析、风险分析到目前的三维评价系统，随着技术的发展数据库也得到不断的验证与更新；开展了保护目标分析、设计基准威胁分析与评估、应急反应能力、核材料控制、核材料衡算与监测、计算机安保、防恐怖主义威胁等技术研究，形成了系统、完善的核安保技术体系。我国从“十五”开始从事系统研究工作，在借鉴国外经验的基础上研究开发了实物保护评价系统，建立了评价数据库，但在风险分析、新技术的采用、评价方法和数据更新方面还需要持续地开展工作，有待于全面开展核安保系统技术研究。

第二，在工程设计技术方面，我国已掌握了核安保的基本要求、设计理念和方法，建立了相应的技术要求，但在细化设计方面缺乏底层技术支持，缺少统一的标准，技术的成熟性、底层技术文件的全面性、系统局部细化设计能力等方面与国外有差距。在核安保系统软件功能和可靠性方面缺乏经验，系统设计方案的可靠性、不同环境适应性缺少数据与技术支撑。需要建立工程细化设计技术文件，加强工程建设过程控制和技术监督，提高设计、工程建设和安保系统运行的质量。

第三，在新技术的采用和关键设备研制方面，国外及时将新技术应用到核安保系统，三维成像、视频系统侦测、夜视识别监视、电子封记、核材料快速测量分析、精确定位、水下入侵探测、计算机安保等先进技术已应用到核安保领域，解决核安保系统的关键技术问题，安保系统的防范水平不断提高。而国内市场大部分是仿制国外设备，在新技术的研究与应用方面，与国外相比进程较慢。

第四，在基础器件与设备研发能力方面，国外有长期的开发和应用经验，国产设备的可靠性、功能完整性、性能指标和运行稳定性与国外差距较大。国内采月的基础器件，如CPU、MCU、大规模集成电路、高速运算处理芯片、逻辑芯片基本是国外设计和制造，影响着核安保系统自身的安全和信息安全，我国在基础器件研制上虽然已经着手开展工作，但与国外差距还是很大的。在国内市场近年虽然也出现了不少国产安防设备，如摄像机、视频切换系统、室内探测器等技术方面已经很成熟，但在室外探测设备、特殊场所需要的设备与国外设备的性能、探测效率和可靠性方面相差很大，在设备成套方面也缺乏经验，大多关键设备及基础软件均靠进口，核心元器件仍依赖国外产品。

3.2.5 总体投入与核安保先进国家尚有很大差距

以美国为例，DOE内设的国家核安保署（NNSA）2015年预算额度为117亿美元，主要用于更新和维护老旧的库存核武器和基础设施，保护核材料不落入核扩散和恐怖分子手中。其中24亿美元用于总统承诺的进一步加强NNSA核安保能力建设，17亿美元用于加强科学、技术和工程基础。

桑迪亚国家实验室负责核材料与核设施实物保护系统研发和技术支持工作。2013 年，桑迪亚国家实验室共承担了 447 个科研项目，总经费 1.65 亿美元；洛斯阿拉莫斯国家实验室承担了 301 个科研项目，总经费 1.42 亿美元；劳伦斯利佛摩尔国家实验室承担了 152 个科研项目，总经费 8330 万美元。

与美国相比，我国核安保在科研、人力等方面的总体投入尚有很大差距。

4 主要结论和我国核安保发展建议

4.1 主要结论

总体上说，目前我国核安保在组织机构、法规标准体系、技术措施等方面已经有了一定的基础，为确保我国核能事业的健康、安全发展发挥了重要作用，几十年来保持了良好的核安保记录。

（1）核安保发展是国内外威胁形势发展的必然结果

美国“9·11 事件”的发生，大大改变了人们对核设施遭受外部攻击的认知，公众对于核设施安全的担心从原来内部引起的核事故转向了恐怖袭击下的安全问题。

随着 2010 年、2012 年、2014 年三届核安保峰会的召开，防范核恐怖主义活动、确保核材料与核设施安全、打击核材料走私等成为焦点问题，其潜在威胁主要表现在利用信息技术漏洞操纵核武器、从“黑市”获取核材料“炮制”核爆装置、攻击民用核设施引发核灾难以及发动“脏弹”袭击引发社会恐慌等，核恐怖主义威胁已切实是当前世界面临的重要核安全挑战，核安保是应对针对核材料和放射性物质的恶意行为的主要措施，发展核安保是国际潜在威胁形势的必然结果[23]。

（2）核安保建设在预防破坏、偷窃等非法行为方面是有效的

核安保通过相应的法规体系、文化建设及相关技术措施，对核材料及放射性物质的生产、使用、储存、运输等活动进行监管，防止和处理偷窃、破坏等恶意行为，能够为确保核材料及放射性物质的安全提供必要的措施，保证环境安全和公众健康。

（3）我国核安保的发展与当前威胁形势基本适应，能够满足我国当前发展核能的基本需求

目前我国核安保在组织机构、法规标准体系、技术措施等方面比较完善，对核安保的理念、依据、原理的认识清晰，核安保技术措施的设计原则、设计方法、技术标准要求等与国际一致，核安保的发展与当前威胁形势基本适应，能够满足我国当前发展核电、核能的基本需求。

（4）为了更好地适应威胁形势及技术的发展变化，需要进一步完善核安保体系，为我国运行和在建核电厂的安全运行提供必要的保障措施

自 20 世纪 50 年代以来，我国对核材料一直实施严格的管控，逐步形成了一套行之有效的管理体系，近年来，我国未出现核设施人为破坏事件，也未出现重大的核材料丢失事件。

虽然我国核安保总体水平与国际先进水平存在一定的差距，但是我国一直在努力加强核设施与核安保系统的建设，积极弥补不足，推进法规标准体系的发布工作、严格执行核材料许可审评制度、进行核材料管制例行检查和专项检查等，下一步将加强核安保文化建设、计算机网络安全、实物保护有效性评估、实物保护关键设备的国产化、完善核材料衡算技术体系等工作，将进一步提升我国核安保水平，能够为我国运行和在建核电厂的安全运行提供必要的保障措施。

4.2 我国核安保发展建议

随着我国核能事业的快速发展，以及国内外反恐形势的日趋严峻，核设施、核材料以及其他放射性物质的安保任务日益繁重，为了更好地适应威胁形势及技术的发展变化，提升我国核安保总体能力和技术水平，建议：

（1）进一步完善核安保法规标准体系建设

首先，建立由国家法律、行政法规、部门规章、技术导则组成的核安保法规标准体系；加快法律法规建设，及早出台《核安保条例》等上层法规，推进《核安保从业人员资质管理规定》《核设施实物保护重要系统设备管理规定》《核设施实物保护工程监督管理规定》等部门规章和技术标准的编制发布。

其次，提升现有法规标准的实时性，根据形势发展变化及时修订已有法规标准，尽快推进《中华人民共和国核材料管制条例》修订工作，结合我国核材料管制工作情况，借鉴国际核材料管制经验，进一步研究分析我国核材料管制范围和种类，与国际接轨。

（2）加强核安保技术研究，确保核安保技术的持续发展

加大科研投入，充分发挥国家核安保技术中心的职能作用，利用中美核安保示范中心的设施、设备、技术和专家队伍，持续、全面开展实物保护、核材料衡算、核材料控制等技术研究，做好核安保技术后援工作。

尽快推进核安保国产化实物保护集成技术研究、核设施系统集成管理与网络安保技术研究、核安保设备信息安全测试技术和反核恐网络化放射性探测技术研究等，为核安保设备国产化提供技术支持，为确保我国核材料核设施安全提供技术手段[24]。

（3）加大核安保设备研发投入，促进设备国产化

目前国内已建核设施的实物保护系统的软、硬件设备主要采用进口产品，尤其是实物保护集成平台、控制器等系统设备，对系统的安全、稳定、可靠运行起着重要的作用。随着信息技术的发展，信息安全风险日益增加，急需推进核安保重要系统、设备的国产化工作，进行核心器件研究和生产，加大重要设备制造业的投入，减小核设施面临的潜在风险，降低核安保系统建设成本。

（4）加强监管，推广核安保文化

加大监管投入，确保监管部门具备与核工业规模以及核安保形势相适应的人力、物力和财力，开展核安保监管工作。加强核材料、放射源及其他放射性物质的监管和安保措施建设；加强核安保从业人员的教育与培训，实行核安保从业人员的资质审核和认证制度，推进核安保文化建设[25]，将“确信威胁是真实存在的”“核安保是重要的”理念深入到核安保从业人员的心中，建立“主动认知”的能力，加强警惕性，增强应对涉及核设施、核

材料或其他放射性物质突发事件的能力，确保核安保措施的有效执行。

（5）加强核安保相关部门的相互协调，积极开展核安保国际合作

加强国家核材料管制、核进出口管理、放射源监管等相关部门的相互协调，更好地促进我国核安保工作的实施和开展；加强与 IAEA 及各国的核安保合作、信息共享，进行核材料与核设施实物保护、核材料衡算与控制、放射源管理、核材料运输管理等方面的技术交流与国际合作[26]。

参考文献

[1] IAEA. 国际原子能机构安全术语 核安全和辐射防护系列（2007 版）. 国际原子能机构，维也纳，2007.

[2] IAEA. Nuclear Security Culture. Nuclear security series No 7. 2008.

[3] IAEA. Nuclear Security Recommendations on Physical Protection of Nuclear Material and Nuclear Facilities (INFCIRC/225/Revision 5). Nuclear security series No 13. 2011.

[4] IAEA. Nuclear Security Recommendations on Radioactive Material and Associated Facilities. Nuclear security series No 14. 2011.

[5] IAEA. Security in the Transport of Radioactive Material. Nuclear security series No 9. 2008.

[6] IAEA. Security of Radioactive Sources. Nuclear security series No 11. 2009.

[7] IAEA. Preventive and Protective Measures Against Insider Threats. Nuclear security series No 8. 2008.

[8] IAEA. Computer Security at Nuclear Facilities. Nuclear security series No 17. 2011.

[9] IAEA. Nuclear Security Recommendations on Nuclear and Other Radioactive Material out of Regulatory Control. Nuclear security series No 15. 2012.

[10] IAEA. Nuclear Forensics Support. Nuclear security series No 2. 2006.

[11] IAEA. Combating illicit trafficking in nuclear and other radioactive material. Nuclear security series. No. 6. 2012.

[12] IAEA. Objective and Essential Elements of a State' s Nuclear Security Regime. Nuclear security series No 20. 2013.

[13] NRC Organization & Functions. website: http://www.nrc.gov/about-nrc/organization.html

[14] Nuclear Security & Nonproliferation. website: http://energy.gov/public-services/national-security-safety/nuclear-security-nonproliferation

[15] Fundamental Laws Governing Civilian Uses of Nuclear Materials and Facilities. website: http://www.nrc.gov/about-nrc/governing-laws.html#atomic

[16] NRC Regulations Title 10, Code of Federal Regulations. website: http://www.nrc.gov/reading-rm/doc-collections/cfr/

[17] NUREG-Series Publications. website: http://www.nrc.gov/reading-rm/doc-collections/nuregs/

[18] 卜灵. 英国核安全与辐射防护组织［J］. 国外核新闻，1996（01）.

[19] 国务院. 中华人民共和国核材料管制条例. 1987.

[20] 新华网. 专家访谈：中国提升核安全水平成效显著. http://news.xinhuanet.com/politics/2012-03/22/c_111690369.htm

[21] 新华网. 国家核安保技术中心主任：强化核安全措施 确保核材料与核设施安全. 2012, http://news.xinhuanet.com/2012-03/25/c_122878767.htm

[22] 人民网. 国家原子能机构：我国多年保持良好核安保记录. 2014, http://www.gdqlh.com/

jiaoju/7524. html
[23] 搜狗百科. 核安全峰会. http://baike. sogou. com/v8906997. htm
[24] 闫敏，冯林方，严明，刘卫东. 核安保及核安保措施研究. 中国科技博览 2013 (22): 300-301.
[25] 瞭望新闻周刊. 中国核安全: 50 年“一克不丢，一件不少”，2012.
[26] 黄发红. 加强全球核安保投入是主题. 人民日报，2013 年 7 月 4 日 21 版.

（**执笔人**：刘卫东、闫　敏；
审稿人：邓　戈）